普通高等教育"十一五"国家级规划教材

21世纪高等院校信息与通信工程规划教材

21st Century University Planned Textbooks of Information and Communication Engineering

信息论基础（第2版）

田宝玉 杨洁 贺志强 许文俊 编著

Elements of Information Theory (2nd Edition)

U0191276

名师名校

人民邮电出版社
北京

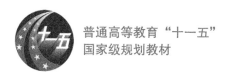

图书在版编目（CIP）数据

信息论基础 / 田宝玉等编著. -- 2版. -- 北京 : 人民邮电出版社, 2016.1
21世纪高等院校信息与通信工程规划教材
ISBN 978-7-115-39151-3

Ⅰ. ①信… Ⅱ. ①田… Ⅲ. ①信息论－高等学校－教材 Ⅳ. ①TN911.2

中国版本图书馆CIP数据核字(2015)第217423号

内 容 提 要

本书第 2 版是作者在第 1 版的基础上，结合近几年的教学和科研实践，再次对教材内容进行整合、补充和完善而形成的。第 2 版沿用第 1 版的基本框架，分为 11 章，内容主要包括：绪论、离散信息的度量、离散信源、连续信息与连续信源、无失真信源编码、离散信道及其容量、有噪信道编码、波形信道、信息率失真函数、网络信息论初步和信息理论方法及其应用等。除充实和增加的内容外，第 2 版另一项重要工作就是增加了大量习题。

本书在内容的选择上既考虑到基础性又考虑先进性和时代性，在编写方式上既注重基本概念的阐述又注重与通信和信息处理的实际相结合。本书强调定理中物理概念和结论的理解和掌握，简化烦琐的数学推导，注重使用明确、直观的物理概念，增加实例，力求让讲述的内容更适合工科专业学生的学习。本书配有大量思考题和习题作为学生课后的练习，这对于学生深入理解所学知识，提高基本运算和解决实际问题的能力都有很大帮助。

本书主要作为高等院校信息与通信专业的教材，还可作为相关专业研究生和工程技术人员的参考书。

◆ 编　　著　田宝玉　杨　洁　贺志强　许文俊
　责任编辑　张孟玮
　执行编辑　李　召
　责任印制　沈　蓉　彭志环

◆ 人民邮电出版社出版发行　　北京市丰台区成寿寺路 11 号
　邮编 100164　　电子邮件 315@ptpress.com.cn
　网址 http://www.ptpress.com.cn
　固安县铭成印刷有限公司印刷

◆ 开本：787×1092　1/16
　印张：19.5　　　　　　2016 年 1 月第 2 版
　字数：477 千字　　　　2024 年 8 月河北第 17 次印刷

定价：54.00 元

读者服务热线：(010)81055256　印装质量热线：(010)81055316
反盗版热线：(010)81055315

第 2 版前言

信息论基础即香农（C. E. Shannon）信息论，是用概率论与随机过程的方法研究通信系统传输有效性和可靠性极限性能的理论，是现代通信与信息处理技术的理论基础，也是通信与电子信息类专业的重要基础课。信息论基础课程以信息熵为基本概念，以香农三个编码定理——无失真信源编码定理、有噪信道编码定理和限失真信源编码定理——为核心内容，研究通信系统中信息的度量、信源的压缩及信息通过信道有效和可靠传输等问题。

学习本课程的主要目的是，理解香农信息论的基本原理，掌握信息与熵的基本计算方法，培养利用信息论的基本原理分析和解决实际问题的能力，为今后进行更深入的研究奠定良好的理论基础。信息论课程是一门理论性较强的课程，通常采用以理论教学为主，以实验教学为辅的教学方式，但是在主要以工科学生为主的理论教学中，还要结合工科学生的特点，合理地选择教学内容和知识的传授方式。

《信息论基础》（第 1 版）作为普通高等教育“十一五”国家级规划教材，于 2008 年由人民邮电出版社出版。第 1 版教材强调基础理论中物理概念和结论的理解和掌握，简化而不陷入烦琐的数学推导，注重使用明确或直观的数学或物理模型，尽量通过实例巩固所学的理论知识，力求让讲述的内容更适合工科专业学生的学习；第 1 版教材遵循与时俱进的原则，在内容的选择上既考虑基础性又考虑先进性和时代性，同时也注重信息理论与技术的应用，从而受到高等院校电子与信息类专业学生的欢迎，已经多次印刷出版。当前，为了更好地满足广大读者学习信息与通信理论知识的需要，作者结合近几年的教学和科研实践，在保留原书特色的基础上，对教材内容进行了整合、修改、补充和完善，形成了现在的第 2 版。

第 2 版教材沿用原版的基本框架，分为 11 章。修改、充实或增加的内容主要如下。第 2 章：离散熵的性质、熵的可加性和有根概率树；第 3 章：变长扩展信源、马尔可夫信源有限状态 FSM 模型；第 4 章：高斯马尔可夫过程的熵率、最大熵率定理和熵功率不等式；第 5 章：算术编码和 LZ 编码；第 7 章：序列最大似然译码和卷积码基本知识；第 8 章：高斯信道编码定理的解释；第 9 章：率失真函数的计算和香农下界；第 10 章：中继信道和分布信源编码。

本次修订的另一项重要工作就是重新核对了各章的思考题，并增加了相当数量的习题。这些题主要是从我们最近几年的本科教学和国内外经典名著中提炼和精选而来。本修订版不但习题总数显著增加，而且也扩大了知识覆盖面。通过完成这些习题可使学生不仅能更好地理解和掌握所学的知识，而且在解题技能方面也会得到一定的提高。

第 2 版与第 1 版相比虽然篇幅有所增加，但经过教材内容的科学取舍，可以适合不同学时和不同专业方向本科教学的需要。北京邮电大学的教学实践证明，本教材可适用于电子信息类本科工科和理科两类不同专业，也适用于总学时不同的专业要求。同时，本教材也可作为信息与通信及相关专业研究生的参考书。顺便指出，为配合信息论课程教学和信息论知识的普及，作者所在的课程组为读者提供了一个学习信息论和相互交流的平台——信息论课程网站（http://sice.bupt.edu.cn/xxl/），通过上网可查询关于信息论课程的教学课件及其他与信息论学习有关的信息。

第 2 版由田宝玉担任主编，杨洁、贺志强、许文俊参与编写。本教材在写作过程中，作者得到北京邮电大学信息与通信工程学院的领导及广大教师的支持与帮助，很多教师和同学也为本教材的修订做出了贡献，作者在此一并表示感谢。

因作者水平所限，书中错误与疏漏之处在所难免，敬请诸位读者批评指正。

编　者

2014 年 12 月于北京邮电大学

目录

第 1 章 绪论

信息论即香农（*Claude Elwood Shannon*，1916—2001）信息论，也称经典信息论，是研究通信系统极限性能的理论。从信息论产生到现在几十年来，随着人们对信息的认识不断深化，对信息论的研究日益广泛和深入，信息论的基本思想和方法已经渗透到许多学科。在人类社会已经进入信息时代的今天，信息理论在自然科学和社会科学研究领域还会发挥更大的作用。

本章简要介绍香农信息论的概况，内容安排如下：首先介绍信息的基本概念，说明香农信息属于语法信息中的概率信息；然后以通信系统模型为基础，简单介绍香农信息论所研究的内容；最后介绍香农信息论产生的背景、主要的研究进展及其应用。

1.1 信息的基本概念

1.1.1 信息论的产生

我们知道，组成客观世界三大基本要素是：物质、能量和信息。人类社会从农业时代经过工业时代发展到信息时代，特别是在今天的信息时代，社会的发展都离不开物质（材料）、能量（能源）和信息资源。美国学者欧廷格说："没有物质什么都不存在，没有能量什么都不发生，没有信息什么都没意义。"（"*Without materials nothing exists. Without energy nothing happens. Without information nothing makes sense.*"）因此，关于信息的课程本应该像物理、化学、生物等课程一样，是基础课。但由于信息的抽象性及当前人们对信息的认识并不完全清楚等原因，在当前只能是专业课。

人们普遍认为，1948 年美国工程师和数学家香农发表的《通信的数学理论》（*A Matematical Theory of Communication*，*BSTJ*，1948）这篇里程碑性的文章标志着信息论的产生，而香农本人也成为信息论的奠基人。

香农指出，通信的基本问题是在一点精确地或近似地恢复另一点所选择的消息。人们从这个基本问题出发，对通信系统制定了三项性能指标：传输的有效性、传输的可靠性、传输的安全性。

有效性就是有效地利用资源，包括时间、空间和频谱等，具体体现为：①对于离散信源，信源符号平均代码长度应尽量短；②信息传输速率应尽量快，即高的传信率（单位时间传送信息的速率），就是有效利用时间资源；③信息传送应该有高的频谱利用率，实际上是有效利用频谱资源。

可靠性是指，传输差错要尽量少，对于数字传输就是要求低的误码率。

安全性是指，传输的信息不能泄露给未授权人。

三项性能指标所对应的三项基本技术是：数据压缩、数据纠错和数据加密。

香农信息论解决了前两项技术的理论问题：提高有效性可通过信源编码（即信源压缩编码）来实现，并给出了压缩编码最低码率的极限；提高可靠性可通过信道编码来实现，并给出实现可靠传输最高信息传输速率的极限。所以说，香农揭示了数据压缩和传输的基本定律。

实际上，传输安全性的理论问题也是香农首先解决的。不过关于传输安全性的问题往往被认为属于信息安全或密码学领域。早在二战期间，香农就对密码学感兴趣。他认识到，密码学中的基本问题与通信中的问题密切相关。1945 年，他写了《密码学的数学理论》（*A Mathematical Theory of Cryptography*），1949 年改名为《保密系统的通信理论》（*Communication Theory of Secrecy System*）公开发表。这篇文章建立了保密系统的数学理论，对密码学产生了很大的影响。人们认为，是香农的工作才把密码学从艺术变成科学。

所以我们说，香农建立了通信中的三项基本技术的理论基础,信息论是前两项技术的理论基础。

1.1.2 信息的基本概念

信息论的产生引起了很多专家学者对信息研究的兴趣，他们从不同的角度和侧面研究和定义信息。据说到目前为止已有上百种信息的定义或说法。例如，“信息是事物之间的差异”“信息是物质与能量在时间与空间分布的不均匀性”“信息是收信者事先不知道的东西”等。

正因为信息的定义种类繁多，所以当前还没有一个公认的关于信息的定义，但这并不影响我们对信息的基本特征的认识。信息有许多与物质、能量相同的特征，例如，信息可以产生、消失、携带、处理和量度。信息也有与物质、能量不同的特征，例如，信息可以共享，可以无限制地复制等。

实际上，信息可以划分为两个大的层次：本体论层次和认识论层次。从本体论层次上看，信息是客观的，即它是独立于人或其他有感知的事物而存在的，这就是说，在人类出现以前信息就存在了。从认识论层次上看，信息是通过认识主体的感受而体现出来的。现在我们所说的信息实际上是指认识论层次的信息。

威沃（Weaver）在《对通信的数学理论当前的贡献》（*Recent Contributions to the Mathematical Theory of Communication*）一文中讲到通信问题的三个层次：第一层，通信符号如何精确传输？（技术问题）；第二层，传输的符号如何精确携带所需要的含义？（语义问题）；第三层，所接收的含义如何以所需要的方式有效地影响行为？（效用问题）。*Weaver* 认为香农的通信的数学理论属于第一层，但与第二、三层有重叠，而且至少在很大程度上也是第二、三层的理论之一。

当前一种比较普遍的描述信息的说法是：信息是认识主体（人、生物、机器）所感受的或所表达的事物运动的状态和运动状态变化的方式。以这种定义为基础，可以把信息分成三个基本层次，即语法（*Syntactic*）信息，语义（*Semantic*）信息和语用（*Pragmatic*）信息，分别反映事物运动状态及其变化方式的外在形式、内在含义和效用价值。

可以看到，现在这种比较普遍认同的对信息的描述与 *Weaver* 的说法基本一致。

语法信息是事物运动的状态和变化方式的外在形式，不涉及状态的含义和效用。像语言学领域的“词与词的结合方式”，而不考虑词的含义与效用。在语言学中称为语法学。语法信息还可细分为概率信息、偶发信息、确定信息、模糊信息等。

语义信息是事物运动的状态和变化方式的含义。在语言学里，研究“词与词结合方式的含义”的学科称为语义学。

语用信息是事物运动状态及其状态变化方式的效用。

下面举例说明信息三个层次的含义。有一个情报部门，其主要任务是对经济情报进行收集、整理与分析，以提供给决策机构。该部门设三个组：信息收集组、信息处理组和信息分析组。信息收集组的任务是将收集到的资料按中文、英文或其他文字、明文、密文进行分类，不管这些资料的含义如何，都交到信息处理组。信息处理组根据资料的性质进行翻译或破译得到这些资料的含义，然后交到信息分析组。信息分析组从这些资料中挑选出有价值的情报提交给决策机构。可见，信息收集组是根据所得到的消息提取出语法信息，信息处理组是根据所得到的语法信息提取出语义信息，而信息分析组是根据所得到的语义信息提取出语用信息。

可以看到，研究语义信息要以语法信息为基础，研究语用信息要以语义信息和语法信息为基础。三者之间，语法信息是最简单、最基本的层次，语用信息则是最复杂、最实用的层次。

现在，让我们再完整地引用香农在 1948 年的经典论断：“通信的基本问题是在一点精确地或近似地恢复另一点所选择的消息。通常，这些消息是有含义的，即它对于某系统指的是某些实在的或抽象的实体。这些通信的语义方面与通信问题无关，而重要的是，实际消息是从一个可能消息集合中选择出的一条消息。”

可见，香农在研究信息理论时，排除了语义信息与语用信息的因素，先从语法信息入手，解决当时最重要的通信工程一类的信息传递问题。同时他还把信源看成具有输出的随机过程，所研究的事物运动状态和变化方式的外在形式遵循某种概率分布。因此香农信息论所研究的信息是语法信息中的概率信息。不过，随着信息论研究的深入，香农信息论的方法已经渗透到语义信息领域，如最大熵建模方法用于机器翻译等自然语言处理问题。

有人还提出通信信息（应属于语法信息）也有三个层次，即信号、消息与信息。其中信号为最低的层次，信息是最高层次。消息是信息的携带者，信息包含于消息之中，信号是消息的载体，消息是信号的具体内容。

信息各层次之间的关系如图 1.1 描述。

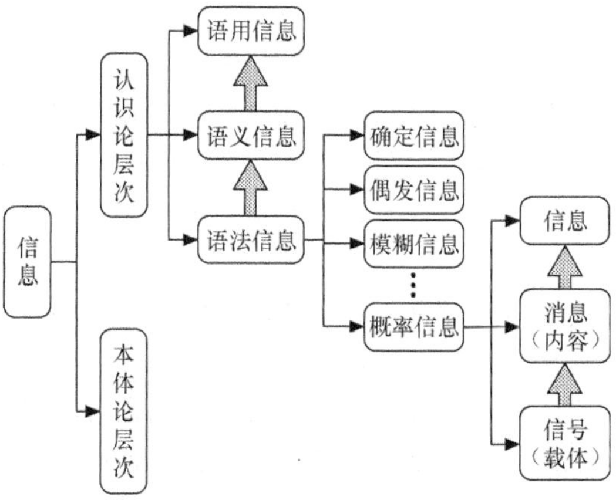

图 1.1　信息各层次之间关系

1.2 香农信息论研究的内容

本节在介绍通信系统模型中各主要模块功能的基础上，简单讲述香农信息论的研究的主要问题。

1.2.1 通信系统模型

如前面所述，香农创立信息论是从研究通信系统开始的，并首先建立了通信系统模型。由于技术发展水平的限制，当时的通信基本限制在点对点的通信，所以这种通信系统模型是指“从一个地方向另一个地方传送信息的系统”。例如，电话、电报、电视、无线通信、光通信等。而存储系统在某种意义上也可视为从现在向将来发送信息的通信系统。例如，磁盘或光盘驱动器、磁带记录器、视频播放器等。所以，一般的通信系统是从空间的一点到另一点传送信息的，而存储系统是从时间的一点到另一点传送信息的。

随着通信与信息网（其中包括电信网、互联网、移动通信网、广播电视网、光通信网等）的飞速发展，需要将传统的通信系统模型进行扩展，以适应新的研究需要。实际上，多个点对点的通信系统通过一个公用信道，就构成多点对多点的通信系统模型。因此关于传统的点对点通信模型的知识是最基本的。

一般通信系统模型框图，如图 1.2 所示。下面对模型的主要组成部分进行简单描述。

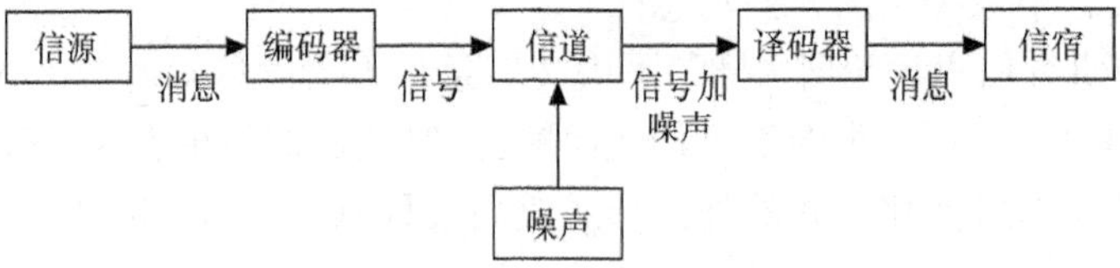

图 1.2 通信系统模型

1. 信源

信源（*information source*）是信息的来源，其功能是直接产生可能包含信息的消息。信源按输出符号的取值，分为离散和连续信源两大类。在离散时间发出取值离散符号的信源为离散信源，例如，字符序列，包括文件、信件、书报、杂志、电报、电传等都是离散信源。而连续信源又分为两种，一种是在离散时间发出取值连续符号的信源，称为离散时间连续信源，另一种是输出为连续时间波形（连续时间，符号取值连续）的信源，称为波形信源或模拟信源。无线广播信号、电视信号、语音、图像信号及多媒体信号等都是模拟信源，而模拟信源在时间域、频率域的抽样或通过其他变换方式得到的等价的离散时间序列都是离散时间连续信源。

离散信源和离散时间连续信源也有共性，就是它们的输出都是序列，只不过是符号的取值范围不同，前者取自可数符号集，而后者取自实数集。

信源按输出符号之间的依赖关系分类，可分为无记忆和有记忆信源。如果信源输出符号的概率与以前输出的符号无关，就称为无记忆信源，否则就称为有记忆信源。离散信源和离散时间连续信源可以是无记忆的，也可以是有记忆的，而模拟信源大多是有记忆的。

2. 编码器

编码器（*encoder*）的功能是将消息变成适合于信道传输的信号。在通信系统中称作发信机，而在存储系统中称作记录器或写入器。编码器包括信源编码器（*source encoder*）、信道编码器（*channel encoder*）和调制器（*modulator*），如图 1.3 所示。应该指出,在模拟通信系统中的编码器仅包含调制器。编码器中主要部分的功能如下：信源编码器的功能是将信源消息变成符号，目的是提高传输有效性，也就是压缩每个信源符号传输所需代码（通常为二进制代码）的数目（对二进制代码称比特数）。例如，一个信源含 4 个符号$\{a,b,c,d\}$，概率分别为 1/2，1/4，1/8，1/8。如果不采用信源编码，每个信源符号至少需要用 2 个二进制代码传输。如果采用信源编码，分别将 a，b，c，d 编码成为 0，10，110，111，那么平均每信源符号只需 1.75 个二进制代码传输。可见，采用合适的信源编码确实能通过压缩码率提高传输有效性。所以，信源编码也称信源压缩编码。

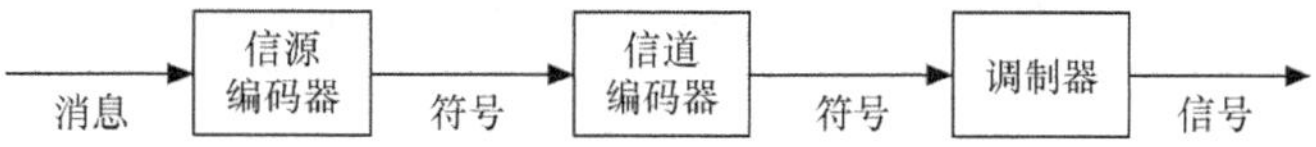

图 1.3 编码器的组成

信道编码器给信源编码符号序列增加冗余符号，目的是提高传输可靠性。信源编码输出直接传送，不能保证传输可靠性。利用信道编码给信源编码器的输出符号序列增加一些冗余符号，并让这些符号满足一定的数学规律，可使传输具有纠错或检错能力。因为出现传输错误会破坏这种数学规律，在接收端就会发现错误。例如，最简单的奇偶纠错编码方式是将信源编码输出的每个码组的尾补一个 1 或 0，使得整个码组“1”的个数为奇或偶（或模二加为 1 或 0）。这样，当传输发生奇数差错时，就打乱了“1”数目的奇偶性，从而可以检测出错误。这是最简单的检错方式，而实际使用的信道编码技术要复杂得多。

图 1.4 说明增加冗余符号可以提高传输可靠性。图中 1.4（a）：4 个消息用 4 个 2 维矢量传送，没有冗余符号。如果出现任何差错都会使传送的码字变成另一个码字，所以无检错能力；图 1.4（b）：在图 1.4（a）的基础上每个码字增加一个校验符号，构成奇校验，4 个消息用 4 个三维矢量传送。如果出现任何奇数差错都会使传送的码字变成不是码字的三维矢量，这样就能检测出错误，但不能纠正错误；图 1.4（c）：用两个汉明距离为 3 的三维矢量传送两个消息。如果出现一个错误，可以根据接收矢量和码字汉明距离的大小判决是哪个消息被传输，因此可以纠一个错误。

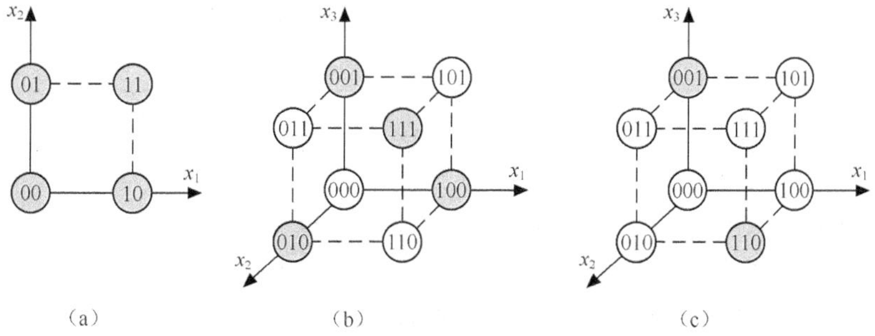

图 1.4 增加冗余符号提高传输可靠性示意图（图中，有阴影的点表示码字）

调制器功能是，将编码器的输出符号变成适合信道传输的信号，目的是提高传输效率（使远距离传输成为可能）。因为信道编码输出符号不能直接通过信道传递，要将其变成适合信道传输的信号，例如，0，1 符号变成两个电平，为远距离传输，还需进行载波调制，例如，ASK、FSK、PSK 等。

3．信道

信道（*channel*）是信号从编码器传输到译码器的中间媒介。信道可以分为狭义信道和广义信道。狭义信道是某些种类的物理通信信道，也可以是物理的存储介质。例如，有线、无线、光纤、磁盘、光盘等。广义信道是一种逻辑信道，它和信息所通过的介质无关，只反映信源与信宿的连接关系。信息论中只研究广义信道。

信道还分为无噪声信道和有噪声信道。通常，系统中其他部分的噪声和干扰都等效成信道噪声。通信系统中主要有两种噪声：加性噪声和乘性噪声。一般地讲，背景噪声为加性，而衰落为乘性。这里主要研究加性噪声。在信息论中研究最多的是理想加性高斯白噪声（AWGN）信道。研究高斯噪声的主要原因是它的普遍性和易于处理的特性。

高斯分布的普遍性主要基于两种原因：①根据中心极限定理，无数独立随机变量的和的分布趋近高斯分布，因此高斯噪声普遍存在；②在限功率条件下产生最大熵的信源分布为高斯分布，而最大熵分布是最容易被观察到的分布。

与信源的分类类似，信道还分为离散信道、离散时间连续信道和波形信道（或模拟信道），其中，离散信道和离散时间连续信道输入与输出都是符号序列，只不过符号取值不同，前者取离散值，而后者取连续值；而波形信道的输入与输出均为时间的连续波形。

信道也可有无记忆和有记忆的区分，离散信道和离散时间连续信道可以是无记忆的，也可以是有记忆的；而波形信道通常是有记忆的。

4．译码器

译码器（*decoder*）实现与编码器相反的功能，即从信号中恢复消息。在通信系统中称做接收机，而在存储系统中称做回放系统或读出器。译码器包括解调器、信道译码器、信源译码器，如图 1.5 所示。解调器功能是，将信道输出信号恢复成符号；信道译码器的功能是，去掉解调器输出符号中的冗余符号；信源译码器的功能是，将信道译码器输出符号变成消息。总之，数字系统中的译码器功能与编码器中的对应部分功能相反，而在模拟系统中仅包含解调器。

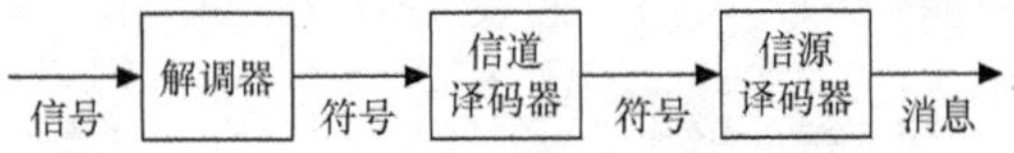

图 1.5　译码器的组成

5．信宿

信宿（*destination*）的功能是接收信息，包括人或设备。当前人们对信宿的研究也取得某些成果。例如，利用人的视觉残留效应，可以对图像采用不连续传输的方式达到连续的视觉效果，从而进一步压缩码率。利用人听觉的掩蔽效应，可以压缩在大幅度频率分量附近的信号而不影响听觉效果。总之，对信宿的研究和压缩编码结合，可以在不影响视听效果的条件下，显著压缩码率。

6. 通信系统性能指标的评价

有效性用频谱复用程度（模拟系统）或频谱利用率（数字系统）来衡量。提高有效性的措施是，采用性能好的信源编码以压缩码率，采用频谱利用率高的调制减小传输带宽。

可靠性用输出信噪比（模拟系统）和传输错误率（数字系统）来衡量。提高可靠性的措施是，采用宽带调制以换取信噪比，采用高性能的信道编码以降低错误率。

安全性用信息加密强度来衡量，提高安全性的措施是，采用强度高的密码与信息隐藏或伪装方法。

1.2.2 香农信息论的主要内容

信息论是在概率论、随机过程和通信技术相结合的基础上发展起来的学科，可分为狭义信息论和广义信息论。狭义信息论即香农信息论或经典信息论，所研究的基本问题是：信源、信道及编码问题，核心是三个编码定理。广义信息论包括香农的或经典的信息论、信源编码、信道编码、近代信息论、统计通信理论、通信网理论、信号与信息处理、保密通信等。

香农信息论的内容可用一句话概括为“一个概念，三个定理”，就是信息熵的概念和三个编码定理。

1. 关于信息的度量

为使信息有效和可靠地传输，首先要解决信息度量问题，它与信息论的三个基本定理密切相关。在信息传输过程中，信源作为信息产生的源头发出消息，使通信系统的各节点产生与信源相关的消息。因为香农将信源限制为具有某一先验概率的随机过程，所以在通信系统中各节点产生消息的实体也是随机过程（有时也简称为过程）。对包括信源在内的通信系统中所有过程的输出所含信息的度量称为信息的度量。这就是说，在香农信息论中，信息度量的对象是随机过程的输出，其中对信源输出的信息度量是最重要的内容。因为随机过程在每一给定时刻表现为随机变量，所以信息的度量也可视为是对随机变量的信息度量。有两种含义不同但又密切相关的信息度量方式，一种是随机变量本身所含信息量多少的量度，另一种是随机变量之间相互提供信息量多少的量度。前者用信息熵来描述，后者用互信息来描述。

信息熵是信息论中最重要的概念，信息熵的含义与应用以及信息的量度方法是研究的主要内容。

2. 关于无失真信源编码

无失真信源编码定理，也称香农第一定理，是信源压缩编码的理论基础，其内容是：如果信源编码码率（编码后传送每个信源符号平均所需比特数）不小于信源的熵，就存在无失真编码，反之，不存在无失真编码。可以简述为

$$R \geqslant H \quad \Leftrightarrow \quad \text{存在无失真信源编码}$$

其中，R 为信源编码码率，H 为信源的熵。例如，英文字母加空共 27 符号，用代码传送，每个符号需 5 比特。但通过试验发现，实际的英文字母信源熵大约为 1.4 比特/符号，所以根据香农第一定理，存在某种信源编码方式，使得每字母仅用 1.4 个二进制符号就能无失真传

送，这样可以显著提高传输效率。

由于定理解决的是信源无损压缩极限的理论问题，并未给出普遍的信源编码的方法，所以寻找接近或达到信源熵的压缩编码技术、分析其性能并有效实现是研究的主要问题。

3．关于信道容量与信息的可靠传输

有噪信道编码定理（香农第二定理）是信道编码的理论基础，其内容是：如果信息传输速率小于信道容量，则总可找到一种编码方式使得当编码序列足够长时传输差错任意小，反之不存在使差错任意小的编码。可以简述为

$$\boldsymbol{R\leqslant C} \quad \Leftrightarrow \quad \text{存在译码差错任意小的信道编码}$$

其中，R 为信息传输速率，也称信道编码码率，C 为信道容量。例如，一个带宽为3kHz的系统，用二进制符号传输，如果不进行信道编码，无码间干扰的最大传输速率为6kbit/s，按照香农 *AWGN* 信道容量公式可知，通过合适的信道编码，在信噪比为26dB的条件下，实现可靠传输的最大速率可达到25.6kbit/s。

由于信道类型的复杂性，所以根据实际研究的问题建立信道模型，分析其特性，计算其容量以及评价在这些信道条件下各类通信系统的性能是研究的主要问题。此外，定理解决的是信息传输极限的理论问题，并未给出普遍的信道编码的方法，所以寻找接近或达到信源信道容量的信道编码技术、分析其性能并有效实现也是研究的主要问题。不过这些内容主要归入信道编码理论与技术的范畴。

4．信息率失真理论（有损数据压缩的理论基础）

实际上，在很多情况下，我们并不需要信息精确的传输，而是容许有一定限度差错的传输。这样在保证获取足够信息的前提下，可以提高传输效率，降低通信成本。香农指出："实际上，当我们有一个连续信源时，我们感兴趣的不是精确的传输，而只是在一个给定容限内的传输。问题就是，当我们仅需要一定的以合适方式度量的恢复保真度时，我们能不能给连续信源分配一个确定的速率。"为实现限失真传输的有效性，我们总是希望在满足一定的失真要求条件下，使编码器的码率最小，这是一个最优有损数据压缩编码的理论问题，其理论基础就是信息率失真理论，核心是限失真信源编码定理。

限失真信源编码定理（香农第三定理）是有损压缩编码的理论基础，其内容是：对任何失真测度 $D\geqslant 0$，只要码字足够长，总可找到一种编码，使得当信源编码的码率 $\geqslant R(D)$ 时，码的平均失真 $\leqslant D$；反之，如果信源编码的码率 $<R(D)$，就不存在平均失真 $\leqslant D$ 的编码。可以简述为：

$$\boldsymbol{R\geqslant R(D)} \quad \Leftrightarrow \quad \text{存在平均失真}\leqslant \boldsymbol{D}\text{ 信源编码}$$

其中，R 为信源编码码率，$R(D)$ 称为信息率失真函数，是满足平均失真 $\leqslant D$ 条件下，平均每信源符号所需最小编码比特数。

例如，一个等概率16个符号的离散信源，如果要求不失真信源编码，那么每个信源符号需要4个二进制符号，即平均码长为4比特。但如果允许失真，就可以减小平均码长。如果要求平均失真不超过1/2，即对编码序列进行译码时，最多允许1/2的错误。很明显，我们可以将信源的前7个符号分别编码，而信源的后9个符号都编成一个相同的（第8个）码字传输，在接收端译码时，接收到前7个码字与接收端符号表的前7符号一一对应，无

译码差错。当接收到第 8 个码字时，随机地译成接收端符号表中第 8 到第 16 个符号中的任意一个。总译码正确率为 7/16+1/16=1/2，所以错误率也为 1/2，即编码失真为 1/2。如果用最优二元编码（例如，*Huffman* 编码），平均码长可达 2.25 比特，小于 4 比特。但是，在理论上，对于同样的信源，为实现 1/2 差错率的信源编码最小的码长由 $R(D)$函数来决定，为 1.05 比特。

与无失真信源编码类似，限失真信源编码定理解决了有损压缩极限的理论问题，也未给出实际的有损信源编码的方法。在各种失真度准则下对信源 $R(D)$函数的研究，利用率失真理论对实际有损压缩编码性能的分析，寻找接近或达到有损压缩极限性能的信源编码方法是该领域研究的主要问题。

5. 信息论的特点

现将香农信息论的特点总结如下：

- 以概率论、随机过程为基本研究工具。
- 研究通信系统的整个过程，而不是单个环节，并以编、译码器为重点。
- 关心的是最优系统的性能和怎样到达这个性能，并不具体设计系统。
- 语法信息中的概率信息要求信源为随机过程。

1.3 香农信息论研究的进展与应用

1.3.1 香农信息论创立的背景

应该指出，香农信息论的创立主要是由于香农的杰出贡献，但也与当时的技术发展背景和前人的工作密不可分。

19 世纪末到 20 世纪 40 年代正是通信理论与技术得到较大发展的时代，当时的主要通信技术与手段有电报（*Morse*，1830's）*、电话（*Bell*，1876）、无线电报（*Marconi*，1887）、*AM* 无线电(1900's 早期)、单边带调制（*Carson*，1922）、电视（1925—1927）、电传（1931）、调频（*Armstrong*，1936）*、脉码调制（*Reeves*，1937—1939）*、声码器（*Dudley*，1939）*、扩频（1940's）*等，其中*表示对信息论的创立有较大影响的技术。

1948 年以前，奈奎斯特（*Nyquist*），哈特利（*Hartley*）等人也做了许多有影响的工作。例如，*Nyquist* 发现传输速率正比于在单位时间内信号电平数目的对数（1924）；*Hartley* 提出“传输速率”“码间干扰”“系统传输信息的容量”等术语；维纳（*Wiener*）、莱斯（*Rice*）等把随机过程作为通信工程师的工具。所有这些都为信息理论的建立产生了重要影响。

热力学对香农信息论的创立也产生很大影响，香农提出用熵作为信息的度量，实际上也参考了热熵的概念。人们对热熵的认识主要有三个阶段：最早由克劳修斯提出宏观熵的公式：$S=\Delta Q/T$，其中 S 为熵的变化，ΔQ 为宏观系统热量的变化，T 为绝对温度。玻尔兹曼提出微观系统的熵和微观系统状态数的对数成正比，后来由普朗克总结成公式：$S=k\log\Omega$，其中 k 为玻尔兹曼常数，Ω 为系统的微观系统状态数，该公式称为玻尔兹曼方程。吉布斯提出在微观系统状态概率不等情况下的热熵计算公式：$S=-k\sum_i p_i\log p_i$，该公式称为吉布斯方程。实际上，除常数 k 外，香农熵和吉布斯方程的热熵表达式相同。

1.3.2　香农的主要贡献

在信息论的产生与发展过程中香农所起的作用是关键性的，主要事件列举如下：

1948年，发表《通信的数学理论》，奠定了信息论的理论基础。

1956年，发表 *The Zero-Error Capacity of a Noisy Channal*（《噪声信道的零差错容量》），指出当不允许有任何传输错误时，信道编码的概率方面问题消失，而仅保留图论方面的问题，开创了零差错容量的研究领域。

1959年，发表 *Coding Theorem for a Discrete Source with a Fidelity Criterion*（《在保真度准则下的离散信源编码定理》），给出率失真定理的简单详细的证明，然后推广到更一般的信源和失真测度，最后到模拟信源，推动了信息率失真理论研究。

1961年，发表 *Two-Way Communication Channels*（《双路通信信道》），将信息论应用到连接两个点 A、B 的信道，其中 A、B 需要双向通信，但两个方向互相干扰的情况，证明了信道的容量区域是凸的，并建立了此区域的内外边界，从而开拓了多用户理论（现称作网络信息论）的研究。

1.3.3　香农信息论研究进展

60多年来，无论是理论方面，还是应用方面，香农信息论都得到很大的发展，可分以下4个方面来叙述。

1. 信息的量度

香农熵作为信息的量度，是信息论中最重要的概念，主要包含两项重要研究内容，一是以香农熵为基础，研究信息熵的估计方法，二是将信息熵用作推断工具的最大熵原理；另外就是提出新的有别于香农熵的信息量度方法，以适应新的应用，主要进展如下。

（1）信息熵的估计

自从香农信息论创立以来，已经提出了多种信息熵估计方法，并得到广泛应用。当前，信息熵估计方法已经从主要针对文本、图像等一般信源，转移到针对特殊信源（例如，*DNA* 序列熵的估计）的研究。

（2）最大熵原理

1957年，统计物理学家杰尼斯（*Jaynes*）根据香农熵的概念，提出了当已知条件不充分时利用部分信息推断概率分布的方法，称为最大熵原理。它的基本思想是，求满足某些约束的事件概率分布时，应使得信源的熵最大，这样可以使我们依靠有限的数据达到尽可能客观的效果，克服可能引入的偏差。当前，最大熵原理已经应用于多个领域，其中包括信号检测与处理、模式分类、自然语言处理，生物医学，甚至经济学领域，都取得很好的效果。

（3）*Kolmogorov* 熵

上世纪60年代 *Kolmogorov* 等提出一种与概率无关的信息量度，称为 *Kolmogorov* 算法熵。在数值 y 给定条件下使计算机输出 x 值最短的程序的长度，定义为在 y 条件下 x 的条件算法熵。算法熵可以作为算法复杂度的度量。

（4）*Renyi* 熵

Renyi 熵有一个参数 α，是香农熵的单参数推广。*Renyi* 熵称为与概率分布有关的 α 阶的

信息度量，不满足可加性；当 $\alpha \to 1$ 时，收敛于香农熵。*Renyi* 熵在很多领域都有应用，例如生物学、医学、遗传学、语言学、经济学和电器工程、计算机科学、地球物理学、化学和物理学等，在图象处理技术中也有应用，也广泛用于量子系统的研究，特别是用于量子纠缠态、量子通信协议、量子相关性的分析等。

（5）*Tsallis* 熵

表示大范围的相互作用或长时间的记忆系统可能不满足遍历性，例如引力系统、莱维飞行（*Levy flights*）、分形现象、湍流物理、甚至经济学等领域，称为非广延系统。已经证明，波尔兹曼—吉布斯统计学不适于这类系统。1988 年，由 *Tsallis* 提出一种适用于非广延系统的信息度量，推广了波尔兹曼—吉布斯熵，称为 *Tsallis* 熵。它也是香农熵的单参数（q）推广，满足伪可加性；当 $q \to 1$ 时，收敛于香农熵。当前，*Tsallis* 熵已经应用到很多系统，例如 *Levy* 异常扩散、自引力系统、星系的特殊速度、线性响应理论、扰动与变分方法、格林函数、光子-电子相互作用、低维耗散系统等。通常认为，*Tsallis* 熵适用于非规则的但又不完全随机或混沌的运动的处理。*Tsallis* 熵在信息处理方面的应用也是当前研究的热点之一。

2. 无损数据压缩

无损数据压缩的理论基础是香农第一定理和通用信源编码的理论。通用信源编码就是对某种宽泛的一类可能信源中的每一个都渐近达到最佳性能的信源编码。*Kolmogorov* 最早提出通用信源编码的概念（1965），而后 *Fitingof* 用组合论和概率论的方法（1966）研究了通用编码问题，*Davisson* 等阐述了通用无损编码的基本理论（1973），*Rissanen* 等在该领域也做了很多重要贡献。无损压缩技术主要进展如下。

（1）熵编码的进展，主要包括：①*Huffman* 解决了从固定到可变长度最优编码的构造，即 Huffman 编码；②*Tunstall* 解决了可变适定消息集到固定长度最优编码的构造，即 *Tunstall* 编码；③*Golomb* 提出了一种针对二元信源的游程编码，即 *Golomb* 编码；④*Rissanen* 等使算术编码成为实用的编码技术；

（2）通用编码的进展，主要包括：①由 *A.Lempel* 和 *J.Ziv* 提出的方法（*LZ* 算法）是当前最广泛使用的通用编码方法，该方法基于对信源序列的分段和匹配，使编译码都很简单，已经证明 *LZ* 算法对任何平稳遍历信源都能渐近达到以熵率编码；②*Broose* 和 *Wheeler* 提出基于 *Broose-Wheeler* 变换的压缩编码，性能优于 LZ 系列编码；③*Cleary* 和 *Witten* 提出部分匹配预测（*Prediction by Partial Matching, PPM*）压缩编码，是压缩率最好的编码；④在提高瞬时压缩效率的编码方面，*Rissanen* 提出上下文树模型，由 *F.Willems* 等提出了上下文本树加权编码方法，该方法实际是用上下文本树加权的方法估计条件概率对信源序列进行算术编码，理论与实验证明这种方法的编码速率渐近达到熵率；

（3）分布信源编码

D.Slepian 和 *J.Wolf* 提出相关信源编码是数据压缩理论最重要的进展之一，是无损分布信源编码的理论基础。他们证明，即使对两个相关信源分别编码但联合译码，所需总的码率也可以小于两个信源熵的和。此外具有边信息的信源编码和数据压缩的研究还在开展。

3. 可靠通信

可靠通信的理论基础是香农第二定理，它的进展主要包括以下方面。

（1）各种特殊信道容量与有关编译码技术研究，主要包括：高斯信道、衰落信道、反馈信道、迭代译码、有约束信道（香农称做离散无噪声信道，是有约束序列编码的理论基础，有关技术广泛应用在磁与光记录设备中）和零差错信道（这是香农开辟的另一个研究领域，信息可以无错误编码的最大速率称零差错容量，这种容量的研究不同与非零差错容量的研究，它要以组合图论作为研究工具）等。

（2）多用户信道的研究，主要包括：多接入信道、无记忆高斯多接入信道、干扰信道、广播信道、未知参数信道、窃听信道等，现已构成信息论中一重要分支网络信息论。

（3）多入多出（*MIMO*）信道与空时编码的研究，主要包括：①*Paulraj*、*Telatar*、*Foschini* 等人的工作奠定了空时信道研究的理论基础，②*Tarokh* 提出了空时格码技术，推动了空时编码的研究，③当前多天线以及空时编码与调制技术的研究已成为新的研究领域。

（4）编译码理论的研究，主要包括：①*Berlecamp* 系统总结了代数编码理论，②*BCH*、*RS* 码、卷积码、级联码以及 *TCM* 编码调制理论与技术的研究，③*Berrou* 等提出的 *Turbo* 码和 *Gallager* 首先提出后来被重新认识的 *LDPC*（低密度奇偶校验）码是信道编码理论研究的重要里程碑，其性能已经接近香农的信道容量界限。

（5）信道编码定理的研究。

4．有损数据压缩

有损数据压缩的理论基础是信息率失真理论，它的进展主要包括以下方面。

（1）*Berger* 给出了更一般的率失真编码定理，发展了率失真编码理论。

（2）*Wyner* 和 *Ziv* 研究了在译码器具有边信息的有损信源编码问题，推动了多端有损压缩编码的研究。

（3）*Hajek* 和 *Berger* 建立了随机场率失真编码理论的基础。

（4）*Yang* 和 *Kieffer* 证明，对于信源统计特性和失真测度都通用的有损压缩编码是存在的，为通用有损压缩编码的研究提供了理论依据。

（5）信源和信道联合编码。

（6）实现有损压缩的技术得到很大发展，其中包括：标量与矢量量化、预测编码、变换编码等。这些技术都成功应用到语音、音频、图像、视频以及多媒体的压缩编码中。

1.3.4 香农信息论的应用

香农信息论产生于通信，所以它最重要的应用就在通信领域，除此以外，香农信息论已经渗透到多种其他学科，并取得了成功，其重要应用概括如下。

1．信息论提出了评估通信系统性能优劣的基本标准

香农信息论解决了通信系统传输有效性和传输可靠性性能指标的理论问题。在实际工作中，将通信系统实际的性能指标与香农指出的理论界限相比较，可以评估该系统性能的优劣，从而确定系统性能改进的方向，达到预期的目的。

2．信息论提供了从全局的观点观察和设计通信系统的理论方法

信息论提供的是一系列支持通信实践的指导原则，而某些数学原理仅处理通信系统的个

别的方面。例如，在通信系统的设计中，给定信源编码的失真度要求、信道容量信息传输速率，那么信源编码和信道编码的方式可以自由选择，因此可以设计不同的方案，但是可能对应不同的设备复杂度和成本。利用香农信息论可以从全局考虑设计问题，从而达到通信系统的最佳设计。

3. 信息论是从事与信息处理有关的研究、开发与管理人员的必备知识

信息论并不仅仅是通信的数学理论，而且它的处理方法适用于很宽的信息处理领域，所以也是从事与信息行业有关的各类人员必备的知识。实践证明，不掌握信息论的基本原理，往往不能从全局的角度处理具体的信息处理问题，限制了解决问题的思路。

4. 信息论在其他领域的应用已获得很大的成功

除通信、计算机、信号处理和自动控制领域（电子信息领域）等外，信息理论方法已经渗透到生物学、医学、气象学、水文环境学、语言学、社会学和经济学等诸多领域，并取得成功。本书的第 11 章列举了香农信息论的主要应用，包括信源熵的估计、最大熵原理及其最大熵法在自然语言处理、经济学等领域的应用等。

思考题

1.1 信息论是何时创立的？创始人是谁？

1.2 信息和物质、能量有什么联系与区别？

1.3 从认识论层次上看，信息分成几个层次，这些层次的含义和它们之间的关系如何？

1.4 通信系统的主要性能指标是什么，如何衡量？如何提高这些性能指标？

1.5 香农信息论研究的是什么层次信息？研究的主要内容是什么？？

1.6 通信系统模型分成几部分？各自的功能如何？

1.7 香农的三个编码定理的内容是什么？

1.8 简述香农信息论的研究进展。

1.9 如何理解学习香农信息论的重要性？

第2章 离散信息的度量

对离散消息中所含信息的度量称为离散信息度量，这种度量也可视为是对离散随机变量的信息度量。有两种含义不同但又密切相关的度量方式，一种是离散随机变量本身所含信息量多少的量度，而另一种是离散随机变量之间相互提供信息量多少的量度。前者用信息熵来描述，后者用平均互信息来描述。平均互信息可视为信息熵的扩展。而信息熵又可视为平均互信息的特例，两种信息度量都有很多重要的性质。

本章主要限制在离散有限随机变量的信息度量，主要内容包括自信息和互信息、信息熵的基本概念和性质，以及平均互信息的概念与性质等。

本书符号约定：大写字母表示随机变量或随机事件集合，小写字母表示随机变量的取值或随机事件，其中 x 取自一个有限符号集合（也称字母表）$A=\{a_1,a_2,\cdots,a_n\}$，符号集也可以是无限可数的，但如无特别说明，都默认为有限符号集的情况。

2.1 自信息和互信息

本节介绍自信息和互信息，前者描述的是随机事件集合中某一事件自身的属性，而后者描述的是分别取自于两随机事件集合的两个单一事件之间的关系。

2.1.1 自信息

1. 自信息

事件集合 X 中的事件 $x=a_i$ 的自信息定义为

$$I_X(a_i)=-\log P_X(a_i) \quad (2.1\text{a})$$

简记为

$$I(x)=-\log p(x) \quad (2.1\text{b})$$

注：

① $a_i\in A$，且 $\sum_{i=1}^{n}P_X(a_i)=1$，$0\leqslant P_X(a_i)\leqslant 1$。

② 要求自信息 I 为非负值，所以对数的底必须大于 1；对数底的选取有如下几种情况：

- 以 2 为底：单位为比特（bit，为 binary digit 的缩写），工程上常用；
- 以 3 为底：单位为 Tit；

- 以 e 为底：单位为奈特（Nat，为 Natural Unit 的缩写），理论推导时常用；
- 以 10 为底：单位为迪特（Dit）或哈特（Hart）。

各单位之间的换算关系为

1 奈特$=\log_e e=\log_2 e$ bit=1.443 bit

1 Dit$=\log_{10}10=\log_2 10$ bit$=1/\log_{10}2$ bit=3.322 bit

③ 自信息为随机变量，且 $I(x)$是 $p(x)$的单调递减函数，即概率大的事件自信息小，而概率小的事件自信息大。

④ 自信息含义体现在如下两个方面：

- 表示事件发生前该事件发生的不确定性。因为概率小的事件不易发生，预料它何时发生比较困难，因此包含较大的不确定性；而概率大的事件容易发生，预料它何时发生比较容易，因此不确定性较小。当某事件必然发生时，就不存在不确定性，即不确定性为零。
- 表示事件发生后该事件所包含的信息量，也是提供给信宿的信息量，也是解除这种不确定性所需要的信息量。概率大的事件不仅容易预测，而且发生后所提供的信息量也小；而概率小的事件不仅难于预测，而且发生后所提供的信息量也大。

由此可见，自信息的表示与人们的某些直观感觉相吻合。这种感觉表现为：对于大概率事件的出现，人们总觉得很平常，而对于小概率事件的出现，人们总觉得很意外。当然意外的感觉要比平常的感觉所得到的信息量大。例如，“飞机失事”的概率要比“公交车祸”的概率小得多，所以前者所包含的信息量要比后者大得多。

应该指出，自信息属于语法信息的层次，排除了语义和语用方面的含义。实际上，香农信息论把所有的随机事件都作为具有某一发生概率的符号来观察，而该事件的其他特征都被忽略了。所以从香农信息论的观点看来，无论何种事件，只要概率相同，所含信息量就相同。例如，如果事件“某地区飞机失事”与事件“该地区出生残疾婴儿”的概率相同，那么两事件所含信息量就相同，尽管从广义信息的角度看，两事件所含信息量具有很大的差异。因此事件或消息都可视为集合中的符号或随机变量的取值。

例 2.1 箱中有 90 个红球，10 个白球。现从箱中随机地取出一个球。求：

（1）事件“取出一个红球”的不确定性；

（2）事件“取出一个白球”所提供的信息量；

（3）事件“取出一个红球”与事件“取出一个白球”相比较，哪个事件的发生更难猜测？

解 （1）设 a_1 表示“取出一个红球”的事件，则 $p(a_1)=0.9$，故事件 a_1 的不确定性为

$$I(a_1) = -\log 0.9 = 0.152\text{bit}$$

（2）设 a_2 表示“取出一个白球”的事件，则 $p(a_2)=0.1$，故事件 a_2 所提供的信息量为：

$$I(a_2) = -\log 0.1 = 3.323\text{bit}$$

（3）因为 $I(a_2)>I(a_1)$，所以事件“取出一个白球”的发生更难猜测。■

结论：欲求事件的自信息，首先要求事件发生的概率。

2. 联合自信息

联合事件集合 XY 中的事件 $x=a_i$，$y=b_j$ 包含的**联合自信息**定义为

$$I_{XY}(a_i, b_j)=-\log P_{XY}(a_i, b_j) \tag{2.2a}$$

简记为

$$I(xy)=-\log p(xy) \tag{2.2b}$$

其中，$p(xy)$要满足非负和归一化条件。

联合自信息可以推广到多维随机矢量。N维矢量$\boldsymbol{x}=(x_1,x_2,\cdots,x_N)$，$x$的自信息定义为

$$I(\boldsymbol{x})=-\log p(\boldsymbol{x}) \tag{2.3}$$

实际上，如果把联合事件看成一个单一事件，那么联合自信息的含义与自信息的含义相同。

例 2.1（续） 箱中球不变，现从箱中随机取出两个球。求：

（1）事件“两个球中有红、白球各一个”的不确定性；

（2）事件“两个球都是白球”所提供的信息量；

（3）事件“两个球都是白球”和“两个球都是红球”相比较，哪个事件的发生更难猜测？

解 三种情况都是求联合自信息。设x为红球数，y为白球数。

（1）$P_{XY}(1,1)=\dfrac{C_{90}^1C_{10}^1}{C_{100}^2}=\dfrac{90\times10}{100\times99/2}=2/11 \qquad I(1,1)=-\log 2/11=2.460\ \text{bit}$

（2）$P_{XY}(0,2)=\dfrac{C_{10}^2}{C_{100}^2}=\dfrac{10\times9/2}{100\times99/2}=1/110 \qquad I(0,2)=-\log 1/110=6.782\ \text{bit}$

（3）$P_{XY}(2,0)=\dfrac{C_{90}^2}{C_{100}^2}=\dfrac{90\times89/2}{100\times99/2}=89/110 \qquad I(2,0)=-\log 89/110=0.306\ \text{bit}$

因为$I(0,2)>I(2,0)$，所以事件“两个球都是白球”的发生更难猜测。■

例 2.2 设二元随机矢量$\boldsymbol{X}^N=(X_1X_2\cdots X_N)$，其中，$\{X_i\}$为独立同分布随机变量，且1符号的概率为$\theta\,(0\leqslant\theta\leqslant1)$，求序列$\boldsymbol{x}=010011$的自信息。

解 所求序列的自信息为

$$I(\boldsymbol{x})=-\log p(\boldsymbol{x})=-\log[\theta^3(1-\theta)^3]=-3\log[\theta(1-\theta)]$$ ■

3. 条件自信息

给定联合事件集XY，事件$x=a_i$在事件$y=b_j$给定条件下的**条件自信息**定义为

$$I_{X/Y}(a_i|b_j)=-\log P_{X/Y}(a_i|b_j) \tag{2.4a}$$

简记为：

$$I(x|y)=-\log p(x|y) \tag{2.4b}$$

其中，条件概率$p(x|y)$也要满足非负和归一化条件。

条件自信息含义与自信息类似，只不过是概率空间有变化。条件自信息的含义包含两个方面：

① 在事件$y=b_j$给定条件下，在$x=a_i$发生前的不确定性；

② 在事件$y=b_j$给定条件下，在$x=a_i$发生后所得到的信息量。

同样，条件自信息也是随机变量。容易证明，自信息、条件自信息和联合自信息之间有如下关系：

$$I(xy)=I(x)+I(y|x)=I(y)+I(x|y) \tag{2.5}$$

例 2.1（续） 箱中球不变，现从箱中先拿出一球，再拿出一球，求：

（1）事件“在第一个球是红球条件下，第二个球是白球”的不确定性；

（2）事件“在第一个球是红球条件下，第二个球是红球”所提供的信息量。

解　这两种情况都是求条件自信息，设 r 表示红球数，w 表示白球数。

（1）$p(y=w\,|\,x=r)=10/99$，$I(y=w\,|\,x=r)=-\log 10/99=3.308\text{ bit}$

（2）$p(y=r\,|\,x=r)=89/99$，$I(y=r\,|\,x=r)=-\log 89/99=0.154\text{ bit}$ ■

例 2.3　有 8×8=64 个方格，甲将一棋子放入方格中，让乙猜。

（1）将方格按顺序编号后叫乙猜顺序号，其困难程度如何？

（2）将方格按行和列编号并告诉乙方格行号后，让乙猜列顺序号，其困难程度如何？

解　设行列编号分别为 x 和 y，因为没有任何附加信息，故假定甲选择的编号是等可能的，即 $p(xy)=1/64$，$x=1,\cdots,8$，$y=1,\cdots,8$，计算得 $p(x)=\sum_y p(xy)=1/8$，$x=1,\cdots,8$，$p(y\,|\,x)=p(xy)/p(x)=1/8$，以上两个问题归结到计算联合自信息和条件自信息的问题。

（1）$I(xy)=-\log_2 p(xy)=\log_2 64=6\text{ bit}$

（2）$I(x\,|\,y)=-\log_2 p(y\,|\,x)=\log_2 8=3\text{ bit}$ ■

2.1.2　互信息

设两个事件集合 X 和 Y，其中事件 $x\in X$，事件 $y\in Y$。由于空间或时间的限制，有时我们不能直接观察 x，只有通过观察 y 获取关于 x 的信息。

1. 互信息

离散随机事件 $x=a_i$ 和 $y=b_j$ 之间的**互信息**（$x\in X$，$y\in Y$）定义为

$$I_{X;Y}(a_i;b_j)=\log\frac{P_{X|Y}(a_i|b_j)}{P_X(a_i)} \tag{2.6a}$$

简记为

$$I(x;y)=\log\frac{p(x\,|\,y)}{p(x)} \tag{2.6b}$$

通过计算可得

$$I(x;y)=I(x)-I(x\,|\,y) \tag{2.7}$$

注：

① 互信息的单位与自信息单位相同。

② x 与 y 之间的互信息等于 x 的自信息减去在 y 条件下 x 的自信息。$I(x)$表示 x 的不确定性，$I(x|y)$表示在 y 发生条件下 x 的不确定性，因此 $I(x\,;y)$表示当 y 发生后 x 不确定性的变化。两个不确定度之差，是不确定度消除的部分，也就是由 y 发生所得到的关于 x 的信息量。

③ 互信息反映了两个随机事件 x 与 y 之间的统计关联程度。在通信系统中，互信息的物理意义是，信道输出端接收到某消息（或消息序列）y 后，获得的关于输入端某消息（或消息序列）x 的信息量。

2. 互信息的性质

（1）互易性：$I(x;\ y)=I(y;\ x)$。

（2）当事件 x，y 统计独立时，互信息为零，即 $I(x;\ y)=0$。

（3）互信息可正可负。

（4）任何两事件之间的互信息不可能大于其中任一事件的自信息。

由定义明显看出性质（1）成立，而且

$$I(x;y)=\log\frac{p(x\mid y)}{p(x)}=\log\frac{p(y\mid x)}{p(y)}=\log\frac{p(xy)}{p(x)p(y)} \tag{2.8}$$

当事件 x，y 统计独立时，有 $p(x|y)=p(x)$，所以性质（2）成立。因为，当 $p(x|y)>p(x)$时，$I(x;\ y)>0$；当 $p(x|y)<p(x)$时，$I(x;\ y)<0$，所以性质（3）成立；根据式（2.7），并考虑自信息和条件自信息的非负性，可得性质（4）。也可以说，一个事件的自信息是任何其他事件所能提供的关于该事件的最大信息量。

例 2.4 设 e 表示事件“降雨”，f 表示事件“空中有乌云”，且 $P(e)=0.125$，$P(e/f)=0.8$，求：（1）事件“降雨”的自信息；（2）在“空中有乌云”条件下“降雨”的自信息；（3）事件“无雨”的自信息；（4）在“空中有乌云”条件下“无雨”的自信息；（5）“降雨”与“空中有乌云”的互信息；（6）“无雨”与“空中有乌云”之间的互信息。

解 设 $\bar{e}$ 表示事件“无雨”，则 $P(\bar{e})=1-P(e)$。

（1）$I(e)=-\log 0.125=3\text{bit}$；

（2）$I(e|f)=-\log 0.8=0.322\text{bit}$；

（3）$I(\bar{e})=-\log 0.875=0.193\text{bit}$；

（4）$I(\bar{e}|f)=-\log 0.2=2.322\text{bit}$；

（5）$I(e;\ f)=3-0.322=2.678\text{bit}$；

（6）$I(\bar{e}\ ;\ f)=0.193-2.322=-2.129\text{bit}$。■

从本例中我们看到，事件“降雨”本来不确定性很大（= 3bit），但由于事件“空中有乌云”的出现，不确定性减小（= 0.322bit），这是因为“空中有乌云”提供了关于“降雨”正的信息量（= 2.678bit）。相反，事件“无雨”本来不确定性较小（= 0.193bit），但由于事件“空中有乌云”的出现，不确定性反而变大（= 2.322bit），这是因为“空中有乌云”提供了关于“无雨”负的信息量（= −2.129bit）。一般地说，如果某事件 x 提供了关于另一事件 y 正的信息量，说明 x 的出现有利于 y 的出现；如果某事件 x 提供了关于另一事件 y 负的信息量，说明 x 的出现不利于 y 的出现。

3. 条件互信息

设联合事件集 XYZ，在给定 $z\in Z$ 条件下，$x(\in X)$与 $y(\in Y)$之间的**条件互信息**定义为

$$I(x;y\mid z)=\log\frac{p(x\mid yz)}{p(x\mid z)} \tag{2.9}$$

除条件外，条件互信息的含义与互信息的含义与性质都相同。

例 2.5 设三维随机矢量(XYZ)，且 $p_{XYZ}(000)=1/2$，$p_{XYZ}(101)=1/4$，$p_{XYZ}(011)=p_{XYZ}(110)=1/8$，求 $I(x=0\ ;y=0|z=0)$和 $I(x=1\ ;y=0|z=1)$。

解 由 $p_{X|Z}(0\mid 0)=\dfrac{p_{XZ}(00)}{p_Z(0)}=\dfrac{1/2}{1/2+1/8}=4/5$，$p_{X|YZ}(0\mid 00)=1$ 得

$I(x=0;y=0\mid z=0)=\log 5/4$；由 $p_{X|Z}(1\mid 1)=\dfrac{p_{XZ}(11)}{p_Z(1)}=\dfrac{1/8}{1/4+1/8}=1/3$，

$p_{X|YZ}(1\mid 01)=1$，得 $I(x=1;y=0\mid z=1)=\log 3$。■

2.2 信息熵的基本概念

香农于 1948 年将热熵的概念引入到信息论中，称为信息熵。本节介绍熵的定义及其扩展——联合熵、条件熵及 *Kulback* 提出的相对熵。因为一个随机事件集合总可对应着一个具有相同分布的离散随机变量，这里随机变量取某一值相当于事件集合中的某些事件的发生。因此今后对离散信息度量描述的主要对象是离散随机变量，但偶尔也用到事件集合。

2.2.1 信息熵

离散随机变量 X 的熵定义为自信息的平均值

$$H(X)=E_{p(x)}[I(x)]=-\sum_{x}p(x)\log p(x) \qquad (2.10)$$

X 的概率分布可写成矢量形式，称为概率矢量，记为 $\boldsymbol{p}=(p_1,p_2,\cdots,p_n)$，$X$ 的熵可简记为

$$H(X)=H(\boldsymbol{p})=H(p_1,p_2,\cdots,p_n) \qquad (2.11)$$

因此，$H(p_1,p_2,\cdots,p_n)$ 也称为概率矢量 $\boldsymbol{p}=(p_1,p_2,\cdots,p_n)$ 的熵。当 n=2 时，简记为

$$H(p,1-p)=H(p) \qquad (2.12)$$

其中，$p\leqslant 1/2$，为二元信源中一个符号的概率。

注：

① $I(x)$为事件 X=x 的自信息，$E_{p(x)}$ 表示对随机变量用 $p(x)$取平均运算；

熵的单位为：比特（奈特）/符号。

② $\sum_{i=1}^{n}p_i=1$，$0\leqslant p_i\leqslant 1$，所以 $H(X)$为 n−1 元函数。

式（2.10）与统计力学中热熵的表示形式相同（仅差一个常数因子），为与热熵区别，将 $H(X)$称为信息熵，简称熵。信息熵是从平均意义上表征随机变量总体特性的一个量，其含义体现在如下几方面。

① 在事件发生后，表示平均每个事件（或符号）所提供的信息量。

② 在事件发生前，表示随机变量取值的平均不确定性。

③ 表示随机变量随机性大小，熵大的，随机性大。

④ 当事件发生后，其不确定性就被解除，熵是解除随机变量不确定性平均所需信息量。

例 2.6 一电视屏幕的格点数为 500×600=3×10^5，每点有 10 个灰度等级，若每幅画面等概率出现，求每幅画面平均所包含的信息量。

解 电视屏幕可能出现的画面数为 10^{300000}，所以每个画面出现的概率为 $p=10^{-300000}$，每幅画面平均所包含的信息量为

$$H(X)=\log_2(1/p)=\log_2(10^{300000})=10^6\text{bit/画面} \ ∎$$

例 2.7 A，B 两城市天气情况概率分布见表 2.1，问哪个城市的天气具有更大的不确定性？

表 2.1 两种天气的概率分布

概率 天气 / 城市	晴	阴	雨
A 城市	0.8	0.15	0.05
B 城市	0.4	0.3	0.3

解 $H(A)=H(0.8,0.15,0.05)=-0.8\times\log0.8-0.15\times\log0.15-0.05\times\log0.05=0.884$bit/符号

$H(B)=H(0.4,0.3,0.3)=-0.4\times\log0.4-0.3\times\log0.3-0.3\times\log0.3=1.571$bit/符号

所以，B 城市的天气具有更大的不确定性。■

例 2.8 有甲、乙两箱球，甲箱中有红球 50、白球 20、黑球 30；乙箱中有红球 90、白球 10。现做从两箱中分别做随机取一球的实验，问从哪箱中取球的结果随机性更大？

解 设 A、B 分别代表甲、乙两箱，则

$H(A)=H(0.5,0.2,0.3)=-0.5\times\log0.5-0.2\times\log0.2-0.3\times\log0.3=1.486$bit/符号

$H(B)=H(0.9,0.1)=-0.9\times\log0.9-0.1\times\log0.1=0.469$bit/符号

所以，从甲箱中取球的结果随机性更大。■

2.2.2 联合熵与条件熵

1．联合熵

联合熵用于多维随机矢量的信息度量。设 N 维随机矢量 $\boldsymbol{X}^N=(X_1X_2\cdots X_N)$，取值为 $\boldsymbol{x}=(x_1,x_2,\cdots,x_N)$，联合熵定义为联合自信息的平均值：

$$H(\boldsymbol{X}^N)=H(X_1X_2\cdots X_n)=E_{p(\boldsymbol{x})}[-\log p(\boldsymbol{x})]=-\sum_{\boldsymbol{x}}p(\boldsymbol{x})\log p(\boldsymbol{x}) \tag{2.13}$$

其中，p($\boldsymbol{x}$)为矢量 $\boldsymbol{x}$ 的联合概率，式中是 N 重求和。联合熵是信息熵的扩展，单位是比特/N 个符号。除度量的对象不同外，联合熵与信息熵的含义相同，而信息熵也可以视为一维熵。求联合熵与求信息熵也没有本质区别，如果容易求得集合中所有随机矢量的概率，那么就可以用求一维熵的方法求联合熵，而无需多重求和。

对于二维随机矢量 $\boldsymbol{XY}$，联合熵表示为

$$H(\boldsymbol{XY})=E_{p(xy)}[I(xy)]=-\sum_x\sum_y p(x\,y)\log p(x\,y) \tag{2.14}$$

例 2.9 设随机变量 X 和 Y 符号集均为{0，1}，且 $p(x=0)=2/3$，$p(y=0|x=0)=1/2$，$p(y=1|x=1)=1/3$，求联合熵 $H(XY)$。

解 由 $p(xy)=p(x)p(y\,|\,x)$，可得 XY 的联合概率分布 $p(xy)$，见表 2.2。

表 2.2 两种天气的联合概率分布

p(xy) y / x	0	1
0	1/3	1/3
1	2/9	1/9

联合熵可化为一维熵计算，有

$$H(XY)=H(1/3,\ 1/3,\ 2/9,\ 1/9)=1.8911\ \text{bit/2 个符号}$$ ■

2．条件熵

首先介绍最简单的涉及两个随机变量的条件熵，然后扩展到多变量的情况。

对于二维随机矢量 XY，条件熵定义为条件自信息 $I(y\,|\,x)$ 的平均值：

$$H(Y\,|\,X)=\underset{p(xy)}{E}[I(y\,|\,x)] \tag{2.15a}$$

$$=-\sum_{x}\sum_{y}p(x\ y)\log p(y\mid x) \tag{2.15b}$$

$$=\sum_{x}p(x)[-\sum_{y}p(y\mid x)\log p(y\mid x)] \tag{2.15c}$$

$$=\sum_{x}p(x)H(Y\mid x) \tag{2.15d}$$

其中，$H(Y\mid x)=-\sum_{y}p(y\mid x)\log p(y\mid x)$ 为在 x 取某一特定值时 Y 的熵。在计算 $H(Y\mid X)$ 时，往往利用式（2.15d），即先计算所有 x 给定值时的条件熵，再用 x 的概率对这些条件熵进行平均。

例 2.9（续）　求条件熵 $H(Y\mid X)$。

解　$H(Y\mid X)=\sum_{x}p(x)H(Y\mid x)=p_X(0)H(Y\mid x=0)+p_X(1)H(Y\mid x=1)$

$=(2/3)H(1/2)+(1/3)H(1/3)=0.9728$ 比特/符号 ■

例 2.10　设随机变量 X 与 Y 之间的条件概率矩阵为

$$\boldsymbol{P}=\begin{pmatrix} p_{11} & p_{12} & \cdots & p_{1m} \\ p_{21} & p_{22} & \cdots & p_{2m} \\ \cdots & \cdots & \cdots & \cdots \\ p_{n1} & p_{n2} & \cdots & p_{nm} \end{pmatrix} \tag{2.16}$$

其中，$p_{ij}=p(y=j\mid x=i), i=1,2,\cdots,n, j=1,2,\cdots,m$，求 $H(Y\mid X)$。

解　$H(Y\mid X)=-\sum_{x,y}p(xy)\log p(y\mid x)=-\sum_{i,j}p_i p_{ij}\log p_{ij}=\sum_{i}p_i H(Y\mid x=i)$

其中，$H(Y\mid x=i)=-\sum_{j}p_{ij}\log p_{ij}$。■

如果式（2.16）所表示的条件概率矩阵的各行所包含的元素都相同，则 $H(Y|x=i)$ 与 i 无关，此时 $H(Y\mid X)=H(Y\mid x=i)=H(p_{11},p_{12},\cdots p_{1m})$。

条件熵也可扩展到多维矢量的情况。设 N 维随机矢量 $\boldsymbol{X}^N=(X_1\cdots X_N)$ 和 M 维随机矢量 $\boldsymbol{Y}^M=(Y_1\cdots Y_M)$，其中 $\boldsymbol{x}=(x_1,\cdots,x_N)$，$\boldsymbol{y}=(y_1,\cdots,y_M)$，联合集 $\boldsymbol{X}^N\boldsymbol{Y}^M$ 上，条件熵定义为

$$H(\boldsymbol{Y}^M\mid \boldsymbol{X}^N)=-\underset{p(\boldsymbol{xy})}{E}[p(\boldsymbol{y}\mid \boldsymbol{x})]=-\sum_{\boldsymbol{xy}}p(\boldsymbol{x}\ \boldsymbol{y})\log p(\boldsymbol{y}\mid \boldsymbol{x}) \tag{2.17}$$

当 $M=N=1$ 时，式（2.17）归结于式（2.15）。

2.2.3　相对熵

若 P 和 Q 为定义在同一概率空间的两个概率测度，定义 P 相对于 Q 的相对熵为

$$D(P\parallel Q)=\sum_{x}P(x)\log\frac{P(x)}{Q(x)} \tag{2.18}$$

相对熵又称散度、鉴别信息、方向散度、交叉熵、Kullback_Leibler 距离等。注意，在式（2.18）中，概率分布的维数不限，可以是一维，也可以是多维，也可以是条件概率。

在证明下面的定理前，首先介绍一个在信息论中有用的不等式。

对于任意正实数 x，下面不等式成立：

$$1-1/x\leqslant \ln x\leqslant x-1 \tag{2.19}$$

实际上，设 $f(x)=\ln x-x+1$，可求得函数的稳定点为 $x=1$，并可求得在该点的二阶导数小于 0，从而可得 $x=1$ 为 $f(x)$ 取极大值的点，即 $f(x)=\ln x-x+1\leqslant 0$，仅当 $x=1$ 时，式（2.19）

右边等号成立。令 $y=1/x$，可得 $1-1/y\leqslant \ln y$，再将 y 换成 x，就得到左边的不等式。

定理 2.1 如果在一个共同有限字母表概率空间上给定两个概率测度 $P(x)$和 $Q(x)$，那么

$$D(P\|Q)\geqslant 0 \tag{2.20}$$

仅当对所有 x，$P(x)=Q(x)$时，等式成立。

证 因 $P(x),Q(x)\geqslant 0$，$\sum_x P(x)=\sum_x Q(x)=1$，所以根据式（2.19），有

$$\begin{aligned}-D(P\|Q)&=\sum_x P(x)\log\frac{Q(x)}{P(x)}\leqslant\sum_x P(x)(\log e)[\frac{Q(x)}{P(x)}-1]\\&=(\log \mathrm{e})[\sum_x Q(x)-\sum_x P(x)]=0\end{aligned}$$

仅当对所有 x，$P(x)=Q(x)$时，等式成立。■

式（2.20）称为散度不等式（divergence inequality），该式说明，一个概率测度相对于另一个概率测度的散度是非负的，仅当两测度相同时，散度为零。散度可以解释为两个概率测度之间的“距离”，即两概率测度不同程度的度量。不过，散度并不是通常意义下的距离，因为它不满足对称性，也不满足三角不等式。

例 2.11 设一个二元信源的符号集为{0，1}，有两个概率分布 $\boldsymbol{p}$ 和 $\boldsymbol{q}$，并且 $p(0)=1-r$，$p(1)=r$，$q(0)=1-s$，$q(1)=s$，求散度 $D(\boldsymbol{p}\|\boldsymbol{q})$ 和 $D(\boldsymbol{q}\|\boldsymbol{p})$，并分别求当 $r=s$ 和 $r=2s=1/2$ 时散度的值。

解 根据式（2.18），得

$$D(\boldsymbol{p}\|\boldsymbol{q})=(1-r)\log\frac{1-r}{1-s}+r\log\frac{r}{s}$$

和

$$D(\boldsymbol{q}\|\boldsymbol{p})=(1-s)\log\frac{1-s}{1-r}+s\log\frac{s}{r}$$

当 $r=s$ 时，有 $D(\boldsymbol{p}\|\boldsymbol{q})=D(\boldsymbol{q}\|\boldsymbol{p})=0$。

当 $r=2s=1/2$ 时，有

$$D(\boldsymbol{p}\|\boldsymbol{q})=(1-1/2)\log\frac{1-1/2}{1-1/4}+(1/2)\log\frac{1/2}{1/4}=1-(\log 3)/2=0.2075\text{ bit};$$

$$D(\boldsymbol{q}\|\boldsymbol{p})=(1-1/4)\log\frac{1-1/4}{1-1/2}+(1/4)\log\frac{1/4}{1/2}=\frac{3}{4}(\log 3)-1=0.1887\text{ bit。}$$ ■

注意 一般地，$D(\boldsymbol{p}\|\boldsymbol{q})$ 和 $D(\boldsymbol{q}\|\boldsymbol{p})$ 并不相等，即不满足对称性。

2.2.4 各类熵之间的关系

由式（2.18）可得到熵与相对熵的关系，即由

$$D(P\|Q)=-E_{p(x)}\log Q(x)-H(X)\geqslant 0$$

得

$$E_{p(x)}\log[1/Q(x)]\geqslant H(X) \tag{2.21}$$

上式表明，同一概率空间的两随机变量集合，如果一种分布的自信息用另一种分布做平均，其值不小于另一种分布的熵。

下面的定理给出了熵与条件熵的关系。

定理 2.2 （熵的不增原理）

$$H(Y|X) \leqslant H(X) \tag{2.22}$$

证 设 $p(y)=\sum_x p(x)p(y|x)$，那么

$$\begin{aligned}H(Y)-H(Y|X) &= -\sum_y p(y)\log p(y)+\sum_x\sum_y p(x)p(y|x)\log p(y|x)\\ &= -\sum_y\sum_x p(x)p(y|x)\log p(y)+\sum_x\sum_y p(x)p(y|x)\log p(y|x)\\ &= \sum_x p(x)\sum_y p(y|x)\log\frac{p(y|x)}{p(y)}=\sum_x p(x)D(p(y|x)\|p(y))\geqslant 0\end{aligned}$$

上面利用了散度不等式，仅当 X，Y 相互独立时，等式成立。▮

式（2.22）表明，条件熵总是不大于无条件熵，这就是熵的不增原理：在信息处理过程中，已知条件越多，结果的不确定性越小，也就是熵越小。

关于联合熵与熵的关系将在下一节介绍。

2.3 信息熵的基本性质

本节介绍熵的基本性质。由于凸函数性是熵和其他信息度量的主要性质之一，所以我们首先介绍凸函数的基本概念。

2.3.1 凸函数及其性质

1. 凸函数的定义

多元实值函数 $f(\boldsymbol{x})=f(x_1,x_2,\cdots,x_n)$ 称为定义域上的上凸(cap)函数，若对于任何 $\alpha(0\leqslant\alpha\leqslant 1)$，及任意两矢量 $\boldsymbol{x}_1$，$\boldsymbol{x}_2$，有

$$f(\alpha\boldsymbol{x}_1+(1-\alpha)\boldsymbol{x}_2)\geqslant\alpha f(\boldsymbol{x}_1)+(1-\alpha)f(\boldsymbol{x}_2) \tag{2.23}$$

成立；若对于任何 α 及任意 $\boldsymbol{x}_1$，$\boldsymbol{x}_2$，上面不等式反向，则称 $f(\boldsymbol{x})$ 为下凸(cup)函数；若仅当 $\boldsymbol{x}_1=\boldsymbol{x}_2$ 或 $\alpha=0$(或=1）时不等式中等号成立，则称 $f(\boldsymbol{x})$ 为严格上凸（或下凸）函数。

由式（2.23）式可以看到，若 $f(\boldsymbol{x})$ 为上凸函数，则 $-f(\boldsymbol{x})$ 为下凸函数，反之亦然。因此只研究上凸函数即可，因为由此得到的结果可以很容易地推广到下凸函数的情况。

一元上凸函数曲线如图 2.1 所示。我们称 $\boldsymbol{x}=\alpha\boldsymbol{x}_1+(1-\alpha)\boldsymbol{x}_2$ 为自变量 $\boldsymbol{x}_1$，$\boldsymbol{x}_2$ 的内插值，称 $g(\boldsymbol{x})=\alpha f(\boldsymbol{x}_1)+(1-\alpha)f(\boldsymbol{x}_2)$ 为函数值 $f(\boldsymbol{x}_1)$ 和 $f(\boldsymbol{x}_2)$ 的内插值。从图中可以看出，当 α 从 0 变化到 1 时，$\boldsymbol{x}$ 从 $\boldsymbol{x}_2$ 变到 $\boldsymbol{x}_1$，点($\boldsymbol{x}$，$g(\boldsymbol{x})$)从点($\boldsymbol{x}_2$，$g(\boldsymbol{x}_2)$)沿直线段移动到点($\boldsymbol{x}_1$，$f(\boldsymbol{x}_1)$)，此线段实际上是连接两点的弦。上凸的含义就是：在自变量 $\boldsymbol{x}_1$ 和 $\boldsymbol{x}_2$ 之间的区域，函数 $f(\boldsymbol{x})$ 的图线在连接曲线上对应两点弦的上方，也可以说，对于上凸函数，两自变量内插值的函数值不小于两对应函数值的内插值。

2. 凸函数的性质

（1）若 $f_1(\boldsymbol{x}),f_2(\boldsymbol{x}),\cdots,f_k(\boldsymbol{x})$ 均为上凸函数，$c_1,c_2,\cdots,c_k$ 均为正数，那么 $\sum_i c_i f_i(\boldsymbol{x})$ 为上凸函数（或严格上凸函数，若 $f_i(\boldsymbol{x})$ 中任意一个为严格上凸）。

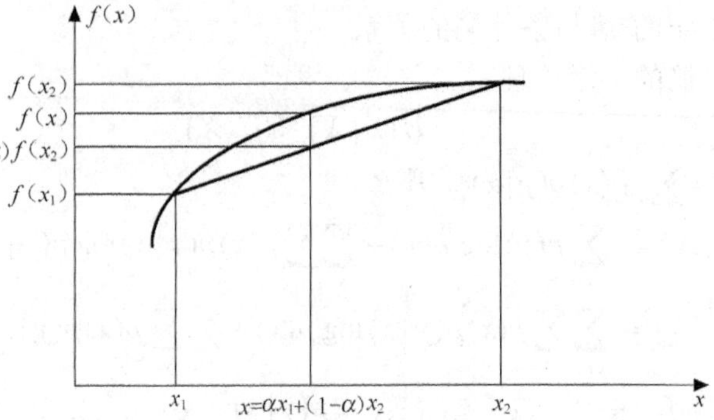

图 2.1　一元上凸函数的图形说明

证　利用式（2.23），有

$$\sum_i c_i f_i(\alpha \boldsymbol{x}_1 + (1-\alpha)\boldsymbol{x}_2) \geqslant \sum_i c_i[\alpha f_i(\boldsymbol{x}_1) + (1-\alpha) f_i(\boldsymbol{x}_2)]$$
$$= \alpha \sum_i c_i f_i(\boldsymbol{x}_1) + (1-\alpha)\sum_i c_i f_i(\boldsymbol{x}_2) \quad \blacksquare$$

（2）对于一维随机变量 x，若 $f(x)$ 在某区间的二阶导数小于等于 0，即 $\partial^2 f(x)/\partial x^2 \leqslant 0$，则在此区间内为上凸函数（或严格上凸函数，若 $\partial^2 f(x)/\partial x^2 < 0$）。（此命题为数学分析的内容，此处证明略）。

（3）Jensen 不等式，由下面的定理来描述。

定理 2.3　若 $f(\boldsymbol{x})$ 是定义在某区间上的上凸函数，则对于任意一组矢量 $(\boldsymbol{x}_1, \boldsymbol{x}_2, \cdots, \boldsymbol{x}_k)$ 和任意一组非负数 $\lambda_1, \lambda_2, \cdots, \lambda_k$，$\sum_{i=1}^{k} \lambda_i = 1$，有

$$f[\sum_{i=1}^{k} \lambda_i \boldsymbol{x}_i] \geqslant \sum_{i=1}^{k} \lambda_i f(\boldsymbol{x}_i) \tag{2.24}$$

对于严格上凸函数，仅当 $\boldsymbol{x}_1 = \cdots = \boldsymbol{x}_k$ 或 $\lambda_i = 1\,(1 \leqslant i \leqslant k)$ 且 $\lambda_j = 0\,(j \neq i)$ 时，等式成立。

证　利用数学归纳法证明。

根据上凸函数的定义式（2.23），说明当 $k=2$ 时，不等式（2.24）成立。假定 $k=n$ 时式（2.23）成立，那么当 $k=n+1$ 时，设 $\lambda_i \geqslant 0, \sum_{i=1}^{n+1} \lambda_i = 1$，令 $\alpha = \sum_{i=1}^{n} \lambda_i$，有 $\lambda_{n+1} = 1-\alpha$，所以

$$\sum_{i=1}^{n+1} \lambda_i f(\boldsymbol{x}_i) = \sum_{i=1}^{n} \lambda_i f(\boldsymbol{x}_i) + \lambda_{n+1} f(\boldsymbol{x}_{n+1})$$
$$= \alpha \sum_{i=1}^{n} (\lambda_i/\alpha) f(\boldsymbol{x}_i) + (1-\alpha) f(\boldsymbol{x}_{n+1})$$
$$\leqslant \alpha f[\sum_{i=1}^{n} (\lambda_i/\alpha)\boldsymbol{x}_i] + (1-\alpha) f(\boldsymbol{x}_{n+1})$$
$$\leqslant f[\alpha \sum_{i=1}^{n} (\lambda_i/\alpha)\boldsymbol{x}_i] + \lambda_{n+1}\boldsymbol{x}_{n+1}]$$
$$= f(\sum_{i=1}^{n+1} \lambda_i \boldsymbol{x}_i) \quad \blacksquare$$

式（2.24）称为 Jensen 不等式。因为 λ_i 可作为随机矢量的概率分布，所以有如下推论。

推论 2.1　若 $f(\boldsymbol{x})$ 为上凸函数，那么

$$E[f(\boldsymbol{x})] \leqslant f[E(\boldsymbol{x})] \tag{2.25}$$

在信息论中，对数函数是最常用的上凸函数，根据式（2.25），有

推论 2.2　对于一元对数函数 $\log(x)$，有

$$E[\log(x)] \leqslant \log[E(x)] \tag{2.26}$$

2.3.2　熵的基本性质

1. 对称性

概率矢量 $\boldsymbol{p}=(p_1,p_2,\cdots,p_n)$ 中，各分量的次序任意改变，熵不变，即

$$H(p_1,p_2,\cdots,p_n)=H(p_{j_1},p_{j_2},\cdots,p_{j_n}) \tag{2.27}$$

其中，$j_1,j_2,\cdots,j_n$ 是 $1,2,\cdots,n$ 的任何一种 n 级排列。该性质说明熵仅与随机变量总体概率特性（即概率分布）有关，而与随机变量的取值及符号排列顺序无关。

2. 非负性

$$H(\boldsymbol{p})=H(p_1,p_2,\cdots,p_n)\geqslant 0 \tag{2.28}$$

仅当对某个 $p_i=1$ 时，等式成立。

因为自信息是非负的，熵为自信息的平均，所以也是非负的。不过，非负性仅对离散熵有效，而对连续熵来说这一性质并不成立。

3. 确定性

$$H(1,0)=H(1,0,0)=H(1,0,\cdots,0)=0 \tag{2.29}$$

这就是说，当随机变量集合中任一事件概率为 1 时，熵就为 0。这个性质意味着，从总体来看，事件集合中虽含有许多事件，但如果只有一个事件几乎必然出现，而其他事件几乎都不出现，那么，这就是一个确知的变量，其不确定性为 0。

4. 扩展性

$$\lim_{\varepsilon\to 0}H_{n+1}(p_1,p_2,\cdots,p_n-\varepsilon,\varepsilon)=H_n(p_1,p_2,\cdots,p_n) \tag{2.30}$$

利用 $\lim\limits_{\varepsilon\to 0}\varepsilon\log\varepsilon=0$ 可得到上面的结果，其含义是，虽然小概率事件自信息大，但在计算熵时所占比重很小，可以忽略。

5. 可加性

熵的可加性首先由香农提出，含义如下：如果一个事件可以分成两步连续选择来实现（多步产生的事件也称复合事件），那么原来的熵 H 应为 H 的单独值的加权和。“H 的单独值”是指每次选择的熵值，“权值”就是每次选择的概率。先看一个简单例子，某随机事件集合有 3 个事件，概率分别为 $p_1=1/2$，$p_2=1/3$，$p_3=1/6$；这 3 个事件可以直接产生，也可分两步产生，即先以 1/2 的概率产生两个事件，选择其中之一作为输出，或者在另一事件发生条件下再以 2/3 和 1/3 的概率产生两事件，选择其中的一个作为输出。3 个事件概率的产生可用图 2.2 的树来描述，从根节点开始，通过两步选择生成的 3 片树叶代表 3 个事件，节点旁边的数值表示该节点的概率，分支旁的数字表示分支的条件概率，原节点的概率乘分支条件概率就得到产生的下一节点（也称子节点）的概率。熵的可加性意味概率矢量的熵：

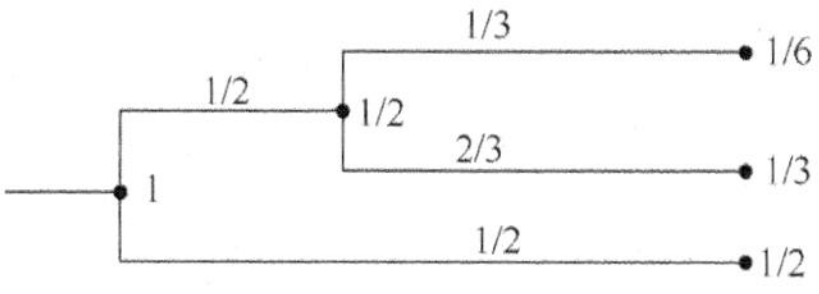

图 2.2　复合事件产生例

$$H(1/2,1/3,1/6) = H(1/2,1/2) + (1/2)H(1/3,2/3) \tag{2.31}$$

上式等号右边的第 1 项是第 1 步选择的熵；由于第 2 步选择只有 1/2 的概率发生，所以第 2 项是第 2 步选择的熵与权值 1/2 的乘积。

上例可以推广到一般情况。设某事件集合包含 $n\times m$ 个事件，概率分别为 p_1p_{11}，…，p_1p_{1m}，p_2p_{21}，…，p_1p_{2m}，…，p_np_{n1}，…，p_np_{nm}，这 $n\times m$ 个事件可以分两步产生，第一步产生 n 个事件，其中每个事件的概率分别为 p_1，p_2，…，p_n；第二步再以这 n 个事件为条件，以 p_{i1}，…，$p_{im}(i=1$，…，$n)$为条件概率，分别产生 m 个事件。熵的可加性的一般形式可以表示成

$$\begin{aligned}&H(p_1p_{11},\cdots,p_1p_{1m},p_2p_{21},\cdots,p_2p_{2m},\cdots,p_np_{n1},\cdots,p_np_{nm})\\&=H(p_1,\cdots,p_n)+\sum_{i=1}^{n}p_iH(p_{i1},\cdots,p_{im})\end{aligned} \tag{2.32}$$

其中，$p_i,p_{ij}\geqslant 0$，对所有 i，j，$\sum_{i=1}^{m}p_i=1$；$\sum_{j=1}^{m}p_{ij}=p_{i1}+\cdots+p_{im}=1$，$i=1,\cdots,n$。

可把这 $n\times m$ 个事件的概率写成 $n\times m$ 阶矩阵，形式如下：

$$\boldsymbol{Q}=\begin{pmatrix}p_1p_{11} & p_1p_{12} & \cdots & p_1p_{1m}\\ p_2p_{21} & p_2p_{22} & \cdots & p_2p_{2m}\\ \vdots & \vdots & \cdots & \vdots\\ p_np_{n1} & p_np_{n2} & \cdots & p_np_{nm}\end{pmatrix} \tag{2.33}$$

可以看到，矩阵（2.33）从第 1 行到第 n 行，每行元素的和分别为 $p_1,p_2,\cdots,p_n$，因为 $\{p_i,i=1,\cdots,n\}$ 满足归一性，故可以视为一个事件集合的概率分布，设此集合为 X。矩阵（2.33）从第 1 列到第 m 列，每列元素的和为 $q_j=\sum_{i=1}^{m}p_ip_{ij}$，因 $\sum_{j=1}^{m}q_j=\sum_{i=1}^{m}p_i\sum_{j=1}^{n}p_{ij}=1$，故也可把 $\{q_j,j=1,\cdots,m\}$ 视为另一个事件集合的概率分布，设此集合为 Y，X-Y 的条件概率矩阵就是式（2.16），矩阵（2.33）就是 XY 的联合概率矩阵，其中，$p(x=a_i,y=b_j)=p_ip_{ij}$，所以 $H(X)=H(p_1,\cdots,p_n)$，$H(XY)=H(p_1p_{11},\cdots,p_1p_{1m},p_2p_{21},\cdots,p_2p_{1m},\cdots,p_np_{n1},\cdots,p_np_{nm})$，$H(Y\,|\,X)=\sum_{i=1}^{n}p_iH(p_{i1},\cdots,p_{im})$，因此式（2.32）与下面定理中的公式等价。

定理 2.4（熵的可加性）

$$H(XY)=H(X)+H(Y\,|\,X)=H(Y)+H(X\,|\,Y) \tag{2.34}$$

证

$$\begin{aligned}H(XY)&=-\sum_x\sum_y p(x\,y)\log p(x\,y)=-\sum_i p_i\sum_j p_{ij}[\log p_i+\log p_{ij}]\\&=-\sum_i p_i\log p_i\sum_j p_{ij}-\sum_i p_i\sum_j p_{ij}\log p_{ij}\\&=H(X)+H(Y\,|\,X)\end{aligned}$$

又

$$\begin{aligned}H(XY)&=-\sum_x\sum_y p(x\,y)\log p(x\,y)=-\sum_j q_j\sum_i (p_ip_{ij}/q_j)[\log q_j+\log(p_ip_{ij}/q_j)]\\&=-\sum_j q_j(\log q_j)-\sum_j q_j\sum_i(p_ip_{ij}/q_j)\log(p_ip_{ij}/q_j)\\&=H(Y)+H(X\,|\,Y)\end{aligned}$$

其中，$p(x\,|\,y)=p(x)p(y\,|\,x)/p(y)=p_ip_{ij}/q_j$。■

如果我们把随机事件产生的过程倒过来看，由 $n\times m$ 个事件的集合变成 n 个事件的集合的过程相当于原事件集合中符号合并的过程，其中每 m 个事件合并成一个事件。符号合并前的熵由式（2.32）等号的左边表示，合并后的熵由式（2.32）等号右边的第一项表示，而等号

右边第二项大于零，所以我们得到一个结论：随机变量符号集中的符号经合并后，随机变量的熵减小。

例 2.12 设某地气象为随机变量 X，符号集 A={晴，多云，阴，雨，雪，雾，霾}，概率分别为 0.3,0.2,0.2,0.05,0.05,0.05,0.15；现将多云和阴用阴代替，雨和雪用降水代替，雾和霾用雾霾代替，得到简化气象 Y，符号集 B={晴，阴，降水，雾霾}，求两气象熵的差。

解 两气象熵的差可利用熵的可加性公式（2.32），有

$$H(X)-H(Y)=0.4\times H(1/2)+0.1\times H(1/2)+0.2\times H(1/4)=0.6623\,\text{bit/符号} \blacksquare$$

实际上，式（2.32）是熵的可加性常用的一种描述方式，是指通过两步产生随机事件的情况，对于多步产生的随机事件的情况，可用多维随机矢量熵的可加性来描述。

定理 2.5（熵的链原则） 设 N 维随机矢量 $(X_1X_2\cdots X_N)$，则有

$$\begin{aligned}H(X_1X_2\cdots X_N)&=H(X_1)+H(X_2\mid X_1)+\cdots+H(X_n\mid X_1\cdots X_{N-1})\\&=\sum_{i=1}^{N}H(X_i\mid X_1\cdots X_{i-1})\leqslant\sum_{i=1}^{N}H(X_i)\end{aligned}\tag{2.35}$$

仅当 $X_1,X_2,\cdots,X_N$ 统计独立（即 X_i 独立于 $X_1,X_2,\cdots,X_{i-1}$，对 $i=1,\cdots,N$）时，等式成立，即

$$H(X_1X_2\cdots X_N)=H(X_1)+H(X_2)+\cdots+H(X_N)\tag{2.36}$$

上式称为熵的强可加性。式（2.35）称作熵的链原则，式中规定 $\phi=X_1,X_2,\cdots,X_i$，当 $i<1$。

证 通过将联合概率展开，再求平均，得

$$\begin{aligned}H(X_1X_2\cdots X_N)&=-E_{p(\boldsymbol{x})}\log p(\boldsymbol{x})=-E_{p(\mathbf{x})}\log p(x_1x_2\cdots x_N)\\&=-E_{p(\boldsymbol{x})}\log[p(x_1)p(x_2\mid x_1)\cdots p(x_N\mid x_1\cdots x_{N-1})]\\&=-E_{p(x)}\sum_{i=1}^{N}\log p(x_i\mid x_1\cdots x_{i-1})]=-\sum_{i=1}^{N}E_{p(x)}[\log p(x_i\mid x_1\cdots x_{i-1})]\\&=\sum_{i=1}^{N}H(X_i\mid X_1\cdots X_{i-1})\leqslant\sum_{i=1}^{N}H(X_i)\end{aligned}$$

上面的不等式用到熵的不增原理，仅当 $X_1,X_2,\cdots,X_N$ 统计独立时，等号成立。■

熵的可加性可以从多种角度来理解：

① 复合事件集合的不确定性为组成该复合事件的各简单事件集合不确定性的和；

② 对事件输出直接测量所得信息量等于分成若干步测量所得信息量的和；

③ 事件集合的平均不确定性可以分步解除，各步解除不确定性的和等于信息熵。

例 2.13 现有 12 个外形相同的硬币。知道其中有一个重量不同的假币，但不知它是比真币轻，还是比真币重。现用一无砝码天平对这些硬币进行称重来鉴别假币，无砝码天平的称重有 3 种结果：平衡，左倾、右倾。问至少称几次才能鉴别出假币并判断出其是轻还是重？

解 根据熵的可加性，一个复合事件的不确定性可以通过多次实验分步解除，各次试验所得信息量的总和应该不小于随机变量集合的熵。如果使每次实验所获得的信息量最大，那么所需要的总实验次数就最少。用无砝码天平一次称重实验所得到的最大信息量为 log3，k 次称重所得的最大信息量为 $k$log3。设每一个硬币是假币的概率都相同，那么从 12 个硬币中鉴别其中一个重量不同（不知是否轻或重）的假币所需信息量为 log24。而 2log3=log9<log24<log27=3log3。所以理论上至少 3 次称重才能鉴别出假币并判断其轻或重。■

6. 极值性

定理 2.6（离散最大熵定理） 对于有限离散随机变量，当符号集中的符号等概率发生时，熵达到最大值。

证 设随机变量有 n 个符号，概率分布为 $P(x)$；$Q(x)$为等概率分布，即 $Q(x)=1/n$。根据散度不等式有

$$\begin{aligned} D(P\|Q) &= \sum_x P(x)\log\frac{P(x)}{Q(x)} \\ &= \sum_x P(x)\log P(x) - \sum_x P(x)\log(1/n) \\ &= -H(X)+\log\ n \geqslant 0 \end{aligned} \tag{2.37}$$

即 $H(X)\leqslant \log n$，仅当 $P(x)$等概率分布时等号成立。■

注意 离散最大熵定理仅适用于有限离散随机变量，对于无限可数符号集，只有附加其他约束求最大熵才有意义。

---

7. 上凸性

$H(\boldsymbol{p})=H(p_1,p_2,\cdots,p_n)$ 是概率矢量 $\boldsymbol{p}$ 的严格的上凸函数。

这就是说，若 $\boldsymbol{p}=\theta\boldsymbol{p}_1+(1-\theta)\boldsymbol{p}_2$，那么 $H(\boldsymbol{p})>\theta H(\boldsymbol{p}_1)+(1-\theta)H(\boldsymbol{p}_2)$，其中 $\boldsymbol{p},\boldsymbol{p}_1,\boldsymbol{p}_2$ 均为 n 维概率矢量，$0\leqslant\theta\leqslant 1$。该性质可用凸函数性质（1）来证明（提示：先证明 $-p_i\log p_i$ 是严格上凸的，见习题 2.14）。

8. 一一对应变换下的不变性

离散随机变量的变换包含两种含义，一是符号集中符号到符号的映射，二是符号序列到序列的变换。首先研究第一种情况。设两随机变量 X、Y，符号集分别为 A、B，其中 Y 是 X 的映射，可以表示为 $A\to B, x\mapsto f(x)$。因此有

$$p(y|x)=\begin{cases}1 & y=f(x)\\ 0 & y\neq f(x)\end{cases} \tag{2.38}$$

所以 $H(Y|X)=0$；$H(XY)=H(X)+H(Y|X)=H(X)$，而另一方面 $H(XY)=H(Y)+H(X|Y)\geqslant H(Y)$，所以，$H(X)\geqslant H(Y)$，仅当 f 是一一对应映射时等号成立，此时 $H(X|Y)=0$。应用类似的论证也可推广到多维随机矢量情况，因此得到如下定理。

定理 2.7 离散随机变量（或矢量）经符号映射后的熵不大于原来的熵，仅当一一对应映射时熵不变。

例 2.14 设二维随机矢量 $\boldsymbol{XY}$，其中 X，Y 为独立同分布随机变量，符号集为 $A=\{0，1，2\}$，对应的概率为$\{1/3，1/3，1/3\}$，做变换 $u=x+y$，$v=x-y$，得到二维随机矢量 $\boldsymbol{UV}$；求 $H(U),H(V),H(UV)$。

解 很明显，u，v 都是 x，y 的函数，并且在 x，y 给定条件下 u，v 独立，所以 $p(u)=\sum_{x,y}p(xyu)=\sum_{x,y}p(xy)p(u|xy)=\sum_{x,y}p(x)p(y)|_{u=x+y}=\sum_x p_X(x)p_Y(u-x)$，上式表明 $p(u)$ 是 $p(x)$ 与 $p(y)$ 的卷积，可用图解法计算，得 U 的符号集为$\{-2，-1，0，1，2\}$，概率分布为（1/9，2/9，1/3，2/9，1/9），所以

$$H(U)=H(1/9,2/9,1/3,2/9,1/9)=2.1972\ \text{bit/符号}$$

同理可得

$$H(V)=H(U)=2.1972\ \text{bit/符号}$$

因为变换是一一对应的，所以

$$H(UV)=H(XY)=H(X)+H(Y)=2\log 3=3.1699\ \text{bit/2 个符号}$$

因为 $H(UV)<H(U)+H(V)$，因此 u，v 不独立（条件独立）。▌

下面研究第二种情况。设随机变量 X 构成的长度为 N 的序列变换到随机变量 Y 构成的长度为 M 的序列，称为由 X^N 到 Y^M 的变换，记为 $X^N \to Y^M$ 。其中最有意义的是一一对应的变换，此时有 $H(X^N\mid Y^M)=H(Y^M\mid X^N)=0$ 。由此可以推出

$$H(X^N)=H(Y^M) \tag{2.39}$$

其中，$H(X^N)$ 为变换前 N 维联合熵，$H(Y^M)$ 为变换后 M 维联合熵。可总结为如下定理。

定理 2.8　离散随机序列经一一对应变换后，序列的熵不变，但单符号熵可能改变。▌

实际上，经过这种一一对应变换后，有两种极端情况：①X 的一个符号用 Y 的多个符号表示，如信源编码器；②X 的多个符号表示 Y 的一个符号，如第 3 章的扩展源。

2.3.3　熵函数的唯一性

可以证明，如果要求熵函数满足以下条件：

① 是概率的连续函数；

② 当各事件等概率时是 n（信源符号数）的增函数；

③ 可加性。

那么，熵函数的表示是唯一的，即与式（2.10）的表示形式仅差一个常数因子（见习题 2.15）。

2.3.4　有根概率树与熵的计算

根据熵的定义，利用公式（2.10）计算熵是基本方法，下面介绍利用有根概率树计算熵。该方法不仅有时可以简化熵的计算，还可以简化后面几章所介绍的消息平均长度及编码平均码长的计算。

在有根树中，从根节点延伸的分支端点构成 1 阶节点；从 1 阶节点延伸的分支端点构成 2 阶节点；……最后到末端节点，称作树叶，树叶不再继续延伸。树上的每一个 i 阶节点是其延伸产生的 i+1 阶节点的父节点，而这些 i+1 阶节点又是产生它们的 i 阶节点的子节点。从根节点开始到叶节点终止，每个节点分配相应的概率，此树称有根概率树，其中根节点的概率为 1；每个父节点（设为 u）的概率 $p(u)$是其所有子节点（设为 v_i）概率 $p(v_i)$的和，即 $p(u)=\sum_i p(v_i)$，对应分支 $p(u\to v_i)$的概率为子节点概率除以父节点概率所得的商，即 $p(v_i\mid u)=p(v_i)/p(u)$ 。所以，每个节点的所有分支概率的和为 1，利用这些分支概率计算得到的熵称为该节点的分支熵。除叶节点外，每个内部节点与其向后延伸的所有分支和节点构成一棵子树，这个内部节点作为子树的根。

设随机变量包含 n 个符号，各符号的概率分别为 $p_1,p_2,\cdots,p_n$ 。如果用有根概率树描述该随机变量，那么树叶的数目等于 n，树叶对应的概率就是符号的概率。有根概率树可按如下方法构造：将几个符号分配给几片树叶，每片叶对应一个符号，再将这些树叶任意分组，各组分别合并形成各自的父节点；形成的所有父节点既可以继续分组、合并，也可与未合并的树叶继续分组、合并，形成阶数更低的父节点；……最后合并成一个节点，就是树根。可见同一个随机变量可以有多种结构的有根概率树。图 2.2 所示的树就是一棵简单的有根概率树。

在有根概率树中，从树叶到树根所经过的分支数目称为该叶到树根的距离，也称叶的深度。树叶的平均深度定义为

$$\bar{l}=\sum_{i=1}^{M}p_i l_i \tag{2.40}$$

其中，p_i 为树叶的概率，l_i 为树叶的深度，M 为树叶的数目。图 2.2 中有根概率树叶的平均深度为 $\bar{l}=(1/2)\times1+(1/3)\times2+(1/6)\times2=1.5$。

设有根树有 n 片树叶，概率分别为 $p_1,p_2,\cdots,p_n$，定义有根树叶的熵为

$$H_{\text{leaf}}=-\sum_{k=1}^{n}p_k\log p_k \tag{2.41}$$

很明显，如果树叶与随机变量所取符号一一对应，那么树叶的熵就等于随机变量的熵。图 2.2 中有根概率树的叶熵为 $H=H(1/2,1/3,1/6)=1.4591$ bit/符号。

设有根树的某节点 m 的子节点的概率分别为 $p_{m1},p_{m2},\cdots,p_{mr}$，定义该节点的分支熵为

$$H_m=-\sum_{j=1}^{r}(p_{mj}\mid p_m)\log(p_{mj}\mid p_m) \tag{2.42}$$

其中，$p_m=p_{m1}+p_{m2}+\cdots+p_{mr}$，$r$ 为节点 m 的子节点数。很明显，叶节点没有分支熵。

对于有根概率树有下面两个重要结论。

引理 2.1（路径长引理） 在一棵有根概率树中，叶的平均深度等于除叶之外所有节点（包括根）概率的和。也就是说，如果有根概率树所有内部节点的概率分别为 $q_1,q_2,\cdots,q_M$，那么叶节点平均深度为

$$\bar{l}=\sum_{j=1}^{M}q_j \tag{2.43}$$

证 根据概率树的构造可知，每个内部节点的概率等于以其为根的子树所有叶节点概率的和，而深度为 d 的叶的概率分别加在从该树叶到根的路径上的 d 棵子树的根上，因此内部节点概率的和等于叶的概率与其深度乘积的和，而后者就是叶的平均深度。■

定理 2.9（叶熵定理） 离散随机变量的熵等于所对应的有根概率树上所有内部节点（包括根节点，不包括叶）的分支熵用该节点概率加权的和，即

$$H(X)=\sum_i q(u_i)H(u_i) \tag{2.44}$$

其中，$q(u_i)$为节点 u_i 的概率，$H(u_i)$为节点 u_i 的分支熵（证明略）。■

该定理可用数学归纳法和熵的可加性证明。有根概率树计算熵的公式（2.44）实际上就是反复利用熵的可加性公式（2.32）的结果。在用有根概率树计算熵时，要求树叶与符号有一一对应的关系，叶的概率就是符号的概率，而对内部节点产生的分支数无具体要求，每条树枝对应一条件概率，该节点的概率乘以这个条件概率等于对应的子节点的概率。虽然在一般情况下，利用式（2.10）就可计算信息熵，但在有些特殊情况下，特别是符号概率具有某些规律性时，利用有根概率树或熵的可加性计算信息熵，可以简化运算过程。

例 2.15 离散随机变量符号集 $A=\{a_1,a_2,a_3,a_4\}$，概率为 $\{1-p,p(1-p),p^2(1-p),p^3\}$ 所对应的有根概率树如图 2.3 所示，计算树叶的平均深度和该随机变量的熵。

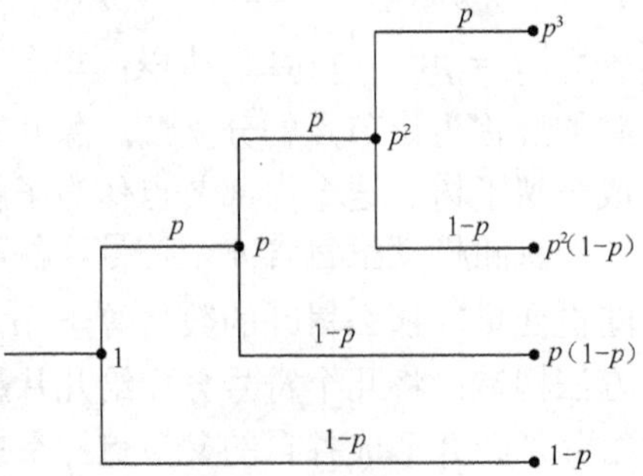

图 2.3 有根概率树

解 概率树叶的平均深度：$\bar{l}=1+p+p^2$，

随机变量的熵：$H=H(p)+pH(p)+p^2H(p)=(1+p+p^2)H(p)$。■

例 2.16　利用熵的可加性或有根概率树，计算 $H(1/3,1/3,1/6,1/6)$。

解　解法 1：将两个 1/6 概率合并成一个概率，再将三个概率合并，形成树根，有

$$H(1/3,1/3,1/6,1/6)=H(1/3,1/3,1/3)+1/3=1.918\text{ 比特/符号}$$

解法 2：将两个 1/3 概率分解为两个 1/6 概率的和，形成扩展树，有

$$\log_2 6=H(1/3,1/3,1/6,1/6)+(2/3)\log_2 2$$

得

$$H(1/3,1/3,1/6,1/6)=1.918\text{ 比特/符号}\blacksquare$$

例 2.17　一离散随机变量有 9 个符号，概率分别为 $p_i, i=1,\cdots,9$，其中 $p_i(i=1,\cdots,4)=(1-\varepsilon)^2/4$，$p_i(i=5,\cdots,8)=\varepsilon(1-\varepsilon)/2$，$p_9=\varepsilon^2$，计算此离散随机变量的熵。

解　因为 $\sum_{i=1}^{4}p_i=(1-\varepsilon)^2$，$\sum_{i=5}^{6}p_i=\sum_{i=7}^{8}=\varepsilon(1-\varepsilon)$，根据熵的可加性，所求熵为

$$\begin{aligned}H(p_1,p_2,\cdots,p_9)&=H((1-\varepsilon)^2,\varepsilon(1-\varepsilon),\varepsilon(1-\varepsilon),\varepsilon^2)+(1-\varepsilon)^2H(1/4,1/4,1/4,1/4)\\&\quad+\varepsilon(1-\varepsilon)H(1/2,1/2)+\varepsilon(1-\varepsilon)H(1/2,1/2)\\&=H((1-\varepsilon)^2,\varepsilon(1-\varepsilon),\varepsilon(1-\varepsilon),\varepsilon^2)+(1-\varepsilon)^2\log 4+2\varepsilon(1-\varepsilon)\log 2\\&=H(1-\varepsilon,\varepsilon)+(1-\varepsilon)H(1-\varepsilon,\varepsilon)+\varepsilon H(1-\varepsilon,\varepsilon)+2(1-\varepsilon)^2\log 2+2\varepsilon(1-\varepsilon)\log 2\\&=2[H(\varepsilon)+(1-\varepsilon)\log 2]\blacksquare\end{aligned}$$

注：

虽然有根概率树与熵的可加性计算熵的原理相同，但前者通过画图，使计算更直观。

2.4　平均互信息

2.4.1　平均互信息的定义

1. 离散随机变量与事件之间的互信息

离散随机变量 X 与 Y 的某一取值 y 之间的互信息定义为

$$I(X;y)=\sum_x p(x\mid y)\log\frac{p(x\mid y)}{p(x)}\tag{2.45}$$

式（2.45）表示由 y 提供的关于 X 的信息量（注意：用条件概率平均）。

定理 2.10

$$I(X;y)\geqslant 0\tag{2.46}$$

仅当 y 与所有 x 独立时，等式成立。

证　根据散度的定义与散度不等式，有 $I(X;y)=D(p(x\mid y)\|p(x))\geqslant 0$，仅当对所有 x，$p(x)=p(x\mid y)$ 时，等式成立。$\blacksquare$

类似地，可定义离散随机变量 Y 与 X 的某一取值 x 之间的互信息 $I(x;Y)$，也可证明 $I(x;Y)\geqslant 0$。

2. 平均互信息

离散随机变量 X，Y 之间的平均互信息定义为

$$I(X;Y)=\sum_x p(x)I(Y;x)=\sum_x p(x)\sum_y p(y\mid x)\log\frac{p(y\mid x)}{p(y)}$$
$$=\sum_{x,y} p(x)p(y\mid x)\log\frac{p(y\mid x)}{\sum_x p(x)p(y\mid x)} \quad (2.47)$$
$$=\sum_{i,j} p_i p_{ij}\log\frac{p_{ij}}{\sum_i p_i p_{ij}}$$

其中 $p_i \triangleq p(x), p_{ij} \triangleq p(y\mid x)$。

平均互信息 $I(X;Y)$其实就是互信息 $I(x;y)$在概率空间 XY 中求统计平均的结果，是从整体上表示一个随机变量 Y 所提供的关于另一个随机变量 X 的信息量。

平均互信息的单位为比特（奈特）/符号或比特（奈特）。

平均互信息的概念可扩展到随机矢量之间。随机矢量 $\boldsymbol{X}^N$，$\boldsymbol{Y}^M$之间的平均互信息定义为：

$$I(\boldsymbol{X}^N;\boldsymbol{Y}^M)=\sum_{\boldsymbol{x}} p(\boldsymbol{x})\sum_{\boldsymbol{y}} p(\boldsymbol{y}\mid\boldsymbol{x})\log\frac{p(\boldsymbol{y}\mid\boldsymbol{x})}{p(\boldsymbol{y})} \quad (2.48)$$

其中，$\boldsymbol{x}=(x_1,x_2,\cdots,x_N)$，$\boldsymbol{y}=(y_1,y_2,\cdots,y_M)$。很明显，当 $M=N=1$ 时，式（2. 48）归结为（2. 47）。

3. 平均互信息与熵的关系

很容易证明：

定理 2.11 对于离散随机变量 X，Y，下面的关系式成立：

$$I(X;Y)=H(X)-H(X\mid Y) \quad (2.49)$$
$$I(X;Y)=H(Y)-H(Y\mid X) \quad (2.50)$$
$$I(X;Y)=H(X)+H(Y)-H(XY) \quad (2.51)$$

由式（2.49）我们可以进一步理解平均互信息的物理意义。在通信系统中，X 为发信机的输出，也就是信道输入；Y 为信道输出，也就是接收机的输入；$H(X)$表示 X 的不确定性，而 $H(X|Y)$表示接收到 Y 后关于 X 的不确定性，平均互信息为二者之差，表示关于 X 的不确定性的变化，也就是通过 Y 所获得关于 X 的信息量。

也可证明式（2.48）所定义的矢量集合之间的平均互信息与联合熵，以及条件熵之间的关系与式（2.49）、式（2.50）、式（2.51）类似，只是将其中的一维随机变量换成多维随机矢量。

4. 香农信息度量与集合运算的关系

上面所介绍的信息熵、条件熵及平均互信息等统称为香农信息度量，这种度量与集合论中的运算有一一对应的关系。对于两随机变量 X，Y，这种对应关系可由如图 2.4 所示的信息图来解释。图中的映射关系为：$H(X)\to X$，$H(Y)\to Y$，$H(XY)\to X\cup Y$，$I(X;Y)\to X\cap Y$，$H(X|Y)\to X\cap Y^{C}$，$H(Y|X)\to Y\cap X^{C}$。

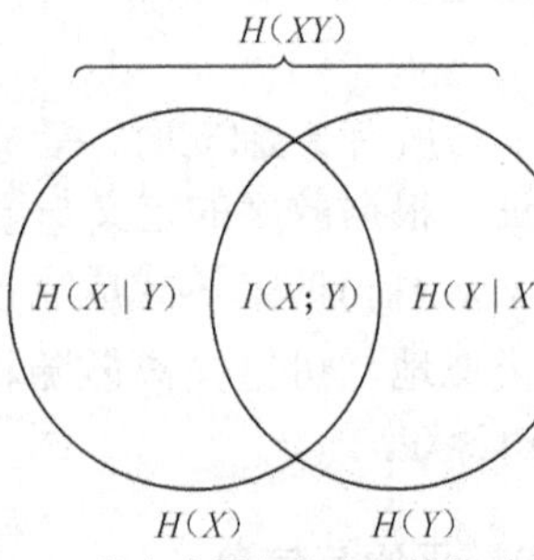

图 2.4 信息度量与集合运算的对应关系

例 2.18 对某城市进行交通忙闲的调查，并把天气分成晴雨两种状态，气温分成冷暖两种状态。调查结果得到的各数据联合出现相对频率见表 2.3。

表 2.3 调查数据相对频率

忙				闲			
晴		雨		晴		雨	
冷	暖	冷	暖	冷	暖	冷	暖
12	8	27	16	8	13	4	12

若把这些频度看作概率测度，求：

（1）忙闲的无条件熵；

（2）天气状态和气温状态同时已知时忙闲的条件熵；

（3）从天气状态和气温状态同时获得的关于忙闲的信息量。

解 令 X={忙，闲}={0,1}, Y={晴，雨}={0,1}, Z={冷，暖}={0,1}，则有下面的联合分布：

		YZ			
$P(xyz)$		00	01	10	11
X	0	0.12	0.08	0.27	0.16
	1	0.08	0.13	0.04	0.12
		$P_{yz}(00)=0.2$	$P_{yz}(01)=0.21$	$P_{yz}(10)=0.31$	$P_{yz}(11)=0.28$

（1） $H(X)=H(0.63,0.37)=0.951$ 比特/符号

（2） $H(X|YZ)=H(XYZ)-H(YZ)$

$=H(0.12, 0.08, 0.27, 0.16, 0.08, 0.13, 0.04, 0.12)-H(0.2, 0.21, 0.31, 0.28)$

$=2.819-1.976=0.843$ 比特/符号

（3） $I(X;YZ)=H(X)-H(X|YZ)=0.951-0.843=0.108$ 比特/符号■

2.4.2 平均互信息的性质

1. 非负性

定理 2.12

$$I(X;Y)\geqslant 0 \tag{2.52}$$

仅当 X，Y 独立时，等式成立。

证 根据式（2.46）$I(X;y)\geqslant 0$，其平均值也大于或等于 0。实际上，$I(X;Y)=D(p(xy)\|p(x)p(y))\geqslant 0$，其中，$p(xy)$为 XY 的联合概率分布，$p(x)p(y)$为 X 和 Y 概率的乘积。■

2. 对称性

$$I(X;Y)=I(Y;X) \tag{2.53}$$

根据定义很容易得到。■

3. 凸函数性

定理 2.13 $I(X;Y)$ 为概率分布 $p(x)$ 的上凸函数。

证 设 $p(y|x)$ 固定，两输入分布分别为 $p_1(x)$ 和 $p_2(x)$，取 $0\leqslant\theta\leqslant 1$，令 $p_0(x)=\theta p_1(x)+(1-\theta)p_2(x)$，

可知$\sum_x p_0(x)=1$，满足概率分布条件；又设$p_1(y)=\sum_x p_1(x)p(y|x)$，$p_2(y)=\sum_x p_2(x)p(y|x)$，$p_0(y)=\sum_x p_0(x)p(y|x)$；记$I(X;Y)\equiv I[p(x)]$，现要证

$$\theta I[p_1(x)]+(1-\theta)I[p_2(x)]\leqslant I[\theta p_1(x)+(1-\theta)p_2(x)] \tag{2.54}$$

因为

$$\begin{aligned}
&\theta I[p_1(x)]+(1-\theta)I[p_2(x)]-I[\theta p_1(x)+(1-\theta)p_2(x)]\\
&=\theta\sum_{x,y}p_1(x)p(y|x)\log\frac{p(y|x)}{p_1(y)}+(1-\theta)\sum_{x,y}p_2(x)p(y|x)\log\frac{p(y|x)}{p_2(y)}\\
&\quad-\theta\sum_{x,y}p_1(x)p(y|x)\log\frac{p(y|x)}{p_0(y)}-(1-\theta)\sum_{x,y}p_2(x)p(y|x)\log\frac{p(y|x)}{p_0(y)}\\
&=\theta\sum_{x,y}p_1(x)p(y|x)\log\frac{p_0(y)}{p_1(y)}+(1-\theta)\sum_{x,y}p_2(x)p(y|x)\log\frac{p_0(y)}{p_2(y)}\\
&\leqslant\theta\log\sum_y p_0(y)+(1-\theta)\log\sum_y p_0(y)=0
\end{aligned}$$

上面利用了 Jensen 不等式，所以式（2.54）成立。■

定理 2.14 对于固定的概率分布$p(x)$，$I(X;Y)$为条件概率$p(y|x)$的下凸函数。

证 设$p(x)$固定，$p_1(y|x)$，$p_2(y|x)$为两不同的条件概率分布。令$0\leqslant\theta\leqslant1$，取$p_0(y|x)=\theta p_1(y|x)+(1-\theta)p_2(y|x)$，则$\sum_y p(y|x)=1$，故$p_0(y|x)$是条件概率分布；又设$p_1(y)=\sum_x p(x)p_1(y|x)$，$p_2(y)=\sum_x p(x)p_2(y|x)$，$p_0(y)=\sum_x p(x)p_0(y|x)$；记$I(X;Y)\equiv I[p(y|x)]$，现要证

$$I[\theta p_1(y|x)]+(1-\theta)p_2(y|x)]\leqslant\theta I[p_1(y|x)]+(1-\theta)I[p_2(y|x)] \tag{2.55}$$

由于

$$\begin{aligned}
&I[p_0(y|x)]-\theta I[p_1(y|x)]-(1-\theta)I[p_2(y|x)]\\
&=\sum_{x,y}p(x)p_0(y|x)\log\frac{p_0(y|x)}{p_0(y)}-\theta\sum_{x,y}p(x)p_1(y|x)\log\frac{p_1(y|x)}{p_1(y)}\\
&\quad-(1-\theta)\sum_{x,y}p(x)p_2(y|x)\log\frac{p_2(y|x)}{p_2(y)}\\
&=\theta\sum_{x,y}p(x)p_1(y|x)\log\frac{p_0(y|x)p_1(y)}{p_1(y|x)p_0(y)}+(1-\theta)\sum_{x,y}p(x)p_2(y|x)\log\frac{p_0(y|x)p_2(y)}{p_2(y|x)p_0(y)}\\
&\leqslant\theta\log\sum_y p_1(y)+(1-\theta)\log\sum_y p_2(y)=0
\end{aligned}$$

上面利用了 Jensen 不等式，所以式（2.55）成立。■

例 2.19 已知二元随机变量X，Y，输出符号均为$\{0,1\}$，$p_X(0)=\omega$，$(0\leqslant\omega\leqslant1)$，条件概率$p_{Y|X}(0|0)=p_{Y|X}(1|1)=1-p$，$(0\leqslant p\leqslant1)$，求$I(X;Y)$，并讨论其凸函数性。

解 根据题意，有$p_{Y|X}(1|0)=p_{Y|X}(0|1)=p$

所以

$$\begin{aligned}
\begin{pmatrix}p_Y(0) & p_Y(1)\end{pmatrix}&=\begin{pmatrix}\omega & 1-\omega\end{pmatrix}\begin{pmatrix}1-p & p\\ p & 1-p\end{pmatrix}\\
&=\begin{pmatrix}p+\omega-2\omega p & 1-p-\omega+2\omega p\end{pmatrix}
\end{aligned}$$

故得

$$H(Y)=H(p+\omega-2\omega p)\text{，}\quad H(Y|X)=\omega H(p)+(1-\omega)H(p)=H(p)$$

因此

$$I(X;Y)=H(p+\omega-2\omega p)-H(p)$$

将 $I(X;Y)$ 表示为二元函数，$I(X;Y)\sim I(\omega,p)$。

根据定理 2.13 可知，$I(X;Y)$ 是 ω 的上凸函数，选择若干 p 值所做的 $I(X;Y)$ 的曲线如图 2.5(a)所示。当 $p=1/2$ 时，$I(X;Y)=0$；当 $p\neq 1/2$ 有如下结论：

① 因 $I(\omega,p)=I(\omega,1-p)$，所以 p 和 $1-p$ 对应的是同一条曲线；

② 因 $I(\omega,p)=I(1-\omega,p)$，所以曲线关于 $\omega=1/2$ 对称；

③ 当 $p+\omega-2\omega p=1/2$ 时，有 $(1-2\omega)(p-1/2)=0$，所以当 $\omega=1/2$ 时，$I(X;Y)=\log 2\ \ H(p)$，达到极大值，当 $\omega=0$ 或 1 时，$I(X;Y)$ 取最小值 0。

根据定理 2.14 可知，$I(X;Y)$ 是 p 的下凸函数，选择若干 ω 值所做的 $I(X;Y)$ 的曲线如图 2.5(b)所示。当 $\omega=0$ 或 1 时，$I(X;Y)=0$；当 $\omega\neq 0$ 或 1 时有如下结论：

① 因 $I(\omega,p)=I(1-\omega,p)$，所以 ω 和 $1-\omega$ 对应的是同一条曲线；

② 因 $I(\omega,p)=I(\omega,1-p)$，所以曲线关于 $p=1/2$ 对称；

③ 当 $p=0$ 或 1 时，$I(X;Y)=H(\omega)$ 或 $H(1-\omega)$，达到最大值，当 $p=1/2$ 时，$I(X;Y)$ 取最小值 0。█

为更好理解本题 $I(X;Y)$ 的凸函数性，将二元函数 $I(\omega,p)$ 的图形示于图 2.5(c)。将 ω,p 视为函数的两个坐标轴，凸函数性描述函数在不同坐标轴上所表现的性质，这些表现有时可能有很大的差别。

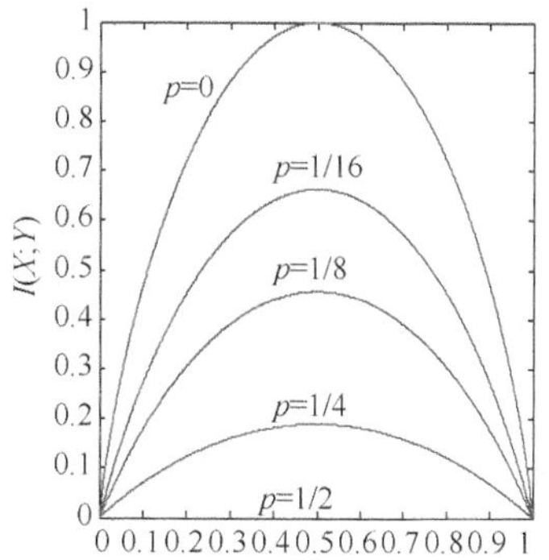

(a) $I(X;Y)$是 ω 的上凸函数

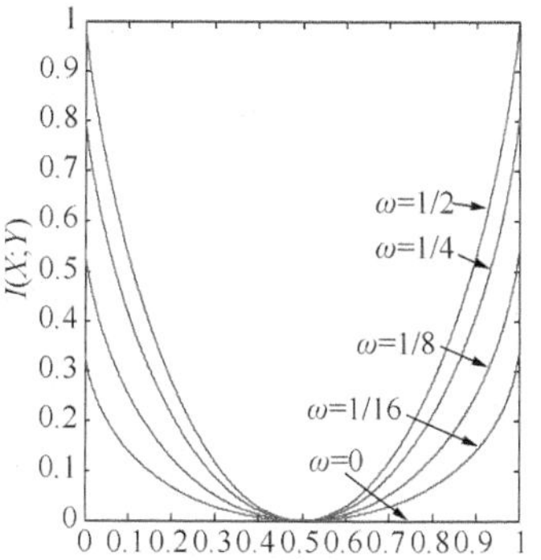

(b) $I(X;Y)$是 p 的下凸函数

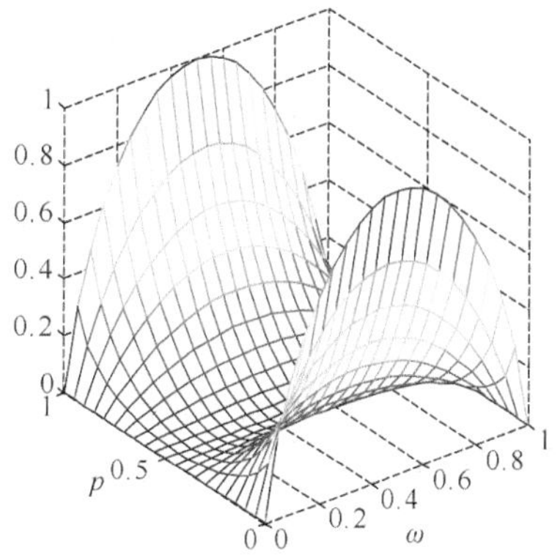

(c) $I(X;Y)$视为二维函数 $I(\omega,p)$ 的图形

图 2.5　$I(X;Y)$与 ω,p 的关系图

4．极值性

定理 2.15

$$I(X;Y)\leqslant H(X) \tag{2.56}$$

$$I(X;Y)\leqslant H(Y) \tag{2.57}$$

由条件熵的非负性，很容易从式（2.49）和式（2.50）得到。█

平均互信息的极值性说明从一个事件提取关于另一个事件的信息量，至多是另一个事件的熵，不会超过另一个事件自身所含的信息量。

2.4.3 平均条件互信息

设联合集 XYZ，在 Z 条件下，X 与 Y 之间的平均互信息定义为条件互信息 $I(x;y|z)$ 的平均值，即

$$\begin{aligned}I(X;Y|Z)&=\underset{p(xyz)}{E}[I(x;y|z)]=\underset{p(xyz)}{E}\{\log\frac{p(x|yz)}{p(x|z)}\}\\&=\sum_{x,y,z}p(xyz)\log\frac{p(x|yz)}{p(x|z)}\end{aligned}\tag{2.58}$$

由于

$$\begin{aligned}I(x;yz)&=\log\frac{p(x|yz)}{p(x)}=\log\frac{p(x|yz)}{p(x|z)}\frac{p(x|z)}{p(x)}\\&=I(x;y|z)+I(x;z)\end{aligned}\tag{2.59}$$

同理可得

$$I(x;yz)=I(x;z|y)+I(x;y)\tag{2.60}$$

对式（2.59）、式（2.60）两边求平均，得

$$\begin{aligned}I(X;YZ)&=I(X;Y|Z)+I(X;Z)\\&=I(X;Z|Y)+I(X;Y)\end{aligned}\tag{2.61}$$

定理 2.16 平均条件互信息是非负的，即

$$I(X;Y|Z)\geqslant 0\tag{2.62}$$

仅当 $p(x|z)=p(x|yz)$ 时，等式成立。

证

$$\begin{aligned}I(X;Y|Z)&=\sum_{x,y,z}p(xyz)\log\frac{p(x|yz)}{p(x|z)}\\&=\sum_{x,y,z}p(xyz)\log\frac{p(xyz)}{p(x|z)p(yz)}\\&=D(p(xyz)\|p(x|z)p(yz))\geqslant 0\end{aligned}$$

仅当 $p(x|z)=p(x|yz)$ 时，等式成立。■

定理 2.17

$$I(X;YZ)\geqslant I(X;Z)\tag{2.63}$$

仅当 $p(x|z)=p(x|yz)$ 时，等式成立。

$$I(X;YZ)\geqslant I(X;Y)\tag{2.64}$$

仅当 $p(x|y)=p(x|yz)$ 时，等式成立。

证 由式（2.61）和式（2.62），可得式（2.63）。将 Y，Z 的位置互换可得式（2.64）。■

设 Y，Z 为独立随机变量，其中 Y 取 n 个符号，Z 取 k 个符号，则 YZ 含 nk 个符号。Z 可视为 YZ 中某些符号的合并处理，由 nk 个符号合并成 k 个符号。因此：

① YZ 中的符号进行合并处理后，使其获得的关于 X 的信息量减少；

② 如果 YZ 在二维空间取值，则 Z 的取值空间是对 YZ 取值空间的合并，而 YZ 取值空间是对 Z 或 Y 取值空间的细化，可见，通过对 Z 或 Y 取值空间的细化，可使其获得的关于 X 的信息量增加。

定理 2.18（平均互信息的链原则）

$$I(X_1X_2\cdots X_n;Y)=\sum_{i-1}^{n}I(X_i;Y|X_1X_2\cdots X_{i-1}) \tag{2.65}$$

证

$$\begin{aligned}I(X_1X_2\cdots X_n;Y)&=H(X_1X_2\cdots X_n)-H(X_1X_2\cdots X_n|Y)\\&=\sum_{i-1}^{n}H(X_i|X_1\cdots X_{i-1})-\sum_{i=1}^{n}H(X_i|X_1\cdots X_{i-1}Y)\\&=\sum_{i=1}^{n}I(X_i;Y|X_1X_2\cdots X_{i-1})\end{aligned}$$

上述证明利用了熵的可加性，式（2.65）称作平均互信息的链原则。▌

例 2.20　设信源 X 的符号集为{0，1，2}，其概率分布为 $P_0=P_1=1/4$，$P_2=1/2$，每信源符号通过两个信道同时传输，输出分别为 Y，Z，两信道转移概率如图 2.6 所示，求

（1）$H(Y)$，$H(Z)$；

（2）$H(XY)$，$H(XZ)$，$H(YZ)$，$H(XYZ)$；

（3）$I(X;Y)$，$I(X;Z)$, $I(Y;Z)$；

（4）$I(X;Y|Z)$，$I(X;YZ)$。

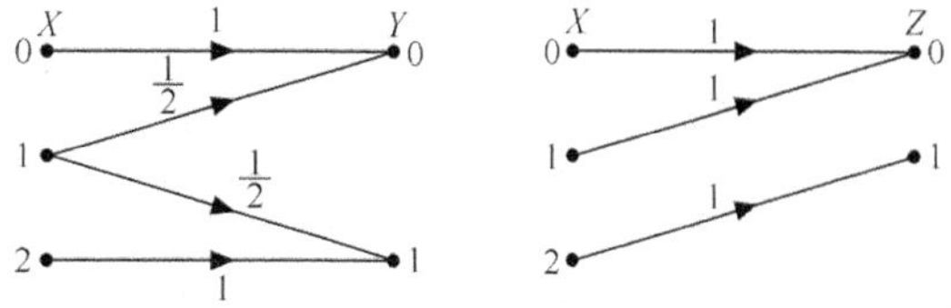

图 2.6　两信道转移概率

解　设 y，z 的符号集均为{0，1}，yz 符号集为{00，01，10，11}，由已知条件得

$$X-Y\text{ 条件概率矩阵：}\begin{pmatrix}1&0\\1/2&1/2\\0&1\end{pmatrix},\quad X-Z\text{ 条件概率矩阵：}\begin{pmatrix}1&0\\1&0\\0&1\end{pmatrix}$$

和

$$H(X)=H(1/4,1/4,1/2)=1.5\text{ 比特/符号}$$

因为在 x 给定条件下 y，z 独立，即 $p(yz|x)=p(y|x)p(z|x)$，故有

$$X-YZ\text{ 条件概率矩阵：}\begin{pmatrix}1&0&0&0\\1/2&0&1/2&0\\0&0&0&1\end{pmatrix}$$

（1）由 $\left(p(y=0)\quad p(y=1)\right)=\begin{pmatrix}\frac{1}{4}&\frac{1}{4}&\frac{1}{2}\end{pmatrix}\times\begin{pmatrix}1&0\\1/2&1/2\\0&1\end{pmatrix}=\begin{pmatrix}\frac{3}{8}&\frac{5}{8}\end{pmatrix}$，得

$$H(Y)=H(3/8,5/8)=0.955\text{ 比特/符号}$$

由 $\left(p(z=0)\quad p(z=1)\right)=\begin{pmatrix}\frac{1}{4}&\frac{1}{4}&\frac{1}{2}\end{pmatrix}\times\begin{pmatrix}1&0\\1&0\\0&1\end{pmatrix}=\begin{pmatrix}\frac{1}{2}&\frac{1}{2}\end{pmatrix}$，得

$$H(Z)=H(1/2)=1\text{ 比特/符号}$$

（2）由 $H(Y|X)=(1/4)H(1)+(1/4)H(1/2)+(1/2)H(1)]=0.25$，得

$$H(XY)=H(X)+H(Y|X)=1.5+0.25=1.75\text{ 比特/2 个符号}$$

由 $H(Z|X)=(1/4)H(1)+(1/4)H(1)+(1/2)H(1)]=0$，得

$$H(XZ)=H(X)+H(Z|X)=1.5+0=1.5\text{ 比特/2 个符号}$$

由 $\begin{pmatrix} p(yz=00) & p(yz=01) & p(yz=10) & p(yz=11) \end{pmatrix}$

$$=\begin{pmatrix} \frac{1}{4} & \frac{1}{4} & \frac{1}{2} \end{pmatrix} \times \begin{pmatrix} 1 & 0 & 0 & 0 \\ 1/2 & 0 & 1/2 & 0 \\ 0 & 0 & 0 & 1 \end{pmatrix} = \begin{pmatrix} \frac{3}{8} & 0 & \frac{1}{8} & \frac{1}{2} \end{pmatrix}，得$$

$$H(YZ) = H(3/8, 1/8, 1/2) = 1.406 \text{ 比特/2 个符号}$$

由 $H(YZ|X) = (1/4)H(1) + (1/4)H(1/2) + (1/2)H(1)] = 0.25$，得

$$H(XYZ) = H(X) + H(YZ|X) = 1.5 + 0.25 = 1.75 \text{ 比特/3 个符号}$$

（3）$I(X;Y) = H(X) + H(Y) - H(XY) = 1.5 + 0.955 - 1.75 = 0.705$ 比特

$$I(X;Z) = H(X) + H(Z) - H(XZ) = 1.5 + 1 - 1.5 = 1 \text{ 比特/符号}$$

$$I(Y;Z) = H(Y) + H(Z) - H(YZ) = 0.955 + 1 - 1.406 = 0.549 \text{ 比特}$$

（4）$I(X;Y|Z) = H(X|Z) - H(X|YZ) = H(XZ) - H(Z) - H(XYZ) + H(YZ)$

$$= 1.5 - 1 - 1.75 + 1.406 = 0.156 \text{ 比特/符号}$$

$$I(X;YZ) = I(X;Z) + I(X;Y|Z) = 1 + 0.156 = 1.156 \text{ 比特}$$ ■

注意

① 本题 y、z 是在 x 给定条件下的独立，不是无条件独立，两者不等价；

② 平均互信息或条件平均互信息都可以通过各类熵的加减运算得到，而无需利用定义计算，这样可以简化运算。

本章小结

1．自信息、联合自信息与条件自信息

- 自信息　　$I(x) = -\log p(x)$
- 联合自信息　　$I(\boldsymbol{x}) = -\log p(x_1 x_2 \cdots x_N)$
- 条件自信息　　$I(y|x) = -\log p(y|x)$

2．信息熵、联合熵、条件熵与相对熵

- 信息熵　　$H(X) = \underset{p(x)}{E}[-\log p(x)] = -\sum_x p(x)\log p(x)$
- 联合熵　　$H(\boldsymbol{X}^N) = H(X_1 X_2 \cdots X_N) = \underset{p(\boldsymbol{x})}{E}[-\log p(\boldsymbol{x})]$
- 条件熵　　$H(Y|X) = \underset{p(xy)}{E}[-\log p(y|x)]$

基本公式

- 多维条件熵　　$H(\boldsymbol{Y}^M | \boldsymbol{X}^N) = \underset{p(\boldsymbol{x},\boldsymbol{y})}{E}[\log p(\boldsymbol{y}|\boldsymbol{x})]$
- 相对熵（信息散度）　　$D(P\|Q) = \underset{p(xy)}{E}\{\log[p(x)/q(x)]\}$

3．互信息与条件互信息

- 互信息　　$I(x;y) = \log \dfrac{p(y|x)}{p(y)}$
- 条件互信息　　$I(x;y|z) = \log \dfrac{p(y|xz)}{p(y|z)}$

4．平均互信息与条件平均互信息

- 平均互信息

基本公式 $I(X;Y)=\underset{p(xy)}{E}[\log\frac{p(y|x)}{p(y)}]$

矢量平均互信息 $I(\boldsymbol{X}^N;\boldsymbol{Y}^M)=\underset{p(\boldsymbol{x},\boldsymbol{y})}{E}[\log\frac{p(\boldsymbol{y}|\boldsymbol{x})}{p(\boldsymbol{y})}]$

- 条件平均互信息 $I(X;Y|Z)=\underset{p(xyz)}{E}[\log\frac{p(y|xz)}{p(y|z)}]$

5．上凸函数的性质（Jensen 不等式）

$$f[E(\boldsymbol{x})]\geqslant E[f(\boldsymbol{x})]$$

6．离散熵的重要性质

（1）非负性 $H(X)\geqslant 0$

（2）熵的不增原理 $H(X|Y)\leqslant H(X)$

（3）可加性

- 一般形式

$$H(p_1p_{11},\cdots p_1p_{1m},p_2p_{21},\cdots,p_2p_{2m},\cdots,p_np_{n1},\cdots,p_np_{nm})=H(p_1,\cdots,p_n)+\sum_{i=1}^{n}p_iH(p_{i1},\cdots,p_{im})$$

- 等价形式 $H(XY)=H(X)+H(Y|X)$
- 熵的链原则

$$H(X_1X_2\cdots X_N)=H(X_1)+H(X_2|X_1)+\cdots H(X_N|X_1X_2\cdots X_{N-1})$$

（4）极值型（离散最大熵定理）： $H(X)=\log n$ （n 为信源符号数）

（5）可逆变换下熵的不变性

7．平均互信息重要性质

（1）非负性 $I(X;Y)\geqslant 0$

（2）凸函数性：是输入概率的上凸函数，是条件概率的下凸函数

（3）极值性： $I(X;Y)\leqslant\min(H(X),H(Y))$

（4）与熵的关系 $I(X;Y)=H(X)-H(X|Y)=H(Y)-H(Y|X)$

$=H(X)+H(Y)-H(XY)$

8．平均条件互信息重要性质

（1）非负性： $I(X;Y;Z)\geqslant 0$

（2）链原则： $I(X_1X_2\cdots X_N;Y)=\sum_{i-1}^{N}I(X_i,Y|X_1X_2\cdots X_{i-1})$

9．有根概率树的性质与熵的计算

思 考 题

2.1 条件自信息 $I(x|y)$与互信息 $I(x;y)$有何区别？

2.2 信息熵的含义是什么？有哪些性质？

2.3 两个不同分布的离散随机变量的熵是否有可能相同?试举例说明。

2.4 符号集为无限可数集合的离散信源是否满足离散最大熵定理？

2.5 熵的可加性含义是什么？

2.6 什么是熵的不增原理？

2.7 离散随机变量经变换后熵是增加还是减小？为什么？

2.8 在满足何种条件下熵函数的形式是唯一的？

2.9 平均互信息 $I(X;Y)$的含义是什么？有哪些性质？

习 题

2.1 同时抛掷一对质地均匀的骰子，骰子朝上面的点数称作骰子的点数，求

（1）“3 点与 5 点同时发生”事件的自信息；

（2）“两个 1 点同时发生”事件的不确定性；

（3）“至少有一个 1 点”事件所提供的信息量；

（4）“两个点的和为 5”事件所提供的信息量。

2.2 有 7 个球，放到有编号的 4 个盒子里，已知每个球放到各盒子里的概率相等，求

（1）事件“第 1 个盒子里放入两个球”所提供的信息量；

（2）事件“第 1 个盒子里无球”的不确定性；

（3）事件“3 个盒子里无球”所提供的信息量。

2.3 某地区的女孩中有 25%是大学生，在女大学生中有 75%是身高 1 米 6 以上的，而女孩中身高 1 米 6 以上的占总数的一半。假如我们得知“身高 1 米 6 以上的某女孩是大学生”的消息，问获得多少信息量？

2.4 一副充分洗乱了的牌（52 张），问

（1）任一特定排列所给出的信息量是多少？

（2）若从中抽出 13 张牌，所给出的点数都不相同时得到多少信息量？

2.5 一个汽车牌照编号系统使用 3 个字母后接 3 个数字作代码，问一个牌照所提供的信息量是多少？如果所有 6 个符号都用字母数字作代码，问一个牌照所提供的信息量是多少？假定有 26 个字母，10 个数字。

2.6 在某地区篮球联赛的每个赛季，最终只有 A，B 两球队进入决赛争夺冠军。决赛采用 7 场 4 胜制，首先赢得 4 场胜利的球队获得冠军，并结束比赛。把产生冠军的事件 x 用 A，B 两队各场次的比赛结果表示，作为信源 X 产生的随机事件，例如，$AAAA$ 表示事件“A 队胜前 4 场获得冠军”；$ABBAAA$，表示事件“A 队在第 1，4，5，6 场取胜获得冠军(而 B 队在第 2，3 场取胜)”，……。假设两球队在每场比赛中的取胜机会均等，每场比赛只有“A 胜”或“B 胜”两种结果，并且各场比赛的结果是彼此独立的。

（1）求信源的熵 $H(X)$。

（2）求事件“两队打满 7 场”所提供的信息量。

（3）列出 A 队前三场都失利的所有情况，求“A 队前三场都失利”所提供信息量。

（4）求事件“A 队在前三场都失利的条件下又取得冠军”所提供的信息量。

2.7 已知随机变量 X、Y 的联合概率分布为 $P_{XY}(a_k, b_j)$，满足：$P_X(a_1)=1/2$，$P_X(a_2)=P_X(a_3)=1/4$，$P_Y(b_1)=2/3$，$P_Y(b_2)=P_Y(b_3)=1/6$，试求能使 $H(XY)$ 取最大值的 XY 的联合概率分布。

2.8 一个无限离散信源 X，符号集 $A=\{1,2,3,\cdots\}$，求满足 $E(X)$等于常数 a 并使信源熵

$H(X)$具有最大值的信源符号的概率分布，并求此最大熵。

2.9 设随机变量 X，符号集 $A=\{a_1,a_2,\cdots a_M\}$，$P_X(X=a_M)=P_M=\alpha$，求证：$H(X)\leqslant -\alpha\log\alpha-(1-\alpha)\log(1-\alpha)+(1-\alpha)\log(M-1)$，并确定等式成立条件。

2.10 给定一概率分布$(p_1,p_2,\cdots,p_n)$和一个整数 m，$0\leqslant m<n$，令 $q_m=1-\sum_{j=1}^{m}p_j$，证明 $H(p_1,\cdots p_n)\leqslant H(p_1,\cdots,p_m,q_m)+q_m\log(n-m)$，何时等式成立？

2.11 有两个离散随机变量 X,Y，和为 $Z=X+Y$，若 X,Y 相互独立，求证：

（1）$H(X)\leqslant H(Z)$；（2）$H(Y)\leqslant H(Z)$；（3）$H(XY)\geqslant H(Z)$。

2.12 求两个不同的概率分布 $p_1\geqslant p_2\geqslant\cdots\geqslant p_n>0$，$q_1\geqslant q_2\geqslant\cdots\geqslant q_m>0$，使得 $H(p_1,p_2,\cdots p_n)=H(q_1,q_2,\cdots q_m)$，并说明解答是否唯一。

2.13 设有一概率空间，其概率分布为 $p_1,p_2,\cdots,p_n$。若取 $p_1'=p_1-\varepsilon,p_2'=p_2+\varepsilon$，其中 $0<2\varepsilon\leqslant p_1-p_2$，而其他概率值不变。试证由此得到的新概率空间的熵是增加的，并用熵的物理意义予以解释。

2.14 证明熵函数是严格上凸的（提示：除利用上凸函数的定义证明外，也可用上凸函数的性质证明，先证明函数$-x\log x$ 是严格上凸的）。

2.15 证明在满足以下三个条件下：①是概率的连续函数，②当各符号等概率时是信源符号数 n 的增函数，③可加性，熵函数的表示是唯一的。

2.16 两随机变量 X,Y，联合概率 $p(xy)$如下：

$p(xy)$ y / x	0	1
0	1/8	3/8
1	3/8	1/8

$Z=X\cdot Y$（一般乘积），试计算：

（1）$H(X), H(Y), H(Z), H(XZ), H(YZ), H(XYZ)$；

（2）$H(X|Y), H(Y|X), H(X|Z), H(Z|X), H(Y|Z), H(Z|Y), H(Z|YZ), H(Y|XZ), H(Z|XY)$；

（3）$I(X;Y), I(X;Z), I(Y;Z), I(X;Y\mid Z), I(Y;Z\mid X), I(X;Z\mid Y)$。

2.17 X,Y 均为二元随机变量，且 $P_{xy}(00)=P_{xy}(11)=P_{xy}(01)=1/3$。随机变量 $Z=X\oplus Y$，$\oplus$ 为模 2 加。求：

（1）$H(X)$，$H(Y)$，$H(X|Z)$，$I(X;Y)$；

（2）$H(X|Z)$，$H(XYZ)$。

2.18 X 和 Z 分别是两个取值 0，1 的独立随机变量，已知它们的概率分布分别为 $P\{X=1\}=p$ 和 $P\{Z=1\}=1/2$。令 $Y=X\oplus Z$，$\oplus$ 为模二加运算。其中 X 可以被认为是消息集合，Z 是密钥，Y 是加密后的消息集合。求：

（1）$H(X)$，$H(X|Y)$，$H(X|Z)$，$H(X|YZ)$；

（2）$I(X;Y)$，$I(X;Z)$，$I(X;YZ)$。

2.19 三离散随机变量 X,Y,Z，求证：

（1）$H(XYZ)=H(XZ)+H(Y\mid X)-I(Z;Y\mid X)$；

（2）$H(XYZ)-H(XY)\leqslant H(XZ)-H(X)$。

2.20 有 3 个二元随机变量 X,Y,Z，试找出它们的联合概率分布，使得

（1）$I(X;Y)=0, I(X;Y\mid Z)=1$比特；

（2）$I(X;Y)=1, I(X;Y|Z)=0$ 比特；

（3）$I(X;Y)=I(X;Y|Z)=1$ 比特。

2.21　若 X 和 $\boldsymbol{Y}=(Y_1,\cdots,Y_n)$ 为离散随机矢量，试比较 $I(\boldsymbol{X};\boldsymbol{Y})$ 和 $\sum_{i=1}^{n} I(\boldsymbol{X};Y_i)$ 大小。

2.22　设 X，Y 为两相互独立的整数随机变量，其中 X 在 $\{1,2,3,4\}$ 中等概率分布，$p_Y(k)=2^{-k}, k=1,2,\cdots$；$u=x+y$，$v=x-y$，求：

（1）$H(X)$，$H(Y)$；

（2）$H(U)$，$H(UV)$，$I(U;V)$。

2.23　某年级有甲，乙，丙 3 个班级，各班人数分别占年级总人数的 1/4，1/3，5/12，已知甲，乙，丙 3 个班级中集邮人数分别占该班总人数的 1/2，1/4，1/5，现从该年级中随机地选取一个人，求：

（1）事件“此人为集邮者”所含的信息量；

（2）事件“此人既为集邮者，又属于乙班”的不确定性；

（3）通过此人是否为集邮者所获得的关于其所在班级的信息量。

2.24　设有来自两个地区的考生的报名表分别是 100 份和 150 份，其中女生的报名表分别是 30 份和 70 份。随机地取一个地区的报名表，从中先后抽出两份。

（1）求事件“先抽到的一份是女生表”所含的信息量。

（2）求事件“后抽到的一份是男生表”的不确定性。

（3）求事件“先抽到的一份是女生表，后抽到的一份是男生表”的自信息。

（4）求事件“后抽到的一份是男生表的条件下，先抽到的一份是女生表”所提供的信息量。

（5）求通过抽到的两份表格获得的关于表格所在地区的信息量。

2.25　某城市天气情况与气象预报都可看成包含{雨，无雨}的随机变量 X 和 Y，且 X 与 Y 的联合概率为：P(雨,雨)=1/8，P(雨,无雨)=1/16，P(无雨,雨)=3/16，P(无雨,无雨）=10/16。

（1）求气象预报的准确率。

（2）求气象预报所提供的关于天气情况的信息量 $I(X;Y)$。

（3）如果天气预报总是预报“无雨”，求此时气象预报的准确率及气象预报所提供的关于天气情况的信息量 $I(X;Y)$。

（4）以上两种情况相比，哪种情况天气预报准确率高？从信息论的观点看，哪种情况下的天气预报有意义？

2.26　在某城市，下雨和晴天的时间各占一半，而天气预报无论在雨天还是在晴天都有 2/3 的准确率。甲先生每天上班这样处理带伞问题：如果预报有雨，他就带雨伞上班；如果预报无雨，他也有 1/3 的时间带伞上班。

（1）求事件“在雨天条件下甲先生未带伞”所含的信息量。

（2）求“甲先生带伞条件下没有下雨”的信息量。

（3）求天气预报所得到的关于天气情况的信息量。

（4）求通过观察甲先生是否带伞所得到的关于天气情况的信息量。

2.27　有一离散无记忆信源 X，符号集{0，1，2}，相应的概率分别为 $1/4$，$1/4$，$1/2$。现设计两个实验去观察，结果分别为 Y_1，Y_2，符号集都为{0，1}。相应的条件概率如下：

$p(y_1=0|x=0)=p(y_1=1|x=1)=1$，$p(y_1=0|x=2)=p(y_1=1|x=2)=1/2$，

$p(y_2=0|x=0)=p(y_2=0|x=1)=p(y_2=1|x=2)=1$。

（1）求 $I(X;Y_1)$ 和 $I(X;Y_2)$，并判断哪个实验较好。

（2）求 $I(X;Y_1Y_2)$，并计算做 Y_1 和 Y_2 两个实验比做 Y_1 或 Y_2 中的一个实验各多得多少关于 X 的信息。

（3）求 $I(X;Y_1|Y_2)$ 和 $I(X;Y_2|Y_1)$，并解释它们的含义。

2.28　一般性假币称重问题：如果有 n 枚硬币，其中有一枚假币，在已知或未知假币与真币之间重量关系两种条件下，通过用无砝码天平称重的方法鉴别假币，求所需最少称重次数。此问题可以归结为如下 4 个命题，请用信息论的原理加以分析，并证明所得到的结论。

命题 1：$n(3^{k-1} < n \leqslant 3^k)$枚硬币，其中有一假，知其较轻或较重，那么，发现假币的最少称重次数 k 满足：$k-1 < \log n / \log 3 \leqslant k$。

命题 2：①$n(3^{k-1} < n \leqslant 3^k)$枚硬币，其中有一假，分成 A、B 两组；$A$ 有 a 枚，B 有 b 枚，$a+b=n$；②若假币属于 A，则其较轻，若假币属于 B，则其较重，那么，发现假币的最少称重次数 k 满足 $k-1 < \log n / \log 3 \leqslant k$。

命题 3：n（$(3^{k-1}-1)/2 < n \leqslant (3^k-1)/2$）枚硬币，其中有一假，但不知轻重，还有另外的一枚真币，那么，称 k 次就能发现假币。

命题 4：n（$(3^{k-1}-3)/2 < n \leqslant (3^k-3)/2$）枚硬币，其中有一假，但不知轻重，那么，称 k 次就能发现假币。

第3章 离散信源

本章在前面介绍离散信息度量基本知识的基础上研究离散信源的统计特性。如前所述，离散信源就是在离散时间发出取值离散符号的信源，其输出就是取自可数符号集的序列，输出序列分组称为消息，所以对离散信源的研究主要是对其输出消息序列的研究。

研究信源的核心问题是信源消息所包含信息的量度，离散信源熵不仅是信源平均不确定性的量度，也是信源消息携带信息量大小的量度，所以本章的重点内容是离散信源熵的计算，而建立合适的信源模型又是研究信源的统计特性、计算信源熵的重要方法。

本章内容安排如下：首先介绍信源的分类与模型，然后介绍离散无记忆信源的扩展、离散平稳信源、有限状态马氏链和离散马尔可夫信源等内容，最后介绍信源的相关性和剩余度及文本信源。

由于篇幅所限，本章主要涉及有限符号集离散信源，除非特殊声明，本章所涉及的信源都是离散信源。

3.1 离散信源的分类与数学模型

我们知道，可以根据从不同角度对信源的观察对其进行分类，这样可以更系统地研究信源的特征。针对各类信源建立相应的数学模型简称信源建模，是科学研究中常用的手段，也是简化研究一个物理过程的重要方法。建模就是为实现某一特定目标，根据研究对象的内在规律，运用数学工具对其进行某些合理的简化，得到一个描述研究对象基本特征的简捷、易处理但精确的数学结构。模型往往是理想化的，可能与实际情况有一定差别，但使用模型可以使我们更能抓住事物的本质，更容易得到明确的结果。在使用模型研究信源特性时，概率模型和物理模型是最基本的模型。前者研究信源输出序列的统计特性，而后者研究信源产生输出序列的机制，也称信源产生模型。

3.1.1 离散信源的分类

离散信源可以从多个不同角度来分类。例如，可以根据信源符号集的大小、符号之间的依赖关系及信源统计特性等方面对信源进行分类，但这些类别之间并不是互斥关系，一种信源可以同时属于多种不同的类别。

根据信源符号集的大小，可以分为有限信源和无限信源。如果信源符号集为有限集，则称有限离散信源，如果信源符号集为无限可数集，则称无限离散信源。英文、汉语或其他语言文字，用二进代码传送的数据等，符号集都是有限的，属于有限离散信源。做连续掷一枚钱币的试验，如果把观察到钱币正面第一次出现前抛掷次数作为信源的输出，那么信源就包括从 1 到无限大的所有正整数。在一个具有 ARQ 功能的通信系统中，当收方检测到错误则要求发送方重传。如果把成功发送一组消息所需传输的次数作为信源输出，则理论上信源也包括无限多个符号。

根据信源输出符号间的依赖关系，可以分为无记忆信源和有记忆信源。输出符号间相互独立的称为无记忆信源，而输出符号之间具有相关性的称为有记忆信源。最简单的无记忆信源的例子就是掷骰子试验，其中每次抛掷结果都独立于其他抛掷结果。如果骰子是均匀的，那么我们就认为每次抛掷出现某点数的概率是相等的，即等于 1/6。有记忆信源的最典型的例子就是自然语言。例如，书写的文章或讲话中每一个字或词或字母都和它前后的符号有关。最简单的有记忆信源就是马尔可夫信源，自然语言可以用马尔可夫信源近似。

根据信源的统计特性与时间的依赖性可将信源分为平稳信源和非平稳信源，统计特性不随时间起点改变的信源称为平稳信源，反之称为非平稳信源。

3.1.2 离散无记忆信源数学模型

对于离散无记忆信源，一般用概率模型来描述就足够了。概率模型是最简单的描述信源统计特性的模型，它假定每个信源符号都独立地按某概率发生。这种概率可以通过某些合理的假设或经多次反复试验确定。如果概率模型已知，就可以计算信源的熵，从而可采用合适的熵编码方法对信源序列进行编码。

1. 单符号离散信源

如果信源 X 符号集为 $A=\{a_1,a_2,\cdots,a_n\},n$ 为符号集大小，信源符号对应某一概率分布，$\{p(a_i),i=1,\cdots,n\}$，称此信源为单符号离散信源，信源概率模型由式（3.1）描述。

$$\begin{pmatrix} X \\ P \end{pmatrix} = \begin{pmatrix} a_1 & \cdots & a_n \\ p(a_1) & \cdots & p(a_n) \end{pmatrix} \tag{3.1}$$

$$p(a_i) \geqslant 0, \quad \sum\nolimits_{i=1}^{n} a_i = 1$$

例 3.1 一个二元无记忆信源 X，符号集 $A=\{0,1\}$，p 为 $x=0$ 的概率，q 为 $x=1$ 的概率，$q=1-p$，写出信源符号概率模型。

解 信源模型如式（3.2）描述：

$$\begin{pmatrix} X \\ P \end{pmatrix} = \begin{pmatrix} 0 & 1 \\ p & q \end{pmatrix} \qquad \blacksquare \tag{3.2}$$

2. 多维离散无记忆信源

多维离散无记忆信源 $\boldsymbol{X}^N = (X_1 X_2 \cdots X_N)$ 输出为随机矢量，其模型由式（3.3）来描述。

$$\begin{pmatrix} X^N \\ P \end{pmatrix} = \begin{pmatrix} \alpha_1 & \cdots & \alpha_M \\ p(\alpha_1) & \cdots & p(\alpha_M) \end{pmatrix} \tag{3.3}$$

设x_i为X_i中的事件，即$x_i \in X_i$，其中i表示在一个矢量中某分量的序号，而不是符号集中的序号，x为X^N中的事件，即$x \in X^N$；若每个X_i的符号集相同为$A=\left\{a_1,\cdots,a_n\right\}$，$a_j$为$x_i$的取值，$j$表示在符号集$A$中的序号，则$X^N$的符号集为$A^N=\left\{\alpha_1\cdots\alpha_{n^N}\right\}$，$\alpha_k$为多维信源中的一个符号，即$\alpha_k \in A^N$。因为信源是无记忆的，所以

$$p(\boldsymbol{x})=p(x_1,x_2,\cdots,x_N)=\prod_{i=1}^{N}p(x_i) \tag{3.4}$$

可见，多维离散无记忆信源模型总可以通过单符号离散信源模型得到。也可以说，离散无记忆信源模型可以用多个单符号离散信源模型来描述。

3.1.3 离散有记忆信源数学模型

离散有记忆信源可用信源产生模型来描述。如果确知信源产生模型，那么可以推出信源符号概率模型。离散马尔可夫信源简称离散马氏源，是较简单的有记忆信源。离散马氏源有一个状态集合，若状态集合为有限集，则称为有限状态马氏源；若状态集合为无穷可数集，则称为无穷状态马氏源。离散马氏源的输出符号集是可数集，有限离散马氏源输出符号集是有限的。除非特殊说明，本章所研究的都是有限状态离散马氏源。在工程实际中，马氏源是普遍存在的，如级联的信息系统。有限状态马氏源可以看成是具有输出的有限状态机，可用信源产生模型和状态转移概率模型来描述。

有记忆信源可用马尔可夫模型来描述。若信源序列$\{x_k\}$满足

$$p(x_k\,|\,x_{k-m}\cdots x_{k-1})=p(x_k\,|\cdots x_{k-m}\cdots x_{k-1}) \tag{3.5}$$

则称信源序列满足m阶马尔可夫模型。集合$\{x_{k-m}\cdots x_{k-1}\}$中的元素称为序列的状态。关于有限状态马氏源模型的详细内容见3.5节。

应该指出，上述的概率模型是一种理想情况，而实际信源的概率分布大多事先未知，需要进行估计，这需要研究信源消息的产生机制。提出一个好的信源消息产生机制的物理模型可以给概率估计工作带来极大方便。例如，一个平稳有记忆信源可以用一个无记忆信源（称为激励源）驱动一个状态机构成的马氏源来描述，详见后面3.5节。

3.1.4 离散平稳信源数学模型

若具有有限符号集$A=\{a_1,a_2,\cdots,a_n\}$的信源X产生随机序列$\{x_i\}$，$i=\cdots,1,2,\cdots$，且满足：对所有$i_1,\cdots,i_N,h,j_1,\cdots,j_N,及x_i \in X$，有

$$p(x_{i_1}=a_{j_1},x_{i_2}=a_{j_2},\cdots,x_{i_N}=a_{j_N})=p(x_{i_1+h}=a_{j_1},x_{i_2+h}=a_{j_2},\cdots,x_{i_N+h}=a_{j_N}) \tag{3.6}$$

则称信源为离散平稳信源，所产生的序列为平稳序列。可见，平稳序列的统计特性与时间的推移无关，即序列中符号的任意维联合概率分布与时间起点无关。这种平稳性通常简记为

$$p(x_{i_1},x_{i_2},\cdots,x_{i_N})=p(x_{i_1+h},x_{i_2+h},\cdots,x_{i_N+h})$$

或

$$p(x_i,x_{i+1}\cdots,x_{i+N})=p(x_j,x_{j+1}\cdots,x_{j+N}) \tag{3.7}$$

例 3.2 一平稳信源X的符号集A={0，1}，产生随机序列$\{x_i\}$，其中$P(x_1=0)=p$，求$P(x_n=1)(n>1)$的概率。

解 根据平稳性，有$P(x_n=0)=p$，所以$P(x_n=1)=1-p$。

例 3.2（续）　对同一信源，若 $P(x_1=0,x_2=1)=b$，求 $P(x_4=1|x_3=0)$ ■

解　根据平稳性，有 $P(x_3=0,x_4=1)=P(x_1=0,x_2=1)=b$ ，

所以　$P(x_4=1|x_3=0)=P(x_3=0,x_4=1)/P(x_3=0)=b/p$ ，

而　$P(x_2=1|x_1=0)=P(x_1=1,x_2=0)/P(x_1=0)=b/p$ ■

从上例可以看出，对于平稳信源，条件概率也是平稳的。一般地，有

$$p(x_{i+N}|x_i,x_{i+1},\cdots,x_{i+N-1})=p(x_{j+N}|x_j,x_{j+1},\cdots,x_{j+N-1}) \tag{3.8}$$

对于平稳无记忆信源 $\boldsymbol{X}^N$，其符号的概率由式（3.4）确定，但由于平稳性，每个 X_i 是同分布的，所以平稳无记忆信源可用一个单符号信源来描述。

3.2　离散无记忆信源的扩展

若干连续出现的信源符号构成的序列称为消息，所有消息构成消息集合，简称消息集。如果所有消息是等长的，那么消息序列称为原信源的等长扩展，否则称为不等长扩展。如果消息集中消息的概率满足归一化条件，那么这些消息就等价于一个信源发出的符号集合，所以概率满足归一化的消息集称为原信源的扩展源。

3.2.1　等长消息扩展

设离散信源 X，符号集为 A，那么 N 维随机矢量 $\boldsymbol{X}^N=(X_1X_2\cdots X_N)$（其中 X_i 与 X 同分布）称为信源 X 的 N 次扩展源，符号集为 A^N。这是等长度消息扩展，很明显，N 次扩展源中消息的概率满足归一化条件。例如，将一个单符号离散无记忆信源每 N 个连续输出的符号合并，看成另一个信源所产生的一个符号，这个信源就是原来单符号离散无记忆信源的 N 次扩展源。信源与其扩展源的关系如图 3.1 所示。首先，看下面 N=2 的简单情况。

图 3.1　信源 X 的 N 次扩展源

例 3.3　求例 3.1 中信源的二次扩展源模型。

解　二元信源 X 的二次扩展源为 $X^2=(X_1X_2)$，其符号集为 $A^2=\{00,01,10,11\}$，模型为

$$\begin{pmatrix} X^2 \\ p(\alpha) \end{pmatrix}=\begin{pmatrix} \alpha_1(00) & \alpha_2(01) & \alpha_3(10) & \alpha_4(11) \\ p(\alpha_1) & p(\alpha_2) & p(\alpha_3) & p(\alpha_4) \end{pmatrix}$$

X^2 的各个符号的概率为

$$p(\alpha_1)=p^2,p(\alpha_2)=p(1-p)=p(\alpha_3),p(\alpha_4)=(1-p)^2$$ ■

同理，对于一般离散无记忆信源 X，其 N 次扩展源记为 $\boldsymbol{X}^N=(X_1X_2\cdots X_N)$，模型与式（3.3）相同。但每个 X_i 取自同一个字母表 $A=\{a_1,a_2,\cdots,a_n\}$，且 X_i 与 X 同分布。

3.2.2　变长消息扩展

在第 2 章 2.3.4 节，我们介绍了有根概率树的概念。利用这个概念生成消息树可为研究变长消息扩展提供很大方便。描述信源消息集合的有根概率树称为消息树，可采用如下方式来构造：设离散无记忆信源 X，符号集为 A，$n=|A|$。从根节点开始分裂成 n 片树叶，分别对应 n 个信源符号 $\{a_1,a_2,\cdots,a_n\}$，尔后每片树叶，如 a_j 又可以单独分裂成 n 树叶，分别代表序

列 $\{a_j a_1, a_j a_2, \cdots, a_j a_n\}\cdots$，这样继续分裂下去。分裂终止时每片树叶表示的是从根节点到该叶路径上的信源消息，叶的概率就是消息的概率，叶的阶数就是消息长度。各消息长度可以不等。如果消息构成满树，那么消息与树叶就有一一对应的关系，消息概率也满足归一化条件，这时消息集中的消息可视为某个信源的输出。这个信源称为信源 X 的变长扩展源，记为 X^*，符号集记为 A^*。如果各消息是等长的，消息树是全树，就对应着信源的等长扩展。所以等长扩展可以视为变长扩展的特例。

如果消息集中的概率满足归一化条件，那么消息集就称为完备的。如果完备消息集中的每一条消息都不是其他消息的前置，则称消息集是适定的。一个适定消息集可以作为某信源的扩展，而可以作为信源扩展的消息集未必就是适定消息集。

例 3.4 设例 3.1 中信源的消息集为 $A^*=\{0,10,11\}$，求以此消息集进行变长扩展的信源符号的概率。

解 消息集 A^* 中各个符号概率为 $p(0)=p$，$p(10)=p(1-p)$，$p(11)=(1-p)^2$。■
很明显，上面消息的概率满足归一化条件，并且是适定消息集。

3.3 离散平稳信源的熵

本节介绍离散平稳信源熵的计算，重点是无记忆信源（包括单符号信源、等长扩展信源和变长消息集）的熵及平稳有记忆信源的熵。

3.3.1 单符号信源的熵

最基本但又很重要的单符号信源是二元信源和等概率多元信源，通过公式很容易计算这类信源的熵。

例 3.5 写出例 3.1 中的二元无记忆信源的熵的表达式，并讨论其性质。

解 例 3.1 中信源模型代表了二元无记忆信源的一般情况，通常将这种信源的熵记为

$$\begin{aligned} H(p) &= -p\log p - q\log q \\ &= -p\log p - (1-p)\log(1-p) \end{aligned} \tag{3.9}$$

$H(p)$ 的曲线如图 3.2 所示，$H(p)$ 具有以下主要性质：

（1）$H(p)$ 具有熵的一切性质；

（2）$H(p)$ 对 p 的导函数为 $H'(p)=\log\dfrac{1-p}{p}$，当 $p=0.5$ 时，$H'(p)=0$，$H(p)$ 达到最大值 1 比特/符号；

（3）$H''(p)=-(\log \mathrm{e})\dfrac{1}{p(1-p)}<0$，所以 $H(p)$ 是 p 的上凸函数。■

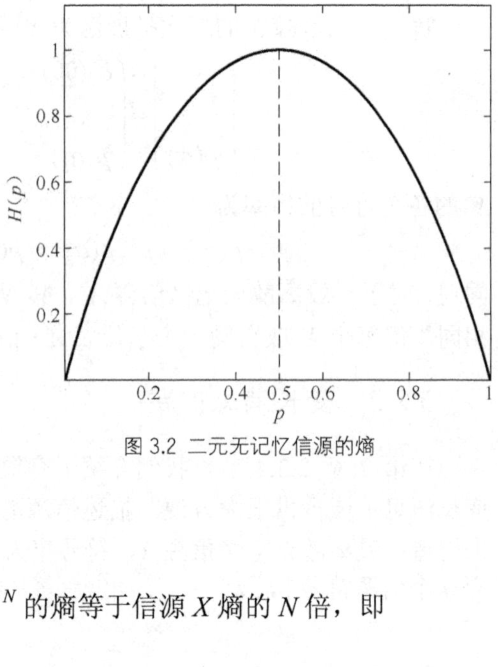

图 3.2 二元无记忆信源的熵

3.3.2 等长无记忆扩展源的熵

定理 3.1 离散无记忆信源 X 的 N 次扩展源 $\boldsymbol{X}^N$ 的熵等于信源 X 熵的 N 倍，即

$$H(\mathbf{X}^N) = NH(X) \tag{3.10}$$

证 由于信源无记忆，各 X_i 互相独立，且分布相同，所以根据熵的可加性，有

$$H(\mathbf{X}^N) = \sum_{i=1}^{N} H(X_i) = NH(X) \ ▌$$

例 3.6 离散无记忆信源数学模型为 $\begin{pmatrix} X \\ P \end{pmatrix} = \begin{pmatrix} a_1 & a_2 & a_3 \\ 1/2 & 1/4 & 1/4 \end{pmatrix}$，求二次扩展源的熵。

解 二次扩展源的熵 $H(\mathbf{X}^2) = 2H(X) = 2\,H(1/2,1/4,1/4) = 3$ 比特/2 个符号 ▌

3.3.3 变长无记忆扩展源的熵

如前所述，无记忆信源消息树的特点是，各节点的分支熵都相同，等于信源的熵，而树叶的熵是消息集的熵，所以根据定理 2.9（叶熵定理)和引理 2.1（路径长引理)得到：

定理 3.2 离散无记忆信源 X 的变长扩展源 X^*的熵为消息平均长度 $E(L)$与信源熵 $H(X)$的乘积，即

$$H(X^*) = E(L)H(X) \quad ▌ \tag{3.11}$$

因为 N 次扩展可视为变长扩展的特例，所以式（3.10）也是式（3.11）的特例。对于 N 次扩展，式（3.11）中 $E(L) = N$，所得结果与式（3.10）同。

例 3.7 有一个二元无记忆信源 X，发“0”的概率为 p，对信源符号按下表进行分组得到一个新信源，符号集为 $S_n=\{s_1, s_2, s_3, \cdots, s_{m+1}\}$，信源符号分组与信息信源符号的对应关系如下表：

信源消息	1	01	001	……	000…01 （m-1 个“0”，1 个“1”）	000…0 （m 个“0”）
新信源符号	s_1	s_2	s_3	……	s_n	s_{m+1}

求新信源的熵 H_n。

解 作此二元信源 X 的消息树。从树根开始，每次都是对 0 符号的叶进行节点分裂（上分支对应 1，下分支对应 0)，经 m−1 次节点分裂后消息树的叶就对应着新信源符号，如图 3.3 所示。树叶与消息是一一对应的，所以消息概率满足归一化条件。新信源就是原信源的变长扩展源，熵就是树叶的熵，设对应的消息长度集合为 L。可以看到，消息树中的叶节点阶数就是消息长度，分别为整数 1，2，…，m−1，m，对应概率分别为 $(1-p)$，$(1-p)p$，…，$(1-p)p^{m-1}$，p^m；其他内部节点（包括根节点）的概率分别为 1，p，p^2，…，p^{m-1}，根据路径长引理，得到消息的平均长度为

$$E(L) = 1 + p + \cdots + p^{m-1} = (1-p^m)/(1-p) \tag{3.12}$$

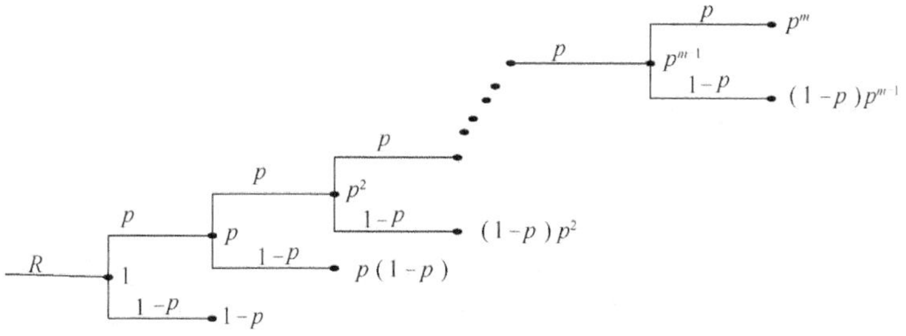

图 3.3 二元信源的一种消息树

新信源熵为消息平均长度与信源熵 $H(p)$ 的乘积，即

$$H_m = E(L)H(p) = H(p)(1-p^m)/(1-p) \tag{3.13}$$

其中，$H(p) = -p\log p - (1-p)\log(1-p)$。■

当 $m \to \infty$ 时，$H_m \to \lim\limits_{m\to\infty}(1-p^m)/(1-p) = 1/(1-p)$，此时消息具有几何分布。

3.3.4 平稳有记忆信源的熵

设平稳信源 X，其 N 次扩展源 $\boldsymbol{X}^N = (X_1X_2\cdots X_N)$，很容易证明，其联合熵和条件熵与时间起点无关，即

$$H(X_iX_{i+1}\cdots X_{i+N}) = H(X_jX_{j+1}\cdots X_{j+N}) \tag{3.14}$$

$$H(X_{i+N}|X_iX_{i+1}\cdots X_{i+N-1}) = H(X_{j+N}|X_jX_{j+1}\cdots X_{j+N-1}) \tag{3.15}$$

根据熵的可加性，有

$$H(X^N) = \sum_{i=1}^{N} H(X_i \mid X_1\cdots X_{i-1}) \leqslant NH(X_1) \tag{3.16}$$

当且仅当信源 X 为无记忆信源时等式成立，上面应用了平稳性和熵的不增原理。

定义 X 的 N 次扩展源平均符号熵为

$$H_N(X) = N^{-1}H(\boldsymbol{X}^N) = N^{-1}H(X_1\cdots X_N) \tag{3.17}$$

信源 X 的极限符号熵为

$$H_\infty(X) = \lim_{N\to\infty} N^{-1}H(\boldsymbol{X}^N) = \lim_{N\to\infty} N^{-1}H(X_1\cdots X_N) \tag{3.18}$$

（前提是，如果此极限存在）极限符号熵简称符号熵或熵率。

定理 3.3 对任意离散平稳信源，若 $H_1(X) < \infty$，有：

① $H(X_N|X_1\cdots X_{N-1})$ 不随 N 而增加；

② $H_N(X) \geqslant H(X_N|X_1\cdots X_{N-1})$；

③ $H_N(X)$ 不随 N 而增加；

④ $H_\infty(X)$ 存在，且 $H_\infty(X) = \lim\limits_{N\to\infty} H(X_N|X_1\cdots X_{N-1})$ （3.19）

其中，式（3.19）表明，平稳有记忆信源熵率也可以通过计算极限条件熵得到。

证 ① 根据信源的平稳性和熵的不增原理，得

$H(X_N|X_1\cdots X_{N-1}) = H(X_{N+1}|X_2\cdots X_N) \geqslant H(X_{N+1}|X_1\cdots X_N)$，从而证明了①。

这说明对于平稳信源，条件越多，条件熵越不增加。

② 只要证明 N 个 $H_N(X)$ 的和不小于 $NH(X_N|X_1\cdots X_{N-1})$ 即可。

$$NH_N(X) = H(X_1\cdots X_N) = \sum_{i=1}^{N} H(X_i \mid X_1\cdots X_{i-1}) \geqslant NH(X_N|X_1\cdots X_{N-1})$$

所以

$$H_N(X) \geqslant H(X_N|X_1\cdots X_{N-1})$$

这说明，平均符号熵不小于条件熵。

③ 由于

$$\begin{aligned} NH_N(X) &= H(X_1\cdots X_{N-1}) + H(X_N|X_1\cdots X_{N-1}) \\ &\overset{a}{=} (N-1)H_{N-1}(X) + H(X_N|X_1\cdots X_{N-1}) \\ &\overset{b}{\leqslant} (N-1)H_{N-1}(X) + H_N(X) \end{aligned}$$

其中，a：利用了平均符号熵的定义，b：利用了②的结果。所以有

$$H_N(X) \leqslant H_{N-1}(X)$$

上式表明，平均符号熵不随序列的长度而增加。

④ 通过以上证明可得，$0 \leqslant H_N(X) \leqslant H_{N-1}(X) \leqslant \cdots \leqslant H_1(X) < \infty$。

所以 $0 \leqslant \lim\limits_{N\to\infty} H_N(X) \leqslant H_1(X)$，即 $H_\infty(X)$ 存在。计算

$$\begin{aligned}(N+j)H_{(N+j)}(X) &= H(X_1 \cdots X_{N-1} X_N \cdots X_{N+j}) \\ &= H(X_1 \cdots X_{N-1}) + H(X_N | X_1 \cdots X_{N-1}) + \cdots + H(X_{N+j} | X_1 \cdots X_{N+j-1})\end{aligned}$$

利用①的结果与平稳性，有

$$H(X_{N+j} | X_1 \cdots X_{N+j-1}) \leqslant \cdots \leqslant H(X_N | X_1 \cdots X_{N-1}),$$

所以

$$(N+j)H_{N+j}(X) \leqslant H(X_1 \cdots X_{N-1}) + (j+1)H(X_N | X_1 \cdots X_{N-1})$$

即

$$H_{N+j}(X) \leqslant \frac{1}{N+j} H(X_1 \cdots X_{N-1}) + \frac{j+1}{N+j} H(X_N | X_1 \cdots X_{N-1})$$

先令 $j \to \infty$，后令 $N \to \infty$，得 $H_\infty(X) \leqslant \lim\limits_{N\to\infty} H(X_N | X_1 \cdots X_{N-1})$。

另外，由②的结果，当 $N \to \infty$ 时，有 $H_\infty(X) \geqslant \lim\limits_{N\to\infty} H(X_N | X_1 \cdots X_{N-1})$，所以

$$H_\infty(X) = \lim_{N\to\infty} H(X_N | X_1 \cdots X_{N-1}) \blacksquare$$

定理 3.3 的注释：

① 信源熵率等于最小的平均符号熵；

② 该定理提供了通过计算极限条件熵计算平稳信源熵率的方法；

③ 当信源记忆长度有限时，计算极限条件熵通常要比计算极限平均符号熵容易得多。

3.4 有限状态马尔可夫链

为研究离散马尔可夫信源，首先介绍离散马尔可夫链（本章简称马氏链）。它是时间离散、取值也离散的马尔可夫过程。

3.4.1 马氏链的基本概念

若一取非负整数值的随机序列 $\{x_n, n \geqslant 0\}$，其中每个变量 x_{n+1} 仅通过其最接近的变量 x_n 依赖于过去的变量 $x_n, x_{n-1}, \cdots$，即对所有 i，j，k，…，有

$$p(x_{n+1} = j | x_n = i, x_{n-1} = k, \cdots, x_0 = m) = p(x_{n+1} = j | x_n = i) \tag{3.20}$$

则称 $\{x_n, n \geqslant 0\}$ 为马尔可夫链，简称马氏链。随机变量 x_n 称为马氏链在 n 时刻的状态。式(3.20)的含义是马氏性：信源在时刻 n 处于某一状态的概率，在时刻 $n-1$ 的状态给定条件下与过去其他时刻的状态无关，即当前所处状态只和前一个状态有直接关系。在 n 时刻状态的可能值即 $1,2\cdots,J$ 通常也称为状态；$1,2\cdots,J$ 构成的集合称作状态集合 Ω。实际上，式（3.20）定义的是一阶马氏链，类似地可以定义 m 阶马氏链，即信源输出某一符号的概率与以前的 m 个符

号有直接关系，此时 m 个信源符号组成的所有可能序列就对应信源全部可能的状态 $\{1,2,\cdots,J\}$，这里 $J=|A|^m$，其中 $|A|^m$ 为信源符号集的大小。各时刻的状态组成信源状态序列，记为 $s_1s_2\cdots$。应注意，可选择不连续时刻定义马氏链。例如，一阶马氏链的定义也可这样描述：对于随机序列 $\{x_n, n\geqslant 0\}$，若对任意正整数 m，n_1 和任意非负整数 i，j，k，…，有

$$p(x_{n+m}=j|x_n=i,x_{n_1}=k,\cdots)=p(x_{n+m}=j|x_n=i) \tag{3.21}$$

则称 $\{x_n, n\geqslant 0\}$ 为马尔可夫链，其中，$n>n_1>\cdots$ 。可以证明，式（3.20）与式（3.21）是等价的，都是马氏性的描述（见习题）。

描述马氏链的最重要的参数是状态转移概率。信源从时刻 n 的状态 i 进入时刻 n+1 的状态 j 的概率称为状态转移概率，记为 $p_{ij}(n)=p(s_{n+1}=j|s_n=i)$。对于离散时刻 n，l，从时刻 n 的 i 状态转移到时刻 l 的 j 状态相应的状态转移概率可表示为

$$p(s_l=j|s_n=i)=p_{ij}(n,l) \tag{3.22}$$

$p_{ij}(n,l)$ 是经 $l-n$ 步转移 $(l>n)$ 的概率，$l-n$ 表示转移的步数。转移概率有以下主要性质：

① $p_{ij}(n,l)\geqslant 0,\quad i,j\in\Omega$;

② $\sum\limits_j p_{ij}(n,l)=1$；

③ 一步转移概率：$p_{ij}(n,n+1)=p(x_{n+1}=j|x_n=i)=p_{ij}(n)$　（3.23）

其中，n 为起始时刻，$i,j\in\Omega$；

④ k 步转移概率：

$$p_{ij}^{(k)}(n)=p(x_{n+k}=j|x_n=i) \tag{3.24}$$

⑤ 0 步转移概率：

$$p_{ij}^{(0)}=\begin{cases}1 & i=j\\ 0 & i\neq j\end{cases} \tag{3.25}$$

上式表明系统在任何时刻必处于 Ω 中某一状态。

如果马氏链状态集合为有限集，则称为有限状态马氏链；如果状态集合为无穷可数集，则称为无穷状态马氏链。这里我们仅研究有限状态马氏链。在工程实际中，马氏链是普遍存在的，如离散系统 S_1，S_2，S_3 级联时，S_1 仅通过 S_2 对 S_3 起作用，所以 S_1，S_2，S_3 就构成马氏链。

3.4.2　齐次马氏链

齐次马氏链是具有平稳转移概率的马氏链。若马氏链转移概率与起始时刻无关，即对任意 n，有 $p_{ij}(n)=p(x_{n+1}=j|x_n=i)=p_{ij}$，$i,j\in S$，则称为齐次马氏链。对齐次马氏链，仍然有 $p_{ij}\geqslant 0,\sum\limits_j p_{ij}=1$。很明显，齐次马氏链的 k 步转移概率也与起始时刻无关，从状态 i 经 k 步转移到状态 j 的概率可写成 $p_{ij}^{(k)}$。

齐次马氏链可用转移概率矩阵、网格图和状态转移图来描述。

1. 齐次马氏链的转移概率矩阵

用式（3.26）的矩阵可以描述一个齐次马氏链，矩阵 P 是一个 $J\times J$ 方阵，J 为总状态数；

行标号表示转移前状态序号，列标号表示转移后状态序号，矩阵中的第（i，j）元素 p_{ij} 表示由状态 i 转移到状态 j 的概率，所以矩阵元素是非负的，且每行元素的和为 1。

$$\boldsymbol{P}=[p_{ij}]=\begin{pmatrix} p_{11} & p_{12} & \cdots & p_{1J} \\ p_{21} & p_{22} & \cdots & p_{2J} \\ \cdots & \cdots & \cdots & \cdots \\ p_{J1} & p_{J2} & \cdots & p_{JJ} \end{pmatrix} \tag{3.26}$$

例 3.8 一个矩阵如式（3.27）所示，验证此矩阵对应一个齐次马氏链的转移概率矩阵，并确定此马氏链的状态数。

$$\boldsymbol{P}=\begin{pmatrix} 1/3 & 1/3 & 1/3 \\ 1/4 & 1/2 & 1/4 \\ 1/4 & 1/4 & 1/2 \end{pmatrix} \tag{3.27}$$

解 矩阵的各元素非负，且每行元素的和为 1，所以此矩阵对应一个齐次马氏链的转移概率矩阵，此马氏链的状态数为 3。■

2．齐次马氏链的网格图

马氏链可用网格图来描述。用处于不同时刻的网格节点代表马氏链在不同时刻的状态，使每时刻的网格节点与马氏链的状态一一对应。如果从当前时刻 i 状态到下一时刻 j 状态的转移概率不为 0，那么从 i 状态到 j 状态就用有向线段连接，并在线段旁表明转移概率，从而形成网格图。

例 3.8（续） 画出此马氏链的网格图。

解 此马氏链的网格图如图 3.4 所示。■

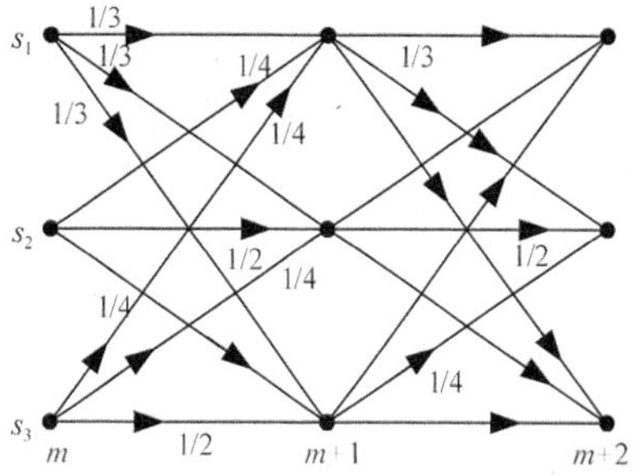

图 3.4 马氏链的网格图表示

3．齐次马氏链的状态转移图

马氏链经常用有向图来描述。图中的一个节点对应着一个状态，一条有向弧对应着从一个状态到另一个状态具有非零转移概率的转移，这个非零转移概率标在弧的旁边。很明显，状态转移矩阵与状态转移图有一一对应的关系。

例 3.8（续） 画出此马氏链的状态转移图。

解 根据矩阵（3.27），可画出此马氏链的状态转移图，如图 3.5 所示。

例 3.8（续） 求从状态 3 到状态 2 的 2 步转移概率。

解 齐次马氏链的状态转移概率与起始时刻无关，现设从 n 时刻的状态 3 转移到 n+2 时刻的状态 2。根据图 3.4 的网格图，可得到从 s_3 转移到 s_2 经过两步转移的所有路径。可以分两步来计算：①计算从 n 时刻的状态 s_3 经 n+1 时刻某状态 s_k 到 n+2 时刻 s_2 的转移概率；②对①中计算的经 n+1 时刻的所有状态 s_k（k=1，2，3）概率相加，得到所求结果。计算得：

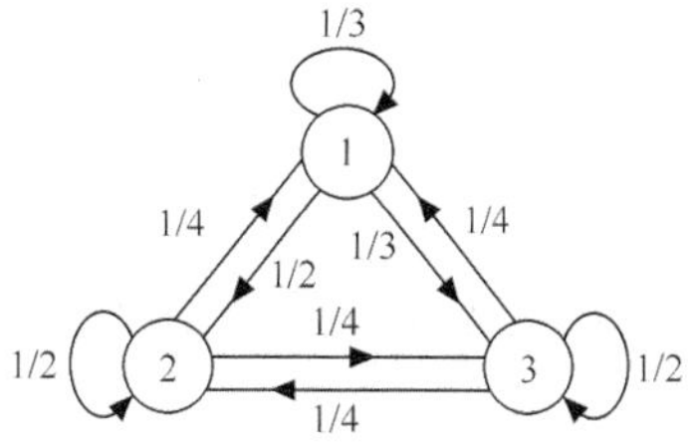

图 3.5 马氏链的状态转移图表示

$$p_{s_3 s_2}^{(2)}=1/4\times1/3+1/4\times1/2+1/2\times1/4=1/3$$■

4．Kolmogorov-Chapman 方程

由上例可以看出，计算从状态 i 到状态 j 的 2 步转移概率，可利用下式来计算：

$$p_{ij}^{(2)}=\sum_k p_{ik}p_{kj}$$

这正是矩阵 $\boldsymbol{P}\times\boldsymbol{P}=\boldsymbol{P}^2$ 的第（i，j）元素，也就是说，$p_{ij}^{(2)}$ 是 $\boldsymbol{P}^2$ 的第（i，j）个元素。

一般地，有

$$\begin{aligned}p_{ij}^{(m+n)}&=p(x_{m+n+l}=j\mid x_l=i)=\sum_k p(x_{m+n+l}=j,x_{m+l}=k\mid x_l=i)\\&=\sum_k p(x_{m+l}=k\mid x_l=i)p(x_{m+n+l}=j\mid x_{m+l}=k,x_l=i)\\&\overset{a}{=}\sum_k p(x_{m+l}=k\mid x_l=i)p(x_{m+n+l}=j\mid x_{m+l}=k)\end{aligned}$$

其中，a：利用了马氏性。所以

$$p_{ij}^{(m+n)}=\sum_k p_{ik}^{(m)}p_{kj}^{(n)} \tag{3.28a}$$

其中，$p_{ij}^{(m)}$ 是矩阵 $\boldsymbol{P}$ 的 m 次幂 $\boldsymbol{P}^m$ 第（i，j）个元素。写成矩阵形式

$$\boldsymbol{P}^{m+n}=\boldsymbol{P}^m\boldsymbol{P}^n \tag{3.28b}$$

式（3.28）称为 Kolmogorov-Chapman 方程，该方程表示齐次马氏链状态转移关系，提供了计算多步状态转移概率的方法。

设马氏链的初始状态概率分布为 $\boldsymbol{p}^{(0)}=\left(p_1^{(0)},p_2^{(0)},\cdots p_J^{(0)}\right)^{\mathrm{T}}$，其中 J 为状态数，T 为转置。经 k 步转移后的状态概率分布为 $\boldsymbol{p}^{(k)}=\left(p_1^{(k)},p_2^{(k)},\cdots p_J^{(k)}\right)^{\mathrm{T}}$，则有

$$(\boldsymbol{p}^{(k)})^{\mathrm{T}}=(\boldsymbol{p}^{(0)})^{\mathrm{T}}\boldsymbol{P}^k=(\boldsymbol{p}^{(m)})^{\mathrm{T}}\boldsymbol{P}^{k-m} \tag{3.29}$$

显然，一个齐次马氏链，当初始状态概率分布给定后，可根据式（3.29）计算转移后任何时刻的状态概率分布。

例 3.9 设例 3.8 中马氏链的初始状态的概率分布为 1/2，1/4，1/4，分别求 1 步转移后和 2 步转移后的状态的概率分布。

解 1 步转移后状态概率分布：

$$\boldsymbol{p}^{(1)}=\boldsymbol{p}^{(0)}\boldsymbol{P}=\begin{pmatrix}1/2 & 1/4 & 1/4\end{pmatrix}\begin{pmatrix}1/3 & 1/3 & 1/3\\1/4 & 1/2 & 1/4\\1/4 & 1/4 & 1/2\end{pmatrix}=\begin{pmatrix}7/24 & 17/48 & 17/48\end{pmatrix}$$

2 步转移后状态概率分布：

$$\boldsymbol{p}^{(2)}=\boldsymbol{p}^{(0)}\boldsymbol{P}^2=\begin{pmatrix}1/2 & 1/4 & 1/4\end{pmatrix}\begin{pmatrix}5/18 & 13/36 & 13/36\\13/48 & 19/48 & 1/3\\13/48 & 1/3 & 19/48\end{pmatrix}=\begin{pmatrix}79/288 & 209/576 & 209/576\end{pmatrix}$$ ■

3.4.3 马氏链状态分类

若对某一 $k\geqslant 1$，有 $p_{ij}^{(k)}>0$，则称状态 j 可由状态 i 到达，记为 $i\to j$。如果 $i\to j$，且 $j\to i$，则称状态 i 与 j 互通，并记为 $i\leftrightarrow j$。可以推得，互通关系还满足对称性（若 $i\leftrightarrow j$，则 $j\leftrightarrow i$）

和传递性（若$i \leftrightarrow j$且$j \leftrightarrow h$，则$i \leftrightarrow h$）。如果再定义每个状态都与该状态本身互通，即互通关系满足自反性，那么互通关系是一种等价关系。这样，利用互通关系可把一个马氏链的状态集合分成若干个互不相交的类（子集），其中每个类中的元素是互通的。

例 3.10 图 3.6 为一马氏链的状态转移图，试按互通关系将状态分成若干类（子集）。

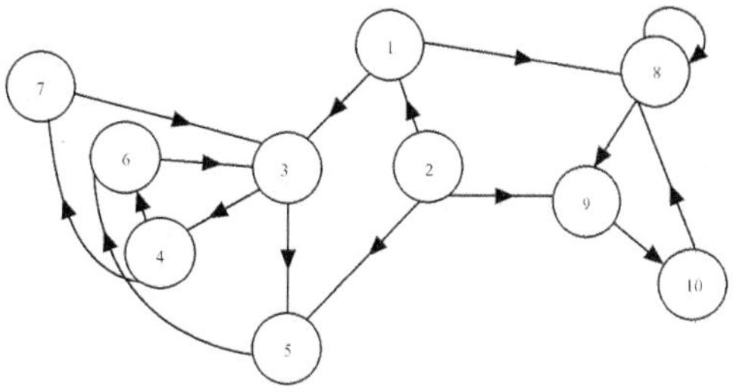

图 3.6 马氏链的状态转移图

解 按互通关系可将图 3.6 中马氏链的状态图分成 4 个子集：$C_1=\{1\}$，$C_2=\{2\}$，$C_3=\{3,4,5,6,7\}$，$C_4=\{8,9,10\}$。■

对于一个有限状态马氏链，如果状态 i 是经过有限步后迟早要返回的状态（即若$i \to j$，则$j \to i$）则称状态 i 是常返态。不是常返态的状态称为过渡态，即若存在某状态 j 经过若干步以后总能到达某一其他状态，但不能从其他状态返回，则称状态 j 是过渡态。如果马氏链中的任何两个状态互通，则此马氏链称为不可约的。一个有限马氏链按互通关系所分成的子集中的状态要么是常返的，称为常返类；要么是过渡的，称为过渡类。一个有限马氏链至少有一个常返类和若干个过渡类。

在一个常返类中，设 d_i 为正整数集 $\{k : k \geqslant 1, p_{ii}^{(k)} > 0\}$ 的最大公约数，其中 $p_{ii}^{(k)}$ 表示从状态 i 出发经过 n 步首次返回到 i 状态的概率。若 $d_i>1$，则称为周期的，若 $d_i=1$，则称非周期的，或称为遍历的。例如，图 3.6 中，C_3 的周期为 3。因为从其中的任何一个状态出发，至少经过 3 步或 3 步的整数倍才能首次返回该状态。C_4 为遍历的。遍历性的含义是，从子集中任何状态都能通过有限步转移到同一子集的任何其他状态。

定理 3.4 对任何马氏链（有限或无限可数状态），同一类中的所有状态都有相同周期。（证明略）

例 3.10（续） 在图 3.6 中，哪些状态是常返态？哪些状态是过渡态？哪些状态是遍历的？哪些状态是周期的？

解 3，4，5，6，7，8，9，10 是常返态，1，2 是过渡态，8，9，10 是遍历的，3，4，5，6，7 是周期的。■

3.4.4 马氏链的平稳分布

若对任意整数 m，n，马氏链的状态分布满足

$$p(x_m = i) = p(x_n = i) = \pi_i \qquad i = 1,\cdots,J \tag{3.30}$$

其中，π_i 与时刻无关，则称$\{\pi_i\}$为平稳分布，或稳态分布。其中，J 为状态数。

对于平稳分布，当一步转移时，有

$$\pi_j = \sum_i \pi_i p_{ij} \quad j = 1,2,\cdots,J$$

写成矩阵形式为

$$\boldsymbol{\pi}^{\mathrm{T}} = \boldsymbol{\pi}^{\mathrm{T}} \boldsymbol{P} \tag{3.31}$$

其中，$\boldsymbol{\pi} = (\pi_1, \pi_2, \cdots, \pi_J)^{\mathrm{T}}$ 为平稳分布列矢量。

如果马氏链起始状态概率分布满足式（3.31），即 $\boldsymbol{p}^{(0)} = \left(p_1^{(0)} \quad p_2^{(0)} \quad \cdots \quad p_J^{(0)}\right)^{\mathrm{T}} = \boldsymbol{\pi}$，那么根据式（3.29），对所有 $n>0$，有 $\boldsymbol{p}^{(n)} = \boldsymbol{\pi}$，此时称为平稳马氏链。可见，平稳分布经过状态

转移是不变的。如果起始状态的概率分布不是平稳分布，则马氏链是不平稳的。但是，经过足够多步转移，是否能达到平稳呢？下面研究这个问题。

定理 3.5 如果一个遍历有限状态马氏链的转移概率矩阵为 $\boldsymbol{P}$，那么

$$\lim_{k\to\infty}\boldsymbol{P}^k=\boldsymbol{e}\boldsymbol{\pi}^{\mathrm{T}} \tag{3.32}$$

其中，$\boldsymbol{e}=(1,1,\cdots,1)^{\mathrm{T}}$ 为 J 维列矢量，$\boldsymbol{\pi}$ 为满足式（3.31）的平稳分布列矢量。■（证明略）

可见，$\lim\limits_{k\to\infty}\boldsymbol{P}^k$ 是一个每行都相同（都等于 $\boldsymbol{\pi}^{\mathrm{T}}$）的矩阵。

设时刻 k 的状态概率分布为 $\boldsymbol{p}^{(k)}=\left(p_1^{(k)},p_2^{(k)},\cdots,p_J^{(k)}\right)^{\mathrm{T}}$，其中 k 为转移步数，并设 $\boldsymbol{p}^{(0)}$ 为初始分布，$\boldsymbol{\pi}$ 为平稳分布，那么

$$\lim_{k\to\infty}(\boldsymbol{p}^{(k)})^{\mathrm{T}}=\lim_{k\to\infty}(\boldsymbol{p}^{(0)})^{\mathrm{T}}\boldsymbol{P}^k=(\boldsymbol{p}^{(0)})^{\mathrm{T}}\boldsymbol{e}\boldsymbol{\pi}^{\mathrm{T}}=\boldsymbol{\pi}^{\mathrm{T}} \tag{3.33}$$

式（3.33）表明，对于遍历马氏链，无论初始状态概率分布如何，当转移步数足够大时，状态概率分布总会趋于平稳分布，与初始状态概率分布无关。

另外，可以通过证明得到如下几点重要结论。

① 对于有限状态马氏链，方程（3.31）总存在概率矢量解，即平稳分布恒存在。

② 如果马氏链中仅存在一个常返类，则方程（3.31）的解是唯一的；如果存在 r 个常返类，则具有 r 个线性独立的矢量解。

③ 如果马氏链中仅存在一个常返类而且是非周期的（即遍历的），则式（3.32）成立；

如果有多个常返类，但都是非周期的，则 $\boldsymbol{P}^n$ 也收敛，但矩阵的每行可能不同；如果马氏链具有一个或多个周期常返类，则 $\boldsymbol{P}^n$ 不收敛。

例 3.11 一马氏链的转移概率矩阵如下，问此马氏链是否具有遍历性，并求平稳分布和 $\lim\limits_{k\to\infty}\boldsymbol{P}^k$ 的值。

$$\boldsymbol{P}=\begin{pmatrix}0 & 0 & 1\\ 1/2 & 1/3 & 1/6\\ 1/2 & 1/2 & 0\end{pmatrix}$$ ■

解 该马氏链的 3 个状态构成一个常返类，考察状态 2，对于任何 n>0 的整数，都有 $p_{22}^{(n)}>0$，所以状态 2 的周期为 1，根据定理 3.4 可知，其他两个状态周期也为 1，因此马氏链是遍历的。因为此马氏链只包含一个常返类，所以有唯一平稳分布满足：

$$(\pi_1\ \pi_2\ \pi_3)\begin{pmatrix}0 & 0 & 1\\ 1/2 & 1/3 & 1/6\\ 1/2 & 1/2 & 0\end{pmatrix}=(\pi_1\ \pi_2\ \pi_3)$$

$$\pi_1+\pi_2+\pi_3=1$$

解得平稳分布为

$$\begin{pmatrix}\pi_1\\ \pi_2\\ \pi_3\end{pmatrix}=\begin{pmatrix}1/3\\ 2/7\\ 8/21\end{pmatrix}$$

根据定理 3.5，有

$$\lim_{k\to\infty} \boldsymbol{P}^k = \begin{pmatrix} 1/3 & 2/7 & 8/21 \\ 1/3 & 2/7 & 8/21 \\ 1/3 & 2/7 & 8/21 \end{pmatrix} \quad \blacksquare$$

例 3.12 一马氏链的状态转移矩阵为 $\boldsymbol{P} = \begin{pmatrix} 0 & 1 \\ 1 & 0 \end{pmatrix}$，确定 $\boldsymbol{P}^n$ 是否收敛并求其平稳分布。

解 设状态为 s_0，s_1，确定满足 $p_{ii}^{(n)} > 0$（i=0，1）的 n，可得 n=2，4，…，所以马氏链包含一个周期常返类，且周期为 2。因此，$\boldsymbol{P}^n$ 不收敛。事实上，$\boldsymbol{P}^{2k}=\boldsymbol{I}$，$\boldsymbol{P}^{2k+1}=\boldsymbol{P}$，其中，$\boldsymbol{I}$ 为单位矩阵。

因为马氏链有一个常返类，所以有唯一平稳分布，满足

$$[\pi_1 \quad \pi_2]\begin{pmatrix} 0 & 1 \\ 1 & 0 \end{pmatrix} = [\pi_1 \quad \pi_2]，且\ \pi_1 + \pi_2 = 1$$

解得平稳分布为 $\pi_1 = \pi_2 = 1/2$。$\blacksquare$

3.5 马尔可夫信源

在学习有限状态马氏链基本知识的基础上，可以进一步研究马尔可夫信源（简称马氏源）。我们知道，马氏链是有记忆信源，而有限记忆的系统可以用有限状态机来描述，这种信源的描述称为有限状态机（FSM）信源模型。本节首先给出以 FSM 模型为基础的马氏源定义，并讨论马氏链与马氏源 FSM 模型的关系，然后介绍马氏源的产生模型，最后研究马氏源的符号熵（熵率）的计算问题。

3.5.1 马氏源的基本概念

1. 马氏源的定义

设信源符号 $a_l \in A = \{a_1, \cdots, a_n\}$，状态集合 $\Omega = \{1, 2, \cdots, J\}$，信源序列 $\cdots, x_{k-1}, x_k, x_{k+1}, \cdots$，所对应的状态序列为 $\cdots, s_{k-1}, s_k, s_{k+1}, \cdots$，那么满足下面两个条件的信源称为马尔可夫信源（简称马氏源）。

① $p(x_k = a_l \mid s_k = i) = p(x_k = a_l \mid s_k = i, x_{k-1}, s_{k-1}, \cdots)$ （马氏性） （3.34a）

即当前输出符号的概率仅与当前状态有关，与以前的输出符号或状态无关。

② $p(s_{k+1} = j \mid x_k = a_l, s_k = i) = \begin{cases} 1 & s_{k+1} = \mathrm{g}(s_k, x_k) \\ 0 & s_{k+1} \neq \mathrm{g}(s_k, x_k) \end{cases}$ （单线性） （3.34b）

即信源的下一个状态由当前状态和当前输出符号唯一确定（由状态 i 发出某字母 a_l 后只会转移到某个唯一的状态 j）。或者说，下一个状态是当前状态和当前输出符号的函数，其中，$\mathrm{g}(s_k, x_k)$ 称为状态转移函数。式（3.34b）的条件也称单线性（Unifiliarity）。

马氏源也可用状态转移图来描述。图中的一个节点对应着一个状态，一条有向弧对应从一个状态到另一个状态具有非零转移概率的转移，这个非零转移概率和对应的输出符号标在弧的旁边。从同一状态转移的不同支路必须对应不同的输出符号。

在有限状态机中，不仅包含输出与状态之间的关系，还包含状态之间的转移关系，而且根据单线性条件，状态转移概率可通过输出条件概率推出，即

$$p(s_{k+1}|s_k)=\sum_{x_k}p(s_{k+1},x_k|s_k)=\sum_{x_k}p(x_k|s_k)p(s_{k+1}|x_k,s_k)$$
$$=\sum_{x_k:s_{k+1}=g(s_k,x_k)}p(x_k|s_k) \tag{3.35}$$

若在给定 s_{k+1},s_k 条件下有唯一的 x_k 存在，那么由状态转移关系也可推出输出与状态之间的关系，此时状态转移概率和条件输出概率有一一对应的关系。对于一阶马氏链，一个符号就对应一个状态；而对于 m 阶马氏链，m 个符号对应一个状态，符号序列和状态有一一对应的关系。当信源从某一状态出发，输出不同符号后就转移到不同的状态，所以 m 阶马氏链状态转移概率和条件输出概率有一一对应的关系，此时式（3.35）变为

$$p(s_{k+1}|s_k)=p(x_k|s_k)|_{x_k:s_{k+1}=g(s_k,x_k)} \tag{3.36}$$

关于马氏源的注释如下所述。

① 由式（3.34）定义了一个有限状态机马氏源，简称 FSM 马氏源或马氏源。

② 马氏源的定义比马氏链含义更广，或者说，有限状态马氏链是 FSM 马氏源的一个子集，表现在如下两个方面：

- FSM 定义并未限定状态转移函数的形式，而 m 阶马氏链的状态转移函数是具体的：若 $s_k=(x_{k-m}\quad x_{k-m+1}\quad\cdots\quad x_{k-1})$，则 $s_{k+1}=(x_{k-m+1}\quad x_{k-m+2}\quad\cdots\quad x_k)$，所以状态转移函数可以写成 $s_{k+1}=\mathrm{g}(s_k,x_k)=suf(s_k\cdot x_k)$，这里，$suf(s_k\cdot x_k)$ 表示求字符串后缀运算；
- 对于从某个状态到同一个状态转移，FSM 定义允许有多条支路（给定 s_k,s_{k+1}，可以有多个 x_k 存在），而 m 阶马氏链只有一条支路。

③ 马氏链有时要考虑初始状态，而平稳马氏源通常不考虑输出的起始。

④ FSM 模型马氏源没有明显的阶数问题，如果说多阶马氏源实际上是指多阶马氏链；在给定上下文不会引起混淆的情况下，马氏源和马氏链两个术语可以混合使用。

例 3.13 一个二阶马氏链，符号集 $A=\{0,1\}$，转移概率分别为 $p(0|00)=p(1|11)=0.8$，$p(1|00)=p(0|11)=0.2$，$p(0|01)=p(0|10)=p(1|01)=p(1|10)=0.5$，试确定该马氏链的状态，写出状态转移矩阵，画出状态转移图。

解 设二阶马氏链符号序列为 $\cdots x_1x_2x_3x_4x_5\cdots$，将序列中相邻两符号作为下一个符号的状态，形成状态序列，取自状态集 $A^2=\{\omega_0=00,\omega_1=01,\omega_2=10,\omega_3=11\}$，设当前状态为 $\boldsymbol{s}_k=(x_{k-2}\quad x_{k-1})^{\mathrm{T}}$，那么下一个状态为 $\boldsymbol{s}_{k+1}=suf(\boldsymbol{s}_k,x_k)=(x_{k-1}\quad x_k)^{\mathrm{T}}$；根据式 (3.36)，得状态转移概率如下：$p(\omega_0|\omega_0)=p(0|00)=0.8$，$p(\omega_2|\omega_1)=p(0|01)=0.5$，$p(\omega_3|\omega_3)=p(1|11)=0.8$，$p(\omega_0|\omega_2)=p(0|10)=0.5$，$p(\omega_1|\omega_0)=p(1|00)=0.2$；$p(\omega_3|\omega_1)=p(1|01)=0.5$，$p(\omega_2|\omega_3)=p(0|11)=0.2$，$p(\omega_1|\omega_2)=p(1|10)=0.5$。

状态转移概率矩阵：

$$\boldsymbol{P}=\begin{pmatrix}0.8&0.2&0&0\\0&0&0.5&0.5\\0.5&0.5&0&0\\0&0&0.2&0.8\end{pmatrix}$$

状态转移图如图 3.7 所示。■

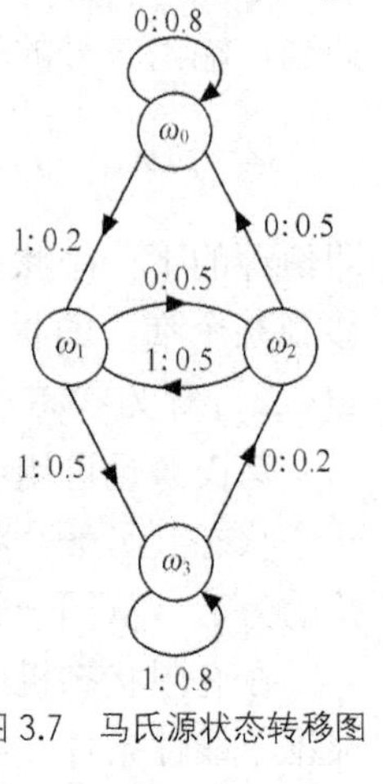

图 3.7 马氏源状态转移图

2．*m* 阶马氏链的处理方法

通过上面的实例，可归纳出一个 m 阶马氏链转化为 FSM 马氏源

的一般步骤。

设 m 阶马氏链的符号转移概率 $p(x_k \mid x_{k-m} \cdots x_{k-1})$ 已给定，其中，每个 x 取自符号集 $A=\{a_1 \cdots a_n\}$。

① 做 m 长符号序列到信源状态的映射：$(x_{k-m} \cdots x_{k-1}) \to s_k$，每个 x 取遍 $A=\{a_1 \cdots a_n\}$，$k=m$，$m+1$，…；状态 s_k 取自 $\Omega=\{1,2,\cdots,n^m\}$，$n^m$ 为状态数。

② 符号转移概率转换成状态转移概率：

$$p(s_{k+1} \mid s_k)=p(x_k \mid s_k)$$

其中，$(x_{k-m} \cdots x_{k-1}) \to s_k$，$(x_{k-m+1} \cdots x_k) \to s_{k+1}$。

③ 得到马氏源 FSM 模型，用状态转移概率矩阵描述如下：

$$P=\begin{pmatrix} p_{11} & p_{12} & \cdots & p_{1n^m} \\ p_{21} & p_{22} & \cdots & p_{2,n^m} \\ \cdots & \cdots & \cdots & \cdots \\ p_{n^m,1} & p_{n^m,2} & \cdots & p_{n^m,n^m} \end{pmatrix} \tag{3.37}$$

其中，$p_{ij}=p(s_{k+1}=j \mid s_k=i) \quad (i,j=1,\cdots,n^m)$

3.5.2 马氏源的产生模型

前面，我们定义了马氏源的 FSM 模型，并假定满足模型的条件是已知的。但实际上，有时模型参数可能是未知的，需要通过研究信源的产生机制来得到。图 3.8 就是一个具有平稳转移概率马氏源的产生模型，它由一个离散无记忆信源（DMS）和一个有限状态机组成。DMS 以已知概率分布输出符号，在时刻 k 输出 u_k；有限状态机的状态转移函数为 $s_{k+1}=g(u_k,s_k)$，其中，s_k 为有限状态机在时刻 k 的状态，有限状态机在 DMS 输出的作用下发生状态转移；在时刻 k，DMS 的输出 u_k 在进入有限状态机的同时，还控制一个输出函数 f 影响信源的输出 x_k，输出函数为 $x_k=f(u_k,s_k)$，所以有

$$p(x_k \mid s_k,u_k)=\begin{cases} 1 & x_k=f(u_k,s_k) \\ 0 & x_k \neq f(u_k,s_k) \end{cases} \tag{3.38}$$

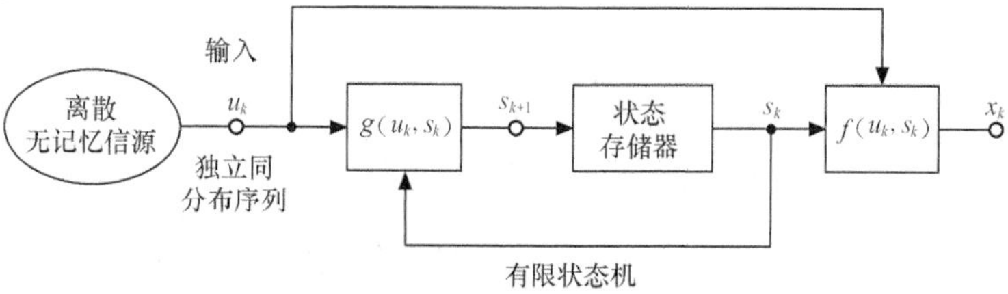

图 3.8 离散马氏源产生模型

如果激励源是独立的离散无记忆信源，状态机为有限状态，利用 u_k 与 s_k 相互独立的条件及式（3.38），得输出条件概率为

$$\begin{aligned} p(x_k \mid s_k) &= \sum\nolimits_{u_k} p(x_k,u_k \mid s_k)=\sum\nolimits_{u_k} p(u_k \mid s_k)p(x_k \mid s_k,u_k) \\ &= \sum_{k:x_k=f(u_k,s_k)} p(u_k) \end{aligned} \tag{3.39}$$

注：

如果不对状态转移函数和输出函数做某些限制，单线性未必能满足。但如果输出函数在 s_k 给定条件下，u_k 与 x_k 有一一对应的关系，那么单线性满足。在满足单线性条件下，如果激励源是已知的，就可以通过式（3.39）和式（3.35）计算输出条件概率和状态转移概率。

例 3.14 设有独立随机序列 $\{u_n\}$，$p(u_n=0)=p$，$p(u_n=1)=q$，$p+q=1$，随机序列 $\{x_n\}$ 与 $\{u_n\}$ 的关系为 $x_n=u_n\oplus x_{n-1}\oplus x_{n-2}$，其中 $\oplus$ 为模 2 加。问：（1）随机序列 $\{x_n\}$ 是否为马氏链？（2）如果是马氏链，那么求状态转移概率。

解 序列 $\{x_n\}$ 为有记忆序列，当 n−1 时刻与 n−2 时刻取值给定情况下，在 n 时刻取值与以前的取值无关，因此 $\{x_n\}$ 是 2 阶马氏链。本例中，在时刻 n 信源状态为 $s_n=(x_{n-2},x_{n-1})$，共有 4 个状态：00，01，10，11。$x_n=u_n\oplus x_{n-1}\oplus x_{n-2}$ 既决定输出也决定状态转移；在 s_n 给定条件下，u_n 与 x_n 一一对应。根据式（3.39），有

$$p(s_{n+1}\mid s_n)=\sum_{n:u_n=x_n\oplus x_{n-1}\oplus x_{n-2}}p(u_n)=p(u_n)\big|_{u_n=x_n\oplus x_{n-1}\oplus x_{n-2}},\ s_{n+1}=\begin{pmatrix}x_{n-1} & x_n\end{pmatrix}$$

信源状态非零转移概率的计算结果如下表：▌

x_n	s_n	s_{n+1}	$p(s_{n+1}\|s_n)$	x_n	s_n	s_{n+1}	$p(s_{n+1}\|s_n)$
0	00	00	$p(u_n=0)=p$	1	00	01	$p(u_n=1)=1-p$
0	01	10	$p(u_n=1)=1-p$	1	01	11	$p(u_n=0)=p$
0	10	00	$p(u_n=1)=1-p$	1	10	01	$p(u_n=0)=p$
0	11	10	$p(u_n=0)=p$	1	11	11	$p(u_n=1)=1-p$

3.5.3 马氏链 *N* 次扩展源熵的计算

1．马氏链的 *N* 次扩展源

与离散无记忆信源类似，也可以求马氏链 $\{x_i\}$ 的 N 次扩展源 $X^N=X_1X_2\cdots X_N$ 的熵，其中，每个 X_i 取自同一个字母表 $A=\{a_1,a_2,\cdots,a_n\}$，X^N 的符号集为 $A^N=\{\alpha_1\cdots\alpha_n\}^N$，$\alpha_j$ 为 X^N 中的一个矢量，即 $\alpha_j\in A^N$，矢量的个数为 n^N。一个 m 阶马氏链的 N（$N>m$）次扩展源的一个符号 $\alpha_j=(x_1,x_2,\cdots,x_N)$，是一条长度为 N 的序列，其概率可由下式计算：

$$p(\alpha_j)=p(s_{m+1})\prod_{i=m+1}^{N}p(x_i\mid s_i) \tag{3.40}$$

其中，$s_i=\begin{pmatrix}x_{i-m} & x_{i-m+1} & \cdots & x_{i-1}\end{pmatrix}$ 为序列在 i 时刻的状态，$p(s_{m+1})$ 为 s_{m+1} 的平稳分布，$p(x_i\mid s_i)$ 为在状态 s_i 条件下输出符号 x_i 的概率。

例 3.15 有一个二元马氏链 $\{x_i\}$，符号集为{0，1}，其中符号转移概率为 $p(0\mid 0)=0.8$，$p(1\mid 1)=0.7$，计算该信源三次扩展源的所有符号的概率。

解 易知信源的三次扩展源包括 8 个符号，设其中一个符号为 $x_1x_2x_3$，该符号的概率为 $p(x_1x_2x_3)=p(x_1)p(x_2\mid x_1)p(x_3\mid x_2)$，其中 $p(x_1)$ 为原信源的平稳分布，$p(x_2\mid x_1)$ 和 $p(x_3\mid x_2)$ 为条件概率，这里一个信源符号 x_i 对应一个状态。首先求平稳分布。

设 $p_0=p(x=0)$，$p_1=p(x=1)$，那么

$$\begin{cases} (p_0 \quad p_1) = (p_0 \quad p_1)\begin{pmatrix} 0.8 & 0.2 \\ 0.3 & 0.7 \end{pmatrix} \\ p_0 + p_1 = 1 \end{cases}$$

解得

$$p_0 = 3/5, p_1 = 2/5$$

三次扩展信源符号的概率：

$$p(000) = p_0 p(0|0) p(0|0) = 0.6 \times 0.8 \times 0.8 = 0.384,$$

类似得到：$p(001) = 0.6 \times 0.8 \times 0.2 = 0.096$，$p(010) = 0.6 \times 0.2 \times 0.3 = 0.036$，

$p(011) = 0.6 \times 0.2 \times 0.7 = 0.084$，$p(100) = 0.4 \times 0.3 \times 0.8 = 0.096$，

$p(101) = 0.4 \times 0.3 \times 0.2 = 0.024$，$p(110) = 0.4 \times 0.7 \times 0.3 = 0.084$，

$p(111) = 0.4 \times 0.7 \times 0.7 = 0.196$。■

2. 马氏链 N 次扩展源熵的计算

因为一个 m 阶马氏链的 m 长符号序列与信源状态是一一对应的关系。根据离散熵的性质，这种映射后熵不变。现求一个 m 阶平稳马氏链 N 次扩展源的熵。

做映射 $(x_{1+k} \cdots x_{m+k}) \to s_{m+1+k}(j)$，$k = 0, \ldots, N-m$，其中，$k$ 为时间标号，j 为状态序号。这样我们将一个 m 阶马氏链变成一个马氏源 S，所以

$$H(X_1 X_2 \cdots X_N) = H(S_{m+1} S_{m+2} \cdots S_{N+1})，\text{其中，} S_k = X_{k-m} X_{k-m+1} \cdots X_{k-1}$$

利用熵的可加性，将上式展开，并利用马氏性得

$$\begin{aligned} H(X_1 X_2 \cdots X_N) &= H(S_{m+1}) + H(S_{m+2} | S_{m+1}) + \cdots + H(S_{N+1} | S_{m+1} S_{m+2} \cdots S_N) \\ &= H(S_{m+1}) + H(S_{m+2} | S_{m+1}) + \cdots + H(S_{N+1} | S_N) \\ &= H(S_{m+1}) + \sum_{k=m+1}^{N} H(S_{k+1} | S_k) \end{aligned} \tag{3.41}$$

对于平稳马氏链，状态序列也是平稳的，状态条件熵也不随时间平移而改变。设状态平稳分布为 $\boldsymbol{\pi} = (\pi_1 \quad \pi_2 \quad \cdots \pi_{n^m})^{\mathrm{T}}$，则式（3.41）就变成如下形式：

$$\begin{aligned} H(X_1 X_2 \cdots X_N) &= H(S_{m+1}) + (N-m) H(S_{k+1} | S_k) \\ &= H(\boldsymbol{\pi}) + (N-m) \sum_{i=1}^{n^m} \pi_i h_i = H(\boldsymbol{\pi}) + (N-m) \boldsymbol{\pi}^{\mathrm{T}} \boldsymbol{h} \end{aligned} \tag{3.42}$$

其中，$H(\boldsymbol{\pi})$ 表示利用状态平稳分布计算的熵，$\boldsymbol{h} = (h_1\ h_2 \cdots h_{n^m})^{\mathrm{T}}$ 为列矢量，而

$$h_i = -\sum_{j=1}^{n^m} p(s_{k+1} = j | s_k = i) \log p(s_{k+1} = j | s_k = i) = -\sum_{i=1}^{n^m} p_{ij} \log p_{ij} \tag{3.43}$$

p_{ij} 为 m 阶马氏链状态转移概率矩阵的第 (i, j) 元素。

m 阶马氏链 N 次扩展源的平均符号熵为

$$H_N(X) = N^{-1} H(X_1 X_2 \cdots X_N) = N^{-1} [H(\boldsymbol{\pi}) + (N-m) \boldsymbol{\pi}^{\mathrm{T}} \boldsymbol{h}] \tag{3.44}$$

例 3.13（续） 若信源初始状态分布为平稳分布，求信源的 8 次扩展源的熵。

解 根据状态转移概率矩阵 $\boldsymbol{P}$，可以计算 $\boldsymbol{h} = (h_1, h_2, h_3, h_4)^{\mathrm{T}}$，得

$$h_1 = h_4 = -0.8 \times \log 0.8 - 0.2 \times \log 0.2 = 0.722$$

$$h_2 = h_3 = -0.5 \times \log 0.5 - 0.5 \times \log 0.5 = 1$$

根据式（3.31），有

$$(\pi_1\ \pi_2\ \pi_3\ \pi_4)\begin{pmatrix}0.8 & 0.2 & 0 & 0\\ 0 & 0 & 0.5 & 0.5\\ 0.5 & 0.5 & 0 & 0\\ 0 & 0 & 0.2 & 0.8\end{pmatrix}=(\pi_1\ \pi_2\ \pi_3\ \pi_4)$$

$$\pi_1+\pi_2+\pi_3+\pi_4=1$$

求得状态平稳分布为

$$(\pi_1\pi_2\pi_3\pi_4)=(5/14\quad 1/7\quad 1/7\quad 5/14)$$

对应于状态平稳分布的熵为

$$H(\boldsymbol{\pi})=-2\times(5/14)\times\log(5/14)-2\times(1/7)\times\log(1/7)=1.863 \text{ 比特/符号}$$

根据式（3.43），可求得 8 次扩展源的熵为

$$\begin{aligned}H(X_1X_2\cdots X_N)&=H(\boldsymbol{\pi})+(8-2)\boldsymbol{\pi}^{\mathrm{T}}\boldsymbol{h}\\&=1.863+6\times\left\{\frac{5}{14}[-0.8\log0.8-0.2\log0.2]\times2+\frac{1}{7}[-0.5\log0.5-0.5\log0.2]\times2\right\}\\&=6.669 \text{ 比特/扩展符号}\end{aligned}$$ ■

3.5.4 马氏源符号熵的计算

本小节介绍马氏链符号熵的计算，包括 m 阶平稳马氏链的符号熵、FSM 马氏源的符号熵及马氏源产生模型的符号熵。

1．*m* 阶平稳马氏链符号熵的计算方法

根据式（3.43），一个 m 阶平稳马氏链的极限符号熵（或熵率）为

$$H_\infty(X)=\lim_{N\to\infty}H_N(X)=H(S_{k+1}\mid S_k)=\boldsymbol{\pi}^{\mathrm{T}}\boldsymbol{h} \tag{3.45}$$

因此，平稳马氏链的符号熵仅由平稳分布和状态转移概率矩阵所决定。实际上，对于 m 阶平稳马氏链还可以利用极限条件熵计算熵率，根据式（3.19）可得同样结果：

$$\begin{aligned}H_\infty(X)&=\lim_{N\to\infty}H(X_N\mid X_1\cdots X_{N-1})\overset{a}{=}H(X_k\mid X_{k-m}\cdots X_{k-1})\\&\overset{b}{=}H(X_k\mid S_k)\overset{c}{=}H(S_{k+1}\mid S_k)\end{aligned} \tag{3.46}$$

其中，a：利用平稳性和马氏性，b：利用映射关系：$s_k\to(x_{k-m},\cdots,x_{k-1})$；$c$：利用式（3.36）两边取对数取负值，再用联合概率 $p(x_k,s_ks_{k+1})$ 求平均。

2．FSM 马氏源符号熵计算方法

对于一般 FSM 马氏源，不能保证信源输出符号与到达的状态是一一对应的关系，即存在多个信源输出符号对应一个到达状态。这时由状态转移概率矩阵就不能确定信源的熵，而只能根据状态条件下信源输出符号的概率求信源的熵。

定义在给定当前信源状态条件下信源的输出符号熵为

$$H(X\mid s=i)=-\sum_{l=1}^{n}p_i(a_l)\log p_i(a_l) \tag{3.47}$$

其中，$a_l\in A=\{a_1,\cdots,a_n\}$，$A$ 为信源符号集。

应该注意式（3.47）与式（3.43）的差别。式（3.43）是在某特定状态条件下根据状态转

移概率计算的状态条件熵，而式（3.47）是在某特定状态条件下根据输出符号概率计算的符号条件熵。如果对所有状态到状态转移时信源符号输出是唯一的，那么两式无差别，反之，两式有差别。

下面推导在一般情况下马氏源熵率的计算。

定理 3.6 在给定某特殊状态 $s_1=j$ 和以前输出 $X_1, X_2, \cdots X_{k-1}$ 条件下，当前输出符号 X_k 的熵满足：

$$H(X_k \mid s_1=j, X_1 \cdots X_{k-1}) = \sum_{i=1}^{J} p(s_k=i \mid s_1=j) H(X \mid s=i) \tag{3.48}$$

证 因为马氏源某时刻的状态仅由前一时刻状态和输出符号唯一确定，所以，s_2 由 s_1 和 x_1 唯一确定，s_3 由 s_2 和 x_2 唯一确定，从而由 s_1 和 x_1，x_2 唯一确定，依次类推，可得 s_k 由 s_1 和 $x_1, x_2, \ldots, x_{k-1}$ 唯一确定。所以

$$p(x_k \mid s_1, x_1 \cdots x_{k-1}) = p(x_k \mid s_1, x_1 \cdots x_{k-1}, s_k)$$

根据马氏源的定义（3.34a），又有

$$p(x_k \mid s_1, x_1 \cdots x_{k-1}) = p(x_k \mid s_k) \tag{3.49}$$

对式（3.49）两边取对数，再对 $s_k, x_1, \cdots, x_k$ 求平均得

$$\begin{aligned} H(X_k \mid s_1=j, X_1 \cdots X_{k-1}) &= -\sum_{x_1 \cdots x_k, s_k} p(x_1 \cdots x_k, s_k \mid s_1=j) \log p(x_k \mid s_k) \\ &= -\sum_{x_1 \cdots x_k, s_k} p(s_k \mid s_1=j) p(x_1 \cdots x_k \mid s_k, s_1=j) \log p(x_k \mid s_k) \\ &= -\sum_{x_k, s_k} p(s_k \mid s_1=j) p(x_k \mid s_k) \log p(x_k \mid s_k) \\ &= \sum_{i=1}^{J} p(s_k=i \mid s_1=j) H(X \mid s=i) \quad \blacksquare \end{aligned}$$

在上式中，对 s_1 取平均，得

$$\begin{aligned} H(X_k \mid S_1, X_1 \cdots X_{k-1}) &= \sum_{j=1}^{J} \sum_{i=1}^{J} p(s_1=j) p(s_k=i \mid s_1=j) H(X \mid s=i) \\ &= \sum_{i=1}^{J} p(s_k=i) H(X \mid s=i) \end{aligned}$$

对于平稳信源，状态概率与时间起点无关，所以

$$H(X_k \mid S_1, X_1 \cdots X_{k-1}) = \sum_{i=1}^{J} p(s=i) H(X \mid s=i) \tag{3.50}$$

注意：式（3.50）右边的条件熵与 k（>1）无关。下面计算平稳马氏源极限符号熵。因为

$$\begin{aligned} N^{-1} H(X_1 \cdots X_N \mid S_1) &= N^{-1} \sum\nolimits_{k=1}^{N} H(X_k \mid X_1 \cdots X_{k-1}, S_1) \\ &\overset{a}{=} N^{-1} \sum\nolimits_{k=1}^{N} \sum_{i=1}^{J} p(s=i) H(X \mid s=i) = \sum_{i=1}^{J} p(s=i) H(X \mid s=i) \end{aligned} \tag{3.51}$$

其中，a：利用式（3.50）的结果。因此

$$\begin{aligned} \lim_{N \to \infty} N^{-1} H(X_1 \cdots X_N) &= \lim_{N \to \infty} N^{-1} [I(\mathrm{S}_1; X_1 \cdots X_N) + H(X_1 \cdots X_N \mid S_1)] \\ &\overset{a}{=} \lim_{N \to \infty} N^{-1} H(X_1 \cdots X_N \mid S_1) \overset{b}{=} \sum_{i=1}^{J} p(s=i) H(X \mid s=i) \end{aligned}$$

其中，a：平均互消息为有限值；b：利用式（3.51）的结果。即

$$H_\infty = \sum_{i=1}^{J} p(s=i)H(X\mid s=i)$$

这样，可以归纳为下面的定理：

定理 3.7 平稳马氏源 X 的符号熵（或熵率）为

$$H_\infty = H\left(X\mid S\right) = \sum_{i=1}^{J} \pi_i H(X\mid s=i) \tag{3.52}$$

其中，$\{\pi_i\}$ 为满足式（3.31）的状态平稳分布，$H(X\mid s=i)$ 由式（3.47）确定。■

式（3.52）给出计算平稳马氏源符号熵的另一种方法：先求每个状态下的条件符号熵，再用状态的平稳概率分布平均。

几点注释如下。

① 平稳马氏源 X 的符号熵是一种条件熵，包括两种情况：

- 利用式（3.45）计算平稳马氏链符号熵；
- 利用式（3.52）计算一般平稳马氏源 X 符号熵。

② 式（3.52）包含式（3.45），仅当从任意状态 i 到任意状态 j 的非零概率转移信源都输出唯一符号时，二者等价。

③ 符号熵是极限符号熵的简称，也称熵率，单位为比特/符号。

例 3.13（续） 求信源的符号熵。

解 根据前面的计算结果，得马氏链符号熵为

$$\begin{aligned} H_\infty(X) &= \boldsymbol{\pi}^{\mathrm{T}}\boldsymbol{h} \\ &= \frac{5}{14}[-0.8\log 0.8 - 0.2\log 0.2]\times 2 + \frac{1}{7}[-0.5\log 0.5 - 0.5\log 0.5]\times 2 \\ &= 0.801 \text{ 比特/符号} \end{aligned}$$ ■

例 3.16 设 $H(U)$ 为如图 3.8 所示马氏源产生模型中激励源的熵，比较马氏源熵率与 $H(U)$ 的大小。

解 根据产生模型，可以推出马氏源熵率：

$$\begin{aligned} H_\infty(X) &= H(X\mid S) = H(XU\mid S) - H(U\mid XS) \\ &= H(U\mid S) + H(X\mid US) - H(U\mid XS) \\ &\overset{a}{=} H(U) - H(U\mid XS) \\ &\leqslant H(U) \end{aligned} \tag{3.53}$$

其中，a：u_k 独立于 s_k，而 x_k 是 u_k,s_k 的函数；仅当 x_k,s_k 给定时能唯一确定 u_k 的条件下（即存在某种函数关系 $u_k = f'(x_k,s_k)$），上面不等式中的等号成立。■

例 3.14（续） 求信源序列的熵率。

解 根据题意，x_n,s_n 给定时能唯一确定 u_n，式（3.53）中不等式取等号，得信源熵率

$$H_\infty(Y) = H(Y\mid S) = H(X) = H(p)$$ ■

3.6 信源的相关性与剩余度

本节介绍离散信源相关性与剩余度的概念，并简单介绍文本信源。信源的剩余度（也称

冗余度）是信源符号所含信息量与符号所能携带最大信息量之间差别的度量，信源具有剩余度主要是基于两个因素：一是信源序列符号之间具有相关性，二是信源符号概率的不均匀性（即符号不等概率）。不管信源符号间是否有相关性，都可能存在剩余度。

3.6.1 信源的相关性

信源的相关性是信源符号间依赖程度的度量，依赖程度越大，信源的相关性就越大。无记忆信源输出符号之间相互独立，相关性为零，因此信源的相关性体现在有记忆信源中。一个平稳有记忆信源可用不同阶的平稳马氏链来近似，马氏链的阶数越大，符号间依赖程度越大。对于一个符号集大小为 n 的有记忆信源的熵，可以分别用如下不同阶马氏链的熵来近似，

符号独立等概率信源熵（-1 阶熵） $H_0 = \log n$

独立信源熵（零阶熵） $H_1 = H(X_1)$

1 阶马氏源熵 $H_2 = H(X_2|X_1)$

…………

m 阶马氏源熵 $H_{m+1} = H(X_{m+1}|X_1 \cdots X_m)$

极限符号熵（熵率） $H_\infty = \lim_{k\to\infty} H(X_k|X_1 \cdots X_{k-1})$

由平稳性与熵的不增原理可知，当离散信源符号等概率时熵 $H_0 = \log n$ 最大，而且有

$$\log n = H_0 \geqslant H_1 \geqslant H_2 \geqslant \cdots \geqslant H_n \geqslant \cdots \geqslant H_\infty$$

可见信源符号间的依赖关系使信源熵减小，若信源序列中符号依赖关系变长，则信源熵越小，仅当信源符号间彼此无依赖、等概率分布时，信源熵才最大。也就是说信源平均每符号提供的信息量随着符号间依赖关系长度的增加而减少。如果一个信源是 m 阶马氏链，那么其熵率就是 H_{m+1}，没有必要用再高阶的模型来近似。

3.6.2 信源的剩余度

离散信源的剩余度定义为

$$\gamma = 1 - H_\infty / H_0 \tag{3.54}$$

其中，H_∞ 是信源的熵率，$H_0 = \log n$ 为符号独立等概率时信源熵。剩余度表示信源中多余成分（即可以被无损压缩掉的）的比例。这就是说，信源每个符号能携带的最大信息量为 H_0，而实际上才携带 H_∞ 的信息，H_∞ / H_0 也称信源的效率，表示为

$$\eta = H_\infty / H_0 \tag{3.55}$$

根据定义可知，信源符号概率越不平衡，符号熵越小，信源剩余度就越高；反映信源序列中各符号间依赖程度的相关性越强，信源的剩余度越高。当剩余度等于零时，信源熵就等于极大值 H_0，此时表明信源符号之间不但统计独立，而且各符号还是等概率的。

应该注意，相关性只反映了剩余度的一个侧面，而不是它的全部。信源的剩余度高，并不一定表明信源相关性强，例如，离散无记忆信源各符号的概率可能相差悬殊，信源的剩余度也很高，但信源符号之间不相关。

信源压缩编码实际上就是压缩信源剩余度，离散信源存在剩余度是其能够被无损压缩的前提。信源的剩余度越大，可以被无损压缩的比例越高。通过有效的信源编码进行码率压缩，

可以提高传输效率。但大的信源剩余度能提高信息传输的抗干扰能力。

3.6.3 文本信源

文本信源是最广泛应用的离散有记忆信源。人们对文本的研究起始于 20 世纪 40 年代。文本一词来自英文 text（该词还有正文、课文等多种译法），这个词广泛应用于语言学和文体学中，其含义丰富但不易界定，给实际应用和理解带来一定困难。文本的基本含义是书面语言的表现形式，通常是具有完整、系统含义的一个句子或多个句子的组合，是根据一定的语言衔接关系和语义连贯规则组成的整体语句或语句系统。从信息论的角度看，文本是一类离散有记忆信源。例如，我们日常所接触的大量用各种语言文字写成的文章、文件，携带某些特殊信息的序列和数据等都属于文本信源。

既然文本信源是有记忆的，就可用马尔可夫模型描述，所以也可用有限状态机来描述。一般地讲，文本是有限记忆的，可用有限阶有限状态机来描述；如果文本信源当前符号的概率仅依赖于由前面的若干符号组成的上下文（context），就可用有限记忆模型来描述。实际上，对于一维序列，上下文类似于马氏模型中的状态，也就是在当前符号下所依赖的前面若干个符号。

文本文件通常指的是计算机的一种文档类型，是来自一个可识别字符集的印刷字符组成的计算机文件，这类文档主要用于记载和储存文字信息，而不是图像、声音和格式化数据。

在文本文件中最重要的是用各种语言写成的文件，其中以英文文本最为广泛。在英文文本文件中，ASCII 字符集是最为常见的格式，而且在许多场合，它也是默认的格式。但是世界上有多种语言，而这些语言之间需要进行文本转换与处理，这就需要建立容纳更多字符的编码，使其能够表达所有已知语言，因此国际组织就制定了 Unicode（称统一码或万国码）字符集。这个字符集非常大，它囊括了大多数已知的字符集，有多种字符编码，大多数是 1 字节编码，不过对于像中文、日文、朝鲜文，需要使用 2 字节字符集。

人类自然语言如英语、汉语等都是由一组符号的集合构成的信源，由这些语言写成的文件等就是由这些符号构成的符号序列。自然语言的符号序列中符号之间是有关联的，有较大的相关性和剩余度，它们都可以用马氏模型来近似。

如何选择恰当阶数的马氏源来近似实际信源是工程上要考虑的重要问题。实际的离散信源也可能是非平稳的，对于非平稳信源来说，其 H_∞ 不一定存在，但可以假定它是平稳的，用平稳信源的 H_∞ 来近似。对于一般平稳离散信源，求其 H_∞ 值通常也极其困难。为简单起见，可进一步假定为 m 阶马氏源，用 m 阶马氏源的熵率 H_{m+1} 来近似大多数平稳信源的熵，$H_\infty = H_{m+1} = H(X_{m+1}|X_1\cdots X_m)$，如果取 m=1，则信源熵 $H_{m+1} = H_2 = H(X_2|X_1)$。若进一步简化，可假设信源为符号有一定概率分布的无记忆信源，这时的信源熵用 $H_1 = H(X)$ 来近似。若再进一步，则又可假定为等概率分布的离散无记忆信源，从而用最大熵 $H_0 = \log n$ 来近似求得信源的熵。因此，对于一般意义下的离散信源可以近似地用不同记忆长度的马氏源来近似，以反映信源符号间不同程度的依赖关系。下面简单介绍利用不同阶数马氏源对英语文本信源熵和汉语文本信源熵进行估算的结果。

1. 英语文本信源的熵

香农用高阶马尔可夫模型研究了英文文本信源。他用二阶模型得到信源的熵为 H_3=3.1 比特/字母，用词代替字母得到信源的熵为 2.4 比特/字母，用人的预测来估计高阶模型熵的上下界，得到这个界在 0.3 到 0.6 比特/字母之间。当然上下文越长，预测越准确。但是存储所有长度上下文模型的概率需要很大的存储量。如果采用固定的模型使信源具有一定的结构，就可能出现存储了很多实际上没有出现的上下文。因此宜采用自适应的模型，不同上下文中不同符号的概率随信源符号的输出而更新，从而可以减少存储量。

现用随机变量 X 表示英文信源，若把英文 26 个字母和空格共 27 个符号看作独立等概率出现，则信源的-1 阶熵为 $H_0(X)=\log 27=4.75$ 比特/字母。但实际上，用英文字母组成单词，再由单词组成文章时，英文字母并非等概率出现，而且英文字母之间有严格的依赖关系。如果先做零阶近似，只考虑文中各字母（包括空格）出现的概率，不考虑字母之间的依赖关系。对英文书中各字母的出现概率加以统计，可得表 3.1 所示的概率表，那么英文文本的零阶熵为 $H_1(X)=-\sum_{i=1}^{27} p(a_i)\log p(a_i)=4.03$ 比特/符号。可见，当考虑到英文不同字母和空格的实际出现概率后，英文信源的平均不确定性要比把字母和空格看作独立等概率出现时小一些。

表 3.1　英文字母概率表

字母 a_i	概率 $p(a_i)$	字母 a_i	概率 $p(a_i)$	字母 a_i	概率 $p(a_i)$
空格	0.1859	I	0.0575	R	0.0484
A	0.0642	J	0.0008	S	0.0514
B	0.0127	K	0.0049	T	0.0796
C	0.0218	L	0.0321	U	0.0228
D	0.0317	M	0.0198	V	0.0083
E	0.1031	N	0.0574	W	0.0175
F	0.0208	O	0.0632	X	0.0013
G	0.0152	P	0.0152	Y	0.0164
H	0.0467	Q	0.0008	Z	0.0005

考虑到字母之间的依赖关系，可以把英语信源做进一步的近似，看作一阶或二阶马氏源。根据这种近似，我们要计算得到字母之间的一阶条件概率 $P(a_j\mid a_i)$（$a_i,a_j\in$英文字符集）和二阶条件概率 $P(a_k\mid a_ia_j)$,（$a_i,a_j,a_k\in$英文字符集），然后，按照这些概率分布随机地选择英文字母排列起来，可得到一阶马氏源和二阶马氏源所输出的典型字母序列，但计算量相当大。例如，若近似为二阶马氏源，则需计算 $27^3=19683$ 项二阶条件概率，而且为精确计算这些条件概率，还必须处理上百万的字母。这样可以求得 $H_2=3.32$ 比特/符号，$H_3=3.1$ 比特/符号。在计算高阶条件熵时，可以把 H_m 理解为在 $x_1\cdots x_{m-1}$ 给定条件下 x_m 出现的不确定性，它决定了由前 $m-1$ 个字母给定时猜测第 m 个字母的困难程度。这种困难程度可借助于为找到正确回答所需试验次数的平均值 Q_m 来估计。当 m 增大时，Q_m 减小。当 Q_m 不再减小时，说明已达到极限熵。据统计，对于书面英语，当 m 达到 30 左右就接近极限熵。对于实际英文字母组成的信源，实际熵 H_∞ 有许多近似值。当前，大多数人比较认可的英文字母的熵大致为 H_∞=1.4 比特/符号。

2. 汉语文本信源的熵

汉字文本与其他拼音文字的文本有很大的不同，首先是汉字的符号集很大，超过 50000 字，常用的有几千字。现行的国家标准 GB 2312—80（《信息交换用汉字编码字符集—基本集》）选入了 6763 个汉字，每个汉字用 16 比特（双字节）表示。汉字的另一个特点是，汉语是一种凝聚语言，无表示词边界的符号，读者只能根据语义把文本分解成词。相比之下，对汉语文本的压缩更困难。将常用汉字看成汉字符号集中的一个符号，假设常用的汉字约为 10000 个，其中每个汉字等概率出现，则汉字信源的-1 阶熵为 $H_0=\log_2 10^4 \approx 13.288$ 比特/符号。

统计表明，在这 10000 个汉字中，有 140 个汉字是常出现的，出现概率占 50%；其次有 625 个汉字（包括前 140 个）出现概率占 85%；再其次有 2400 个汉字（包括前 625 个）出现概率占 99.7%，而其余 7600 个出现概率占 0.3%，是一些较罕见的汉字。因此进一步近似的方法是将这 10000 个汉字分成 4 类。为了计算简单，假设每类中汉字出现是等概率的，由此得表 3.2，据此可近似估算汉语信源的零阶熵。

表 3.2　　汉字近似概率表

类别	汉字个数	所占概率 P	每个汉字的概率 P_i
Ⅰ	140	0.5	0.5/140
Ⅱ	625-140=485	（0.85-0.5）=0.35	0.35/485
Ⅲ	2400-625=1775	（0.997-0.85）=0.147	0.147/1775
Ⅳ	7600	0.003	0.003/7600

$$\begin{aligned} H_1 &= -\sum_{i=1}^{10000} p_i \log p_i \\ &= -\sum_{i_1=1}^{140} p_{i_1} \log p_{i_1} - \sum_{i_2=1}^{485} p_{i_2} \log p_{i_2} - \sum_{i_3=1}^{1775} p_{i_3} \log p_{i_3} - \sum_{i_4=1}^{7600} p_{i_4} \log p_{i_4} \\ &= 9.773 \text{ 比特/字} \end{aligned}$$

但实际上，汉语文本是有记忆的，每个汉字出现概率不但不相等，而且词组或单字之间有或强或弱的依赖关系。考虑到这些关联性，汉语熵的计算是相当复杂的，不过可用高阶马尔可夫模型来近似。有人通过猜字试验，估算出汉字的极限熵约为 H_∞=4.1 比特/字。

例 3.17　根据上面的统计结果，分别计算汉语与英语信源的效率和剩余度。

解　对于汉语，信源效率：$\eta_2 = 4.1/13.29 = 0.31$，剩余度：$\gamma_2 = 1-\eta_2 = 0.69$；对于英语，信源效率：$\eta_1 = 1.4/\log_2 27 = 0.29$，剩余度：$\gamma_1 = 1-\eta_1 = 0.71$。■

上面的结果可以这样来解释：如果汉语书有 100 页，那么理论上可以压缩掉 69 页的内容，但需要保证剩下的 31 页内容的信息用等概率字母表示。而压缩掉的文字完全可根据汉语的统计特性来恢复，从而大大提高了传输或存储汉语消息的效率。

通过对英文、中文及其他语言文本的研究可知，为提高信息传输效率，需要对这类文本进行无损压缩，而又因为这类文本具有较大剩余度，实现有效的无损压缩也是可能的。

本章小结

1. 离散平稳信源的熵

- N 次扩展源的熵：$H(X^N) \leqslant NH(X)$，仅当信源无记忆时等式成立。
- 平均符号熵：$H_N(X) = N^{-1}H(X^N) \leqslant H(X)$，仅当信源无记忆时等式成立。

2. 平稳无记忆扩展源的熵：$H(V) = E(Y)H(X)$

3. 平稳有记忆信源的熵率：

$$H_\infty(X) = \lim_{N\to\infty} N^{-1}H(X^N) = \lim_{N\to\infty} H(X_N | X_1 \cdots X_N)$$

并且
$$H(X) \geqslant H_2(X) \geqslant \cdots \geqslant H_N(X) \geqslant \cdots \geqslant H_\infty(X)$$

4. 平稳马氏链的熵率：$H_\infty(X) = H(S_{k+1} | S_k) = \boldsymbol{\pi}^{\mathrm{T}}\boldsymbol{h}$

5. 平稳马氏源的熵率：$H_\infty = H\left(X | S\right) = \sum_{i=1}^{J} \pi_i H(X | s = i)$

6. 马氏源产生模型的熵率：$H_\infty(X) = H(U) - H(U | XS)$

7. 离散信源剩余度：$\gamma = 1 - \eta = 1 - H_\infty / H_0$

思 考 题

3.1 除教材所列的离散信源分类外，还能举出哪些其他的分类?

3.2 离散无记忆信源的扩展有几种？对应的消息树有什么不同?

3.3 对于马氏链能否进行不等长消息扩展，试举一例。

3.4 信息论中平稳信源与概率论中平稳随机过程含义是否相同？

3.5 平稳马尔可夫链和齐次马尔可夫链各指什么情况？

3.6 一个周期马氏链，不论初始状态如何，最终是否能达到平稳分布?试举一例。

3.7 马氏源定义中的 FSM 模型和马氏源的产生模型有什么不同？

3.8 为什么说“马氏链概率模型是马氏源 FSM 模型的子集”？

3.9 信源相关性与信源剩余度两者的含义有什么区别和联系？

3.10 什么是文本信源？

习 题

3.1 一无记忆信源的符号集为{0，1}，其中“0”符号的概率为 1/4：

（1）求每信源符号平均携带的信息量；

（2）由 100 个信源符号构成一条序列，求每一特定序列（含 m 个“0”，（100-m）个“1”）的自信息；

（3）求产生形式如同（2）中的序列所对应的信源的熵。

3.2 一个无记忆信源，符号集为{0，1，2}，概率分别为 1/2，1/4，1/4。写出该信源的 2 次和 3 次扩展源的符号集，写出 2 次扩展源的符号的所有概率，计算 N 次扩展源的熵。

3.3　某0，1二元信源，$p(0)=0.6$，消息集为$\{11,101,100,01,001,000\}$，验证消息集为适定消息集，并求消息的平均长度和消息集的熵。

3.4　一个包含3个符号的信源，其中$p(a)=0.5, p(b)=0.4, p(c)=0.1$，消息集为$\{c,aa,ab,ac,ba,bb,bc\}$，验证消息集为适定消息集，并求消息的平均长度和消息集的熵。

3.5　信源序列中同一个字符连续重复出现形成的字符串称为游程，游程长度构成的序列称为游程序列。设一个二元无记忆信源0,1序列中，0出现的概率为p_0，那么长度为l_0的0游程的概率可通过下式来计算：$p(l_0)=p_0^{\,l_0-1}(1-p_0)$，$l_0=1,2,\cdots$。求"0"游程序列平均长度$E(l_0)$和熵$H(L_0)$。

3.6　定义下式为符号集大小为K的离散平稳信源的符号熵：

$$H_{L|L}(U)=(1/L)H(U_{2L}\cdots U_{L+1}\,|\,/U_L\cdots U_1)$$

证明：（1）$H_{L|L}(U)$不随L的增加而增加；（2）$\lim\limits_{L\to\infty}H_{L|L}(U)=H_\infty(U)$。

3.7　盒子中有两枚有偏差的硬币，其中一枚在抛掷后正面朝上的概率为p，而另一枚在抛掷后正面朝上的概率为$1-p$，现从盒中随机取出（概率为1/2）一枚，做n次抛掷实验。设X表示所取出硬币的标号，Y_1，Y_2分别表示前两次的抛掷结果：

（1）计算$I(Y_1;Y_2\,|\,X)$；

（2）计算$I(X;Y_1Y_2)$

（3）计算抛掷序列$Y_1Y_2\cdots$的熵率。

3.8　证明马氏链的定义式（3.20）与式（3.21）是等价的。

3.9　设$x_{-1},x_0,\cdots,x_{n-1},x_n,\cdots$为平稳序列（未必是马氏链），那么下面的论断哪些是正确的？对正确的进行证明，对错误的举出反例。（提示：下面论断至少有一个是错的）

（1）　$H(X_n\,|\,X_0)=H(X_{-n}\,|\,X_0)$；

（2）　$H(X_n\,|\,X_0)\geqslant H(X_{n-1}\,|\,X_0)$；

（3）　$H(X_n\,|\,X_1X_2\cdots X_{n-1})$是$n$的增函数；

（4）　$H(X_n\,|\,X_1,\cdots,X_{n-1},X_{n+1},\cdots,X_{2n})$是$n$的非增函数。

3.10　一个2状态马氏链的转移概率矩阵为

$$\boldsymbol{P}=\begin{pmatrix}3/4 & 1/4\\ 1/4 & 3/4\end{pmatrix}$$

并假定初始状态概率矢量为$\boldsymbol{p}^{(0)}=(1\quad 0)$；求（1）$\boldsymbol{P}^n$和$\boldsymbol{p}^{(n)}$，$n=1,2,3$；（2）$\boldsymbol{P}^n$和$\boldsymbol{p}^{(n)}$的一般形式。

3.11　证明若（X，Y，Z）是马氏链，则（Z，Y，X）也是马氏链。

3.12　设$X_1\to X_2\to X_3\to X_4$构成马氏链，证明

$$I(X_1;X_3)+I(X_2;X_4)\leqslant I(X_1;X_4)+I(X_2;X_3)$$

3.13　证明：对于一个马氏链$\cdots,x_0,\cdots x_{n-1},x_n,\cdots$，有

$$H(X_0\,|\,X_N)\geqslant H(X_0\,|\,X_{N-1})$$

该结论表明，随着序列的不断延长，初始条件越来越难恢复。

3.14　两个4状态马氏链如图3.9所示，分别回答下面的问题：（1）哪些状态是常返态？（2）哪些状态是过渡态？（3）哪些状态是遍历的？（4）哪些状态是周期的？（5）该马氏链是否存在平稳状态分布？

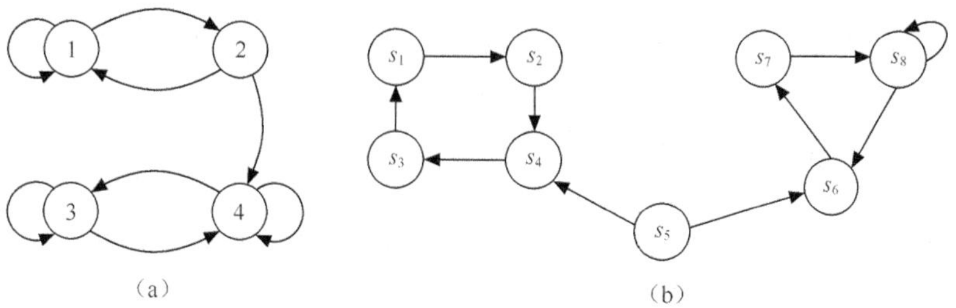

图 3.9 题 3.14 图

3.15 黑白气象传真图的消息只有黑色和白色两种，即信源 X={黑，白}，设黑色出现的概率为 p（黑）=0.3，白色的出现概率 p（白）=0.7：

（1）假设图上黑白消息出现前后没有关联，求熵 $H(X)$；

（2）假设消息前后有关联，其依赖关系为 $P(白|白)=0.9$，$P(黑|白)=0.1$，$P(白|黑)=0.2$，$P(黑|黑)=0.8$，求此一阶马氏链的熵率 H_2；

（3）分别求上述两种信源的剩余度，并比较 $H(X)$和 H_2 的大小，并说明其物理意义。

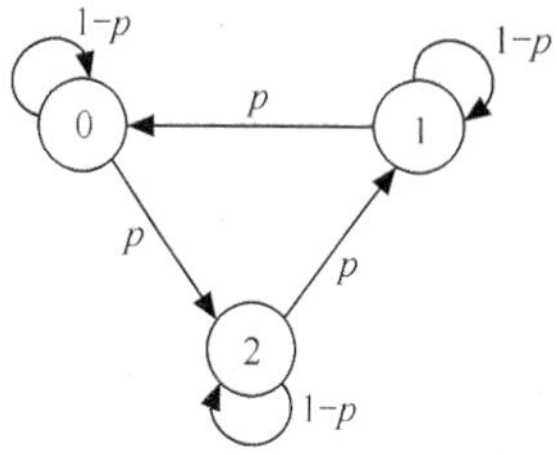

图 3.10 题 3.16 图

3.16 一个马氏源 X 的符号集为{0，1，2}。转移概率如图 3.10 所示，求：（1）平稳概率分布，（2）信源熵率 H_∞；（3）当 p=0 和 p=1 时信源的熵率。

3.17 一个一阶平稳马氏链的转移概率矩阵如下：

$$\begin{pmatrix} 1/3 & 1/3 & 1/3 \\ 1/2 & 1/4 & 1/4 \\ 1/4 & 1/4 & 1/2 \end{pmatrix}$$

求通过观察 n 个符号所得到的平均信息量。

3.18 设有一个信源，它在开始时以 $p(a)$=0.6，$p(b)$=0.3，$p(c)$=0.1 的概率发出 X_1。如果 X_1 为 a 时，则 X_2 为 a,b,c 的概率分别为 1/3；如果 X_1 为 b 时则 X_2 为 a,b,c 的概率分别为 1/3；如果 X_1 为 c 时，则 X_2 为 a,b 的概率为 1/2，为 c 的概率为 0。而后面发出 X_i 的概率只与 X_{i-1} 有关，又 $p(X_i/X_{i-1})=P(X_2/X_1)$，$i\geqslant 3$。试利用马氏源的图示法画出状态转移图，并计算信源的熵率。

3.19 下面为三个一阶平稳马氏链的转移概率矩阵：

$$\begin{pmatrix} \alpha & 1-\alpha \\ \beta & 1-\beta \end{pmatrix},\ \begin{pmatrix} 0 & 0 & 0 & 1 \\ 0 & 0 & 0 & 1 \\ 1/2 & 1/2 & 0 & 0 \\ 0 & 0 & 1 & 0 \end{pmatrix},\ \begin{pmatrix} q_0, & q_1, & \cdots, & q_{r-1} \\ q_1, & q_2, & \cdots, & q_0 \\ \vdots & \vdots & \vdots & \vdots \\ q_{r-1} & q_0 & \cdots, & q_{r-2} \end{pmatrix}$$

其中第 3 个矩阵中，每一行为前一行的左循环移位。求每个马氏链的平稳概率分布和熵率。

3.20 设一齐次马氏链 $X_1X_2\cdots X_r\cdots$，各 X_r 取值于符号集{1，2，3}，符号的转移概率矩阵如下：

$$\begin{pmatrix} 1/2 & 1/4 & 1/4 \\ 2/3 & 0 & 1/3 \\ 2/3 & 1/3 & 0 \end{pmatrix}$$

已知起始概率为 $P(x_1=1)=1/2$，$P(x_1=2)=P(x_1=3)=1/4$。求：（1）联合熵 $H(X_1X_2X_3)$ 和平均符号熵 $H_3(X_1X_2X_3)$；（2）马氏链的符号熵。

3.21　一个一阶马氏链的状态转移图如图3.11所示，符号集为{0，1，2}。

（1）求状态平稳分布 (π_0, π_1, π_2) 和马氏链熵率。

（2）当 p 为何值时，信源熵率达到最大值？当 $p=0$ 或1时，结果如何？

（3）如果将信源看成无记忆的且以平稳分布为概率分布，求信源的熵率。

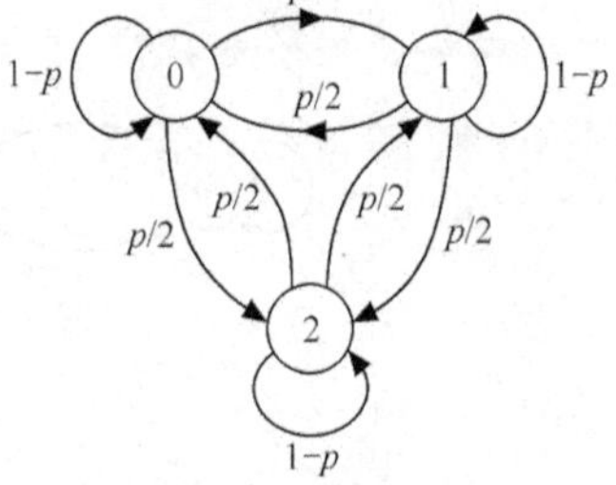

图3.11　题3.21图

3.22　一马氏源符号集 $\{a_1, a_2, a_3\}$，状态转移图如图3.12所示，求：

（1）信源的平稳状态分布和对应的单符号概率分布；

（2）在当前信源状态条件下，信源输出符号的熵 $H(U/s=j)$，$j=1,2,3$；

（3）信源的符号熵 $H_\infty(U)$；

（4）信源的效率和剩余度。

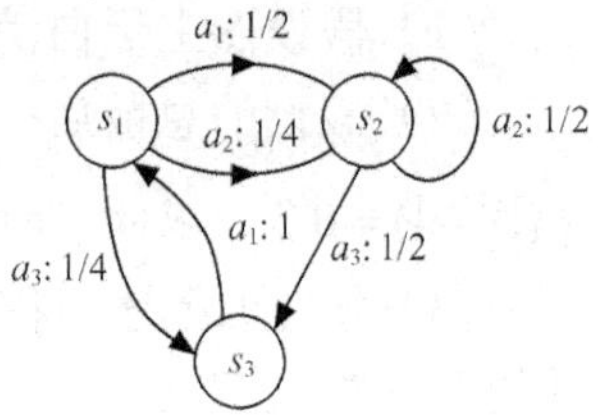

图3.12　题3.22图

3.23　一个二阶马尔可夫链 $\{x_n\}$，符号集 $A=\{0, 1\}$，符号转移概率为 $p(0|00)=0.75$，$p(0|10)=0.5$，$p(0|01)=0.8$，$p(0|11)=0.6$。求：（1）信源的平稳状态分布和信源熵率；（2）信源单符号平稳概率分布 $p(x_1)$；（3）平稳一阶转移概率 $p(x_2 \mid x_1)$ 和一阶条件熵 $H(X_2 \mid X_1)$。

3.24　一个信源的状态转移图如图3.13所示。

（1）该信源是否有平稳分布？

（2）如果在每个状态都按图中所示的路径进行等概率状态转移，设初始状态为 a：

① 推导时刻 n 的状态概率分布矢量 $\boldsymbol{p}(n)^{\mathrm{T}} = (p_a\ p_b\ p_c\ p_d\ p_e)$ 与 n 的关系；

② 由信源所产生的500个符号的熵是多少？

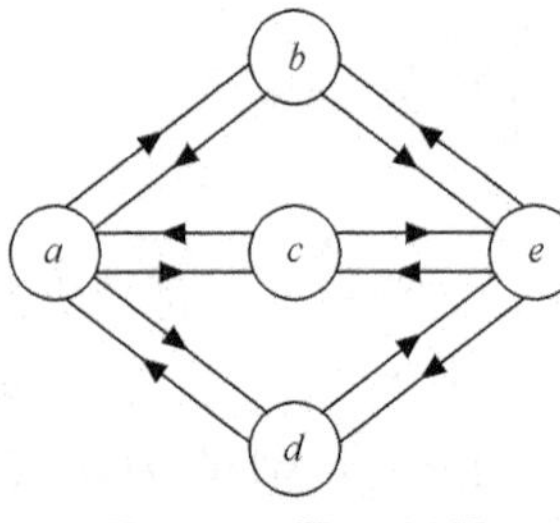

图3.13　题3.24图

3.25　一个三元四阶平稳马氏链具有相等的转移概率，求信源的熵率。

3.26　设一个马氏源的各状态都有到其他状态的不为零转移概率。证明当这些转移概率都相等时信源熵率达到最大。

3.27　一个二阶马氏链符号集为 $\{a_1, a_2, a_3\}$，转移概率为 $p(a_2 \mid a_1a_1)=p(a_3 \mid a_1a_1)=1/2$，$p(a_2 \mid a_1a_2)=p(a_3 \mid a_1a_2)=1/2$，$p(a_1 \mid a_1a_3)=1$，$p(a_2 \mid a_2a_2)=p(a_3 \mid a_2a_2)=1/2$，$p(a_1 \mid a_2a_3)=1$，$p(a_1 \mid a_3a_1)=1/2$，$p(a_2 \mid a_3a_1)=p(a_3 \mid a_3a_1)=1/4$；状态 a_2a_1，a_3a_2 与 a_3a_3 不出现；画出此马氏链的状态转移图，并写出对应的状态转移概率矩阵；求状态的平稳概率分布；利用状态的等价关系对此状态转移图化简，得到新的状态转移图。求：

（1）信源的平稳状态分布和对应的单符号概率分布；

（2）当前信源状态条件下信源的输出符号熵；

（3）信源符号熵 $H_\infty(U)$、信源效率和剩余度。

3.28　某信源符号集为 $\{1,2,3,4,5\}$，各符号之间的转移关系可用如图3.14所示的连通图描述。其中，每个状态到与其连通状态的转移概率都相等。

（1）写出状态转移概率矩阵。

（2）该信源是几阶马氏链？

（3）求信源的稳态分布、信源熵率 H_∞ 和信源剩余度 γ 。

（4）求平稳信源序列中相邻两个符号间的平均互信息 $I(X_{n+1};X_n)$ 。

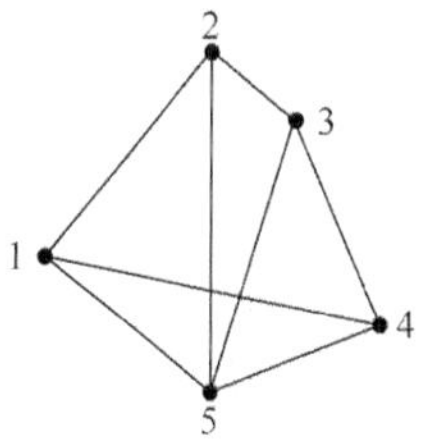

图 3.14 题 3.28 图

3.29 设二元独立信源 X 产生符号 0 的概率为 p，马氏链 $\{y_i, i \geqslant 1\}$ 表示信源序列 x^n 当前“1”游程中符号 1 的个数。例如，若信源序列为 $x^n = 101110\cdots$，则马氏链序列 $y^n = 101230\cdots$ 。求信源序列的熵率和马氏链序列的熵率。

3.30 一马氏源具有状态集合 $\{1,2,\cdots,N\}$，状态转移图如图 3.15 所示。

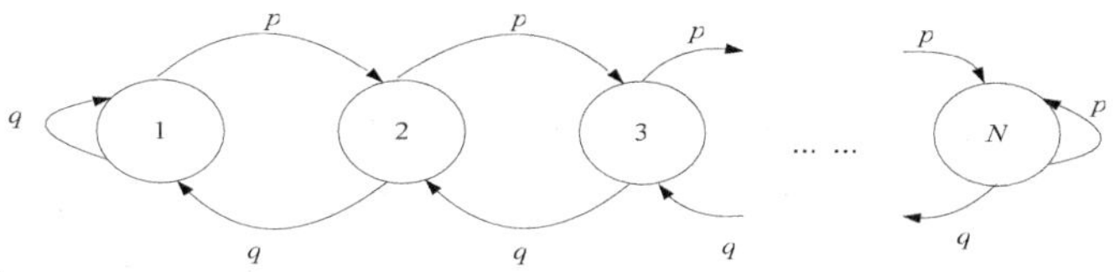

图 3.15 题 3.30 图

其中，$p>0, q>0, p+q=1$，令 $\gamma = p/q$ 。

（1）当 $N=3$ 时，写出状态转移概率矩阵，并求平稳分布。

（2）对任意 N 值，写出状态转移概率矩阵，并求平稳分布（写成 γ 的形式）。

（3）对任意 N 值，求马氏源的符号熵。

3.31 一马氏链如图 3.16 所示。

（1）写出状态转移概率矩阵。

（2）确定过渡状态和遍历状态。

（3）求状态平稳分布。

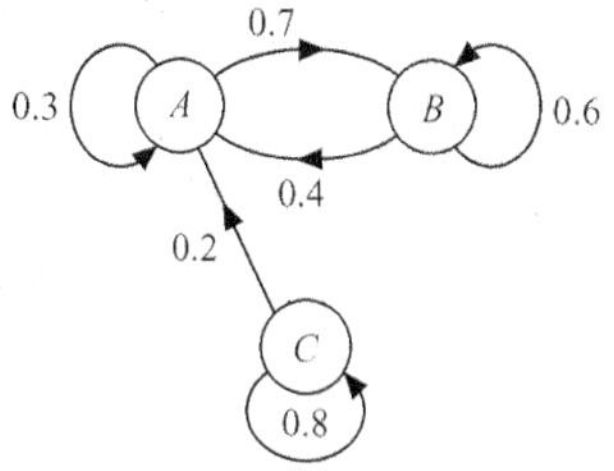

图 3.16 题 3.31 图

3.32 编写程序产生已知概率分布离散独立信源序列。

3.33 编写程序产生已知状态转移概率的马氏链。

3.34 哈佛大学语言学专家 Zipf 在研究英文单词出现的频率时发现，如果把单词出现的频率按由大到小的顺序排列，则每个单词出现的频率与它的名次的常数次幂存在简单的反比关系（这个常数近似为 1），这称为 Zipf 定律。许多国家的语言都有这种特点，即语言中第 n 个单词出现的概率近似与 $1/n$ 成正比。

（1）假定某种语言可以用无记忆的单词信源来模拟，分别计算如下词汇表大小的信源熵：①10，②100，③1000，④10000。

（2）假定词汇表为 10000 的某种语言的平均单词长度为 5 个字母，求每字母的熵。

（3）假定一种语言有无限多个单词，这些单词的顺序与正整数一一对应。Zipf 定律是否适用于这样的语言？为什么？

第4章 连续信息与连续信源

本章介绍连续随机变量（为简单起见，以后常将随机变量简称为变量）的信息度量与连续信源。研究连续信息的基本方法是，通过连续变量取值离散化（变成离散变量），对得到的离散信息度量取极限来实现连续信息的度量。连续信息的度量实际上是对连续变量（或过程）的信息度量。与离散情况类似，有两种含义不同但又密切相关的连续信息度量方式，一种用差熵来描述，另一种用平均互信息来描述。

我们知道，时间连续随机过程通过时间上离散化就可得到离散时间连续过程，因此，前者可以通过后者来研究。除非特殊说明，本章所说的连续变量都指的是离散时间连续变量。与离散信源类似，连续信源也有无记忆与有记忆之分，离散时间无记忆连续信源可以通过单符号信源来研究，有记忆信源可以通过多维信源来研究。

本章内容安排如下：首先介绍离散时间连续变量熵的定义与性质，以及高斯随机变量的熵，接着介绍连续最大熵定理，然后介绍连续变量之间的平均互信息、离散变量与连续变量之间的平均互信息，最后介绍几类重要的连续信源。

4.1 连续随机变量的熵

研究连续随机变量信息度量的基本方法是：先将连续变量的取值区间离散化（将取值集合划分为离散区间）得到离散变量，计算此离散变量的信息度量，再令每个离散区间的大小都趋近于零，使得这些离散区间数目趋近于无限大，把这个无限离散变量信息度量的极限值作为该连续随机变量的信息度量。用这种方法处理后发现，两个连续变量之间的平均互信息基本保留了与离散情况类似的性质；而连续变量的熵则包含两部分，其中一项趋近无限大，叫作绝对熵，另一项为有限值，叫作差熵或微分熵。通常所说的连续变量的熵是指其中的差熵部分，所以差熵不是连续集合平均不确定性的绝对度量，它的性质与离散熵也有不同之处。

4.1.1 连续随机变量的离散化

一个连续随机变量 X 的离散化过程大致如下。设连续随机变量 X 的概率分布 $F(x)=P(X\leqslant x)$ 或概率密度 $p(x)$，给定一个由实数集合到有限或可数集合的划分 P，使得 $P=\{S_i,\ i=1,2,\cdots\}$，其中 S_i 表示子区间，应满足：①各 S_i 的并是覆盖 X 取值范围的实数集合，

②各 S_i 不相交。用 P 将 X 进行划分，划分后离散集合表示为 $[X]_P$ 或 $[X]$，使得

$$p([X]=i)=p(x\in S_i)\approx p(x_i)\Delta x_i \quad (x_i\in S_i) \tag{4.1}$$

即把 $x_i\in S_i$ 的概率看成 $[X]_P$ 取值 i 的概率，这样就得到离散化后随机变量的概率分布。

对于二维连续随机变量 XY，可采用类似方法，得到离散化后对应的二维离散随机变量的联合概率分布：

$$p([X]=i,[Y]=j)=p(x\in S_i, y\in T_j)\approx p(x_i, y_j)\Delta x_i\Delta y_j \tag{4.2}$$

其中，$P=\{S_i,\ i=1,2,\cdots\}$，$Q=\{T_j,\ j=1,2,\cdots\}$ 分别为 X，Y 的某种划分，且 $x_i\in S_i$，$y_j\in T_j$。

4.1.2 连续随机变量的熵

设连续随机变量 X 离散化后的事件集合为 $[X]$，根据离散事件概率可计算 $[X]$ 的熵为

$$H([X])=-\sum_i p(x_i)\Delta x_i \log[p(x_i)\Delta x_i] \tag{4.3}$$

取等间隔划分，即令 $\Delta x_i=\Delta x$，则

$$\begin{aligned}H([X])&=-\sum_i p(x_i)\Delta x\log[p(x_i)\Delta x]\\&=-\sum_i p(x_i)\Delta x\log p(x_i)-\sum_i p(x_i)\Delta x\log\Delta x\end{aligned} \tag{4.4}$$

连续变量 X 的熵定义为当 $\Delta x\to 0$ 时 $H([X])$ 极限值。由式（4.4）可知，这个极限值由两项组成，用 $h(X)$ 和 $h_0(X)$ 分别表示第一和第二项，那么

$$h(X)=-\lim_{\Delta x\to 0}\sum_i p(x_i)\Delta x\log p(x_i)=-\int p(x)\log p(x)\mathrm{d}x \tag{4.5}$$

$$h_0(X)=-\lim_{\Delta x\to 0}(\log\Delta x)\int p(x)\mathrm{d}x=-\lim_{\Delta x\to 0}\log\Delta x\to\infty \tag{4.6}$$

第一项 $h(X)$ 称为差熵（或微分熵），第二项 $h_0(X)$ 称为绝对熵，值为无限大。通常我们所说的连续随机变量的熵指的就是差熵，现重写如下：

$$h(X)=-\underset{p(x)}{E}[\log p(x)]=-\int p(x)\log p(x)\mathrm{d}x \tag{4.7}$$

差熵的单位为比特（奈特）/自由度。

类似地，可计算离散化后的条件熵 $H([X]\mid[Y])$ 为

$$H([X]|[Y])=-\sum_{i,j} p(x_i y_j)\Delta x\Delta y\log[p(x_i|y_j)\Delta x_i]$$

取等间隔划分，即令 $\Delta x_i=\Delta x$，$\Delta y_j=\Delta y$，则

$$\begin{aligned}H([X]|[Y])&=-\sum_{i,j}p(x_i y_j)\Delta x\Delta y\log[p(x_i|y_j)\Delta x]\\&=-\sum_{i,j}p(x_i y_j)\Delta x\Delta y\log p(x_i|y_j)-p(x_i y_j)\Delta x\Delta y\log\Delta x\end{aligned} \tag{4.8}$$

连续变量 X 在 Y 给定条件下的熵定义为当 $\Delta x\to 0,\Delta y\to 0$ 时 $H([X]|[Y])$ 极限值。由式（4.8）可知，这个极限值由两项组成，用 $h(X|Y)$ 和 $h_0(X|Y)$ 分别表示第一和第二项，那么

$$\begin{aligned}h(X|Y)&=-\lim_{\Delta x\to 0,\Delta y\to 0}\sum_{i,j}p(x_i y_j)\Delta x\Delta y\log p(x_i|y_j)\\&=-\iint p(x y)\log p(x|y)\mathrm{d}x\mathrm{d}y\end{aligned} \tag{4.9}$$

$$h_0(X|Y)=-\lim_{\Delta x\to 0}\log\Delta x\int p(x|y)\mathrm{d}x\mathrm{d}y=-\lim_{\Delta x\to 0}\log\Delta x\to\infty$$

第一项 $h(X|Y)$ 称为差熵，第二项 $h_0(X|Y)$ 称为绝对熵，值为无限大。连续随机变量的条件熵指的就是差熵，现重写如下：

$$h(X|Y) = -\underset{p(xy)}{E}\{\log p(x|y)\} = -\iint p(x\,y)\log p(x|\,y)\mathrm{d}x\mathrm{d}y \tag{4.10}$$

条件差熵的单位也为比特（奈特）/自由度。

类似地，可以定义 N 维连续随机矢量的联合差熵为

$$h(\boldsymbol{X}^N) = \underset{p(\boldsymbol{x})}{E}\{-\log p(\boldsymbol{x})\} = -\int_{\boldsymbol{x}} p(\boldsymbol{x})\log p(\boldsymbol{x})\mathrm{d}\boldsymbol{x} \tag{4.11}$$

其中，N 维连续随机矢量 $X^N = X_1X_2\cdots X_N$，$p(\boldsymbol{x})$ 为 $\boldsymbol{X}^N$ 的联合概率密度，积分为在整个概率空间的多重积分。联合差熵的单位为比特（奈特）/N 自由度。

注：

① 一维连续变量的一个符号含一个自由度，N 维连续矢量的符号含 N 个自由度；

② 连续变量的一个符号可能含多个自由度，所以比特/自由度不一定等于比特/符号；

③ 对于某些连续变量有时也用比特/符号做熵的单位。

对于连续随机序列 $\{X_i\},(i=1,2,\cdots)$，定义熵率为

$$\overline{h}(X) = \lim_{N\to\infty} N^{-1}h(X_1X_2\cdots X_N) \tag{4.12}$$

注：以上定义存在的前提是此极限存在。实际上，熵率表示连续随机序列平均每个自由度的熵。与离散情况类似，对于平稳随机过程（或序列），熵率还可用下式来表达，即

$$\overline{h}(X) = \lim_{N\to\infty} h(X_N\,|\,X_1\cdots X_{N-1}) \tag{4.13}$$

① 熵率表示平均每个自由度的差熵；

② 式（4.12）对于平稳和非平稳序列都适用；

③ 对于平稳过程，式（4.12）和式（4.13）给出相同的结果。

4.1.3 连续随机变量差熵的性质

因为连续随机变量熵的计算是以离散熵为基础的，所以它们之间具有类似性，同时又有明显的区别。

1. 连续熵与离散熵的类似性

① 连续熵与离散熵计算表达式类似。通过比较可见，由计算离散熵到计算连续熵，不过是将离散概率变成概率密度，将离散求和变成积分。

② 熵的不增性。连续熵同样满足熵的不增原理，即

$$h(X) \geqslant h(X\,|\,Y) \tag{4.14}$$

由于

$$\begin{aligned} h(X) - h(X/Y) &= \iint p(xy)\log\frac{p(x\,|\,y)}{p(x)}\mathrm{d}x\mathrm{d}y \\ &\geqslant \iint p(xy)(1-\frac{p(x)}{p(x\,|\,y)})(\log \mathrm{e})\mathrm{d}x\mathrm{d}y = 0 \end{aligned}$$

仅当 X，Y 独立时等式成立。

③ 可加性。设 N 维随机矢量集合 $\boldsymbol{X}^N = (X_1X_2\cdots X_N)$，很容易证明

$$h(\boldsymbol{X}^N)=h(X_1)+h(X_2\mid X_1)+\cdots+h(X_N\mid X_1\cdots X_{N-1})$$
$$\leqslant h(X_1)+h(X_2)+\cdots+h(X_N) \tag{4.15}$$

且仅当 $X_1,X_2,\cdots,X_N$ 相互独立时，熵的不增性等式成立。

对于连续随机序列 $\{X_i\},(i=1,2,\cdots)$，根据式（4.12）和式（4.15），可得

$$\bar{h}(X)\leqslant \lim_{N\to\infty} N^{-1}[h(X_1)+h(X_2)+\cdots+h(X_N)]=h(X_1) \tag{4.16}$$

仅当 $X_1,X_2,\cdots,X_N$ 相互独立时，等号成立。

2．连续熵与离散熵的差别

① 差熵可以作为连续随机变量平均不确定性的相对量度，但不是绝对量度。

如前所述，差熵实际上只是连续熵的一部分，因此不能作为其平均不确性大小的绝对量度。例如，一维变量所包含的绝对熵部分都等于 $-\log\Delta x$，与概率分布无关，所以差熵的大小仍可以作为连续变量平均不确定性的相对量度，即差熵大的平均不确定性大。

② 差熵不具有非负性。

根据差熵的公式，如果在整个积分区间概率密度的值大于 1，则计算出的差熵的值就小于零。

③ 对于连续随机变量，在一一对应变换的条件下，差熵可能发生变化。

如果两个离散随机变量有一一对应的变换关系，那么变换后的熵是不变的，但连续随机变量在一一对应的变换后，差熵可能发生变化。下面是详细的论述。

3．连续随机变量变换的熵

定理 4.1 设 $\boldsymbol{X}^N$，$\boldsymbol{Y}^N$ 为定义在 $\boldsymbol{R}^N$ 空间中的两个 N 维矢量，$\boldsymbol{y}=f(\boldsymbol{x})$ 是一个可微的一对一的从 $\boldsymbol{R}^N$ 到自身的变换，那么

$$h(\boldsymbol{Y}^N)=h(\boldsymbol{X}^N)-\int_{R^N}\mathrm{d}\boldsymbol{x}p(\boldsymbol{x})\log\left|J\left(\frac{\boldsymbol{x}}{\boldsymbol{y}}\right)\right| \tag{4.17}$$

其中，$p(\boldsymbol{x})$ 为 $\boldsymbol{x}\in\boldsymbol{X}^N$ 的概率密度，$J\left(\frac{\boldsymbol{x}}{\boldsymbol{y}}\right)$ 为逆变换 f^{-1} 的雅可比行列式，即

$$J\left(\frac{\boldsymbol{x}}{\boldsymbol{y}}\right)=\begin{vmatrix}\frac{\partial x_1}{\partial y_1} & \cdots & \frac{\partial x_1}{\partial y_N}\\ \cdots & \cdots & \cdots\\ \frac{\partial x_N}{\partial y_1} & \cdots & \frac{\partial x_N}{\partial y_N}\end{vmatrix} \tag{4.18}$$

证 根据概率论的知识，当 X 通过变换 $f(X)$ 变成 Y 后，Y 的概率密度为

$$p(\boldsymbol{y})=\left|J\left(\frac{\boldsymbol{x}}{\boldsymbol{y}}\right)\right|p(\boldsymbol{x})\Big|_{x=f^{-1}(y)} \tag{4.19}$$

所以

$$h(\boldsymbol{Y}^N)=-\int p(\boldsymbol{y})\log p(\boldsymbol{y})\mathrm{d}\boldsymbol{y}=-\int p(\boldsymbol{y})\log\left[p(\boldsymbol{x})\left|J\left(\frac{\boldsymbol{x}}{\boldsymbol{y}}\right)\right|\right]\mathrm{d}\boldsymbol{y}$$
$$=-\int p(\boldsymbol{x})\log p(\boldsymbol{x})\mathrm{d}\boldsymbol{x}-\int p(\boldsymbol{x})\log\left|J\left(\frac{\boldsymbol{x}}{\boldsymbol{y}}\right)\right|\mathrm{d}\boldsymbol{x}$$

$$= h(\boldsymbol{X}^N) - \int_{R^N} \mathrm{d}\boldsymbol{x} p(\boldsymbol{x}) \ln \left| J(\frac{\boldsymbol{x}}{\boldsymbol{y}}) \right| \quad \blacksquare$$

如果$\left| J(\frac{\boldsymbol{x}}{\boldsymbol{y}}) \right|$不依赖于$\boldsymbol{X}^N$或者是一个线性变换，那么式（4.17）变为

$$h(\boldsymbol{Y}^N) = h(\boldsymbol{X}^N) - \log \left| J(\frac{\boldsymbol{x}}{\boldsymbol{y}}) \right| \tag{4.20}$$

设$\boldsymbol{X}^N$，$\boldsymbol{Y}^N$为定义在$\boldsymbol{R}^N$空间中的两个N维随机矢量集合，$\boldsymbol{y} = \boldsymbol{A}\boldsymbol{x} + \alpha$，其中$\boldsymbol{A}$是一个$N \times N$的可逆线性变换，$\boldsymbol{\alpha}$为$N$维常数列矢量。这时由于$J(\frac{\boldsymbol{x}}{\boldsymbol{y}}) = \det(\boldsymbol{A}^{-1}) = [\det(\boldsymbol{A})]^{-1}$，其中$\det(\boldsymbol{A})$表示矩阵$\boldsymbol{A}$的行列式，那么，式（4.20）变为

$$h(\boldsymbol{Y}^N) = h(\boldsymbol{X}^N) + \log|\det(\boldsymbol{A})| \tag{4.21a}$$

可以写成如下更明显的形式：

$$h(\boldsymbol{A}\boldsymbol{X}^N + \boldsymbol{\alpha}) = h(\boldsymbol{X}^N) + \log|\det(\boldsymbol{A})| \tag{4.21b}$$

如果变换为平移和旋转，即$\det(\boldsymbol{A}) = 1$，则

$$h(\boldsymbol{A}\boldsymbol{X}^N + \boldsymbol{\alpha}) = h(\boldsymbol{X}^N) \tag{4.21c}$$

即经过平移和旋转变换后，连续随机变量的差熵不变。

设连续随机变量X和Y相互独立，差熵分别$h(X)$和$h(Y)$，可以证明条件熵

$$h((aX + bY) \mid X) = h(Y) + \log|b| \tag{4.22}$$

（见习题 4.4）。

4.1.4 连续随机变量的相对熵

与离散情况类似，我们可以定义连续随机变量的相对熵（信息散度）。设p和q为定义在同一概率空间的两个概率密度，定义p相对于q的相对熵为

$$D(p \| q) = \int p(x) \log \frac{p(x)}{q(x)} \mathrm{d}x \tag{4.23}$$

同样，在式（4.23）中，概率密度的维数不限，可以是一维，也可以是多维。

定理 4.2（散度不等式） 如果两个连续随机变量概率密度分别为$p(x)$和$q(x)$，那么

$$D(p \| q) \geqslant 0 \tag{4.24}$$

当且仅当对所有$x, p(x) = q(x)$时，等式成立。

证 类似于离散情况，有

$$-D(p // q) = \int p(x) \log \frac{q(x)}{p(x)} \mathrm{d}x \leqslant \int p(x) (\frac{q(x)}{p(x)} - 1)(\log \mathrm{e}) \mathrm{d}x = 0$$

当且仅当对所有x，$p(x) = q(x)$时，等式成立。$\blacksquare$

连续变量间的散度不等式具有与离散情况类似的含义。

4.2 离散时间高斯随机变量的熵

连续随机变量中最重要的是高斯随机变量。本节介绍一维高斯、多维独立高斯、多维高

斯随机变量的熵及高斯马尔可夫过程熵率的计算。

4.2.1　一维高斯随机变量的熵

设一维高斯随机变量 X 的分布密度为

$$g(x)=\frac{1}{\sqrt{2\pi}\sigma}\exp[-\frac{(x-m)^2}{2\sigma^2}] \tag{4.25}$$

其中，m，σ^2 分别为随机变量 X 的均值和方差，$\sigma^2=E[(x-m)^2]=E(x^2)-m^2$。

先计算

$$-\log g(x)=\frac{1}{2}\log(2\pi\sigma^2)+(\log\mathrm{e})\frac{(x-m)^2}{2\sigma^2}$$

根据式（4.7），可得一维高斯随机变量的熵为

$$\begin{aligned}h(X)&=-\mathop{E}_{g(x)}[\log g(x)]\\&=\frac{1}{2}\log(2\pi\sigma^2)+(\log\mathrm{e})\frac{E[(x-m)^2]}{2\sigma^2}\\&=\frac{1}{2}\log(2\pi\mathrm{e}\sigma^2)\end{aligned} \tag{4.26}$$

可见，高斯随机变量的熵仅与方差有关，而与均值无关。

4.2.2　多维独立高斯随机矢量的熵

设 N 维独立高斯随机矢量的分布密度为

$$g(\boldsymbol{x})=\prod_{i=1}^{N}(2\pi\sigma_i^2)^{-\frac{1}{2}}\exp[-\frac{(x_i-m_i)^2}{2\sigma_i^2}] \tag{4.27}$$

其中，m_i,σ_i^2 分别为随机变量 X_i 的均值和方差。

根据熵的可加性，可求得多维独立高斯随机矢量的熵：

$$\begin{aligned}h(\boldsymbol{X}^N)&=\sum_{i=1}^{N}h(X_i)=\frac{1}{2}\sum_{i=1}^{N}\log(2\pi\mathrm{e}\sigma_i^2)\\&=\frac{N}{2}\log[2\pi\mathrm{e}(\sigma_1^2\sigma_2^2\cdots\sigma_N^2)^{1/N}]\end{aligned} \tag{4.28}$$

4.2.3　多维相关高斯随机矢量的熵

定理 4.3　设 N 维高斯随机矢量 $\boldsymbol{X}^N$ 的分布密度为

$$g(\boldsymbol{x})=\frac{1}{(2\pi)^{N/2}\det(\boldsymbol{\Sigma})^{\frac{1}{2}}}\exp[-\frac{1}{2}(\boldsymbol{x}-\boldsymbol{m})^{\mathrm{T}}\boldsymbol{\Sigma}^{-1}(\boldsymbol{x}-\boldsymbol{m})] \tag{4.29}$$

其中，$\boldsymbol{\Sigma}=(\sigma_{ij})$ 为 $\boldsymbol{X}^N$ 自协方差矩阵，且 $\sigma_{ij}=\int(x_i-m_i)(x_j-m_j)p(\boldsymbol{x})\mathrm{d}\boldsymbol{x}$，$\boldsymbol{m}=(m_1,m_2,\cdots,m_N)^{\mathrm{T}}$，为 $\boldsymbol{x}$ 的均值矢量，那么随机矢量的熵为

$$h(\boldsymbol{X}^N)=\frac{N}{2}\log[2\pi\mathrm{e}\det(\boldsymbol{\Sigma})^{1/N}] \tag{4.30}$$

证　计算

$$-\log g(x)=\frac{N}{2}\log[2\pi\det(\boldsymbol{\Sigma})^{1/N}]+\frac{1}{2}(\log\mathrm{e})(x-m)^{\mathrm{T}}\boldsymbol{\Sigma}^{-1}(x-m)$$

所以

$$h(\boldsymbol{X}^N)=\underset{g(\boldsymbol{x})}{E}[-\log g(\boldsymbol{x})]$$
$$=\frac{N}{2}\log[2\pi\det(\boldsymbol{\Sigma})^{1/N}]+\frac{1}{2}(\log \mathrm{e})E[(\boldsymbol{x}-\boldsymbol{m})^{\mathrm{T}}\boldsymbol{\Sigma}^{-1}(\boldsymbol{x}-\boldsymbol{m})] \tag{4.31}$$

可用两种方法求 $E[(\boldsymbol{x}-\boldsymbol{m})^T\boldsymbol{\Sigma}^{-1}(\boldsymbol{x}-\boldsymbol{m})]$：

方法 1：

$$E[(\boldsymbol{x}-\boldsymbol{m})^{\mathrm{T}}\boldsymbol{\Sigma}^{-1}(\boldsymbol{x}-\boldsymbol{m})]=\sum_{i=1}^{N}\sum_{j=1}^{N}E[(x_i-m_i)t_{ij}(x_j-m_j)]=\sum_{i=1}^{N}\sum_{j=1}^{N}t_{ij}\sigma_{ij}=N$$

这里，设 $\boldsymbol{\Sigma}^{-1}=(t_{ij})$，并且利用了 $\sum_{j=1}^{N}t_{ij}\sigma_{ij}=1$ 的结果；

方法 2：

$$E[(\boldsymbol{x}-\boldsymbol{m})^{\mathrm{T}}\boldsymbol{\Sigma}^{-1}(\boldsymbol{x}-\boldsymbol{m})]=E\{tr[(\boldsymbol{x}-\boldsymbol{m})(\boldsymbol{x}-\boldsymbol{m})^{\mathrm{T}}\boldsymbol{\Sigma}^{-1}]\}$$
$$=tr\{E[(\boldsymbol{x}-\boldsymbol{m})(\boldsymbol{x}-\boldsymbol{m})^{\mathrm{T}}]\boldsymbol{\Sigma}^{-1}\}=tr[\boldsymbol{\Sigma}\boldsymbol{\Sigma}^{-1}]=N$$

将上面的计算结果代到式（4.31），就得到式（4.30）。■

可见，多维高斯随机矢量的熵仅与其自协方差矩阵有关，而与均值无关。

例 4.1 设 X 和 Y 是分别具有均值 m_x, m_y，方差 σ_x^2,σ_y^2 的两个独立的高斯随机变量，且 $U=X+Y$，$V=X-Y$，试求 $h(UV)$。

解 根据题意有

$$\begin{pmatrix}u\\v\end{pmatrix}=\begin{pmatrix}1 & 1\\1 & -1\end{pmatrix}\begin{pmatrix}x\\y\end{pmatrix}$$

根据式（4.20），式（4.28），得

$$h(UV)=h(XY)+\log\left|\det\begin{pmatrix}1 & 1\\1 & -1\end{pmatrix}\right|$$
$$=\log(2\pi\mathrm{e}\sigma_x\sigma_y)+\log 2$$
$$=\log(4\pi\mathrm{e}\sigma_x\sigma_y)$$

上面利用了 X，Y 的独立性。■

例 4.2 将上例中的变换改为 $U=(X+Y)/\sqrt{2}$，$V=(X-Y)/\sqrt{2}$，试求 $h(UV)$

解 此时 $(x\quad y)$ 到 $(u\quad v)$ 的变换是正交变换，变换后熵不变，所以

$$h(UV)=\log(2\pi\mathrm{e}\sigma_x\sigma_y)$$ ■

4.2.4 高斯马尔可夫过程的熵率

与离散有记忆过程类似，平稳有记忆高斯过程可用马尔可夫模型来描述。该模型由一个无记忆高斯激励源 E 和一个状态机组成。此高斯激励源在离散时间产生零均值、方差为 σ_ε^2 高斯随机变量，在时刻 k 的输出为 ε_k，即 $\varepsilon_k \sim N(0,\sigma_\varepsilon^2)$；状态机的状态转移函数为 $s_{k+1}=g(\varepsilon_k,s_k)$，其中 s_k 为状态机在时刻 k 的状态，在 ε_k 作用下发生状态转移；有记忆高斯过程输出为 $x_k=f(\varepsilon_k,s_k)$。如果状态机的状态 $s_k=(x_{k-p},\cdots,x_{k-1})$，且过程输出满足

$$x_k=-\sum_{i=1}^{p}a_i x_{k-i}+\varepsilon_k \tag{4.32}$$

那么，过程模型称为 p 阶自回归（AR）模型。

根据式（4.12）可以计算平稳高斯马尔可夫过程的熵率，由式（4.30），得

$$\bar{h}(X)=\lim_{N\to\infty}N^{-1}h(\boldsymbol{X}^N)=(1/2)\lim_{N\to\infty}\log[2\pi\mathrm{e}\det(\boldsymbol{\Sigma})^{1/N}] \tag{4.33}$$

当 $N\to\infty$ 时，$\boldsymbol{\Sigma}$ 为无限 Toeplitz 矩阵，根据 Szego 定理，可以证明

$$\lim_{N\to\infty}\det(\boldsymbol{\Sigma})^{1/N}=\exp[\int_{-1/2}^{1/2}\log S_x(f)\mathrm{d}f] \tag{4.34}$$

其中，$S_x(f)$ 为过程的功率谱密度，f 为归一化数字频率，范围为（-1/2，1/2）。所以平稳高斯过程的熵率可以通过其功率谱来计算，即

$$\bar{h}(X)=(1/2)\log(2\pi\mathrm{e})+(1/2)\int_{-1/2}^{1/2}\log S_x(f)\mathrm{d}f \tag{4.35}$$

下面利用式（4.13）计算熵率，对于满足式（4.32）的 AR 过程，有

$$\begin{aligned}\bar{h}(X)&=\lim_{N\to\infty}h(X_N\mid X_1\cdots X_{N-1})\overset{a}{=}h(X_n\mid X_{n-p}\cdots X_{n-1})\\&=E_{p(x_{n-p},\cdots,x_{n-1})}h(X_n\mid x_{n-p}\cdots x_{n-1})\overset{b}{=}E_{p(x_{n-p},\cdots,x_{n-1})}h(E\mid x_{n-p}\cdots x_{n-1})\\&\overset{c}{=}(1/2)\log(2\pi\mathrm{e}\sigma_\varepsilon^2)\end{aligned} \tag{4.36}$$

其中，a：根据平稳性和马氏性；b：当 $x_{n-p}\cdots x_{n-1}$ 给定时 x_n 与 ε_n 是函数关系；c：ε_n 独立于当前状态。可以证明，式（4.35）和式（4.36）可以得到相同的结果。实际上，式（4.32）可以视为一个高斯白噪声序列驱动一个线性动态系统，此系统的转移函数为

$$H(z)=\frac{1}{1+\sum_{i=1}^{p}a_iz^{-i}} \tag{4.37}$$

该过程输出的功率谱密度为

$$S(f)=\sigma_\varepsilon^2H(z)H(z^{-1})|_{z=\mathrm{e}^{\mathrm{j}2\pi f}}=\frac{\sigma_\varepsilon^2}{|1+\sum_{i=1}^{p}a_i\mathrm{e}^{-\mathrm{j}2\pi fi}|^2} \tag{4.38}$$

例 4.3 一平稳高斯马氏过程 $\{x_k\}$，满足差分方程：

$$x_k=\rho x_{k-1}+\varepsilon_k \tag{4.39}$$

其中，ε_k 为均值为零的高斯白噪声序列，$E(x_n^2)=\sigma_x^2$；求此马氏过程的熵率、自相关函数和功率谱密度。

解 根据式（4.36），该马氏过程的熵率为 $h_\infty(X)=(1/2)\log(2\pi\mathrm{e}\sigma_\varepsilon^2)$。现求 σ_x^2 与 σ_ε^2 的关系。由已知条件得 $R_x(0)=\rho R_x(-1)+\sigma_\varepsilon^2$，$R_x(k)=\rho R_x(k-1)$，$k=1,2,\cdots$，解得自相关函数

$$R_x(k)=\sigma_x^2\rho^{|k|} \tag{4.40a}$$

和

$$\sigma_\varepsilon^2=(1-\rho^2)\sigma_x^2 \tag{4.40b}$$

所以马氏过程的熵率为

$$\bar{h}(X)=(1/2)\log[2\pi\mathrm{e}(1-\rho^2)\sigma_x^2] \tag{4.41}$$

功率谱密度为

$$S(f)=\frac{\sigma_\varepsilon^2}{|1-\rho\mathrm{e}^{-\mathrm{j}2\pi i}|^2}=\frac{(1-\rho^2)\sigma_x^2}{1+\rho^2-2\cos(2\pi f)} \quad ■ \tag{4.42}$$

注：利用式（4.35）可得到与式（4.41）相同的结果。

在一般情况下，式（4.32）两边乘 x_{k-j}，两边再取平均，得

$$R_x(0)=-\sum_{i=1}^{p}a_iR_x(-i)+\sigma_\varepsilon^2 \tag{4.43}$$

$$R_x(j)=-\sum_{i=1}^{p}a_iR_x(j-i),\ j=1,2,\cdots,p \tag{4.44}$$

式（4.43）和式（4.44）组合称为 Yule-Walker 方程，其中有 $p+1$ 个未知数 $a_1,\cdots,a_p,\sigma_\varepsilon^2$ 和 $p+1$ 个方程，可用 Levinson-Durbin 算法求解未知数。

4.3 连续最大熵定理

本节首先介绍连续最大熵定理和最大熵率定理，然后简单介绍熵功率的概念。对于连续随机变量，可通过改变其概率密度求差熵的最大值。但除对概率密度非负和归一化的约束条件之外，还必须附加其他约束条件。这些附加约束通常是对随机变量矩的约束，有两种最基本的情况：第一是随机变量的峰值功率受约束；第二是随机变量平均功率受约束，对于一维变量来说，就是其方差受限，对于多维矢量，就是协方差矩阵受约束。连续最大熵定理给出了在以上两种约束条件下达到最大熵的随机变量的分布，最大熵率定理给出了在满足二阶矩约束下达到最大熵率随机过程的分布。

4.3.1 限峰值最大熵定理

下面的定理回答了峰值功率受限，即将输出幅度限制在一个有限区间内，求随机变量熵的极值问题。

定理 4.4 幅度受限的随机变量，当均匀分布时有最大的熵。

该定理的详细描述如下：当 N 维随机矢量 $\boldsymbol{x}=(x_1,x_2,\cdots,x_N)$,具有概率密度 $p(\boldsymbol{x})$，分布区间为（a_1，b_1），（a_2，b_2），…（a_N，b_N）时，其熵满足

$$h(\boldsymbol{X}^N)\leqslant\sum_{i=1}^{N}\log(b_i-a_i) \tag{4.45}$$

证 设 $q(\boldsymbol{x})$ 是分布区间为（a_1，b_1），（a_2，b_2），…（a_N，b_N）的均匀分布，概率密度为

$$q(\boldsymbol{x})=\begin{cases}\dfrac{1}{\prod\limits_{i=1}^{N}(b_i-a_i)} & \boldsymbol{x}\in\cap(a_i,b_i)\\ 0 & 其他\end{cases} \tag{4.46}$$

计算 $-\log q(\boldsymbol{x})=\sum_{i=1}^{N}\log(b_i-a_i)$，（$x_i\in$（$a_i$，$b_i$），$i=1,\cdots,N$），根据定理 4.2，有 $D(p\|q)=\int p(\boldsymbol{x})\log\dfrac{p(\boldsymbol{x})}{q(\boldsymbol{x})}\mathrm{d}\boldsymbol{x}\geqslant 0$，所以

$$\mathrm{h}(\boldsymbol{X}^N)\leqslant\underset{p(\boldsymbol{x})}{E}\{-\log q(\boldsymbol{x})\}=\sum_{i=1}^{N}\log(b_i-a_i)$$

仅当 $p(\boldsymbol{x})=q(\boldsymbol{x})$ 时，等式成立，此时的熵就是均匀分布随机变量的熵。■

4.3.2　限平均功率最大熵定理

下面的定理回答了平均功率受限即自协方差矩阵给定条件下，求随机变量熵的极值问题。

定理 4.5　平均功率受限的随机变量，当高斯分布时有最大的熵。

该定理详细描述如下：设 N 维信源 $\boldsymbol{X}^N$ 的概率密度为 $p(\boldsymbol{x})$，自协方差矩阵为 $\boldsymbol{\Sigma}$，且 $\boldsymbol{\Sigma}=\left(\sigma_{ij}\right)$，其中 $\sigma_{ij}=\int(x_i-m_i)(x_j-m_j)p(\boldsymbol{x})\mathrm{d}\boldsymbol{x}$，$\boldsymbol{m}=(m_1,m_2,\cdots,m_N)$，为 $\boldsymbol{x}$ 的均值矢量，那么 $\boldsymbol{X}^N$ 的熵满足

$$h(\boldsymbol{X}^N)\leqslant\frac{N}{2}\log[2\pi\mathrm{e}\det(\boldsymbol{\Sigma})^{1/N}] \tag{4.47}$$

仅当 $\boldsymbol{X}^N$ 为高斯分布时等式成立。

证　设 $g(\boldsymbol{x})$ 为式（4.29）所规定的 N 维高斯概率密度，其自协方差矩阵也为 $\boldsymbol{\Sigma}$，根据定理 4.2 有 $D(p\,\|\,g)=\int p(\boldsymbol{x})\log\dfrac{p(\boldsymbol{x})}{g(\boldsymbol{x})}\mathrm{d}\boldsymbol{x}\geqslant 0$，所以

$$h(\boldsymbol{X}^N)\leqslant\underset{p(\boldsymbol{x})}{E}[-\log g(\boldsymbol{x})]=\frac{N}{2}\log(2\pi\det(\boldsymbol{\Sigma})^{1/N})+\frac{1}{2}(\log\mathrm{e})E_{p(\boldsymbol{x})}\{tr[(\boldsymbol{x}-\boldsymbol{m})(\boldsymbol{x}-\boldsymbol{m})^{\mathrm{T}}\boldsymbol{\Sigma}^{-1}]\}$$

上面利用了两概率分布具有相同的自协方差矩阵的条件，类似于式（4.30）的推导，可得到式（4.47），仅当 $p(\boldsymbol{x})$ 为高斯分布时等式成立。■

4.3.3　最大熵率定理

在很多实际应用中，不仅要关注最大差熵问题，还要关注最大熵率问题。注意：对于平稳独立序列，两者是相同的；但对于有记忆序列，两者是不同的。Burger 提出了如下定理。

定理 4.6　设 $\{x_i\}$ 满足下面约束的随机过程

$$E(x_ix_{i+k})=r_k,k=0,1,\cdots,p \tag{4.48}$$

那么达到最大熵率的过程是满足下面条件的 p 阶高斯马尔可夫过程 $\{x_i\}$：

$$x_i=-\sum\nolimits_{k=1}^{p}a_kx_{i-k}+z_i \tag{4.49}$$

其中，z_i 为独立同分布 $N(0,\sigma^2)$，且 $a_1,\cdots,a_p,\sigma^2$ 的选择满足式（4.48）。■（证明略）

注意　定理 4.5 与定理 4.6 的含义不同，前者满足约束的是高斯随机矢量，而后者是满足约束的是高斯随机过程。

例 4.4　求满足下面条件的最大熵率过程和熵率：$E(x_i^2)=1,E(x_ix_{i+1})=1/2,i=1,2,\cdots$

解　由定理 4.6 可知，所求最大熵率过程是一阶高斯马尔可夫过程，根据 Yule Walker 方程，有 $E(x_i^2)=-a_1E(x_ix_{i+1})+\sigma^2$，$E(x_ix_{i+1})=-a_1E(x_i^2)$，解得 $a_1=-1/2$，$\sigma^2=3/4$。

最大熵率过程为

$$x_i=(1/2)x_{i-1}+z_i,\quad z_i\sim N(0,3/4)$$

熵率为

$$\overline{h}(X)=(1/2)\log(2\pi\mathrm{e}\times 3/4)=(1/2)\log(3\pi\mathrm{e}/2)$$ ■

4.3.4 熵功率

熵功率的概念首先由香农提出，对于平稳连续随机过程 X，熵功率定义为

$$\tilde{N}(X)=(2\pi e)^{-1}e^{2\bar{h}(X)} \tag{4.50}$$

从而有

$$\bar{h}(X)=(1/2)\log[2\pi e\tilde{N}(X)] \tag{4.51}$$

由式（4.35），可得高斯过程熵功率为

$$\tilde{N}_{\mathrm{G}}(X)=\exp[\int_{-1/2}^{1/2}\log S_x(f)\mathrm{d}f] \tag{4.52}$$

设平稳连续随机过程 X 的熵功率为 $\tilde{N}(X)$，一维分布平均功率为 σ_x^2，那么根据式（4.16）和连续最大熵定理，有

$$(1/2)\log[2\pi e\tilde{N}(X)]\leqslant h(X_1)\leqslant(1/2)\log(2\pi e\sigma_x^2) \tag{4.53}$$

仅当过程无记忆时，左边不等式中等号成立；仅当高斯过程时，右边不等式中等号成立。因此，对于平稳连续过程，有

$$\tilde{N}(X)\leqslant\sigma_x^2 \tag{4.54}$$

仅当无记忆高斯过程时，等号成立。这就是说，除白高斯噪声外，其他随机过程的熵功率都小于其平均功率。

熵功率与平均功率的比 η 是信源产生不确定性的效率的量度。当信源平均功率给定时，熵功率越小，其熵率越小，从而产生的不确定性越小。因此无记忆高斯过程产生不确定性的效率是最高的。

例 4.5 设独立同分布序列 $\{x_n\}$，其中 x_n 在范围 Δ 内均匀分布，求序列的熵功率并与其平均功率比较。

解 对于独立同分布序列，熵率等于单符号熵，所以熵功率为

$$\tilde{N}(X)=(2\pi e)^{-1}e^{2h(X)}=(2\pi e)^{-1}e^{2\ln\Delta}=(2\pi e)^{-1}\Delta^2$$

平均功率为 $\sigma_x^2=\Delta^2/12>\Delta^2/(2\pi e)$。█

例 4.6 分别求满足式（4.32）和式（4.39）马氏过程的熵功率。

解 由式（4.36）和式（4.50），得满足式（4.32）马氏过程的熵功率为 $\tilde{N}(X)=\sigma_e^2$；由式（4.40b），得满足式（4.39）马氏过程的熵功率为 $\tilde{N}(X)=(1-\rho^2)\sigma_x^2<\sigma_x^2$。█

在很多文献中，常用 n 维随机矢量 $\boldsymbol{X}^n$ 的熵功率，定义如下：

$$N(X)=(2\pi e)^{-1}e^{2h(\boldsymbol{X}^n)/n} \tag{4.55}$$

其中，$h(\boldsymbol{X}^n)$ 为联合熵。实际上式（4.50）与式（4.55）无本质差别，只不过是前者为后者的极限形式。容易证明

$$N(X)\leqslant|\boldsymbol{\Sigma}_x|^{1/n}\leqslant\sigma_x^2 \tag{4.56}$$

其中，$\boldsymbol{\Sigma}_x$ 为 $\boldsymbol{X}^n$ 的自协方差矩阵。

下面介绍熵功率不等式（Entropy Power Inequality，EPI），该不等式的证明较复杂，下面仅介绍结论，而略去证明。

定理 4.7（矢量 EPI） 如果 $\boldsymbol{X}^n$ 和 $\boldsymbol{Y}^n$ 是方差有限的独立连续随机矢量，则

$$e^{2h(\boldsymbol{X}^n+\boldsymbol{Y}^n)/n}\geqslant e^{2h(\boldsymbol{X}^n)/n}+e^{2h(\boldsymbol{Y}^n)/n} \tag{4.57}$$

仅当 $\boldsymbol{X}^n$ 和 $\boldsymbol{Y}^n$ 是高斯随机矢量且 $\boldsymbol{\Sigma}_x=\alpha\boldsymbol{\Sigma}_y(\alpha>0)$ 时，等式成立。█（证明略）

式（4.57）说明，两随机矢量和的熵功率不小于两随机矢量熵功率的和，仅当两者具有成比例的自协方差矩阵时相等。注意：两矢量的各分量之间可以是相关的，也可以是独立的，当两矢量的各分量之间都独立时，式（4.57）变为标量 EPI。

定理 4.8（标量 EPI） 如果 X 和 Y 是方差有限的独立连续随机变量，则

$$\mathrm{e}^{2h(X+Y)} \geqslant \mathrm{e}^{2h(X)} + \mathrm{e}^{2h(Y)} \tag{4.58}$$

仅当 X 和 Y 为独立高斯随机变量时等式成立。■（证明略）

随着信息论研究的深入，EPI 的应用也日渐广泛。例如，EPI 可用于确定某些信道或信源编码系统的容量界或失真率区域界，还用于多种多用户信道的研究。

4.4 连续随机变量之间的平均互信息

连续随机变量之间的平均互信息（后面简称连续平均互信息）与前面研究连续熵的方法类似，也是先进行离散化，得到离散集合，再取离散集合之间的平均互信息的极限值作为连续平均互信息。

4.4.1 连续随机变量之间的平均互信息

设 X，Y 为两连续随机变量，由两个划分 P，Q 分别将它们划分成离散随机变量 $[X]_P$ 和 $[Y]_Q$，那么 X，Y 之间平均互信息定义为

$$I(X;Y) = \sup_{P,Q} I([X]_P;[Y]_Q) \tag{4.59}$$

其中，sup（supremum）为上确界，取遍所有对 X，Y 的划分 P，Q。根据离散平均互信息的定义可得

$$I([X]_P;[Y]_Q) = \sum_{i,j} p([X]_P = i,[Y]_Q = j)\log\frac{p([X]_P = i,[Y]_Q = j)}{p([X]_P = i)q([Y]_Q = j)} \tag{4.60}$$

如果对 X 有两种划分，分别为 P_1，P_2，其中 P_1 中的每一个区间都是 P_2 中某个区间的子区间，那么离散集合 $[X]_{P_1}$ 中的某元素就包含在离散集合 $[X]_{P_2}$ 中的某个元素中。因此 $[X]_{P_1}$ 可看成 $[X]_{P_2}$ 的细化。根据前面离散互信息的性质有

$$I([X]_{P_1};[Y]_Q) \geqslant I([X]_{P_2};[Y]_Q)$$

同样的论证也适用于 Y。可见 X、Y 的区间划分越细，则平均互信息越大。因此，我们有理由把这些划分区间大小趋近于零时的平均互信息的极限值作为连续随机变量 X，Y 之间的平均互信息。

根据式（4.1）和式（4.2），并令各 Δx_i 都等于 Δx，Δy_j 都等于 Δy，那么

$$p([X]_P = i) = p(x_i)\Delta x \qquad (x_i \in S_i)$$
$$q([Y]_Q = j) = q(y_j)\Delta y \qquad (y_i \in T_j)$$
$$p([X]_P = i,[Y]_Q = j) = p(x_i y_j)\Delta x\Delta y \quad (x_i \in S_i, y_j \in T_j)$$

式（4.60）变为

$$I([X]_P;[Y]_Q) = \sum_{i,j} p(x_i y_j)\Delta x\Delta y \log\frac{p(x_i y_j)\Delta x\Delta y}{p(x_i)\Delta x q(y_j)\Delta y} \tag{4.61}$$

当 $\Delta x \to 0, \Delta y \to 0$ 时，$I([X]_P;[Y]_Q)$ 的极限值就是 $I(X;Y)$，因此

$$I(X;Y) = \iint p(xy)\log\frac{p(xy)}{p(x)q(y)}\mathrm{d}x\mathrm{d}y \tag{4.62}$$

其中，重积分的积分限为 XY 的分布区间。

4.4.2 连续随机变量之间平均互信息的性质

与离散平均互信息一样，连续平均互信息 $I(X;Y)$ 表示通过 X 所得到的关于 Y 的信息量。连续平均互信息有如下主要性质。

1．对称性

$$I(X;Y) = I(Y;X) \tag{4.63}$$

上式很容易由式（4.62）得到。

2．非负性

$$I(X;Y) \geqslant 0 \tag{4.64}$$

仅当 X，Y 独立时等式成立。

证

$$-I(X;Y) = \iint p(xy)\log\frac{p(x)q(y)}{p(xy)}\mathrm{d}x\mathrm{d}y$$

$$\leqslant \iint p(xy)(\frac{p(x)q(y)}{p(xy)} - 1)(\log \mathrm{e})\mathrm{d}x\mathrm{d}y = 0$$

当 $p(x)q(y)/p(xy) = 1$，即 X，Y 独立时等式成立。■

3．平均互信息与差熵的关系

容易证明，差熵与平均互信息的关系类似于离散情况，即

定理 4.9 连续集合差熵与平均互信息的关系：

$$I(X;Y) = h(X) - h(X|Y) \tag{4.65}$$

$$I(X;Y) = h(Y) - h(Y|X) \tag{4.66}$$

$$I(X;Y) = h(X) + h(Y) - h(XY) \quad ■ \tag{4.67}$$

注：虽然式（4.4）的 $H([X])$ 和式（4.8）的 $H([X]/[Y])$ 在 $\Delta x \to 0$，$\Delta y \to 0$ 时都含无限大，但两者的差使这同一个无限大抵消。因此，连续随机变量之间的平均互信息基本能保持与离散情况类似的性质，而差熵则不能保持。

4．线性变换下平均互信息的不变性

根据连续差熵与平均互信息的关系，我们可以推出连续平均互信息信源在线性变换下的不变性。

定理 4.10 设 $\boldsymbol{X}^N$，$\boldsymbol{Y}^N$ 为定义在 $\boldsymbol{R}^N$ 空间中的两个 N 维矢量，$\boldsymbol{U}^N$，$\boldsymbol{V}^N$ 分别为 $\boldsymbol{X}^N$，$\boldsymbol{Y}^N$ 的可逆线性变换，即 $\boldsymbol{u} = \boldsymbol{A}\boldsymbol{x} + \boldsymbol{\alpha}$，$\boldsymbol{v} = \boldsymbol{B}\boldsymbol{y} + \boldsymbol{\beta}$，那么

$$I(\boldsymbol{U}^N;\boldsymbol{V}^N) = I(\boldsymbol{X}^N;\boldsymbol{Y}^N) \quad ■ \tag{4.68}$$

（证明略）。

例 4.7 二维高斯随机变量 XY，其中 X，Y 的均值和方差分别为 m_x，m_y 和 σ_x^2,σ_y^2，且相关系数为 ρ，求：

（1）X，Y 的联合分布密度 $P_{XY}(xy)$；

（2）$h(X), h(Y), h(XY)$；

（3）$h(Y|X), h(X|Y), I(X;Y)$。

解 （1）设 XY 的自协方差矩阵 $\boldsymbol{\Sigma}$，则

$$\boldsymbol{\Sigma}=\begin{pmatrix}\sigma_x^2 & \rho\sigma_x\sigma_y\\ \rho\sigma_x\sigma_y & \sigma_y^2\end{pmatrix},\quad \boldsymbol{\Sigma}^{-1}=\frac{1}{\sigma_x^2\sigma_y^2(1-\rho^2)}\begin{pmatrix}\sigma_y^2 & -\rho\sigma_x\sigma_y\\ -\rho\sigma_x\sigma_y & \sigma_x^2\end{pmatrix}$$

利用式（4.27），得

$$P_{XY}(xy)=\frac{1}{2\pi\sigma_x\sigma_y\sqrt{1-\rho^2}}\exp\{-\frac{1}{2(1-\rho^2)}[\frac{(x-m_x)^2}{\sigma_x^2}-\frac{2\rho(x-m_x)(y-m_y)}{\sigma_x\sigma_y}+\frac{(y-m_y)^2}{\sigma_y^2}]\}$$

（2）根据高斯变量差熵的公式（4.26）、式（4.28），得

$$\begin{aligned}h(X)&=\frac{1}{2}\log[2\pi e\sigma_x^2]\\ h(Y)&=\frac{1}{2}\log[2\pi e\sigma_y^2]\\ h(XY)&=\log[2\pi e\sigma_x\sigma_y\sqrt{1-\rho^2}]\end{aligned}\tag{4.69}$$

（3）根据公式（4.15）和式（4.67），得到

$$h(Y|X)=h(XY)-h(X)=\frac{1}{2}\log[2\pi e\sigma_y^2(1-\rho^2)]$$

$$h(X|Y)=h(XY)-h(Y)=\frac{1}{2}\log[2\pi e\sigma_x^2(1-\rho^2)]$$

$$I(X;Y)=h(X)+h(Y)-h(XY)=-\frac{1}{2}\log(1-\rho^2)\ \blacksquare\tag{4.70}$$

例 4.8 已知 X，S 为零均值、互相独立的高斯随机变量，方差分别为 P，Q；Z 为独立于 X 和 S 的零均值高斯噪声，方差为 N。设 $Y=X+S+Z$，$U=X+\alpha S$，其中，α 为常数。求：（1）$I(U;S)$；（2）$I(U;Y)$。

解 由已知条件可得 $X\sim N(0,P)$，$S\sim N(0,Q)$，$Z\sim N(0,N)$，$Y\sim N(0,P+Q+N)$，$U\sim N(0,P+\alpha^2Q)$。

（1）方法 1：

$$\rho_{US}=\frac{E(US)}{\sigma_S\sigma_U}=\frac{E(XS+\alpha S^2)}{\sqrt{Q(P+\alpha^2Q)}}=\sqrt{\frac{\alpha^2Q}{P+\alpha^2Q}}$$

$$I(U;S)=-(1/2)\log(1-\rho_{US}{}^2)=(1/2)\log[(P+\alpha^2Q)/P]$$

方法 2：

$$\begin{aligned}I(U;S)&=h(U)-h(U|S)=h(U)-h(X)\\ &=\frac{1}{2}\log[2\pi e(P+\alpha^2Q)]-\frac{1}{2}\log(2\pi eP)\\ &=(1/2)\log[(P+\alpha^2Q)/P]\end{aligned}$$

该方法利用了式（4.22）的结果。

（2）$\rho_{UY}=\dfrac{E(YU)}{\sigma_Y\sigma_U}=\dfrac{E(X^2+\alpha XS+XS+\alpha S^2+XZ+\alpha ZS)}{(P+Q+N)(P+\alpha^2 Q)}=\dfrac{P+\alpha Q}{(P+Q+N)(P+\alpha^2 Q)}$

$$I(U;Y)=-(1/2)\log(1-\rho_{UY}^2)=\frac{1}{2}\log\frac{(P+Q+N)(P+\alpha^2 Q)}{PQ(1-\alpha)^2+N(P+\alpha^2 Q)}$$ ■

4.5 离散集与连续随机变量之间的互信息

在信息传输环境中，经常需要处理离散与连续随机变量之间的关系。例如，在 PAM 数字调制系统中，调制器的输入 X 为离散数字序列，取自符号集 $A=\{a_i\}$。对每一个符号调制器都有一个输出波形与它相对应，该输出经过加性高斯噪声信道传输。接收机采用匹配滤波器，以波形传输速率对匹配滤波器的输出进行抽样，得到离散时间但取值连续的序列 Y。为研究数字通信信道容量和性能往往需要计算离散随机变量 X 与连续随机变量 Y 之间的互信息。

设 X 为离散随机变量，字母表为 $A=\{a_1,a_2,\cdots,a_n\}$，Y 为连续随机变量取值为实数区间，且有条件概率 $P(y|x=a_i)$，$i=1,2,\cdots,n$。

4.5.1 离散事件与连续事件之间的互信息

设事件 $x\in X$，取自字母表 A，$y\in Y$，取值为实数区间，定义 x 与 y 之间的互信息为

$$I(x;y)=\log\frac{q(x|y)}{p(x)}=\log\frac{p(y|x)}{q(y)} \tag{4.71}$$

其中，$q(y)$ 为 y 的概率密度，且 $q(y)=\sum_x p(x)p(y/x)$，$q(x|y)=\dfrac{p(x)p(y|x)}{q(y)}$。

4.5.2 离散与连续随机变量之间的平均互信息

离散随机变量 X 与连续随机变量 Y 之间的平均互信息定义如下：

$$I(X;Y)=\underset{p(x),p(y|x)}{E}[\log\frac{p(y|x)}{q(y)}]=\sum_x p(x)\int p(y|x)\log\frac{p(y|x)}{q(y)}\mathrm{d}y \tag{4.72}$$

注意　上式中的求平均运算，对于离散变量是求和，而对于连续变量是积分。

例 4.9　已知一信道的输入 X 等概率取值为+1，−1，独立于 X 的随机变量 Z 在−2 与 2 之间均匀分布，信道输出 $Y=X+Z$。

（1）求 Y 的概率密度 $q(y)$。

（2）求信道输入与输出之间的平均互信息 $I(X;Y)$。

解　（1）$q(y)=p(x=+1)P(y|x=+1)+p(x=-1)P(y|x=-1)$

$$=[P(y|x=+1)+P(y|x=-1)/2 \tag{4.73}$$

其中，$P(y|x=+1)$ 和 $P(y|x=-1)$ 为条件概率密度。设 $p_Z(z)$ 为 z 的概率密度，可得

$$p(x=+1)=p_Z(y-1),P(y|x=-1)=p_Z(y+1)$$

式（4.73）求 $q(y)$的过程如图 4.1 所示，所以有

$$q(y)=\begin{cases}1/8 & (-3\leqslant y<-1)\\ 1/8 & (1<y\leqslant 3)\\ 1/4 & (-1\leqslant y\leqslant 1)\\ 0 & (y<-3, y>3)\end{cases}$$

（2）$I(X;Y)=0.5\times\int_{-3}^{-1}\frac{1}{4}\log\frac{1/4}{1/8}\mathrm{d}y+0.5\times\int_{-1}^{1}\frac{1}{4}\log\frac{1/4}{1/4}\mathrm{d}y+0.5\times\int_{1}^{3}\frac{1}{4}\log\frac{1/4}{1/8}\mathrm{d}y=0.5\text{bit}$ ∎

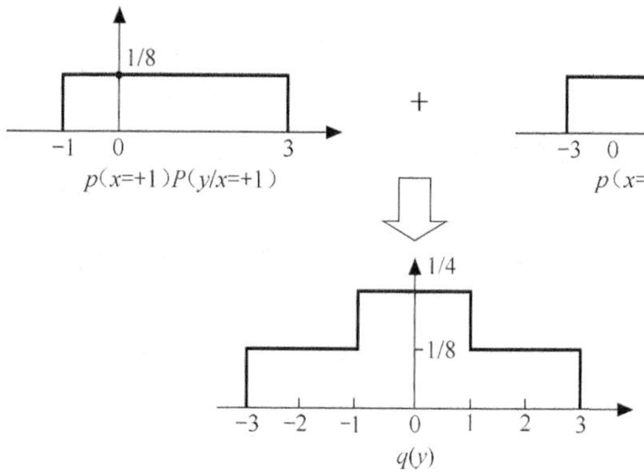

图 4.1　$q(y)$的求解过程图示

4.6 几种重要的连续信源

对于连续信源也可采用与离散信源类似的方法，对其从不同角度进行分类。连续信源在日常生活中随处可见，种类较多，从信息表现形式对其进行分类是最常见的方式，这样连续信源可分为音频、语音、图像与视频等单一形式的信源。实际上，多媒体也是一种很重要的信源，它包含多种形式表示的信息（包括文本、音频、语音、图像与视频等），是多种单一信源的组合体。但如果掌握了关于单一种类信源的知识，就容易将其推广到组合型信源的研究，所以本节只介绍单一种类的连续信源。在实际应用中，这几种信源常常以不同的形式出现，有时可能是模拟信号，有时可能是时间离散序列。因此本节所描述的连续信源，有时指的是时间连续模拟信源，有时指的是时间离散连续信源，不过从上下文都可确定其确切含义。

4.6.1 音频信源

人们对声音的研究可以追溯到很早的年代，但从信息处理的角度来研究声音还是近代的事情，人类能听到的声音通常称为音频（Audio）。除语音之外，其他的自然声音难于建立模型，但可根据信宿（人的听觉系统）接受音频信息的机制，建立心理声学模型，用于音频的压缩。

音频是我们很熟悉的信源，一个直观定义就是：音频是人耳所检测并由人脑以某种方式解释的感觉。音频又是一种物理现象，是在弹性媒质中传播的机械纵波。音频具有三种重要属性：速度、振幅和周期。

人听觉所能感受到的频率范围大致是 20Hz 到 20kHz，频率高于 20kHz 的称为超声波，频率低于 20Hz 的称为次声波。人的听觉灵敏度与年龄和健康状况有关，也随音频频率的不同而变化，其中对 2kHz 到 4kHz 范围内的音频人耳感觉最灵敏。音频振幅的大小是我们通过声强感受到的，人耳的听觉与声强的对数大致成正比，人耳对很宽的声强范围都很灵敏，人能听到响度最小到最大的动态范围约 100dB。

对音频进行处理和编码时，需要数字化声音，因此需要将模拟音频进行抽样。在进行高保真度数字化时，抽样率为 44.1kHz，低保真度数字化音频的抽样率为 11kHz。每样值通常为 8 或 16 比特，对某些高质量声卡可选择 32 比特。

我们知道，当听到响度大的声音时，在这个大响度声音发生时刻附近或该声音的频率附近，人的听觉灵敏度会显著降低，甚至感受不到，这种现象称为掩蔽效应。这就是日常生活中常见的大信号淹没小信号的现象。除了同时发出的声音之间在频域有掩蔽现象之外，在时间上相邻的声音之间也有掩蔽现象，前者称为频域掩蔽而后者称为时域掩蔽。

如果将可听频率的范围划分为表示人耳灵敏度下降的临界带，那么人的听觉系统可以看成是一个由若干带通滤波器构成的系统，这些带通滤波器称为临界带。它们相互重叠，具有不同的带宽，在低频段变窄（约 100Hz），在高频段变宽（4～5kHz）。一个频率的听觉门限只会因所处临界带内的声音而升高，就是说，一个声音只能掩蔽其所处临界带内的声音，而对临界带外的声音无影响。一般来说，弱纯音离强纯音越近就越容易被掩蔽。人的听觉频率范围可以分成 25 个临界带。

通常音频样值是通过 PCM 调制得到的，样值之间有很大的相关性，这就是说音频信源具有较大的剩余度。实验表明，对于很多类型的音频，相邻样值差值的分布类似于拉普拉斯分布，其特点是窄峰值的对称分布。除此之外，以上描述的音频掩蔽效应对于接收信息的信宿也是一种冗余度。因为声音的传输主要是给人提供信息，而被掩蔽的声音即使进行传输，人也是听不到的。因此利用音频本身的剩余度和声音的掩蔽效应都可对音频进行压缩。当前以掩蔽效应为基础建立的心理声学模型是音频压缩系统中使用的关键技术。

4.6.2 语音信源

语音（Speech）是指人所发出的声音，是时间连续信源，是人们进行信息交流的重要工具之一。当前人们对语音的研究已经取得了相当多的成果。从语音的产生机理到一系列语音处理和语音压缩编码理论与技术，对当代信息技术的发展起了很大的促进作用。

语音信源产生于声门，人在发声时，气流从声门开始，通过口腔、鼻腔或唇形成语音。这个声门到两唇之间的空间称为声管。根据发声的方式，语音大体上可分成浊音和清音。人在说话时，在声门处气流冲击声带使其振动，通过声管产生的语音，称为浊音；如果声带不振动，在声管形成摩擦音或阻塞音，称为清音。

模拟语音通过抽样就变成时间离散取值连续的信源，对离散语音进行量化就得到数字语音。语音功率谱频率范围通常从 500Hz 到 4kHz，按每倍频程 8 到 10dB 速率衰减。从音素上分析，韵母属于低频，声母属于高频。

在研究语音产生机制的过程中，提出过若干语音产生模型，但最重要的模型是线性时变滤波器模型。因为这种模型具有较好的精确度且比较简单，特别适合于使用现代信号处理技术。如前所述，语音波形的产生过程可以分为三个阶段：声源产生、经声管发声和从唇或鼻孔辐射。这三个阶段可以用等价电路来描述。浊音源可以用周期重复的脉冲或不对称三角波产生器来描述。这个波形的峰值对应声音的响度。清音源可以用白噪声产生器来描述，其平均能量对应声音的响度。若干单谐振或反谐振电路级联构成声道，可以用多级数字滤波器实现。这个滤波器是具有时变系数的数字滤波器，除描述声管外，还描述声源的谱包络和辐射特性。由于在连续发声期间声管的形状变化相对较慢，所以这个时变系数的数字滤波器的传输特性在短时间内（在 20 到 40ms 之间）可以近似认为是恒定的。线性时变滤波器模型是一个简化的、线性可分离的等价电路模型，它把声源和声管的作用完全分离。

语音信号可以看成一个遍历的随机过程。通过广泛的测试证明语音样值的概率分布为 Gamma 分布，还可进一步近似成更简单的 Laplace 分布。

语音信号的剩余度表现在如下几方面。①语音信号样本间相关性很强。通过研究数字语音的长期自相关函数得知，在相邻语音样值之间具有很高的相关性，样值间距离加大时，这种相关性迅速减小。②浊音具有准周期性。③声管形状及其变化的速率较慢。④数字语音码符号的概率不均匀。由于语音具有较大的剩余度，可以通过适当的编码进行压缩。

4.6.3 图像信源

图像（Image）信源主要指的是数字图像，包括静止图像和活动图像，后者又常常被称为视频信源，而现在人们所说图像大多指的是静止图像。

图像可以定义为一个二维函数 $f(x, y)$，其中 x 和 y 为空间（平面）坐标。在任何一对坐标 (x, y)的幅度 f 称作图像在该点的强度或灰度。当 x，y 和 f 都是有限离散值时，我们称图像为数字图像。一幅数字图像就是一个由有限个元素组成矩形点阵，其中每一个元素都有一个特殊位置和值，这些元素称为像素（pixel 或 pel）。对于有 M 行 N 列像素的数字图像，表达式 $M\times N$ 称为该图像的分辨率。不过有时分辨率也表示每单位长度图像内像素的数目，用每英寸的点数 dpi 表示。

对模拟图像进行抽样和量化就得到数字图像，可用实数矩阵表示。数字图象可以分成如下几类。

① 二值图像或黑白图像（bi-level 或 nomochromatic）。在这种图像中，像素的值只有两个，通常称为黑、白，可用 1 比特表示，是最简单的图像。

② 灰度图像。在这种图像中，像素取值为 0 到 2^n-1，表示 2^n 个灰度，n 通常为 4 或 8 的倍数。一幅灰度图像可以分成 n 个比特平面来表示，其中每个比特平面是不同像素取值二进制表示中相同位置的比特值（0 或 1）。

③ 连续色调图像。在这种图像中，有很多类似的色彩。当相邻像素只差一个单位时，人的眼睛很难分辨它们的颜色，这种图像包含色彩连续变化的区域。像素可用一个大的数值（灰度图像）或 3 个分量来表示（彩色图像）。例如，摄像机等所拍照的自然景象或扫描照片或图画所得到的影像都属于这一类。

④ 离散色调图像。这种图像通常由人工产生，既无噪声，也无自然景象的模糊区域。

⑤ 卡通类图像。这种图像中包含均匀区域的彩色图像，每个区域有均匀的色彩，而相邻区域有不同的色彩。

我们所见到的图像实际上是可见光直射或反射到我们视网膜并经视觉系统处理得到的。光是一种电磁波，其色彩由波长来描述。人所能看到的波长在 400 到 700 纳米之间的电磁波称为可见光。其中短波长产生蓝色视觉，而长波长产生红色视觉。可见光谱分成三段，其主导作用的颜色是红、绿、蓝。这三种颜色是可见光谱的基色。还有三种颜色分别为青（C，cyan）、品红（M，magenta）和黄（Y，yellow），称为次色或混合色，

一种色彩可以用三维数组来表示，类似于三维空间中的一个点，这种空间称为色彩空间。有两种产生色彩的模型：加性模型（也称为 RGB 模型）和减性模型（也称为 CMY 模型）。

对于直接发光的信源利用 RGB 色彩模型，对于不发光的物体，人眼、摄像机或光敏设备所观测到的是其反射的光线，所以使用减性模型。在实际印刷中，采用 CMYK 模型，即采用青（C)、品红（M)、黄（Y)、黑（K）4 色印刷。因为虽然理论上只需要 CMY 三种色彩就足够了，三者加在一起应该得到黑色，但由于目前还不能造出高纯度的色彩，CMY 相加的结果实际是一种暗红色，因此还需加入一种专门的黑色来调和。CMYK 颜色模型主要用于打印机输出。

从信息论的观点来看，图像是包含冗余成分的信源。正因为有冗余，才使图像压缩成为可能。图像的冗余有多种，包括数据冗余、心理视觉冗余等。

图像数据的冗余包含如下几方面。

① 空间冗余：图像中相邻像素高度相关，这种相关性称作图像的空间冗余度。实际上这种相关主要体现在相邻像素亮度的相关性。例如，两个相邻像素的亮度非常接近，而它们的颜色却可能不同，相邻的不同颜色往往具有差不多的亮度。根据这个性质，可以把 RGB 表示转换成另外的表示，其中一个分量代表亮度，而其他两个表示颜色，这就是 YCbCr 模型。此外灰度级概率分布不均匀也是空间冗余的一种表现。

② 频谱冗余：在多谱图像的色彩平面或频带之间具有相关性。

心理视觉冗余不属于信源的冗余度，是由信宿（人）视觉系统的限制而产生，表现在如下方面。

① 视觉系统是非线性和非均匀的。

② 视觉分辨率是有限的，约 26 比特，因此图像量化比特数为 28。

③ 视觉对图像亮度和色彩的灵敏度不同，眼睛对于亮度微小变化很敏感，但对颜色微小变化不敏感，所以可采用亮度和色彩分别编码的方法（如 YCbCr 模型），实现不同的压缩比，从而压缩总码率。

利用图像本身具有的冗余度，可以对其进行无损压缩和有损压缩。对于无损压缩，重建图像与原始等同，无失真，通常压缩比不大于 3∶1。对于有损压缩，允许重建图像有某些恶化，可以达到较高压缩比。压缩比越高，图像恶化越大。如果再利用视觉的剩余度对图像进行有损压缩，在正常观察条件下无明显视觉上的恶化，这就是说，在视觉上是无损的。

4.6.4 视频信源

视频（Video）的含义是可视信息，指的是时变的图像，是一类重要的信源。视频信号通常是指一维的模拟或数字信号，其中的空时信息作为符合预定扫描格式的时间函数。电视信号是最重要、最普遍的一种视频信号，此外在计算机显示器、监控系统、视频电话及多媒体设备中也广泛使用视频信号。

视频信号分为三类：分量视频、组合视频和 S-视频。①分量视频。分量视频用于摄影室一类的高端视频系统，使用三个独立的视频信号分别传送红、绿、蓝分量图像。②组合视频。在这种视频信号中，色彩和强度信号混合在一个单载波中传送，其中色彩是两个分量（I 与 Q

或 U 与 V）的组合。色彩和强度分量可以在接收端分离，两个色彩分量再进一步重建。③S-视频。在这种视频（称为分离视频或超视频）中使用两根线，一根用于亮度信号，一根用于组合色彩信号，所以在色彩和灰度之间串音很小。对于视觉系统，黑白信息是最关键的，因为人对灰度图像中空间的分辨力要比对彩色图像中彩色部分灵敏得多。所以，与亮度信息相比发送的色彩信息可以大大降低精度，而不影响视觉效果。

视频信号的重要参数是：垂直分辨率、分辨率、图像纵横比、帧率及每像素的所需比特数。垂直分辨率是指每帧扫描行数。分辨率是指每帧图像的分辨率，为扫描行数与每行点数的乘积。图像纵横比是指一帧的宽度与高度的比（等于每行点数与扫描行数的比）。帧率是指每秒的帧数。模拟电视屏幕的纵横比为 4∶3，数字电视采用了大的纵横比 16∶9。现在出产的电视机可以进行两种屏幕显示方式的转换。

彩色视频采用 RGB 三基色模型，即任何图像彩色都用三基色红（R）、绿（G）、蓝（B）的混合来近似。实际的彩色电视信号是一个复合信号，其中亮度和彩色信号复用在一起。基本的黑白信号是亮度分量（Y），加上两个色彩分量 C1 和 C2。

视频信号的色彩模型大致有三种：YUV 模型、YCbCr 模型和 YIQ 模型。设 R，G，B 分别表示红、绿、蓝分量的强度。人眼睛对不同频率光的灵敏度不同，对绿最敏感，对红次之，对蓝最不敏感，因此用频谱灵敏度函数加权的辐射功率定义一个亮度参数 Y，此亮度与光源的功率成正比。可对这个亮度分量和其他两个分量采用不同的码率压缩，从而实现更好的压缩效果。此外，Y 可以兼容黑白电视信号。

与模拟视频相比，数字视频有很多优点，主要表现在如下几个方面。①可使用任何数字介质进行存储，使用更方便；由于采用数字化，可以进行纠错编码，使传输更可靠。②可以很容易对视频进行编辑，可利用计算机软件制作所需要的逼真场景，例如，多媒体信息就是把文本、图像和视频集成在一起的综合信源。③可以利用数字技术对视频进行压缩，这样就更有利于存储（占存储空间少）和传输（加快传输速度）。④可以避免重复模拟记录产生的伪影。⑤可以方便实现视频标准格式之间的转换。

高清晰度电视（High-Definition TV，HDTV）是数字电视标准中的一种，具有最佳的视频和音频效果。国际电联给出这样的定义："高清晰度电视应是一个透明系统，一个正常视力的观众在距该系统显示屏高度的三倍距离上所看到的图像质量应具有观看原始景物或表演时所得到的印象"。HDTV 采用数字信号传输，分辨率最高可达 1920×1080，帧率高达 60fps，屏幕纵横比为 16∶9，水平和垂直清晰度是常规电视的两倍左右。在声音系统上，HDTV 支持杜比 5.1 声道传送，配有多路环绕立体声，给人以 Hi-Fi 级别的听觉享受。

视频信号本质上是一种活动图像，除具有图像信源的剩余度（帧内剩余度）外，还具有很大的时间剩余度（帧间剩余度），可以利用这些剩余度对视频进行有效压缩。原始数字视频传输与存储需要较大的带宽和存储量，是过去不能普遍使用的主要因素，而当前由于使用有效的视频压缩编码技术和相应的高性能设备，数字视频的普及已经成为现实。

本章小结

1．连续信息的度量通过对信源离散化后得到离散信息度量取极限得到。

2．差熵

- 表达式：

$$h(X) = -\int p(x)\log p(x)\mathrm{d}x$$

- 不具有非负性，在一一对应变换下不具有不变性：

$$h(\boldsymbol{AX}^N + \boldsymbol{\alpha}) = h(\boldsymbol{X}^N) + \log\left|\det(\boldsymbol{A})\right|$$

- 可加性：

$$h(\boldsymbol{X}^N) = \sum_{i=1}^{N} h(X_i \mid X_1 \cdots X_{i-1}) \leqslant \sum_{i=1}^{N} h(X_i)$$

3．平稳过程的熵率：

$$\bar{h}(X) = \lim_{N\to\infty} N^{-1} h(X_1 X_2 \cdots X_N) = \lim_{N\to\infty} h(X_N \mid X_1 \cdots X_{N-1})$$

4．N 维高斯矢量的熵：　$h(X^N) = (N/2)\log[2\pi\mathrm{e}\det(\boldsymbol{\Sigma})^{1/N}]$

5．AR 高斯过程熵率：　$\bar{h}(X) = (1/2)\log(2\pi\mathrm{e}\sigma_\varepsilon^2)$

6．平稳连续过程熵功率：　$\tilde{N}(X) = (2\pi\mathrm{e})^{-1}\mathrm{e}^{2\bar{h}(X)}$

7．熵功率不等式（EPI）　$\mathrm{e}^{2h(\boldsymbol{X}^n+\boldsymbol{Y}^n)/n} \geqslant \mathrm{e}^{2h(\boldsymbol{X}^n)/n} + \mathrm{e}^{2h(\boldsymbol{Y}^n)/n}$

8．连续最大熵定理：

- 限平均功率时高斯分布有最大熵；
- 限峰值时均匀分布有最大熵；
- 满足二阶矩约束的最大熵率过程是 p 阶高斯马尔可夫过程。

9．连续平均互信息：　$I(X;Y) = \iint_{XY} p(xy)\log\dfrac{p(xy)}{p(x)q(y)}\mathrm{d}x\mathrm{d}y$

10．连续平均互信息与差熵的关系：

$$I(X;Y) = h(X) - h(X\mid Y) = h(Y) - h(Y\mid X) = h(X) + h(Y) - h(XY)$$

11．离散与连续随机变量之间的平均互信息：

$$I(X;Y) = \sum_x p(x)\int_Y p(y\mid x)\log\frac{p(y\mid x)}{q(y)}\mathrm{d}y$$

思 考 题

4.1　什么是连续信源，其信息熵与离散信源熵有何异同？

4.2　为什么说差熵是连续信源信息量大小的相对度量？

4.3　连续随机变量经变换后熵是否有变化?

4.4　连续最大熵定理的内容如何?与最大熵率定理含义是否相同?

4.5　高斯序列的熵功率是否小于其平均功率?

4.6　连续平均互信息是否保持了离散平均互信息具有的所有性质？试举例说明。

4.7　连续平均互信息 $I(X;Y)$ 是否不大于 $h(X)$ 或 $h(Y)$ ？

4.8　有几种重要的连续信源?各有什么特点？

习　　题

4.1　计算具有以下概率密度的随机变量的差熵：

（1）指数概率密度 $p(x)=\lambda e^{-\lambda x}, x\geqslant 0$；

（2）拉普拉斯概率密度 $p(x)=(1/2)\lambda e^{-\lambda|x|}$。

4.2 设一个连续随机变量的概率密度为

$$p(x)=\begin{cases} A\cos x & |x|\leqslant \pi/2 \\ 0 & \text{其他} \end{cases}$$

又有 $\int_{-\pi/2}^{\pi/2} p(x)\mathrm{d}x=1$，求此随机变量的熵。

4.3 设有一连续随机变量，其概率密度函数为

$$p(x)=\begin{cases} bx^2 & 0\leqslant x\leqslant a \\ 0 & \text{其他} \end{cases}$$

试求此随机变量的熵。又若 $Y_1=X+K(K>0)$，$Y_2=2X$，试分别求 Y_1 和 Y_2 的熵 $h(Y_1)$和 $h(Y_2)$。

4.4 设连续随机变量 X 和 Y 相互独立，差熵分别 $h(X)$ 和 $h(Y)$，$Z=aX+bY$，其中，a,b 为常数，求 $h(Z|X)$ 和 $h(Z|Y)$。

4.5 设 X,Y 是均值为 0，方差分别为 1，4 的高斯随机变量，其中 X 与 Y 的相关系数为 0.5，随机变量 U,V 与 X,Y 之间的关系满足等式：$U=2X+Y$，$V=X-Y$。

（1）求 $h(X),h(Y)$。

（2）求二维矢量 $Z=XY$ 的自协方差矩阵。

（3）求 $h(XY)$ 和 $h(UV)$。

4.6 给定两随机变量 X_1 和 X_2，它们的联合概率密度为 $p(x_1x_2)=\frac{1}{2\pi}e^{-(x_1^2+x_2^2)/2}$ 其中 $-\infty<x_1,x_2<+\infty$，求随机变量 $Y=\sqrt{X_1^2+X_2^2}$ 的概率密度，并计算 Y 的熵 $h(Y)$。

4.7 设连续随机变量 X 的取值范围为 $(-\infty,\infty)$，概率密度 $f(x)$ 满足 $E(X)=\alpha_1$，$E(X^2)=\alpha_2$，求达到最大熵的概率密度 $f(x)$。

4.8 求满足下面约束条件的最大熵率随机过程：

（1）$E(x_i^2)=1, i=1,2,\cdots$；

（2）$E(x_i^2)=1, E(x_ix_{i+2})=\alpha, i=1,2,\cdots$；

4.9 证明标量熵功率不等式的另一种描述：对于两个独立连续随机变量 X 和 Y，有

$$h(X+Y)\geqslant h(X'+Y')$$

其中，X' 和 Y' 为独立高斯随机变量，且 $h(X')=h(X)$，$h(Y')=h(Y)$。设 X 和 Y 均为区间（-1，1）内均匀分布的随机变量，验证熵功率不等式。

4.10 设二维高斯随机矢量 $\boldsymbol{X}^2,\boldsymbol{Y}^2$ 自协方差矩阵为如下两种情况，分别验证 EPI：

（1）$\boldsymbol{\Sigma}_x=\begin{pmatrix} a^2 & \rho ab \\ \rho ab & b^2 \end{pmatrix}$，$\boldsymbol{\Sigma}_y=\begin{pmatrix} 2a^2 & 2\rho ab \\ 2\rho ab & 2b^2 \end{pmatrix},(0\leqslant \rho\leqslant 1)$

（2）$\boldsymbol{\Sigma}_x=\begin{pmatrix} a^2 & \rho ab \\ \rho ab & b^2 \end{pmatrix}$，$\boldsymbol{\Sigma}_y=\begin{pmatrix} 2a^2 & \rho ab \\ \rho ab & b^2 \end{pmatrix},(0\leqslant \rho\leqslant 1)$

4.11 设一个二维连续随机变量 XY 的联合概率密度为

$$p(xy)=\begin{cases} \frac{1}{\pi r^2} & x^2+y^2\leqslant r^2 \\ 0 & \text{其他} \end{cases}$$

求 $h(X)$，$h(Y)$，$h(XY)$，$I(X;Y)$。

4.12 设一个二维连续随机变量 XY 的联合概率密度为

$$p(xy)=\begin{cases}\dfrac{1}{\pi ab} & (x/a)^2+(y/b)^2\leqslant 1, a>b>0\\ 0 & \text{其他}\end{cases}$$

求 $h(X)$，$h(Y)$，$h(XY)$，$I(X;Y)$。

4.13 给定两连续随机变量 X 和 Y，其中 X 的概率密度是 $p(x)=\mathrm{e}^{-x}\ (0\leqslant x<\infty)$，条件概率密度是 $p(y/x)=x\mathrm{e}^{-xy}\ (0\leqslant y<\infty)$。求 $h(X)$，$h(Y)$，$h(XY)$，$I(X;Y)$。

4.14 给定两连续随机变量 X 和 Y，它们的联合概率密度是

$$p(xy)=\frac{1}{2\pi\sigma_x\sigma_y}\exp\{-\frac{(x-m_x)^2}{2\sigma_x^2}-\frac{(y-m_y)^2}{2\sigma_y^2}\}\qquad -\infty<x,y<\infty$$

（1）求随机变量 $U=X+Y$ 和 $V=X-Y$ 的概率密度函数 $p(u)$ 和 $p(v)$。

（2）计算 $h(U)$，$h(V)$ 和 $I(U;V)$。

4.15 连续随机变量 X 和 Y 的联合概率密度为

$$p(xy)=\frac{1}{2\pi\sqrt{SN}}\exp\{-\frac{1}{2N}[x^2(1+\frac{N}{S})-2xy+y^2]\}$$

（1）求 X 和 Y 之间的相关系数 ρ。

（2）求 $h(X),h(Y),h(Y\mid X)$ 和 $I(X;Y)$。

4.16 两连续随机变量 X 和 Y 为零均值的联合高斯分布，且条件分布密度 $p(x/y)$ 是均值为 $r\sigma_x/\sigma_y$，方差为 $\sigma_x^2(1-r^2)$ 的高斯分布，其中 σ_x^2、σ_y^2 分别为 X，Y 的方差，求 $I(X;Y)$。

4.17 两连续随机变量 X 和 Y，且 $p(y\mid x)=\dfrac{1}{\alpha\sqrt{3\pi}}\mathrm{e}^{-(y-x/2)^2/(3\alpha^2)}$，$p(x)=\dfrac{1}{2\alpha\sqrt{\pi}}\mathrm{e}^{-x^2/(4\alpha^2)}$，求 $h(X)$ 和 $I(X;Y)$。

4.18 设 (X,Y,Z) 为联合高斯分布，且 $X-Y-Z$ 构成马氏链。设 X,Y 之间的相关系数为 ρ_1，设 Y,Z 之间的相关系数为 ρ_2，求 $I(X;Z)$。

4.19 有一信源发出恒定宽度，但不同幅度的脉冲，幅度值 x 处在 a_1 和 a_2 之间。此信源连着某信道，信道接收端接收脉冲的幅度 y 处在 b_1 和 b_2 之间，x 和 y 的联合概率密度函数为

$$p(xy)=\begin{cases}\dfrac{1}{(a_2-a_1)(b_2-b_1)}\\ 0\end{cases}$$

试计算 $h(X)$，$h(Y)$，$h(XY)$ 和 $I(X;Y)$。

4.20 设 $\boldsymbol{X}^N$，$\boldsymbol{Y}^N$ 为定义在 $\mathbf{R}^N$ 空间中的两个 N 维矢量，$\boldsymbol{U}^N$，$\boldsymbol{V}^N$ 分别为 $\boldsymbol{X}^N$，$\boldsymbol{Y}^N$ 的可逆线性变换，即 $\boldsymbol{u}=\boldsymbol{A}\boldsymbol{x}+\boldsymbol{\alpha}$，$\boldsymbol{v}=\boldsymbol{B}\boldsymbol{y}+\boldsymbol{\beta}$，证明

$$I(\boldsymbol{U}^N;\boldsymbol{V}^N)=I(\boldsymbol{X}^N;\boldsymbol{Y}^N)$$

4.21 如图 4.2 所示的信号与噪声模型，输入信号 X，噪声 Z_1 和 Z_2 都是均值为 0，方差为 σ^2 的高斯分布随机变量，且 X 与 Z_1 和 Z_2 独立，Z_1 与 Z_2 相关系数为 ρ，输出信号为 Y。

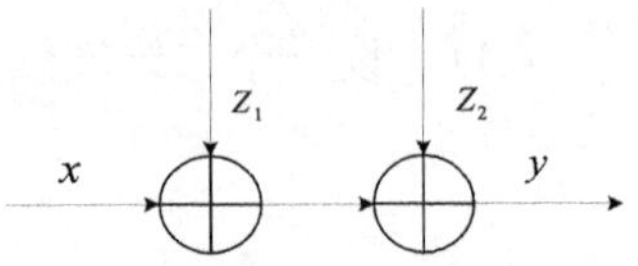

图 4.2 题 4.21 图

（1）求随机变量 Z_1+Z_2 的方差。

（2）求 $h(X)$，$h(Y)$ 和 $I(X,Y)$。

4.22 一个通信系统的信源为二维高斯信源 $\boldsymbol{U}^2=U_1U_2$，通过一个线性变换 $\boldsymbol{A}$ 作为一个 2 维并联加性高斯噪声信道的输入 $\boldsymbol{X}^2=X_1X_2$，即 $\boldsymbol{x}=\boldsymbol{A}\boldsymbol{u}$，$\boldsymbol{x}\in\boldsymbol{X}^2$，$\boldsymbol{u}\in\boldsymbol{U}^2$，信道的输出与输入噪声分别为 $\boldsymbol{Y}^2=Y_1Y_2$，$\boldsymbol{Z}^2=Z_1Z_2$，其中 Z_1Z_2 为独立于输入同时又相互独立的、均值为零、方差分别为 1 和 2 的高斯噪声。已知 U^2 的均值为零，自协方差矩阵为 $\boldsymbol{\Sigma}_{U^2}=\begin{pmatrix}1 & 1/2\\ 1/2 & 1\end{pmatrix}$，系统的模型如图 4.3 所示。

（1）求信源 $\boldsymbol{U}^2$ 的熵 $h(\boldsymbol{U}^2)$。

（2）写出噪声 $\boldsymbol{Z}^2$ 的自协方差矩阵 $\boldsymbol{\Sigma}_{Z^2}$，并求噪声 $\boldsymbol{Z}^2$ 的熵 $h(\boldsymbol{Z}^2)$。

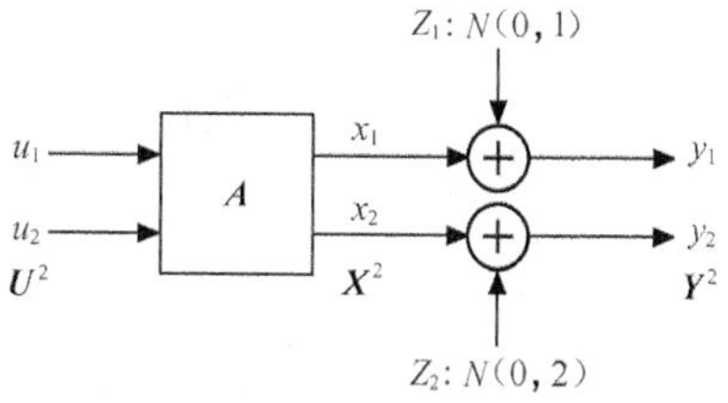

图 4.3 题 4.22 图

（3）设 $A=\begin{pmatrix}1 & 0\\ 0 & 1\end{pmatrix}$，求 $\boldsymbol{Y}^2$ 的自协方差矩阵 $\boldsymbol{\Sigma}_{Y^2}$，$\boldsymbol{Y}^2$ 的熵 $h(\boldsymbol{Y}^2)$，$I(\boldsymbol{X}^2;\boldsymbol{Y}^2)$，$I(X_1;Y_1)$，$I(X_2;Y_2)$。

4.23 一恒定信号 V 受独立同分布噪声 $\{z_i\}$ 的干扰，$x_i=v+z_i$，其中，$V\sim N(0,S)$，$Z_i\sim N(0,N)$，假定 V 和 N 独立。

（1）$\{x_i\}$ 是否平稳?

（2）求 $\lim_{n\to\infty} n^{-1}\sum_{i=1}^{n} x_i$，此极限值是否随机？

（3）求 $\{x_i\}$ 的熵率。

（4）求最小均方误差预测器 $\hat{x}_{n+1}(x^n)$，并求 $\sigma_\infty^2=\lim\limits_{x\to\infty}E(x_n-\hat{x}_n)^2$。

（5）$-n^{-1}\log p(x^n)\to h(X)$ 是否成立？

第 5 章 无失真信源编码

在信息传输过程中，信源序列通过信源编码器实现对信源剩余度的压缩，变成编码序列，编码序列通过信源译码器恢复成信源序列。根据恢复信源序列的效果，可把信源编码分为两类，即无失真信源编码和限失真信源编码。在无失真信源编码系统中，编、译码过程是可逆的，即信源符号可以通过编码序列无差错地恢复。为提高传输有效性，我们总是希望在保证无失真条件下尽量压缩码率（编码后传送每信源符号所需的二元码符号数），但这种压缩是否有最低限度是一个必须要解决的理论问题。香农第一定理也就是无失真信源编码定理对这个问题做了明确回答。定理指出，只要编码的码率不小于信源熵率就存在无失真编码，而且接近或等于信源熵率的码率是可达的；反之，如果编码码率小于信源熵率就不存在无失真编码。

本章主要研究无失真信源编码的理论问题，重点是香农第一定理，并介绍一些重要的无损信源编码方法，这类编码方法采用概率匹配的方式，即码长与符号或序列长度的概率匹配，其中最优无损编码的平均码长可以达到信源的熵率，所以这类无失真信源编码也称熵编码。本章主要包括：信源编译码的基本概念，定长码信源编码定理，变长码信源编码定理，最优分组码——Huffman 编码及一些其他重要的实用信源编码方法。

5.1 概述

本节介绍信源编译码的基本概念，包括简单的信源编译码器模型、信源编码的分类，然后重点介绍分组码。

5.1.1 信源编译码器模型

设信源 X 的符号取自符号集 $A=\{a_1,\cdots,a_n\}$，产生信源序列 $\cdots x_i x_{i+1} x_{i+2}\cdots$，码符号集为 $B=\{b_1,b_2,\cdots b_r\}$，码序列为 $\cdots y_j y_{j+1} y_{j+2}\cdots$。图 5.1 所示为分组码单符号信源编码器模型。其中，编码器把每个信源符号编成一个码字，码字集合为 $C=\{c_1,\cdots,c_n\}$，其中符号 a_i 编成码字 c_i。译码器为编码器的逆计算，即将码字按编码规则还原成信源序列。分组码单符号译码器模型如图 5.2 所示。

将 N 个连续的信源符号编成一个码字，相当于对原信源的 N 次扩展源的信源符号进行编码，这种编码称为原信源的 N 次扩展码。例如，信源 $X=\{0,1\}$ 的二次扩展源 X^2 的符号集为 $\{00,01,10,11\}$。对 X^2 编码，即为原信源 X 的二次扩展码。

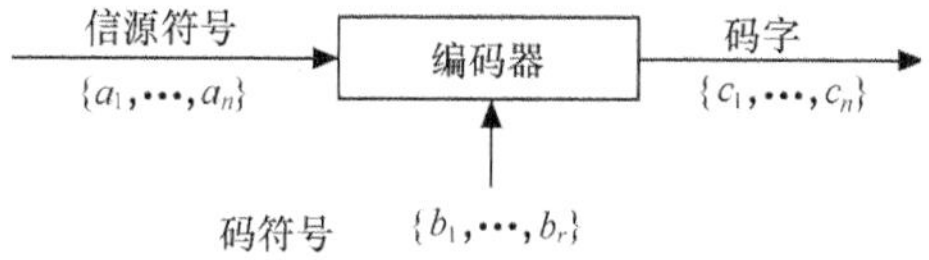

图 5.1　分组码单符号信源编码器模型

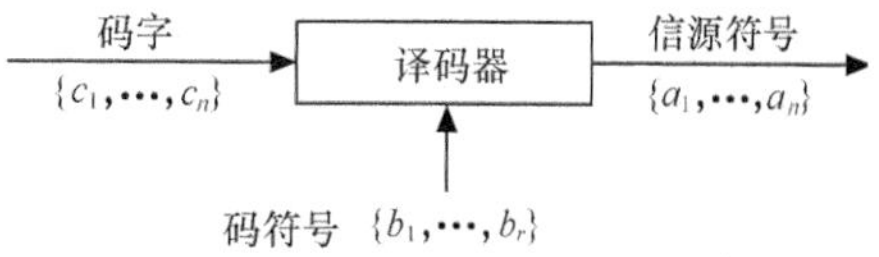

图 5.2　分组码单符号信源译码器模型

简单的信源编码也称代码。代码最初的目的主要是用方便的符号代替各类信源符号，以利于信息的传输或保存。下面介绍一个简单信源编码器的实例——莫尔斯信源编码器。

1836 年，Samuel F. Morse（美国）发明了莫尔斯电码。这种电码曾在过去的通信中发挥过重要作用，至今仍被业余无线电爱好者和海上船只使用。莫尔斯信源编码器的模型如图 5.3 所示，其中信源符号是英文字母、标点符号和数字；码符号集由“点”“划”“字母间隔”和“单词间隔”组成。编码器首先将英文字母变成莫尔斯电码（图中的信源编码器（I）），再将莫尔斯电码变成二进制码（图中的信源编码器（II）），以利于信号在信道传输。表 5.1 为莫尔斯电码符号与代码的关系。例如，SOS(Save Our Ship)的电码符号为…---…。

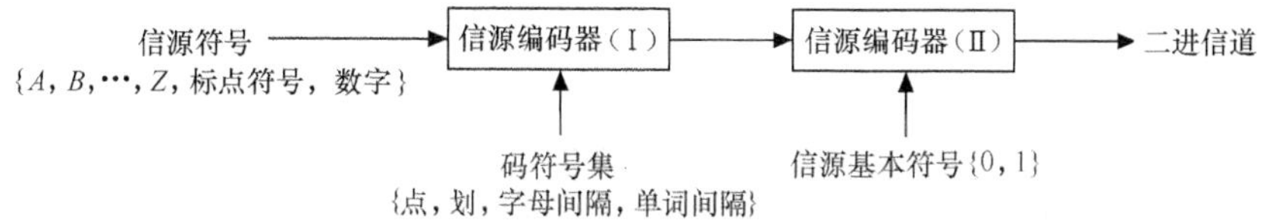

图 5.3　莫尔斯编码器

表 5.1　　莫尔斯电码符号与代码

符号	点	划	字母间隔	单词间隔
电平	+−	+++−	−−−	−−−−−−
二进制代码	10	1110	000	000000

5.1.2　信源编码的分类

经典的信源编码方法需要知道信源符号的概率，这种编码方式称概率匹配编码。但实际上，预先知道信源的概率分布有时是很困难的，因此需要在编码时对信源符号的概率进行估计或者不利用符号概率来编码。这种对未知概率分布信源进行编码的方法称作通用编码。由于通用编码比较复杂，因此我们将重点研究概率匹配编码。

按照信源序列和编码器输出的关系，信源编码可分成两类，即分组码和非分组码。

1. 分组码

对于分组码，信源序列在进入编码器之前先分成若干信源符号组（也称信源字），信源编码器根据一定的规则用码符号序列表示信源字作为编码器的输出。这些码符号序列称作码字。所有码字组成的集合称为码集合或码。这种编码过程概括起来就是先分组再编码。在本章所研究的分组码中，信源字通常是等长的，而码集合中的码字的长度可能完全相同，也可能不完全相同。所有码字长度都相同的码称为定长码，码字长度不全相同的码称为变长码。Huffman 编码是典型的变长码。在分组码中，每一个码字仅与当前输入的信源符号组有关，与其他信源符号组无关。但在有些编码方式中，信源字是不等长的，而码集合中的码字却相同，如LZ编码。

2. 非分组码

对于非分组码，信源序列连续不断地从编码器的输入端进入，同时在编码器的输出端连续不断地产生编码序列。码序列中的符号与信源序列中的符号无确定的对应关系。这种编码称为非分组码。例如，算术编码就是非分组码。

5.1.3 分组码

1. 分组码的特点

如果一个码中各码字都不相同，则称非奇异码；否则称奇异码。为使编码不失真，唯一可译性是必要的。如果任何有限长信源序列所对应的码序列都不与其他信源序列所对应的码序列重合，则称为唯一可译码。因此对于唯一可译码，任何不同的消息序列不会生成相同的码序列，这种性质称为唯一可译性。很明显，要想实现无失真编码，必须要求分组码具有非奇异性和唯一可译性。非奇异性是唯一可译性的必要条件，但不是充分条件。

如果在译码过程中只要接收到每个码字的最后一个符号，就可立即将该码字译出，这种码称即时码；否则为非即时码。即时码的优点是译码延迟小。

在变长码中，有一类重要的码称作异前置码。设$\boldsymbol{x}_k$为长度为k的码字，即$\boldsymbol{x}_k = x_1,\cdots,x_k$，称$x_1x_2\cdots x_j \quad (1\leqslant j<k)$为$\boldsymbol{x}_k$的前置（或前缀）。如果一个码中无任何码字是其他码字的前置，那么该码称为异前置码（或前缀条件码）。很明显，异前置码是唯一可译码，而且异前置码与即时码是等价的。

如果用一个特定的码符号表示所有码字的结尾，那么该码称为逗号码（COMMA code）。逗号码是变长码，也是唯一可译码。

例 5.1 设信源符号集为$\{a,b,c,d\}$，采用6种分组编码见表5.2，分析每一种码的唯一可译性。

表 5.2 6种分组码编码方式

信源符号	码A	码B	码C	码D	码E	码F
a	0	0	00	0	1	0
b	0	1	01	10	01	01
c	1	10	10	110	001	011
d	10	11	11	111	0001	0111

解 码A：奇异，非唯一可译；码B：虽然为非奇异，但“10”可译为c，也可以译为ba，所以为非唯一可译；码C：唯一可译，因为非奇异且码字等长；码D：异前置，唯一可译；码E：逗号码（1表示码字尾），也可看成异前置码，唯一可译；码F：0表示码字开头，唯一可译。■

根据上面的分析可得如下结论：对于等长码，只要非奇异，就唯一可译；对于变长码，仅满足非奇异条件还不够。在上面的唯一可译码中，码C，码D，码E为即时码，码F为非即时码。

变长码与定长码在工作条件和效果方面有如下主要差别。

① 变长码编码速率是变化的，故需要在编码后和译码前设置缓冲器；而定长码编码速率恒定，无需缓冲器。

② 定长码码长已知，容易同步；变长码码长可变，终点不定，同步受误码影响大；但逗号码利于同步，可减少系统的处理量。

③ 定长码无差错传播，而变长码容易产生差错传播。

2．分组码的表示——码树

码树是表示分组码码字的重要工具之一。一个 r 进制码树的生成过程如下：从一个根节点出发，延伸成 r 条树支，产生 r 个 1 阶节点；每个 1 阶节点可再延伸成 r 条树支，产生 r 个 2 阶节点，……，直到最末级或终端节点（称作树叶）。因此，树根为码树起点，或起始节点；根经 n 条树支到达的节点为 n 阶节点；每节点延伸出的树支数与进制相同。对给定的每一节点，如果给延伸出的树支分配不同的 r 个码符号，那么所生成的有根树就是码树。

在码树上，从根节点到某阶节点所经过的树支形成一条路径，该路径所对应的码符号序列就构成一个码字。很明显，码树上节点和非奇异码的码字有一一对应的关系。如果码树各叶的阶数相同，则称为全树或整树。很明显，全树对应着等长码，而非全树对应着变长码。如果只用树叶代表码字，那么这个编码就是异前置码。

例 5.2　一个码 C 包含 4 个码字，码字集合为{1,01,000,001}，试用码树来表示。

解　码树采用二进码树，如图 5.4 所示。

在 r 进制码树中，n 阶节点的个数最多为 r^n。例如，二进制码树中，n 阶节点数目最多为 2^n。

5.1.4　无损信源编码系统

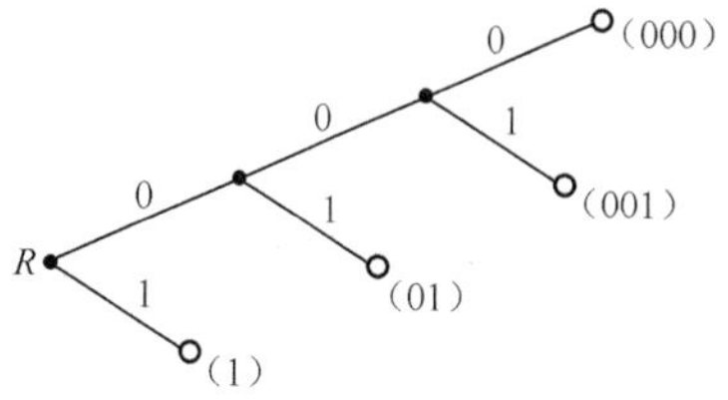

图 5.4　码的二进制码树表示

在实际的无损信源编码系统中，熵编码编译码器只是其中的一部分。因为实际信源的概率分布在很多情况下是未知的，所以采用的无损压缩编码通常都是通用编码方式，其中要对信源的特性，特别是统计特性进行估计，有时在编码前也需要对信源序列进行某些处理。图 5.5 是一个基于统计方法的通用编码系统模型。系统的编码器部分由建模模块和熵编码模块组成。建模模块估计信源符号的概率，熵编码模块根据估计的概率对信源序列进行编码。模型可以是静态的，也可以是自适应的。信源符号的概率可以根据该符号在信源序列中的频率进行估计，这适用于无记忆信源。对于有记忆信源通常则使用基于上下文估计概率的方法。一个符号的上下文就是文本中位于该符号前面的若干个符号。基于上下文的文本压缩方法就是利用一个符号的上下文估计相应的条件概率（这个过程有时也称预测）实现建模，例如，PPM、CTW 等通用编码方法。有些基于统计的编码方法在编码前还需要进行某些变换，使其变成更适合压缩的序列，对于二元信源最常见的就是游程变换。

在通用编码系统中，编译码器需要同步，即译码器要利用与编码器同样的信息建模。所以在编码器中要利用已经处理过的数据进行概率估计，这样才能使得译码器可以利用同样的信息建模。

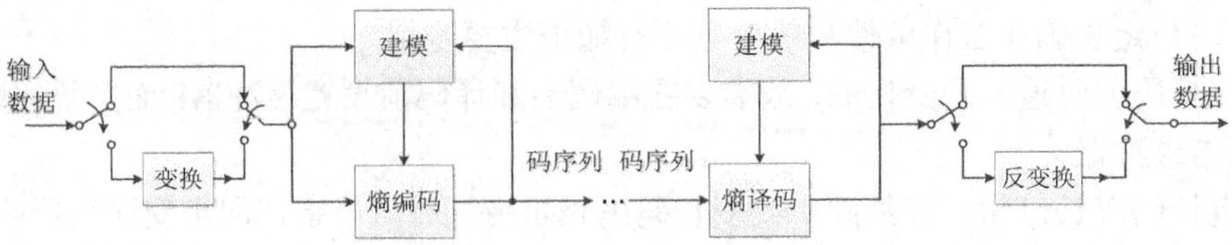

（a）编码器　　　　（b）译码器

图 5.5　基于统计的方法的通用编码系统模型图

5.2　定长码

5.2.1　无失真编码条件

如上所述，对于定长码，只要非奇异就唯一可译。这就要求码字的数目不少于被编码的信源序列的个数。

1．单信源符号编码

设信源 X 包含 n 个符号，码符号集包含的符号数为 r，单信源符号编码的唯一可译条件为

$$n \leqslant r^l \tag{5.1}$$

其中，l 为码长。

2．N 长信源符号序列编码（N 次扩展码）

从包含 n 个信源符号中独立地取 N 个构成消息序列数为 n^N，编成长度为 l 的码字，码字数 r^l 不能少于消息数，即唯一可译条件为

$$n^N \leqslant r^l \text{或} \frac{l}{N} \geqslant \frac{\log n}{\log r} \tag{5.2}$$

其中，l/N 为平均每个信源符号所需码符号数。

如第 3 章所述，26 个英文字母加 1 个空格可视为 27 个符号的信源。如对单符号进行编码，由式（5.1）得 $27 \leqslant 2^l$，则每字母所需二进码符号数为 $l \geqslant \log 27 = 4.755$，可取 $l \geqslant 5$。这就是说，每个英文字母可以用 5 位二进制代码表示。但如果采用适当的信源编码，理论上每字母所需二进制码符号数可以远小于上面的值，即得到很大的码率压缩。本节将证明在理论上可以通过定长码实现这种压缩。

5.2.2　渐近均分特性

定理 5.1　设 X 为一离散无记忆信源，那么对任意给定 $\varepsilon > 0, \delta > 0$，总能找到一个正整数 N_0，使得任何长度为 $N \geqslant N_0$ 的信源序列都可分成两组，且第一组中序列 $\boldsymbol{x}$ 出现的概率 $p(\boldsymbol{x})$ 满足：

$$\left| N^{-1} \log p(\boldsymbol{x}) + H(X) \right| < \delta \tag{5.3}$$

而第二组内所有符号序列出现概率之和小于 ε。

证 先证明式（5.3）。设信源符号集为 $A=\{a_1,a_2,\cdots a_n\}$，各符号出现的概率分别为 p_i，$\boldsymbol{x}=x_1x_2\cdots x_N$ 为长度为 N 的序列，N_i 为 $\boldsymbol{x}$ 中符号 a_i 出现的次数。将信源序列按下列原则分成两组：G_1、G_2，其中，

$$G_1:\{\boldsymbol{x}:\left|N_i/N-p_i\right|<\varsigma,\quad i=1,\cdots,n\} \tag{5.4}$$

$$G_2：\{\boldsymbol{x}：\quad \text{其他}\}$$

其中，ζ 为某一正数。根据大数定律，当序列足够长时，信源符号 a_i 出现的次数接近 Np_i。因此，G_1 中序列的各信源符号出现次数符合大数定律，称典型序列；而 G_2 中序列的符号出现的次数不符合大数定律，称非典型序列。从式（5.4）中可以看出，G_1 随 ς 的不同而改变。

设 $\boldsymbol{x}\in G_1$，则对于 $\boldsymbol{x}$ 中的信源符号 a_i，有

$$-\varsigma<N_i/N-p_i<\varsigma,\quad i=1,\cdots,n$$

或

$$N_i/N=p_i+\theta_i\varsigma, \qquad \text{其中}\left|\theta_i\right|<1$$

由于信源是无记忆的，所以 $\boldsymbol{x}$ 的概率为 $p(\boldsymbol{x})=p_1^{N_1}\cdots p_n^{N_n}$，$\boldsymbol{x}$ 的自信息的负值为

$$\log p(\boldsymbol{x})=\sum_{i=1}^{n}N_i\log p_i=\sum_{i=1}^{n}N(p_i+\theta_i\varsigma)\log p_i$$

$$=-NH(X)+N\varsigma\sum_{i=1}^{n}\theta_i\log p$$

所以

$$N^{-1}\log p(\boldsymbol{x})+H(X)=\varsigma\sum_{i=1}^{n}\theta_i\log p$$

$$|N^{-1}\log p(\boldsymbol{x})+H(X)|=\varsigma|\sum_{i=1}^{n}\theta_i\log p_i|\leqslant\varsigma\sum_{i=1}^{n}|\log p_i|$$

选择 ς，使得

$$\varsigma=\frac{\delta}{\sum_{i=1}^{n}|\log p_i|} \tag{5.5}$$

则式（5.3）成立。

下面证明定理的后半部分。设 $\boldsymbol{x}\in G_2$，根据式（5.3），有

$$\left|N^{-1}\log p(\boldsymbol{x})+H(X)\right|\geqslant\delta \tag{5.6}$$

因为信源是无记忆的，所以 $p(\boldsymbol{x})=p(x_1)\cdots p(x_N)$，所以

$$\log p(\boldsymbol{x})=\sum_{j=1}^{N}\log p(x_j), \tag{5.7}$$

设 $\xi=N^{-1}\sum_{j=1}^{N}\log p(x_j)$，利用 $\{x_j,j=1,\cdots,N\}$ 的独立性和平稳性，可得

$$\overline{\xi}=E_{p(\boldsymbol{x})}(\xi)=N^{-1}\sum_{j=1}^{N}E_{p(x_j)}\log p(x_j)=-H(X) \tag{5.8}$$

$$\begin{aligned}Var(\xi)&=N^{-2}\sum_{j=1}^{N}Var_{p(x_j)}[\log p(x_j)]=N^{-1}\{E\left[\log^2 p(x_j)\right]-H^2(X)\}\\&=N^{-1}[\sum_{i=1}^{n}p_i\log^2 p_i-H^2(X)]=N^{-1}\sigma^2\end{aligned} \tag{5.9}$$

其中，σ^2 为自信息的方差，由下式表示

$$\sigma^2=Var\left[-\log p(x_j)\right]=\sum_{i=1}^{n}p_i\log^2 p_i-H^2(X) \tag{5.10}$$

根据 Chebyshev 不等式：$p\{|\xi-\bar{\xi}|>\delta\}\leqslant Var(\xi)/\delta^2$，可得 G_2 中序列 $\boldsymbol{x}$ 的概率

$$p\left\{\boldsymbol{x}:\left|N^{-1}\sum_{j=1}^{N}\log p(x_j)+H(X)\right|\geqslant\delta\right\}\leqslant\sigma^2/(N\delta^2) \tag{5.11}$$

取 $\dfrac{\sigma^2}{N_0\delta^2}=\varepsilon$，则当 $N>N_0$时，有$\dfrac{\sigma^2}{N\delta^2}<\dfrac{\sigma^2}{N_0\delta^2}=\varepsilon$

现总结如下要点。

① 已知一离散无记忆信源，给定 $\varepsilon,\delta>0$，根据式（5.5）选取 ς，令

$$N_0=\frac{\sigma^2}{\varepsilon\ \delta^2}, \tag{5.12}$$

取 $N\geqslant N_0$，那么，对长度为 N 的信源序列，满足式（5.4）的序列为典型序列，而其他序列为非典型序列。

② 式（5.3）表明，当 N 足够大时，典型序列 $\boldsymbol{x}$ 的 $-\log p(\boldsymbol{x})/N$ 的值接近信源的熵。

下面研究典型序列的特征。

1．典型序列概率的估计

设 $\boldsymbol{x}\in G_1$，则根据式（5.3），有 $-\delta<N^{-1}\log p(\boldsymbol{x})+H(X)<\delta$，即 $-N[H(X)+\delta]<\log p(\boldsymbol{x})<-N[H(X)-\delta]$。假定取 2 为对数的底，则有

$$2^{-N[H(X)+\delta]}<p(\boldsymbol{x})<2^{-N[H(X)-\delta]}$$

简记为

$$p(\boldsymbol{x})=2^{-N[H(X)\pm\delta]} \tag{5.13}$$

从式（5.13）可以看到，当 δ 足够小时，每个典型序列的概率 $p(\boldsymbol{x})$ 接近 $2^{-NH(X)}$，其偏差不大于 $2^{N\delta}$；又根据式（5.12）可知，此时序列的长度需要很大。

2．典型序列个数估计

设 N_G 为 G_1 中序列的个数。首先估计 N_G 上界。利用式（5.13）概率估计的下界，有 $N_G\cdot 2^{-N(H(X)+\delta)}<N_G\cdot\min\limits_{\boldsymbol{x}}p(\boldsymbol{x})\leqslant 1$，所以

$$N_G<2^{N(H(X)+\delta)} \tag{5.14}$$

现在估计 N_G 的下界。利用式（5.13）概率估计的上界，有

$1-\varepsilon\leqslant N_G\cdot\max\limits_{\boldsymbol{x}}p(\boldsymbol{x})<N_G\cdot 2^{-N[H(X)-\delta]}$，所以

$$N_G>(1-\varepsilon)2^{N[H(X)-\delta]} \tag{5.15}$$

综合式（5.14）和式（5.15），有

$$(1-\varepsilon)2^{N[H(X)-\delta]}<N_G<2^{N[H(X)+\delta]} \tag{5.16}$$

3．渐进均分特性（Asymptotic equipartition property AEP）

当长度 N 足够大时，信源序列的性质表现为渐进均分特性。现总结为如下定理。

定理 5.2（平稳无记忆信源 AEP） 设离散平稳无记忆信源 X，当信源序列长度 N 足

够大时，

① 对于典型序列 $\boldsymbol{x}$，有

$$-N^{-1}\log p(\boldsymbol{x}) \to H(X)，（依概率收敛）；\tag{5.17a}$$

② 典型序列接近等概率 $2^{-NH(X)}$，数目近似为 $2^{NH(X)}$；

③ 非典型序列出现的概率接近于零。▌

应该指出，在有些文献中，称满足式（5.4）的典型序列为强典型序列，而称满足式（5.3）的序列为弱典型序列。可见，满足式（5.4）可以推出满足式（5.3），反之则不能。这就是说，强典型序列比弱典型序列要求更强。

对于有记忆信源的，也可按类似的思路研究渐进均分特性。实际上结论是类似的，只不过把单信源的符号熵换成熵率，可以证明下面的定理。

定理 5.3 （平稳遍历信源 AEP） 设平稳遍历信源 X，当信源序列长度 N 足够大时，

① 对于典型序列 $\boldsymbol{x}$，有

$$-N^{-1}\log p(\boldsymbol{x}) \to H_{\infty}(X)，（依概率收敛）；\tag{5.17b}$$

② 典型序列接近等概率 $2^{-NH_{\infty}(X)}$，数目近似为 $2^{NH_{\infty}(X)}$；

③ 非典型序列出现的概率接近于零。▌

实际上，可以把定理 5.2 和定理 5.3 合并成一种情况，因为对于无记忆信源，熵率就等于单符号信源熵。

关于 AEP 定理的结论给了我们这样的启示：设信源序列数为 n^N，编码序列数为 r^l。如果每个信源序列都至少要有一个码字，即需要 $r^l \geqslant n^N$。但是，随着信源序列长度的增加，基本上是典型序列出现，这样我们仅考虑对典型序列的编码，所以实际需要 $r^l \geqslant 2^{NH_{\infty}(X)}$ 个码字。而当信源熵率小于 $\log_2 n$ 时，就会使得码字的长度 l 减小。

5.2.3 定长码信源编码定理

定理 5.4 （**定长码信源编码定理**） 设离散无记忆信源的熵为 $H(X)$，码符号集的符号数为 r，将长度为 N 的信源序列编成长度为 l 的码序列。只要满足：

$$\frac{l}{N}\log r \geqslant H(X) + \delta \tag{5.18}$$

则当 N 足够大时，译码差错可以任意小（$<\varepsilon$）。若上述不等式不满足，肯定会出现译码差错。

证 首先证明正定理。当 δ 已知时，再给定一个任意小的正数 ε，可以根据式（5.12）得到序列长度 N，根据式（5.14）可知，典型序列的个数小于 $2^{N[H(X)+\delta]}$，再根据式（5.18），有 $r^l \geqslant 2^{N[H(X)+\delta]}$，即码序列的数目大于典型序列的数目。这样，在编码时，可以使所有典型序列都有对应的码字，而最坏的情况是所有的非典型序列无对应的码字。但此时，非典型序列出现概率小于 ε，而 ε 是任意给定的，所以译码差错可以任意小。

现证明逆定理。设编码器输出为 Y，若式（5.18）不满足，即有 $l\log r / N < H(X)$，则 $I(X^N;Y^l) = H(X^N) - H(X^N \mid Y^l) \leqslant H(Y^l) \leqslant lH(Y) \leqslant l\log r$，而 $H(X^N) = NH(X)$（离散无记忆信源），所以有 $H(X^N \mid Y^l) \geqslant NH(X) - l\log r > 0$；$H(X^N \mid Y^l)$ 可理解为已知编码序列条件下信源序列的不确定性，如果无差错译码，应有 $\boldsymbol{y} \in Y^l$ 给定后能唯一确定信源序列 $\boldsymbol{x} \in X^N$，即 $H(X^N \mid Y^l) = 0$，现有 $H(X^N \mid Y^l) > 0$，故存在译码差错。▌

注意　对于有记忆信源如马氏源，也有类似的结论，不过是将式（5.18）中的单符号熵换成熵率。

1．定长码编码速率（简称码率）

定长码编码速率定义为

$$R=\frac{l\log r}{N}\ \text{（比特/信源符号）} \tag{5.19}$$

它表示编码后，一个信源符号平均所携带的最大信息量，也可以理解为传送一个信源符号平均所需的比特数。压缩码率实际就是减小编码速率。

2．编码效率

编码效率定义为

$$\eta=\frac{H(X)}{R}=\frac{NH(X)}{l\log r} \tag{5.20}$$

其中，$NH(X)$ 表示 N 长信源序列的所包含的信息量，而 $l\log r$ 表示码序列所能携带的最大信息量。由式（5.19）可知，对于定长无失真编码 η 总是小于 1 的，当 N 足够大时，η 可以接近于 1。由式（5.18）可以看出，当 R 减小时，η 增加。所以压缩码率和提高编码效率是同样的含义。

3．信息传输速率

信息传输速率定义为，每个传输符号所含信息量。信源经信源编码后的信息传输速率为

$$R_{\mathrm{c}}=\frac{NH(X)}{l}\ \text{（比特/码符号）} \tag{5.21}$$

由式（5.20）和式（5.21）可得

$$\eta=\frac{R_{\mathrm{c}}}{\log r} \tag{5.22}$$

很明显，对于二进编码，编码效率与信息传输速率数值相同。

4．无失真信源编码的另一种表述

如果编码速率 $R>H(X)$，则存在无失真编码；反之，肯定有失真。实际上，$R>H(X)$ 与式（5.18）具有相同的含义。

5．信源序列长度与编码效率的关系

设编码速率满足式（5.18），那么 $\eta\leqslant H(X)/(H(X)+\delta)\Rightarrow\eta\delta+\eta H(X)\leqslant H(X)$，得 $\delta\leqslant H(X)(1-\eta)/\eta$。结合式（5.12），得所求信源序列长度为

$$N\geqslant N_0=\left(\frac{\eta}{1-\eta}\right)^2\cdot\frac{\sigma^2}{H^2(X)\varepsilon} \tag{5.23}$$

根据式（5.23）可以得到下面的结论：即信源给定后，若要求编码效率越高，N 就越大，

要求译码差错越低，N 值也越大。

例 5.3 一个二元离散无记忆信源 S，两符号的概率分别为 3/4 和 1/4，现对信源序列进行二元编码，要求编码效率 $\eta=0.96$，差错率 $\varepsilon\leqslant 10^{-5}$，试估计信源序列的最小长度 N。

解 求得信源的熵为 $H(S)=H(1/4,3/4)=0.811$ 比特/符号，

自信息方差为 $\sigma^2=(3/4)\log^2(3/4)+(1/4)\log^2(1/4)-0.811^2=0.4715$，

根据式（5.23），得信源序列最小长度为

$$N\geqslant\frac{0.96^2\times 0.4715}{(1-0.96)^2\times 0.811\times 10^{-5}}=4.13\times 10^7$$

可见，要达到一定误码要求，信源序列长度需很长，所以编码器难于实现。

5.3 变长码

5.3.1 异前置码的性质

如前所述，变长码可用非码全树来描述。图 5.4 就是一个异前置码的码树。从中可以看到异前置码树有这样的特点，即只有端点（树叶）对应码字，从而要求对应码字的端点与根之间不能有其他的节点作为码字，端点也不能向上延伸再构成新码字。

定理 5.5（Kraft 定理） 若信源符号数为 n，码符号数为 r，对信源符号进行编码，相应码长度为 $l_1\cdots l_n$，则异前置码存在的充要条件是

$$\sum_{i=1}^{n} r^{-l_i}\leqslant 1 \text{（Kraft 不等式）} \tag{5.24}$$

证 充分性：即证明当满足式（5.24）条件时，有足够多树叶能代表这些码字。

设 $l_1,\cdots,l_n$ 中最大者为 l_M，做一个 l_M 阶的全树，这样全树包含所有的 $l_1,\cdots,l_n$ 阶节点，树叶总数等于 r^{l_M}。取 l_1 阶的任一节点作为第一个码字，此节点以上延伸的节点要去掉以满足异前置条件，去掉的树叶数为 $r^{l_M-l_1}=r^{l_M}/r^{l_1}$。同理，取 l_2 阶节点，按要求此节点不能在从根到 l_1 的分支上，所去掉的 $r^{l_M-l_2}$ 个树叶与前面去掉的叶各不相同。依次类推，取遍所有 $l_1,\cdots,l_n$ 阶节点后，这些码字所用的总树叶数为

$$r^{l_M-l_1}+r^{l_M-l_2}+\cdots+r^{l_M-l_n}=r^{l_M}(r^{-l_1}+\cdots+r^{-l_n})=r^{l_M}\sum_{i=1}^{n}r^{-l_i}\leqslant r^{l_M}$$

即指定 $l_1,\cdots,l_n$ 后，树上有对应的树叶，从而存在异前置码。

必要性：如果有码长分别为 $l_1,\cdots,l_n$ 的异前置码，那么可以根据 $l_1,\cdots,l_n$ 构造一个码全树，而且各码字都有对应的节点，其最高阶为码字最大长度 l_M，对于阶为 l_k 的节点，占用的树叶数为 $r^{l_M-l_k}$，且各节点对应的树叶互不重复，所以，占用总的树叶数应满足：

$\sum_{k=1}^{n}r^{l_M-l_k}=r^{l_M}\sum_{k=1}^{n}r^{-l_k}\leqslant r^{l_M}$，所以，式（5.24）成立。

注：① 当码长满足 Kraft 不等式时，未必就是异前置码；

② 存在的异前置码并不唯一，如 0，1 交换。

例 5.4 表 5.3 列出了 3 种变长码的编码，并给出了对应每个码的所有的码长和具有同一码长的码字的个数，其中码符号集为{0，1，2，3}。试问对每个码是否存在相应的异前置码？

表 5.3　　3 种变长码的码字的码长和个数

码字个数＼码 码　长	码 1	码 2	码 3
1	3	2	1
2	3	7	7
3	3	3	3
4	3	3	7
5	4	5	4

解　利用 Kraft 不等式来验证。

码 1：因为 $3\times4^{-1}+3\times4^{-2}+3\times4^{-3}+3\times4^{-4}+4\times4^{-5}=1$，所以存在相应的异前置码。同样可以验证：对于码 2 不存在相应的异前置，对于码 3 存在相应的异前置码。实际上，可以用码树来验证，方法更简单。

定理 5.6　若一个码是唯一可译码且码字长度分别为 $l_1,\cdots,l_n$，则必满足 Kraft 不等式，即 $\sum_{i=1}^{n} r^{-l_i}\leqslant 1$，其中，$n,r$ 分别为信源符号数和码符号数。

证　对任意整数 m，计算

$$(\sum_{i=1}^{n} r^{-l_i})^m=\sum_{i_1=1}^{n} r^{-l_{i_1}}\cdot\sum_{i_2=1}^{n} r^{-l_{i_2}}\cdots\sum_{i_m=1}^{n} r^{-l_{i_m}}=\sum_{i_1=1}^{n}\cdots\sum_{i_m=1}^{n} r^{-(l_{i_1}+\cdots+l_{i_m})}$$

令

$$l_{\min}=\min(l_1,\cdots,l_n)$$
$$l_{\max}=\max(l_1,\cdots,l_n)$$

因为 $l_{i_1}+\cdots+l_{i_m}$ 为 m 个码字的某种排列所对应序列的长度，则此长度应在 $ml_{\min}$ 与 $ml_{\max}$ 之间。令 M_i 为长度为 i（即码符号个数为 i）的序列（此序列由 m 个码字组成）的个数，则

$$(\sum_{i=1}^{n} r^{-l_i})^m=\sum_{i=ml_{\min}}^{ml_{\max}} M_i r^{-l_i}$$

根据唯一可译性，有 $M_i\leqslant r^i$（长度为 i 的序列最大可能数目），否则 M_i 中有重复，即对不同的 $l_{i_1}\cdots l_{i_m}$ 的组合有相同的码序列，与唯一可译矛盾。所以

$$(\sum_{i=1}^{n} r^{-l_i})^m\leqslant\sum_{i=ml_{\min}}^{ml_{\max}}1\leqslant ml_{\max}\Rightarrow(\sum_{i=1}^{n} r^{-l_i})\leqslant(ml_{\max})^{1/m}$$

对一切 m 都成立，而 $\lim_{m\to\infty}(ml_{\max})^{1/m}=1$。▌

注意　满足 Kraft 不等式并不一定唯一可译，因为奇异码可能满足 Kraft 不等式。

推论 5.1　任意唯一可译码都可用异前置码代替，而不改变码字的任一长度。

证　根据定理 5.4，由唯一可译可推出满足 Kraft 不等式，再根据定理 5.3，可推出存在以 l_i 为长度的异前置码。▌

5.3.2　变长码信源编码定理

由于变长码的各码字的长度不完全相同，为研究编码的有效性，必须计算平均码长。

单信源符号编码的**平均码长**定义为

$$\overline{l}=\sum_{k=1}^{n}p_k l_k \tag{5.25}$$

其中，p_k 为信源符号 a_k 的概率，l_k 为 a_k 的编码长度。平均码长表示平均每个信源符号所需码符号的个数。对于定长码，平均码长就是码字的长度，即 $\overline{l}=l$。

假如用 N 次扩展源编码，p_k 为信源序列 $\boldsymbol{x}_k$ 的概率，l_k 为 $\boldsymbol{x}_k$ 编码长度，原信源符号平均码长为

$$\overline{l}=\sum_{k=1}^{n^N}p_k l_k \tag{5.26}$$

为提高效率，应该使 $\overline{l}$ 尽量短。但对于唯一可译码，$\overline{l}$ 必须满足下面的条件。

定理 5.7 单符号信源变长码编码定理 给定熵为 $H(X)$ 的离散无记忆信源 X，用 r 元码符号集对单信源符号进行编码，则存在唯一可译码，其平均码长 $\overline{l}$ 满足：

$$\frac{H(X)}{\log r}\leqslant\overline{l}<\frac{H(X)}{\log r}+1 \tag{5.27}$$

其中，对任何唯一可译码都必须满足左边不等式。

证 （1）证明不等式前半部

$$H(X)-\overline{l}\log r=-\sum_i p_i\log p-\sum_i p_i l_i\log r$$

$$=\sum_i p_i\log(p_i r^{l_i})^{-1}\leqslant\sum_i p_i[(p_i r^{l_i})^{-1}-1]\log \mathrm{e}$$
$$=(\log \mathrm{e})(\sum_{i=1}^{n}r^{-l_i}-\sum_i p_i)\leqslant 0$$

因为唯一可译码满足 Kraft 不等式，所以上面不等式成立，当且仅当

$$1/(p_i r^{l_i})-1=0，\text{即 } p_i=r^{-l_i}\ （\text{对所有 } i） \tag{5.28}$$

时，等式成立。

（2）证明不等式后半部

当信源各符号的概率 p_i 给定后，选择各信源符号的码长满足：

$$l_i=\lceil\log_r(1/p_i)\rceil \tag{5.29}$$

其中，$\lceil x\rceil$ 为大于或等于 x 的最小整数，所以

$$\log_r(1/p_i)\leqslant l_i<\log_r(1/p_i)+1 \tag{5.30}$$

由此可推出 $r^{-l_i}\leqslant p_i$，从而有 $\sum_i r^{-l_i}\leqslant\sum_i p_i=1$，即码长满足 Kraft 不等式，根据定理 5.5 可知，存在以 $l_1,\cdots,l_n$ 为长度的唯一可译码；对式（5.30）右边不等式两边求平均，就得式（5.27）右边不等式。▌

注：按式（5.29）选取码长的编码称为香农码。

定理 5.8 有限序列信源变长码编码定理 若对长度为 N 的离散无记忆信源 X 的序列进行编码，则存在唯一可译码，且使每信源符号平均码长满足：

$$\frac{H(X)}{\log r}\leqslant\overline{l}<\frac{H(X)}{\log r}+\frac{1}{N} \tag{5.31}$$

而且对任何唯一可译码左边不等式都要满足。

证 将长度为 N 的离散无记忆信源序列 $\boldsymbol{x}$ 编成香农码，那么序列所对应熵为 $NH(X)$，编码的平均码长为 $N\overline{l}$，根据定理 5.5，有

$$\frac{NH(X)}{\log r} \leqslant N\bar{l} < \frac{NH(X)}{\log r} + 1$$

上式中，各项都除以 N，就得式（5.31）。▌

定理 5.9 对于离散平稳遍历马氏源，有

$$\frac{H_\infty(X)}{\log r} \leqslant \bar{l} < \frac{H_\infty(X)}{\log r} + \frac{1}{N} \tag{5.32}$$

（证明略）▌

定理 5.10 若对信源 X 的 N 次扩展源 X^N 进行编码，当 N 足够大时，总能找到唯一可译的 r 进制编码，使得 X 的平均码长任意接近信源的熵率，即

$$\bar{l} \to H_r(X) = H_\infty / \log r \tag{5.33}$$

证 式（5.32）两边取极限即得式（5.33）。▌

与定长码类似，可以定义变长码的编码速率、编码效率、信息传输速率与编码剩余度等。

- **编码速率** $$R = \bar{l}\log r \tag{5.34}$$
- **编码效率** $$\eta = \frac{H}{R} = \frac{H}{\bar{l}\log r} \tag{5.35}$$
- **信息传输速率** $$R_c = \frac{H}{\bar{l}} \tag{5.36}$$
- **编码剩余度** $$\gamma = 1 - \eta \tag{5.37}$$

关于平均码长的几点注释如下所述。

① 关于 $\bar{l}$ 的上下界：$\bar{l} \geqslant H/\log r$，对所有唯一可译码都要满足；

$\bar{l} < H/\log r + 1$，无需一定满足，但存在，希望 $\bar{l}$ 越小越好。

② 当 $\bar{l} = H/\log r$ 时，$\eta = 1$，此时各信源符号概率为 $p_i = (1/r)^{l_i}$，l_i 为整数，此时每码元平均所带信息量为 $H/\bar{l} = \log r$，所以码元符号独立且等概率。

例 5.5 设二元独立序列 $\boldsymbol{x}_1 = 1011$，$\boldsymbol{x}_2 = 1111$，其中 0 符号概率为 $p_0 = 1/4$，求 $\boldsymbol{x}_1$ 和 $\boldsymbol{x}_2$ 的香农码的码长。

解 $l_s(\boldsymbol{x}_1) = -\log_2 p(1011) = -\log_2 (1/4)\times(3/4)^3 = 3.24$ 比特

$l_s(\boldsymbol{x}_2) = -\log_2 p(1111) = -\log_2 (3/4)^4 = 1.66$ 比特▌

例 5.6 用例 5.3 的信源模型，（1）对单信源符号进行二元编码，即 $s_1 \to 0$，$s_2 \to 1$，求平均码长和编码效率；（2）编成 2 次扩展码，信源序列与码序列的映射关系为 $s_1s_1 \to 0, s_1s_2 \to 10, s_2s_1 \to 110, s_2s_2 \to 111$，求平均码长和编码效率。

解 （1）$\bar{l} = 1$，$\eta = H(X)/\bar{l} = 0.811$ 比特。

（2）信源序列的概率：

$p(s_1s_1) = (3/4)\times(3/4) = 9/16$；$p(s_1s_2) = (3/4)\times(1/4) = 3/16$；

$p(s_2s_1) = (1/4)\times(3/4) = 3/16$；$p(s_2s_2) = (1/4)\times(1/4) = 1/16$。

平均码长：$\bar{l} = (1\times 9/16 + 2\times 3/16 + 3\times 3/16 + 3\times 1/16)/2 = 27/32$。

编码效率：$\eta = H(X)/\bar{l} = 0.811/(27/32) = 0.961$。

与例 5.3 相比，可以看出，为得到同样编码效率所用的平均码长比定长码小得多。容易达到高的编码效率，是变长码的显著优点。

根据前面的研究，现对无失真信源编码定理做如下总结。

定理 5.11 （无失真信源编码定理——香农第一定理） 如果信源编码码率（即编码后传送一个信源符号平均所需比特数）不小于信源的熵率，就存在无失真信源编码，反之就不存在无失真信源编码，可简述为 $R \geqslant H \Leftrightarrow$ 存在无失真信源编码。其中，R 表示码率，H 表示信源熵率 $H_\infty(X)$，可简写为 H_∞，对于无记忆信源为单符号熵 $H(X)$。

定理的几点含义：

① 存在 $R \geqslant H$ 的无失真信源编码（例如，可以构造码率为 R 的香农码）；

② H 是无损压缩码率下界，只要信源序列足够长，这个下界是可达的（例如，可以构造 N 次扩展源的香农码，令 $N \to \infty$）；

③ 不存在 $R < H$ 的无失真信源编码；

④ 上面①、②构成正定理的内容，而③构成逆定理的内容；

⑤ 该定理适用于所有类型信源（包括无记忆和有记忆信源）和所有无损信源编码方式（分组码、非分组码及其他类型的编码）。

5.4 最优编码

本节重点介绍 Huffman 编码，随后简要介绍香农码。首先介绍最优码的概念。设两种唯一可译码 C 和 C' 的码长分别为 $l(x)$ 和 $l'(x)$，若 $E[l(x)] < E[l'(x)]$，则称在平均码长最小准则下 C 优于 C'。若对所有 C' 都有 C 优于 C'，则称 C 是在平均码长最小准则下的最优码。这就是说，若一个唯一可译码的平均码长小于所有其他唯一可译码，则称该码为最优码（或紧致码）。应注意，最优是唯一可译码之间的比较，因此最优码的平均码长未必达到编码定理的下界。因为提高传输有效性是通信系统重要的技术指标，所以平均码长最小是评价信源编码性能的首选准则。若无特殊说明，最优码都是指平均码长最小准则下的编码。

5.4.1 二元 Huffman 编码

设信源 X 的符号取自 $A = \{a_1, \cdots, a_n\}$，概率按大小排列为 $p(a_1) \geqslant p(a_2) \geqslant \cdots \geqslant p(a_n)$，所对应的码字为 $\boldsymbol{x}_1$，$\boldsymbol{x}_2, \cdots$，$\boldsymbol{x}_i, \cdots, \boldsymbol{x}_n$，其中 $\boldsymbol{x}_i$ 为 a_i 对应的码字，码长分别为 l_1，$l_2, \cdots$，$l_i, \cdots, l_n$。先证明下面的定理。

定理 5.12 若一信源，存在最优二进制信源编码，其中两个最小概率符号对应两个最长的码字 $\boldsymbol{x}_n, \boldsymbol{x}_{n-1}$，它们长度相同且仅最后一个码位有别，即其中一个 $\boldsymbol{x}_{n-1}$ 的最末尾是 0，而另一个 $\boldsymbol{x}_n$ 的最末尾是 1（或者相反）。

证 证明分为两步：①首先证明对于最优码，概率小的符号对应长度长的码字。

设有一编码，其中 $l_j < l_i (i < j)$。现令 $\boldsymbol{x}_i$，$\boldsymbol{x}_j$ 互换，即：由 $\begin{cases} a_i \to x_i \\ a_j \to x_j \end{cases}$ 改为 $\begin{cases} a_i \to x_j \\ a_j \to x_i \end{cases}$。

计算平均码长的变化 Δl 为

$$\begin{aligned} \Delta l &= p_i l_j + p_j l_i - (p_i l_i + p_j l_j) \\ &= (p_i - p_j)(l_j - l_i) < 0 \end{aligned} \tag{5.38}$$

即这样互换后平均码长 $\bar{l}$ 减小。因此，用码长大的码字代表概率小的信源符号，将概率最小的信源符号用最长的码字来代表，会有最小的$\overline{l}$。所以对于最优码，$\boldsymbol{x}_n,\boldsymbol{x}_{n-1}$应具有最大长度。

② 下面证明$\boldsymbol{x}_n,\boldsymbol{x}_{n-1}$长度相同，且只有最后一位不同。存在下面因果关系：一个最优码唯一可译$\Rightarrow$码长满足 Kraft 不等式$\Rightarrow$存在与其同样码长的异前置码。根据①可知$\boldsymbol{x}_n$为最优异前置码中最长的之一，但如果仅有$\boldsymbol{x}_n$是唯一最长的码字，那么由于异前置性，可去掉$\boldsymbol{x}_n$的最后一位，所得到的码字与其他码字并不相同，也不违反异前置性，这就是说，码长可以减小，仍唯一可译，这就与最优矛盾，因此必须还有一个长度相同但仅末位与其不同的码字存在，这个码字就是$\boldsymbol{x}_{n-1}$。▌

注：① 除$\boldsymbol{x}_n,\boldsymbol{x}_{n-1}$外，定理并没有排除存在其他码字和$\boldsymbol{x}_n,\boldsymbol{x}_{n-1}$的长度一样也是最长的；

② 最长的码字肯定成对出现，只有最后一位有别。

下面根据上述定理的结论，给出二元最优异前置码的构造方法。

设信源 S：$p(a_1)\geqslant\cdots\geqslant p(a_n)$，对应的码字为：$\boldsymbol{x}_1,\cdots,\boldsymbol{x}_n$，将概率最小的两个信源符号$a_{n-1},a_n$合并，从而产生一个新信源（也称缩减信源）$S'$：$\{a_1',\cdots,a_{n-1}'\}$，原信源与新信源符号概率的关系如下：

$$p(a_i')=\begin{cases} p(a_i),1\leqslant i\leqslant n-2 \\ p(a_i)+p(a_{i+1}),\ \ i=n-1 \end{cases} \tag{5.39}$$

设符号$a_1',\cdots,a_{n-1}'$对应的码字为$\boldsymbol{x}_1',\cdots,\boldsymbol{x}_{n-1}'$。对新信源编码后，由$\boldsymbol{x}_1',\cdots,\boldsymbol{x}_{n-1}'$按下面的关系就可恢复原来信源的码字：

$$\begin{aligned} \boldsymbol{x}_i &= \boldsymbol{x}_i', \qquad i=1,\cdots,n-2 \\ \boldsymbol{x}_{q-1} &= \boldsymbol{x}_{q-1}'+\text{"0"} \\ \boldsymbol{x}_q &= \boldsymbol{x}_{q-1}'+\text{"1"} \end{aligned} \tag{5.40}$$

这里“+”表示后接某符号。下面证明，若$\boldsymbol{x}_i'$对信源S'是最优的异前置码，则$\boldsymbol{x}_i$对信源S也是最优的异前置码。设对S'的编码码长为$l_1',\cdots,l_{n-1}'$，对S编码的码长为$l_1,\cdots,l_n$，则

$$l_i=\begin{cases} l_i', & 1\leqslant i\leqslant n-2 \\ l_{q-1}'+1, & i=n-1,n \end{cases}$$

对S有平均码长

$$\overline{l}=\sum_{i=1}^{n}p_il=\sum_{i=1}^{n-2}p_i'l'+p_{n-1}l_{n-1}+p_nl_n$$

$$\begin{aligned} &=\sum_{i=1}^{n-2}p_i'l'+(p_{n-1}+p_n)l_{n-1}'+p_{n-1}+p_n \\ &=\overline{l}'+p_{n-1}+p_n \end{aligned}$$

因此，
$$\begin{cases} \overline{l}'\text{最小} \\ p_{n-1}+p_n\text{最小} \end{cases}\Rightarrow\overline{l}\text{最小}$$

这样，可以采用合并信源S两个最小概率符号的方法，逐步地按这样的路线去编码：$S\to S'\to S''\to\cdots\to 2$字母信源，最后将2字母信源分配0，1符号；然后按式（5.40）逐步反推到原信源S，从而得到原信源的最优编码。这种编码称作二元 Huffman 编码。

通过以上分析可总结为如下定理。

定理 5.13 二元 Huffman 码是最优编码，即如果 Huffman 码的平均码长为$\overline{l}_{\mathrm{H}}$，而任何其

他编码的平均码长为 $\bar{l}_C$，就有 $\bar{l}_H \leqslant \bar{l}_C$。

例 5.7　一信源 S 的符号集 $A=\{a_1, a_2, a_3, a_4, a_5,\}$，概率分别为 0.4,0.3,0.2,0.05,0.05。试对信源符号进行二元 Huffman 编码。

解　依次做信源 S', S'', S'''，最后将 0，1 符号分配给 S'''，如图 5.6 所示。

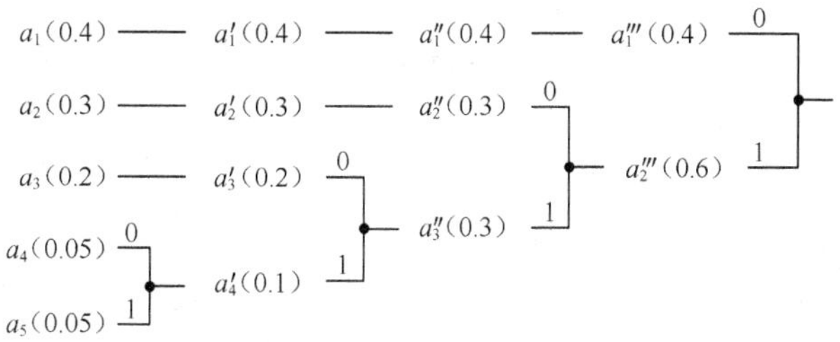

图 5.6　Huffman 编码原理示意图

编码结果见表 5.4。

表 5.4　　**编码结果**

信源符号	a_1	a_2	a_3	a_4	a_5
码字	0	10	110	1110	1111

▌

下面总结二元 Huffman 编码方法。

① 将信源符号概率按大小依递减次序排列；合并两概率最小者，得到信新源；并分配 0，1 符号。

② 新信源若包含两个以上符号，则返回①，否则到③。

③ 从最后一级向前按顺序写出每信源符号所对应的码字。

例 5.8　一信源 S 的符号集 $A=\{a_1, a_2, a_3, a_4, a_5,\}$，概率分别为 0.4,0.2,0.2,0.1,0.1。试对信源符号进行二元 Huffman 编码，并计算平均码长和编码效率。

解　Huffman 编码过程和结果如图 5.7 所示。

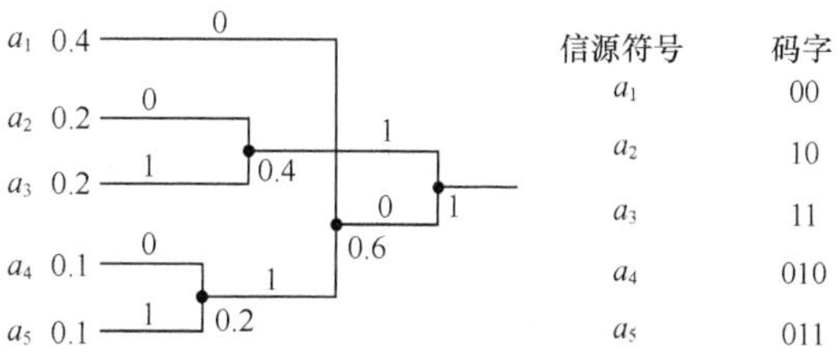

图 5.7　Huffman 编码

信源熵：

$$H(S) = -0.4\log 0.4 - (0.2\log 0.2)\times 2 - (0.1\log 0.1)\times 2 = 2.122 \text{ 比特/信源符号}$$

平均码长：

$$\bar{l} = 0.4\times 2 + 0.2\times 2 + 0.2\times 2 + 0.1\times 3\times 2 = 2.2 \text{ 码元/信源符号}$$

编码效率：

$$\eta = H(S)/\bar{l} = 2.12/2.2 = 0.965$$ ▌

实际上，二元 Huffman 码的码树是一种有根概率树，其特点是，叶熵等于信源的熵，路径长度等于码长，故可根据码树计算平均码长。例如，在例 5.8 中，平均码长等于码树上除叶节点外所有节点的概率之和，从而有 $\overline{l} = 0.4 + 0.2 + 0.6 + 1 = 2.2$。原则上，信源熵也可根据码树计算，但由于各节点的分支熵并不能保证相同，计算效率提高不大，还可能更繁，但因都是二元分支熵，如果有现成的二元信源熵表可查，那么计算信源熵可转化成计算二元信源熵的线性组合。例如，在例 5.8 中，$H(S) = H(0.4) + 0.6 \times H(1/3) + 0.4 + 0.2 = 2.122$。

关于 Huffman 编码的注释如下所述。

① Huffman 编码是最优异前置码：

- 是在平均码长意义上的最优，无其他指标要求；
- 虽然定理只针对二元编码情况进行证明，但可以证明对于多进制编码也最优。

② 编码结果并不唯一，例如，0，1 可换，相同概率符号码字可换，但 $\overline{l}$ 不变。

③ 不一定达到编码定理下界，达下界条件是：$p_i = 2^{-l_i}$。

④ 通常适用于多元信源，对于二元信源，必须采用合并符号（变成扩展源）的方法，才能得到较高的编码效率。

应该指出，如果仅考虑传输效率，那么只要平均码长最小，就达到了最优码的要求。但在某些场合，编码的其他指标，例如，码长方差，也应该考虑。现定义编码码长方差为

$$\sigma^2 = E[(l_i - \overline{l})^2] = \sum_{i=1}^{n} p_i (l_i - \overline{l})^2 = \sum_{i=1}^{n} p_i l_i^2 - (\overline{l})^2 \tag{5.41}$$

对于码长方差不同的最优码，性能也有所不同。如前所述，变长码通过恒定速率信道传输，需设置缓冲器。而码长方差小，所需的缓冲器容量就小，因此为降低通信的成本，在平均码长相同的条件下，应选择方差小的编码。

例 5.8 （续）证明图 5.8 的编码方式也是最优的，并分别计算图 5.7 和图 5.8 所对应的码长方差 σ_1^2, σ_2^2，然后进行比较。

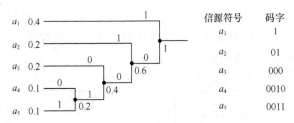

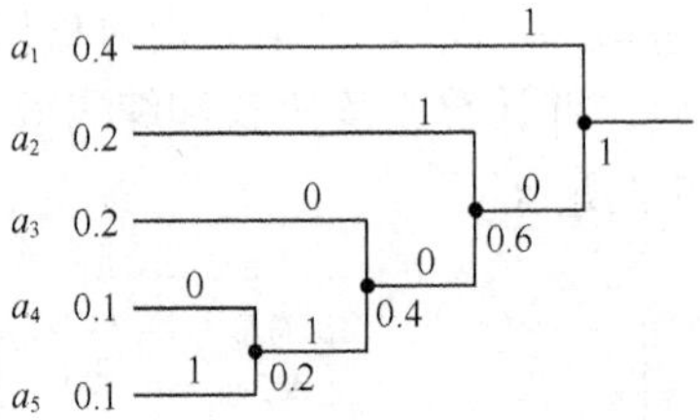

信源符号	码字
a_1	1
a_2	01
a_3	000
a_4	0010
a_5	0011

图 5.8　Huffman 编码

解　图 5.8 所对应的平均码长 $\overline{l} = 0.2 + 0.4 + 0.6 + 1 = 2.2$，与图 5.7 编码平均码长相同，所以也是最优编码。分别计算码长方差如下：

$$\sigma_1^2 = 0.4 \times 2^2 + 0.2 \times 2^2 + 0.2 \times 2^2 + 0.1 \times 3^2 + 0.1 \times 3^2 - 2.2^2 = 0.16$$

$$\sigma_2^2 = 0.4 \times 1 + 0.2 \times 2^2 + 0.2 \times 3^2 + 0.1 \times 4^2 + 0.1 \times 4^2 - 2.2^2 = 1.36$$

可见图 5.7 的编码比图 5.8 的编码方差小。■

为实现方差最小的最优码，具体可采用如下方法：在编码时，应使合并后的信源符号位于重新排序后概率相同符号的尽可能高的位置上，这样可以减少个别符号合并次数，使各符号的码长尽量均衡。

例 5.8 （续）如果 $\{a_1, a_2, a_3, a_4, a_5,\}$ 所对应的码字为 $\{0,100,101,110,111\}$，证明该编码也

是最优的。(略)

注意

此例说明，对于最优二进制编码，最长码字不限于两个，但一定是偶数，且成对出现。

5.4.2 多元 Huffman 编码

通过观察可知，要使编码的平均码长最短，对应的码树要构成满树是必要条件。对于 r 元 Huffman 编码，从第 n 阶的 1 个节点到 n+1 阶节点，增加的数目为 $r-1$。因此，达到满树时，总的树叶数为

$$s = r + (r-1)m \tag{5.42}$$

其中，m 为非负整数。因此，信源符号数 q 必须满足式（5.42），编码才能达到满树。否则，就利用式（5.42）计算出大于 q 的最小正整数 s，然后给信源增补零概率符号，使增补后的信源符号总数为 s。编码后，去掉这些零概率符号所对应的码字，其余码字为所需码字。

例 5.9 某离散无记忆信源有 8 个信源符号$\{a_0, a_1, a_2, a_3, a_4, a_5, a_6, a_7\}$，各符号的概率分别为 0.1，0.1，0.1，0.1，0.1，0.4，0.05，0.05。若码符号集为{0，1，2}，对其进行三元 Huffman 编码，并求平均码长、编码效率及编码器输出的信息传输速率。

解 由于 $r=3$，$q=8$，根据式(5.42)计算大于 8 的最小正整数，得 $s=3+2m=9(m=3)$，所以信源需要增加 1 个零概率符号。编码如图 5.9 所示。

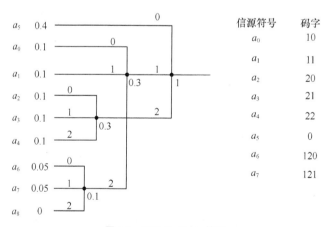

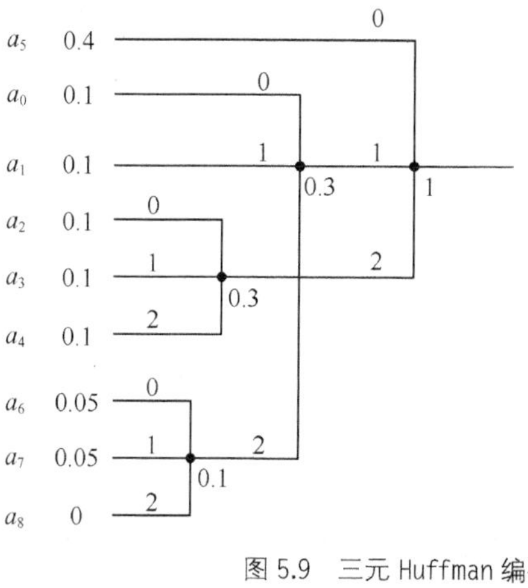

信源符号	码字
a_0	10
a_1	11
a_2	20
a_3	21
a_4	22
a_5	0
a_6	120
a_7	121

图 5.9 三元 Huffman 编码

平均码长：

$$\bar{l} = 0.4 + 2\times 0.5 + 3\times 0.1 = 1.7 \text{ 码元/信源符号}$$

信源熵：

$$H(X) = H(0.1, 0.1, 0.1, 0.1, 0.4, 0.05, 0.05) = 2.622 \text{ 比特/符号}$$

编码效率：

$$\eta = \frac{H(X)}{\bar{l}\log r} = \frac{2.622}{1.7\times\log 3} = 0.9729$$

信息传输速率：

$$R_c = \frac{H(X)}{\bar{l}} = \frac{2.622}{1.7} = 1.542 \text{ 比特/信源符号}$$

5.4.3 Huffman 决策树

Huffman 编码可以用作决策树。如果有 n 个互斥随机事件，概率分别为 p_i，现用某种测试方法分步对所选择的目标事件进行识别，要求具有最小的决策平均次数，相当于对这些事件进行 Huffman 编码。Huffman 编码形成的码树可以看成决策树，方向从根到叶，其中每个节点都是决策节点。决策树被广泛应用在企业数据处理、系统分析及数据挖掘等领域中。

例 5.10 甲手中有 4 张纸牌，点数分别为 1，2，3，4，要求乙猜：乙可以向甲提问题，甲只能用是否来回答。求乙平均最少问几个问题可以猜到纸牌的点数和相应的策略。

（1）1，2，3，4 的概率均为 1/4 的决策树。

（2）1，2，3，4 的概率分别为 1/2，1/4，1/8，1/8 的决策树。

解 对于决策树问题，我们要首先进行 Huffman 编码，然后将 Huffman 编码码树变成决策树。决策的设计方法：每步决策结果应该与节点分支的概率匹配。

（1）由于各点数概率相同，因此得到如图 5.10 所示的决策树。

（2）各点数概率不同，依据 Huffman 编码得到如图 5.11 所示的决策树。

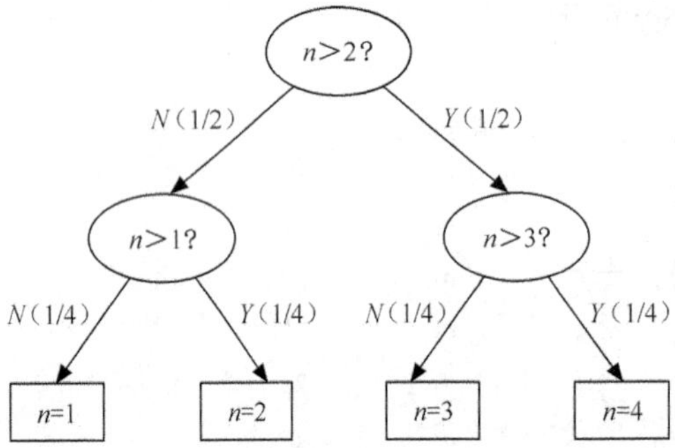

图 5.10 决策树

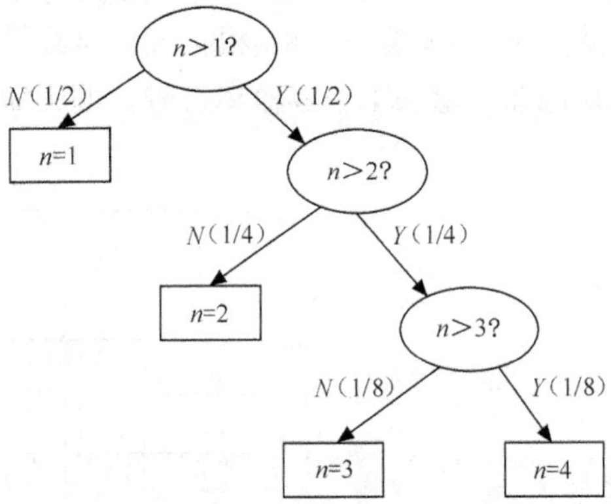

图 5.11 决策树

5.4.4 规范 Huffman 编码

当信源的符号数很大时，编码所需的存储量就很大，译码速度也很慢。为了满足低译码复杂度和低存储量的要求，Schwartz 于 1964 年提出了一种规范（Canonical）Huffman 编码。这种编码是二元编码，特别适用于大字母表和快速译码要求的场合。编码的基本方法是，将长度相同的码字编成一组，每组的码字用连续整数的二进制代码表示，因此码字以连续的存储器地址存储，这样可以用很少的数据重建 Huffman 树的结构，加快了编译码速度。

首先通过常规二元 Huffman 编码（要求码长方差最小）得到每个信源符号对应码字的码长，然后按长度对码字分组。设码组的长度从小到大依次为 $l_1, l_2, \cdots, l_K$，规范 Huffman 编码算法如下。

① 先从长度为 l_1 的码组开始，将 l_1 个 “0” 分配给组内第一个码字；

② 同组的其他码字为其前面码字的代码值加 1；

③ 长度为 l_{k+1} 码组的第 1 个码字为长度为 l_k 码组中最后一个码字的二进制代码加 1，并在后面补 $l_{k+1}-l_k$ 个 “0”；

④ 步骤②、③不断重复，直到所有长度码组分配到码字，就得到规范 Huffman 编码。

例 5.11 一信源符号集 $A=\{a,b,c,d,e,f,g,h,i,j\}$，概率分别为 0.42,0.15,0.15,0.1,0.03,0.03,0.03,0.03,0.03,0.03，试将信源符号编成规范 Huffman 编码。

解 通过常规 Huffman 码树得到的码字共有 4 种长度，按长度分为 4 组：第 1 组有 1 个码字，码长为 1；第 2 组有 2 个码字，码长为 3……。规范 Huffman 码字按下面方法确定：第 1 组的码字确定为 0，第 2 组的第一个码字通过 0+1 后面再补 2 个 “0” 成为 100，另一个为（100+001=）101……。Huffman 树码字和规范 Huffman 码字见表 5.5 中第二和三行所示。▌

表 5.5 **Huffman 码树和规范 Huffman 编码**

信源符号	*a*	*b*	*c*	*d*	*e*	*f*	*g*	*h*	*i*	*j*
Huffman 树码字	1	001	011	0101	01001	01000	00011	00010	00001	00000
规范 Huffman 码字	0	100	101	1100	11010	11011	11100	11101	11110	11111

注：

① 规范 Huffman 码与通过构造 Huffman 码树得到的编码长度相同；

② 规范 Huffman 码未必可以通过 Huffman 码树直接得到；

③ 规范 Huffman 码是异前置码；

④ 编码器向译码器传送的编码器信息只包含每一种长度的第一个码字即可。

例 5.12 某二元 Huffman 编码码字长度为（2,2,2,3,5,5,5,5），试编成规范 Huffman 码。

解 按规范Huffman编码算法，所有码字为00,01,10,110,11100,11101,11110,11111。▌

通过规范 Huffman 码的码字分配可以看到，两个长度分别为 i 和 j 的码字，其中 $i>j$，那么长度为 i 的码字的前 j 位大于长度为 j 的码字的值。这个性质可以用来实现规范 Huffman 码的译码。假定译码器已经接收到编码器关于每一种长度的第一个码字的信息。在译码时，逐位读入编码序列码流，从长度为 l_1 的接收分组开始，依据可能的码字长度 $l_1,l_2,\cdots,l_k$，判断长度为 l_i 的接收分组代码值是否小于同长度第一个码字的值。如果小于，就说明该接收分组包含长度为 l_{i-1} 的码字；否则继续输入下一位，然后进行后续的判断。

例 5.12（续） 设译码器输入的规范 Huffman 编码序列为 11011 101 000 1100 ，试对该序列进行译码。

解 4 种长度的第一个码字的集合为{0，100，1100，11010}。接收分组为 1，因为 1>0，输入下两位，接收分组为 110；因为 110>100，输入下一位，接收分组为 1101；因为 1101>1100，输入下一位，接收分组为 11011；因为 11010<11011<11111，判为码字：11011。继续输入未判决的符号。接收分组为 1，因为 1>0，输入下两位，接收分组为 101，因为 101>100，输入下一位，接收分组为 1010，因为 1010<1100,，接收分组为 101，而 101-100=001，判为码字：101。▌

5.4.5 马氏源的 Huffman 编码

前面介绍的单符号 Huffman 编码是针对无记忆信源的，但对于有记忆信源，如马氏源，根据信源编码定理，编码速率的下界是熵率而不是单符号熵，所以采用单符号编码的方法会使编码效率降低。对于马氏源序列，采用按状态编码的方法，就可以得到高的编码效率。

设平稳马氏源状态 s 的数目为 J，每状态下输出符号条件概率为 $p(x|s=j), j=0,1,\cdots,J-1$。对每个状态进行最优编码，如Huffman编码，因此共有 J 个子编码。给定一信源序列 $x_1,\cdots,x_n,\cdots$，状态序列为 $s_1,\cdots,s_n,\cdots$。编码时，用 s_1 码表对 x_1 编码，输出对应的码字，然后根据 s_1,x_1 得到下一个状态 s_2，再用 s_2 码表对 x_2 编码，输出对应的码字……，如此重复，直到处理器最后一个信源符号 x_n。译码时，假定译码器初始状态 s_1 已知，用 s_1 码表进行译码，根据 s_1 和译码输出确定下一个状态，设为 s_2，再用 s_2 码表进行译码，如此重复……，直到最后一个编码符号处理完。

例 5.13 设一阶马氏链状态转移矩阵如式（5.43）所示，试对该马氏源进行Huffman编码，并计算编码效率。

$$\begin{pmatrix} 0 & 1/2 & 1/2 \\ 1/4 & 1/2 & 1/4 \\ 0 & 1 & 0 \end{pmatrix} \tag{5.43}$$

解 该马氏链包含3个状态，设为$\{a, b, c\}$，每个状态代表一个输出符号，在3个状态下的Huffman编码见表5.6。

表 5.6 **3个状态下的Huffman编码**

符号＼编码＼状态	a	b	c
a	—	10	—
b	0	0	—
c	1	11	—

先求平稳分布。由

$$(\pi_a \quad \pi_b \quad \pi_c)\begin{pmatrix} 0 & 1/2 & 1/2 \\ 1/4 & 1/2 & 1/4 \\ 0 & 1 & 0 \end{pmatrix} = (\pi_a \quad \pi_b \quad \pi_c)$$

得到

$$(\pi_a \quad \pi_b \quad \pi_c) = (2/13 \quad 8/13 \quad 3/13)$$

其中，π_i 为 i 状态的平稳分布概率（i=a,b,c）。设 $\overline{l}_i$ (i=a,b,c)为在 i 状态下编码的平均码长，计算得 $\overline{l}_a=1$，$\overline{l}_b=1\times1/2+\times2\times2\times1/4=1.5$，$\overline{l}_c=0$，所以平均码长为

$\overline{l}=\sum_i \pi_i \overline{l}_i=\frac{2}{13}\times1+\frac{8}{13}\times1.5=\frac{14}{13}$，信源熵率为 $H_\infty=\frac{2}{13}\times1+\frac{8}{13}\times1.5=\frac{14}{13}$ 比特/符号，所以，编码效率为 $\eta=H_\infty/\overline{l}=(14/13)/(14/13)=1$。▌

利用平稳分布的编码结果为 a:11，b:0，c:10，得 $\overline{l}=\frac{2}{13}\times2+\frac{8}{13}\times1+\frac{3}{13}\times2=\frac{18}{13}$，编码效率为 $\eta=\frac{H_\infty}{\overline{l}}=(\frac{14}{13})/(\frac{18}{13})=0.778$。可见，用状态编码比用平稳分布编码效率高。

根据信源编码定理可知，对于马氏源还可以对多个符号合并编码，即对原信源的 N 次扩

展源进行编码，而且 N 越大，编码效率越高。例如，可对状态转移矩阵为式（5.43）马氏源的 2 次或 3 次扩展源进行 Huffman 编码，编码效率要高于单符号编码。

5.4.6 香农码

如前所述，按式（5.29）选取码长的分组码称为香农码，其编码过程如下：①根据信源符号已知概率分布按式（5.29）选取每个符号的码字长度；②做二元编码码树，选取价数与码长相同的树叶作为码字。注意：在一般情况下，香农码的码树不是满树。

例 5.14 一信源 S 的符号集 $A=\{a_1, a_2, a_3, a_4\}$，概率分别为 9/24,7/24,1/4,1/12。试将信源符号编成香农码和二元 Huffman 编码，并分别计算平均码长。

解 设信源符号对应码字 c_1,c_2,c_3,c_4，码长分别为 l_1,l_2,l_3,l_4，对于香农码，根据式（5.29），得 $l_1=\lceil -\log_2(9/24)\rceil=2$，同理可得 l_2,l_3,l_4。香农码和二元 Huffman 码的码字、码长和平均码长见表 5.7。

表 5.7 香农码和二元 Huffman 码的码字、码长和平均码长

	c_1	c_2	c_3	c_4	l_1	l_2	l_3	l_4	平均码长
香农码	11	10	01	0000	2	2	2	4	13/6
Huffman 码	0	10	111	110	1	2	3	3	47/24

▌

关于香农码性能有如下结论。

① 在平均码长最小准则下，香农码不是最优码，在一般情况下，劣于 Huffman 码。但当码符号的概率等于 r（编码进制）的整数倍时，两者编码效率相同，都达到编码定理码率的下界。根据定理 5.6 可知，香农码可认为是在渐近意义上（信源序列足够长）的最优编码。

② 对于给定信源，并不是香农码的所有码长都大于 Huffman 码，有某些个别码长可能比对应的 Huffman 码长小。例 5.14 中第 3 个码长，香农码长为 2，而 Huffman 码长为 3。

③ 香农码可以单独通过信源符号的概率确定其对应的码字长度，而 Huffman 码只有对所有信源符号编码后，才能确定码字长度。

④ 在竞争最优（competitive optimality）准则下，可证明香农码是最优的。设两种唯一可译码 C 和 C' 的码长分别为 $l(x)$ 和 $l'(x)$，若 $p[l(x)<l'(x)]\geqslant p[l(x)>l'(x)]$，则称在竞争最优准则下 C 优于 C'。若对于所有唯一可译码 C'，都有 C 优于 C'，则称编码 C 是竞争最优的。竞争最优准则可用于博弈论中。

⑤ 关于理想码长。根据信源编码定理可知，为达到足够高的编码效率，应该对信源序列进行编码，而不是单符号编码。设信源序列为 $\boldsymbol{x}$，概率为 $p(\boldsymbol{x})$，对应的编码长度为 $l(\boldsymbol{x})$，如果忽略对码长的整数约束，那么取码长

$$l_s(\boldsymbol{x})=-\log p(\boldsymbol{x}) \tag{5.44}$$

这种码长称为香农码长。而其他码长 $l(\boldsymbol{x})$ 与香农码长的差值称为编码的单独剩余度，表示为

$$\rho(\boldsymbol{x})=l(\boldsymbol{x})-l_s(\boldsymbol{x})=-\log[p(\boldsymbol{x})/q(\boldsymbol{x})] \tag{5.45}$$

这里，设 $l(\boldsymbol{x})$ 编码的概率为 $q(\boldsymbol{x})$。用序列的实际概率 $p(\boldsymbol{x})$ 对上式取平均，得编码平均剩余度：

$$\overline{\rho}=E_p[l(\boldsymbol{x})-l_s(\boldsymbol{x})]=E_p\{\log[p(\boldsymbol{x})/q(\boldsymbol{x})]\}=D(p(\boldsymbol{x})\|q(\boldsymbol{x}))\geqslant 0 \tag{5.46}$$

这就是说，$E_p[l(\boldsymbol{x})]\geqslant E_p[l_s(\boldsymbol{x})]$。而 $D(p\|q)$ 是由于缺乏信源概率分布的知识而使用 $q(\boldsymbol{x})$ 编码产生的与理想码长的差距。当信源序列 $\boldsymbol{x}$ 很长时，用 Huffman 编码方法确定码长很困难，但香农码长容易确定，而且香农码也是渐近最优的，所以香农码长称为最佳或理想码长，常作为衡量非分组码和通用编码压缩性能的基准，而编码剩余度也是这类信源编码的首要技术指标。

*5.5　几种实用的信源编码方法

除 Huffman 编码外，还有很多重要的无损压缩编码方法，本节介绍算术编码、游程编码及 LZ 编码。前两种编码需要知道信源符号的概率，属于熵编码，后一种编码采用字典法，也不需知道信源的统计特性，属于通用编码。

5.5.1　算术编码

如前所述，Huffman 编码虽然是最优的分组码，但是不适合符号数少的信源，特别是二元信源，算术编码就能弥补这个缺点。算术编码是一种非分组码，编码时，信源符号序列连续地进入编码器，通过编码器的运算得到连续的编码器输出。所以，算术编码是将一条信源序列映射成一条码序列，这样的码序列有时也称为码字。算术编码的实质就是，将一条信源序列映射到[0，1）区间中的一个子区间（这种映射是一一对应的关系，以保证唯一译码），然后取这个子区间内的一点作为码字，只要码长选择合适，就可以保证唯一可译。而且当信源序列长度足够大时，每信源符号的平均码长接近信源的熵。因篇幅所限，本节仅介绍算术编码的基本知识，主要包括积累概率及其计算、编译码方法，以及算术编码的特点等。

1．积累概率及其计算

积累概率是算术编码中的基本概念，包含单符号积累概率和序列积累概率。

设信源 X 的符号集 $A=\{a_1,a_2,\cdots,a_n\}$，对应的概率分别为 $p_1,p_2,\cdots,p_n$。定义单信源符号 a_k 的积累概率为

$$P(a_k)=\sum\nolimits_{i=1}^{k-1}p_i \tag{5.47}$$

其中规定，$P(a_1)=0$。可见，这些积累概率所对应的点把区间[0，1）分成 n 个子区间，第 k 个符号 a_k 对应第 k 个子区间 I_k，且 $I_k=[P(a_k),P(a_k)+p_k)$，子区间是左闭右开的。

类似地，可以定义信源序列（以下简称序列）的积累概率。首先要对同长度序列采用字典序进行排序。对于前面的符号集 A，将各 a_i 的序号作为其取值，就有 $a_1<a_2<\cdots<a_n$。两条序列按字典序排序是指，两条序列按符号的前后关系转换成两个多位数，对应数值小的序列排在前面，如同字典中单词的排序一样。设序列 $x_1^m=x_1x_2\cdots x_m$，定义序列 x_1^m 的积累概率为

$$P(x_1^m)=\sum\nolimits_{\tilde{x}_1^m<x_1^m}p(\tilde{x}_1^m) \tag{5.48}$$

其中，$\tilde{x}_1^m$ 为按字典序排列的 m 长序列。可见，某序列的积累概率就是比其序号小的所有同长度序列概率的和。所以序列积累概率是单符号积累概率的推广，单符号积累概率可视为长度为 1 的序列积累概率。通过观察，可得到如下结论。

① $P(x_1^m)$ 把区间[0，1）分成 n^m 个子区间，序列 x_1^m 对应的子区间 $I(x_1^m)$ 满足：

$$I(x_1^m)=[P(x_1^m),P(x_1^m)+p(x_1^m)] \tag{5.49}$$

其中，$p(x_1^m)$ 为 x_1^m 的概率。

② 同长度序列的各子区间有如下特点：a. $I(x_1^m)$ 的宽度等于 $p(x_1^m)$；b. 各子区间互不相交，且它们的并构成[0，1）区间；c. 子区间 $I(x_1^m)$ 与符号 x_1^m 有一一对应的关系。

③ 可以取子区间 $I(x_1^m)$ 内的任意一点作为 x_1^m 的编码，这样的编码是唯一可译的。

根据上面的结果，似乎算术编码的问题已经解决，因为只要计算出序列的积累概率，找到序列对应区间内的一点，那么编码过程就完成了。但实际问题并不是那么简单。例如，当序列很长时，积累概率如何计算？编码序列的长度如何选取？这都是需要解决的问题。

下面介绍积累概率的递推算法，该算法实际上来自子区间 $I(x_1^j)(j=1,\cdots,m)$ 的包含关系。如前所述，序列 x_1^j 对应子区间 $I(x_1^j)$，如果该序列后面又产生一个符号 x_{j+1}，那么序列 $x_1^{j+1}=x_1^j\cdot x_{j+1}$ 对应的区间 $I(x_1^{j+1})$ 应该被包含在 $I(x_1^j)$ 之内，即 $I(x_1^{j+1})\subseteq I(x_1^j)$。因此对于同一序列 x_1^m，不同长度的子序列所对应的子区间构成嵌套关系，即 $I(x_1)\supseteq I(x_1^2)\supseteq\cdots\supseteq I(x_1^{m-1})\supseteq I(x_1^m)$。图 5.1 表示 $I(x_1^j)$ 包含 $I(x_1^{j+1})$ 的情况，$I(x_1^{j+1})$ 的左端的坐标应为

$$P(x_1^{j+1})=P(x_1^j)+p(x_1^j)P(x_{j+1}) \tag{5.50a}$$

而 $I(x_1^{j+1})$ 的宽度应为

$$p(x_1^{j+1})=p(x_1^j)p(x_{j+1}) \tag{5.50b}$$

式（5.50）为序列积累概率和序列概率的递推公式。

注：①利用递推公式可逐位计算积累概率，而不用列举；②递推公式不仅适用于无记忆序列，也适用于有记忆序列，只不过是把单符号积累概率换为条件积累概率。

若对给定一条序列再输入一个符号，可以根据此公式计算新序列的积累概率和概率，以及对应的新的子区间。设序列 x_1^j 所对应的子区间 $I(x_1^j)$ 的下界与上界分别为 L_j，H_j，即 $I(x_1^j)=[L_j,H_j)$，$\Delta_j=p(x_1^j)$，那么 $L_j=P(x_1^j)$，$H_j=P(x_1^j)+\Delta_j$，所以根据式（5.50），有 $L_{j+1}=L_j+\Delta_jP(x_{j+1})$ 和 $\Delta_{j+1}=\Delta_jp(x_{j+1})$，从而有 $H_{j+1}=L_j+\Delta_j[P(x_{j+1})+p(x_{j+1})]$。设 $l(x)=P(x)$，$h(x)=P(x)+p(x)$ 分别表示单符号 x 子区间的左、右端点，那么就有

$$L_{j+1}=L_j+\Delta_jl(x_{j+1}) \tag{5.51a}$$

$$H_{j+1}=L_j+\Delta_jh(x_{j+1}) \tag{5.51b}$$

$$\Delta_{j+1}=H_{j+1}-L_{j+1} \tag{5.51c}$$

式（5.51）表示的是区间更新公式，图 5.12 所示为区间更新公式的图形描述。

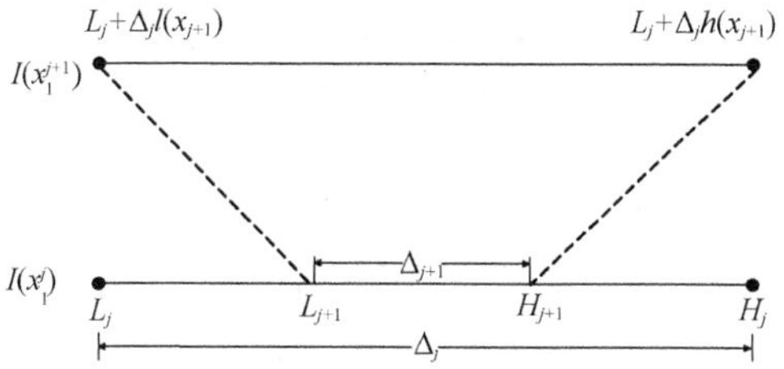

图 5.12　区间更新公式的图形描述

例 5.15 设独立信源 X 的符号集为符号集 $A=\{a_1, a_2, a_3\}$，概率分别为 1/2，1/3，1/6。求序列 $a_1a_3a_2$ 的积累概率 $P(a_1a_3a_2)$ 和对应的区间 $I(a_1a_3a_2)$。

解 根据递推公式（5.50），有

$$P(a_1a_3a_2) = P(a_1a_3) + p(a_1a_3)P(a_2) = P(a_1) + p(a_1)P(a_3) + p(a_1)p(a_3)P(a_2)$$
$$= 0 + (1/2)\times(1/3+1/6) + (1/2)\times(1/6)\times(1/2) = 7/24$$

$L_3 = P(a_1a_3a_2) = 7/24$，$H_3 = P(a_1a_3a_2) + p(a_1a_3a_2) = 7/24 + 1/2\times1/6\times1/3 = 23/72$，所以 $I(a_1a_3a_2) = [7/24, 23/72)$ ▌

2．算术编码编译码算法

算术编码的基本任务是将输入序列转换成码序列，每当编码器输入一个信源符号，就进行区间更新，直至最后得到整条序列所对应的子区间，再将表示该子区间内的一点作为码字输出。

编码流程如下：

① 初始化：$j=0, L_j=0, H_j=1$，$\Delta_j = H_j - L_j$，输入序列长度为 m；

② 读信源符号 $x_{j+1}=a_i$，按式（5.50）进行区间更新，$j=j+1$；

③ 若 $j \leqslant m-1$ 返回②，否则继续；

④ 将子区间 $[L_m, H_m)$ 内的一个二进制小数作为编码器输出的码字 c。

为使编码是唯一可译，该二进制小数 c 应该具有足够的长度，以便处于子区间 $[L_m, H_m)$ 内。可以证明，如果 c 小数点后选取的位数 l 满足：

$$l = \lceil -\log\Delta_m \rceil = \lceil -\log(H_m - L_m) \rceil \tag{5.52}$$

就可以实现唯一译码。当编码器对最后一个符号 x_m 进行编码后，将序列积累概率转换成二进制小数，取小数点后 l 位，若后面有尾数就进位，小数点保留的序列就是编码输出。

例 5.16 设有二元独立序列 $x_1^4=1011$，符号概率 $p_0=1/4, p_1=3/4$，（1）直接求序列积累概率对其进行算术编码；（2）完成对序列的整个算术编码过程实现编码。

解 （1）因为以 11 开头的序列都排在 1011 的后面，所以根据积累概率的定义有

$P(1011) = 1 - p(11) - p(1011) = 1 - (3/4)^2 - (3/4)^3 \times 1/4 = 85/256$

码长取为 $l = \lceil \log_2(1/p(1011)) \rceil = \lceil -\log_2((3/4)^3\times1/4) \rceil = 4$。

在 $P(1011)$ 的二进小数 0.01010101 中取小数点后面的前 4 位。因后面有尾数，所以再进位到第 4 位，得到小数 0.0110。码字取小数点后面的部分，尾零去掉，得码字 c=011。

（2）编码过程见表 5.8，这里有 0，1 两个符号，$l_0=0$，$h_0=l_1=1/4$，$h_1=1$，子区间初始化为 $[0,1)$。每输入一个符号就进行区间更新，直到最后一个符号输入后，区间为 $[85/256, 7/16)$，区间宽度为 $27/256$。图 5.13 为区间更新过程的图形描述，类似前面的方法得到码字为 c=011。

表 5.8 算术码编码过程

j	a_j	L_j	H_j	Δ_j	c
0		0.	1	1.	
1	1	1/4=0+1×1/4	1=0+1	3/4=1−1/4	
2	0	1/4=1/4	7/16=1/4+(3/4)×1/4	3/16=7/16−1/4	
3	1	19/64=1/4+(3/16)×1/4	7/16=1/4+(3/16)	9/64=7/16−19/64	
4	1	85/256=19/64+(9/64)×1/4	7/16=19/64+(9/64)	27/256=7/16−85/256	011

注：表 5.8 的最后一行码字所代表的小数 $(0.011)_2 = 3/8$，有 $85/256 < 3/8 < 7/16$。▌

译码器采用逐次比较法进行译码。假定序列 x_1^j 已经译出，现开始译 x_{j+1}。通过多次比较，判决 x_{j+1} 处于哪一个符号所在的子区间。若 $P(a_i) \leqslant (c-L_j)/\Delta_j < P(a_{i+1}), i=1,\cdots,n-1$，则译码器输出 a_i，然后进行区间更新，再进行下次比较和判决。通常算术编码序列中不包含编码长度的信息。解决的办法是，编码器将序列长度信息放在编码序列的前面发送到译码器，当译码器输出达到预定长度时，译码结束。也可以设置一个文件结尾符号 EOF，加到待压缩文件的末尾，若译码序列中出现 EOF，则译码结束。在这种情况下，要分配给此 EOF 字符一个小的概率进行编码，这样就使算术编码的效率有所降低。

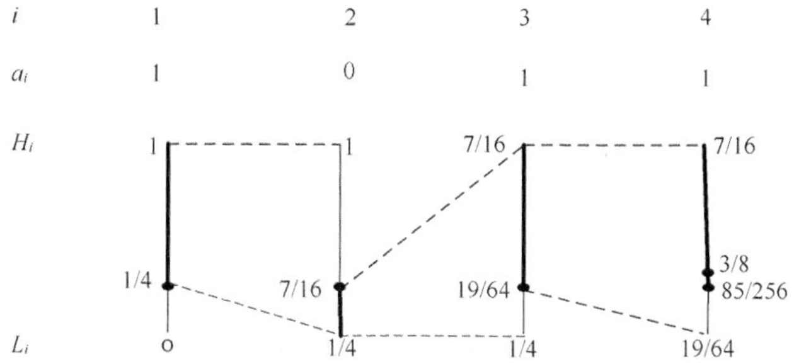

图 5.13　算术码编译码区间更新过程图形描述

译码流程如下。

① 初始化：$j=0, L_0=0, H_0=1$，$\Delta_0=1$，信源序列长度 m；

② 将接收序列转换成码字 c；

③ 若归一化码值 $(c-L_j)/\Delta_j \in I_i, i=1,\cdots,n$，则输出符号 a_i；

④ 按式（5.45）进行区间更新，$j=j+1$；

⑤ 若 $j \leqslant m-1$，则返回③，否则，结束。

注：译码的第③步是一个判决过程，要判定归一化码值位于 n 个子区间中的哪一个，这样可能要进行多次比较才能完成。在二元编码的情况下，只在两个子区间中选择其一，所以通过归一化码值与两子区间的边界比较即可，这个边界称为判决门限。

例 5.17　将例 5.16 中编成的码字进行译码。

解　译码器输入为小数 $(0.011)_2=3/8$。因为是 0，1 二元编码，当译第 j 个符号时，$\gamma=L_{j-1}+P(x=1)\Delta_{j-1}$（$P(x=1)=1/4$）将区间 I_j 分成两个子区间，其中 $[L_j,\gamma)$ 和 $[\gamma,H_j)$ 分别对应序列 $x_1^{j-1}\cdot 0$ 和 $x_1^{j-1}\cdot 1$，所以 γ 可作为判决门限；若 $c>\gamma$，判定 $x_j=1$，否则判定 x_j=0。根据比较结果，输出信源符号 a_j，然后进行区间更新，若 a_j=0，则 H_j=Y；若 a_j=1，则 L_j=r。整个译码过程与图 5.2 相同，门限比较和区间更新过程如表 5.9 所示。

表 5.9　　**算术码译码过程**

j	比较	a_j	L_j	H_j	Δ_j
0	—	—	0.	1	1.
1	3/8>1/4	1	1/4=0+1×1/4	1=0+1	3/4=1−1/4
2	3/8<7/16	0	1/4=1/4	7/16=1/4+(3/4)×1/4	3/16=7/16−1/4

续表

j	比较	a_j	L_j	H_j	Δ_j
3	3/8>19/64	1	19/64=1/4+(3/16)×1/4	7/16=1/4+(3/16)	9/64=7/16−19/64
4	3/8>85/256	1	85/256=19/64+(9/64)×1/4	7/16=19/64+(9/64)	27/256=7/16−85/256

注：表中的黑体表示判决门限的计算，且与更新的区间上界或下界相同。

3．算术编码算法实现中的技术问题

前面所介绍的算术编码编译码方法只是搭建了一个原理的框架，还不能直接投入使用，还存在不少技术问题需要解决。例如，①在实际应用中，为了提高传输效率，需要在编码器结束编码之前，译码器就开始译码。这就要求编码器在编码的同时，还应该及时地输出已经编好的码符号。②在编码过程中，随着信息序列的加长，所对应的子区间变窄，表示它所需数值的位数就越多，这就要求设备具有很高的精度。但在进行算术运算时无限精度的要求也是不现实的，为使算术编码能够实用，必须采用有限精度。有限精度就是在计算积累概率和区间宽度时，取有限数据长度。有限精度与比无限精度相比，虽然计算容易实现，但编码效率降低，因此，要解决有限精度和编码效率的矛盾。③在算术编码的运算量中，乘法占很大的比重。如果采用某些代替乘法的近似计算，就可以大大减小运算量。④在算术编码过程中，有可能发生进位现象。如果在进位前将编码结果输出，就会出现差错。所以需要设置缓冲器，暂时将编码结果存储在缓冲器中，等到后面的进位不影响前面的编码结果时再输出。

当前上述问题都得到圆满解决，使得算术编码成为一种很有竞争力的无损压缩技术。

4．算术编码的特点

算术编码有如下优点。①灵活性。因为编译码器结构与信源符号概率如何取值无关，这样就可把编译码器分成两个独立部分：信源建模块和编/译码模块，前者完成信源符号概率的估计，而后者完成码值计算或译码输出。这种建模和编译码过程分离提高了系统的灵活性。不过，这种灵活性也需要花费一些代价，就是需要建立模型和编译码的接口，这将耗费了一定的时间和空间资源。②最优性。通过对算术编码性能的研究得知，算术编码在理论上是最佳的。如果信源建模精确，算术编码在实际上也接近最佳，不管信源是否有记忆，也不管信源符号的个数多少，以及所对应的概率如何取值，算术编码都能够实现高效率的压缩。

算术编码的主要缺点如下。①由于编译码需要大量的运算，其中包括乘法和查表，编译码复杂度较大，所以处理速度较慢。这是算术编码的主要缺点。因此用近似计算代替乘法是改进处理速度的主要途径。由于算术码不是异前置码，不能采用并行处理。②产生差错传播。在译码期间，稍微有一点差错就会导致后面译出的码字全部错误。

但综合考虑，算术编码的优点还是主要的，是一种性能优良的熵编码，具有广泛应用。

5.5.2 游程编码

游程编码是适用于二元信源的有效编码方法，可用于黑、白二值文件的传真压缩。在实际应用中，游程编码通常和其他一些熵编码方法混合使用，以获得更好的压缩效果。

以文本文件的传真为例，扫描分割后的文件用离散像素序列来表示。白纸黑字的二值文件采用二元码进行编码，即表示背景（白色）时像素为码元“0”，表示内容（黑字）时像素为码元“1”，则任意一个扫描行的像素序列均是由若干个连“0”像素序列及若干个连“1”像素序列组合而成，且同类像素连续出现的概率很大。

在 0，1 二元序列中，连“0”子序列称为 0 游程，连“1”子序列称为 1 游程，这些子序列的长度称为游程长度，0 游程和 1 游程总是相间分布的。任意一条二元序列都可用交替出现的 0 游程和 1 游程的长度按原顺序构成的序列来表示，这种序列称为游程长度序列，简称游程序列。把原序列变成游程序列的变换叫作游程变换，这是一种一一对应的变换。

游程编码实际上由两部分组成：游程变换加熵编码。实际上，游程变换并不进行压缩，只是使后面的熵编码更容易进行压缩。可以证明，一个 k 阶二元马氏链，在游程变换后变成 k-2 阶马氏链。这就是说，一个 1 阶或 2 阶二元马氏链在游程变换后就变成独立序列；高阶马氏链通过游程变换后，也可以使游程之间的相关性减弱。

目前，黑、白图像传真压缩技术中使用的游程编码由游程变换和修正 Huffman 编码（MH 码）结合而成，是 ITU 提出的文件传真类一维数据压缩编码的国际标准，它根据不同的黑、白游程长度包含两种结尾码表、两种组成码表和一种附加组成码表，其基本的编码规范为：①游程长度在 0～63 时，直接查找相应的黑或白结尾码作为码字；②游程长度在 64～1728 时，用黑或白组成码和结尾码的组合作为码字；③游程长度在 1792～2560 时，黑白游程用一个附加组成码的码字；④规定每行从白游程开始（长度可以为零），每行用一个结束码（EOL）终止；⑤用于传输时，每页数据之前加一个结束码，每页尾部连续用 6 个结束码。

5.5.3 LZ 编码

LZ 编码是一种通用编码，由 Ziv 和 Lemple 在 1977 年首先提出的，后经过多人改进，产生很多这类压缩算法的变种，统称为 LZ 编码。与其他类通用编码不同，LZ 编码不利用信源的统计特性，而采用基于字典的编码技术，其共同特点是，实现简单，而且渐进码率接近信源的熵，算法快速而高效，已广泛应用于计算机文件压缩等领域中。本节简单介绍这类编码中的 LZ77、LZ78 和 LZW 等几种重要算法。

基于字典的编码大致包含如下过程：把信源序列分成长度不完全相同的字符串，也称作词组，对每个词组逐一进行编码。当对某词组编码时，就到字典中搜索该词组。在字典中找到这个词组，称作匹配。如果发生匹配，就将该词组在字典中的标号作为它的编码；如果没有匹配，就直接输出该词组的原始未压缩的形式。因此，编码器的输出文件是由标号和原始词组构成。

1. LZ77 算法

LZ77 算法分为两种算法：滑动窗 LZ 算法（SWLZ）和固定数据库 LZ 算法（FDLZ）。SWLZ 的主要思想是，对文件中的一个字符串进行编码时，用已经处理过的输入文件中的一部分构成的窗口作字典，寻找与该字符串最长的匹配，对窗内的匹配位置（也称指针）、匹配长度和下一个符号进行编码。编码时输入文件自右到左从窗口通过（相当于窗口滑动），因此，称作滑动窗法。

LZ77 的输出标号包含 3 部分：偏移，即当前符号与匹配符号之间的距离；匹配长度和匹配段后观察缓冲器中的下一个符号。LZ77 的改进算法 LZSS 的输出标号由两部分组成：偏移和匹配长度，如果无匹配，那么编码器发送下一个符号的未压缩代码。

LZ77 的译码器比编码器简单得多，所以 LZ77 及其变种是一种不对称的压缩算法，特别适用于一次压缩和多次解压的场合，它不仅可以压缩文本还可以压缩图像。

该算法有两个缺陷：①窗长有限，这意味着编码器对相同字符串紧凑发生的情况比较适合，而对相同字符串分布分散的情况就不适合，因为在这种情况下寻找匹配时，往往相同的字符串移到窗口之外，不能发生匹配，使压缩效果减低；②观察缓冲器的大小有限，从而限制了匹配长度，也影响了压缩效果。

2．LZ78 算法

LZ78 算法采用以下措施克服了 LZ77 算法的上述缺陷：①不采用缓冲器和滑动窗，而是采用由碰到的输入文本中的字符串所构成的字典；②先将信源序列分成一系列以前未出现而且最短的字符串或词组。例如，将信源序列 1 0 1 1 0 1 0 1 0 0 0 1 0 …分成 1，0，11，01，010，00，10，…，注意每个词组具有如下性质：每个词组有一个前缀在前面出现过；每个词组的长度比其前缀长一个字符。

对词组进行如下编码：给出前缀在词组序列中的位置序号和最后一个字符的值。这个字典开始是空的，随着文本的输入逐渐变大，其容量可以很大，只受可用的存储量限制。编码输出的标号由两部分组成：一是字典指针；二是尾字符的编码，标号不包含匹配长度。每个标号对应一个字符串，且当标号写到压缩文件后，该字符串就加到字典中，而字典不做任何删除，这样可以实现距离更远的匹配。

为了便于搜索此处引入字典树（trie）的概念。所谓字典树就是利用字符串的公共前缀降低查询时间的开销，实际上是以空间换时间，用于存储大量的字符串以支持快速搜索匹配。

3．LZW 算法

LZW 算法是 Terry Welch 在 1984 年开发的 LZ78 的流行变种，也是一个基于字典的方法，其主要特点是删除了 LZ78 标号中的第二部分，标号中仅包含字典指针。编码器按一定的规则将信源序列分成序号连续的词组，构成字典的元素，并发送每个词组前缀的地址（字典指针）。译码器利用相同的规则构建字典，根据接收到的前缀地址重建每个词组，从而恢复信源序列。

LZW 信源序列的划分规则与 LZ78 类似，即将序列分成一系列以前未出现而且最短的字符串或词组，其中每个词组由一个前缀和一个尾符号组成，而这个前缀是前面出现过的词组。与 LZ78 不同的是，前面一个词组的尾符号是紧接其后词组的第一个符号。例如，对二元信源序列 11000 10110 01011 10001…进行分组，就得到如下词组：1，11，10，00，001，101，110，0010，01，111，100，001…

编码器将以上述原则划分所得到的词组作为字典元素，用有序对$<n,a_i>$表示，其中 n 为词组前缀在字典中的地址；a_i 为词组的尾符号。只有第一次出现的新词组才存到字典中。这样，这些有序对就构成一个链接表。字典中每一个元素都分配一个地址，使得元素与地址有一一对应的关系。此外，还要建立一个初始化字典，信源符号作为初始字典的元素。编码器的输出就是词组前缀在字典中的地址 n。

译码器必须建立与编码器相同的字典才能对编码序列进行译码，工作原理如下。①接收任何码字时都必须建立新的字典元素。②新的字典元素的指针 n 与接收码字的 n 相同。③确定字典元素的方法：设当接收码字为 n_t 时，地址指针为 m，那么对应的字典元素为$<n_t,?>$，因为当时还未收到关于信源符号的信息。而当接收码字为 n_{t+1} 时，地址指针为 $m+1$，那么对应的字典元素为$<n_{t+1},?>$。因为$<n_t,?>$和$<n_{t+1},?>$对应着两个连接的词组，n_{t+1} 地址词组的第 1 个符号就是$<n_t,?>$对应词组的尾符号。而通过查字典可以找到 n_{t+1} 地址词组的第 1 个符号。这个符号就是$<n_t,?>$中的“？”。因此译码要延迟一个词组的时间。

下面举例说明 LZW 的编译码算法。

例 5.18 一个二元信源输出序列为 110 001 011 001 011 100 011 11…，建编码字典并确定编码器输出序列。

解 编码过程见表 5.10 左边 4 列所示。编码开始时，第 1 个词组为 1，但 1 在初始化字典中已经存在，所以不存入字典；第 2 个词组为 11，建字典元素为<2,1>，此处 2 为符号 1 的字典地址，输出码字 2；依次类推……，得到所有字典元素，最后输出序列为 2 2 1 5 4 3 6 1 3 4 6。▌

例 5.18（续） 试将 LZ 译码器输入序列 2 2 1 5 4 3 6 1 3 4 6 进行译码。

解 译码过程见表 5.10 的右边 4 列所示。译码开始时，n=2，m=3，部分字典元素为<2,?>，因为 n=2 表示词组前缀地址，对应字典元素为<0,1>，所以输出 1，到下一步；n=2，表明在地址 m=2 的词组第 1 个符号是前面<2,?>中的？，所以<2,?>= <2,1>，……接收码字为 n=6，m=9，部分字典元素为<6,?>，m=6 内容为<5,1>，m=5 内容为<1,0>，m=1 内容为<0,0>，所以前缀 n=6 内容为 001，作为当前输出…，译码输出为 110 001 011 001 011 100 01。▌

表 5.10　　LZW 算法编译码过程

编码过程				译码过程			
信源词组	编码存储器地址 M	编码字典元素	发送码字	译码存储器地址 m	译码部分字典元素	译码完整字典元素	译码输出
空	0	<0，null>	—	0	—	<0,null>	—
—	1	<0,0>	—	1	—	<0,0>	—
1	2	<0,1>	—	2	—	<0,1>	—
11	3	<2,1>	2	3	<2,? >	<2,1>	1
10	4	<2,0>	2	4	<2,? >	<2,0>	1
00	5	<1,0>	1	5	<1,? >	<1,0>	0
001	6	<5,1>	5	6	<5,? >	<5,1>	0 0
101	7	<4,1>	4	7	<4,? >	<4,1>	1 0
110	8	<3,0>	3	8	<3,? >	<3,0>	1 1
0010	9	<6,0>	6	9	<6,? >	<6,0>	0 0 1
01	10	<1,1>	1	10	<1,? >	<1,1>	0
111	11	<3,1>	3	11	<3,? >	<3,1>	1 1
100	12	<4,0>	4	12	<4,? >	<4,0>	1 0
0011	13	<6,1>	6	13	<6,? >		0 0 1
111…	14						—

4．LZ 编码的性能与应用

LZ 编码的优点是：①编码包括字符串的搜索和匹配操作，无数值运算；②译码简单。与通常基于统计特性的译码不同，这种译码的过程是：读取输入文件，确定当前符号是字典标号还是未压缩数据，根据标号从字典中找到数据或直接输出未压缩数据；避免了将输入文件分组和在字典中搜索的过程。这是一种不对称的编码方式（译码简单，编码复杂）。

如果信源序列长度不大，LZ 编码的有效性并不明显。在有些情况下，不但数据未被压缩反而扩展，但是，如果词组的数目很大，那么描述一个很长的词组就可用少得多的比特数，从而提高了效率。理论与实践证明，LZ 码的渐进码率接近信源的熵，其中 LZ78 的压缩性能优于 LZ77，与改进的 LZ77 性能相当，而 LZW 是 LZ78 的改进型，两者具有接近的压缩率，但前者更容易实现，因为编码器只发送字典指针。

LZ 编码及其变种在数据压缩领域应用很广，特别是在以下三个方面：① UNIX 计算机系统中广泛使用的文件压缩程序 compress（采用具有增长字典的 LZW 算法）；② GIF 图像压缩（一种利用 LZW 变种的有效压缩图表文件格式，使用动态增长字典）；③3.V.42bis 协议（ITU-T 发布的用于快速调制解调器的一个标准，包含关于数据压缩和纠错的规范，压缩方式使用一个增长字典）。

本章小结

1．信源序列渐近均分特性

典型序列：① $p(\boldsymbol{x})=2^{-N[H(X)\pm\delta]}$；② $N_G \approx 2^{NH(X)}$；③ $-N^{-1}\log p(\boldsymbol{x}) \to H(X)$。

2．码长与唯一可译性的关系：$\sum_{i=1}^{n} r^{-l_i} \leqslant 1 \Leftrightarrow$ 存在以 $l_1,\cdots,l_n$ 为码长的唯一可译码。

3．香农码

- 码长　　$l_i=\lceil \log_r(1/p_i) \rceil$
- 序列理想码长　　$l(\boldsymbol{x})=\log(1/p(\boldsymbol{x}))$
- 竞争最优准则下的最优码

4．Huffman 编码

- 平均码长最小准则下的最优码：$\bar{l}=\min\limits_{\sum r^{-l_i}\leqslant 1}\sum_{i=1}^{n} p_i l_i$。
- 一种重要实用的变长编码方法，但对符号少的信源编码效率不高。

5．单符号变长码信源编码定理：存在唯一可译码，平均码长 $\bar{l}$ 满足：

$$H(X)/\log r \leqslant \bar{l} < H(X)/\log r+1$$

6．无失真信源编码定理（香农第一定理）

$R \geqslant H \Leftrightarrow$ 存在无失真信源编码，其中，R 为信源编码速率，H 为信源的熵率。

7．其他几种重要编码

（1）算术编码：性能优良，特别适用于二元信源的非分组熵编码，有广泛应用。

（2）游程编码：针对有记忆信源的有效编码方法，用于黑白图像传真压缩。

（3）LZ 编码：一种通用信源编码，算法简单，在计算机文件压缩方面得到广泛应用。

思考题

5.1 信源编码的目的是什么？有哪些分类？

5.2 定长码和变长码各有什么特点？

5.3 信源序列渐近均分特性的含义是什么？

5.4 码长满足 Kraft 不等式的编码是唯一可译码吗？

5.5 无失真信源编码定理的内容是什么？

5.6 当编码效率等于 1 时，码序列有什么特点？

5.7 什么是最优码？Huffman 编码是否为最优码？是否达到编码定理的下界？

5.8 在什么情况下香农码可以达到 Huffman 码的性能？对给定信源，是否香农码所有码长都大于 Huffman 码？

5.9 简述算术编码的特点。

习题

5.1 有一信源，它有 6 个可能的输出，其概率分布见表 5.11，表中给出了对应的码 A，B，C，D，E 和 F。问：

（1）这些码中哪些是即时码；

（2）哪些是唯一可译码，并对所有唯一可译码，求出其平均码长 $\overline{L}$。

表 5.11　信源输出的概率分布

消息	$P(a_i)$	A	B	C	D	E	F
a_1	1/2	000	0	0	0	0	0
a_2	1/4	001	01	10	10	10	100
a_3	1/16	010	011	110	110	1100	101
a_4	1/16	011	0111	1110	1110	1101	110
a_5	1/16	100	01111	11110	1011	1110	111
a_6	1/16	101	011111	111110	1101	1111	011

5.2 设无记忆二元信源，出现“0”的概率为 0.995，出现“1”的概率为 0.005，信源输出 N=100 的二元序列，如果仅对含有 3 个或小于 3 个“1”的各信源序列编成一一对应的一组二元等长码，求：

（1）码字所需的最小长度；

（2）这种等长码的错误概率。

5.3 某信源按 $P(0)=3/4, P(1)=1/4$ 的概率产生独立二元序列。

（1）试求 N_0，使得 $N>N_0$ 时，有

$$P\{|I(\boldsymbol{x})/N-H(X)|\geqslant 0.05\}\leqslant 0.01$$

其中，$H(X)$ 为信源的熵，$\boldsymbol{x}$ 为 N 长信源序列。

（2）求当 N=N_0 时，典型序列的个数。

5.4 已知二元离散无记忆信源 $X=\{0,1\}$，其中 $P(0)=0.85$。现给定 $\varepsilon=0.1$，δ=0.1，将长度为 N 的信源输出序列分成典型序列组 G_1 和非典型序列组 G_2，且使 G_1 中序列 $\boldsymbol{x}$ 满足：$|\log p(\boldsymbol{x})/N+H(X)|<\varepsilon$，而 G_2 中序列出现的概率之和不大于 δ。

（1）求最小的 N 值。

（2）估计 G_1 中典型序列个数的上界和下界。

5.5 是否存在码长分别为 1，2，2，2，2，2，3，3，3，3 的唯一可译三元变长码？是否可以构造一个码长为 1，2，2，2，2，2，3，3，3 的即时码？存在多少这样的码？

5.6 用一个二进制码 C={0，10，11}编码，可以产生多少长度为 j 的码序列？

5.7 设信源 S，符号集为$\{s_1, s_2\}$，其中，$P(s_1)$=0.1。

（1）求信源的熵和信源剩余度。

（2）设码符号为 A={0,1}，编出 S 的最优码，并求其平均码长。

（3）把信源的 N 次扩展源 S^N 编成最优码，求 $N=2,3,4,\infty$ 时的平均码长 $\bar{L}_N/N$。

（4）计算当 N=1,2,3,4 时的编码效率和码剩余度。

5.8 某离散无记忆信源有 8 个信源符号$\{a_0,a_1,a_2,a_3,a_4, a_5, a_6,a_7\}$，各符号的概率分别为 0.1，0.1，0.1，0.1，0.1，0.4，0.05，0.05。

（1）对信源进行码长方差最小的二元 Huffman 编码，求平均码长、码长的方差，以及码率和编码效率。

（2）将信源符号编成香农码，求平均码长、码长的方差，以及码率和编码效率。

5.9 一个离散无记忆信源的符号集为$\{a_1,a_2,a_3,a_4\}$，对应的概率分布为 0.15，0.15，0.3，0.4，对该信源进行二元 Huffman 编码，码字集合为{0,10,110,111}。

（1）列出信源符号与码字的对应表。

（2）计算信源的熵 $H(X)$ 和编码器的码率 R。

（3）求编码序列中 0 和 1 出现的概率 p_0,p_1。

（4）求编码序列中的条件概率 $p_{0|0},p_{1|1}$。

（5）求长度为 j 的不同编码序列的个数 $N(j)$。

5.10 等概率分布二元 Huffman 编码。一信源含 N 个符号，概率均为 $1/N$，现对该信源符号进行二元 Huffman 编码。

（1）证明这种 Huffman 编码的最大和最小码长最多差 1。

（2）推导设计这种 Huffman 编码的一般原则，并求平均码长。

（3）设 $N=100$，求平均码长、编码效率，以及码树中除根节点外所有节点的总数。

5.11 某离散无记忆信源有 8 个信源符号$\{s_1,s_2,s_3,s_4,s_5,s_6,s_7,s_8\}$，所对应的概率分别为 0.2，0.12，0.08，0.15，0.25，0.1，0.05，0.05。

（1）求信源的熵及信源剩余度。

（2）若码符号集为{0，1，2}，对其进行三元 Huffman 编码。

（3）求平均码长、编码效率及编码器输出的信息传输速率。

5.12 设一离散无记忆信源

$$\begin{pmatrix} S \\ P(s) \end{pmatrix}=\begin{pmatrix} s_1 & s_2 & s_3 & s_4 & s_5 & s_6 & s_7 \\ 0.20 & 0.19 & 0.18 & 0.17 & 0.15 & 0.10 & 0.01 \end{pmatrix}$$

（1）求信源熵 $H(S)$ 及信源剩余度。

（2）对信源符号进行二元 Huffman 编码，并计算平均码长和编码效率。

（3）对信源符号进行三元 Huffman 编码，并计算平均码长和编码效率。

（4）若要求译码错误概率 $\leqslant 10^{-3}$，采用二元定长码要求达到（2）中 Huffman 编码效率时，估计信源序列的长度 N。

5.13　某离散无记忆信源符号集为 $\{a_1,a_2,\cdots,a_9\}$，所对应的概率分别为 0.4，0.2，0.1，0.1，0.07，0.05，0.05，0.02，0.01，码符号集为{0，1，2，3}。

（1）求信源的熵 $H(X)$及信源剩余度 γ。

（2）对其进行四元 Huffman 编码。

（3）求平均码长 $\bar{l}$、编码效率 η 及编码器输出的信息传输速率 R。

5.14　设信源模型为

$$\begin{pmatrix} S \\ P(s) \end{pmatrix} = \begin{pmatrix} s_1 & s_2 & s_3 & s_4 & s_5 & s_6 & s_7 & s_8 \\ 0.1 & 0.2 & 0.2 & 0.3 & 0.05 & 0.05 & 0.05 & 0.05 \end{pmatrix}$$

（1）设码符号集为 $A=\{0,1,2\}$，试对信源进行 Huffman 编码，并求平均码长、编码效率和编码后信息传输速率。

（2）构造一种有约束的具有最小平均长度的异前置码，此约束是每个码字的第 1 个符号可以是 0，1，2，后续的符号为 0 或 1。

5.15　一个 4 符号离散信源，符号概率分别为 0.3, 0.3, 0.2, 0.2，问对该信源可以编出有多少最优码？它们是否都是 Huffman 码？

5.16　设某地区在周六和周日结婚的各占结婚夫妇总数的 1/3，在其他日子结婚的所占比例都相同。现采用对该地区已婚夫妇提问题的方式进行“你们结婚的日子是星期几”的调查，要求他们只能用是否来回答所提出的问题。试设计相应的调查策略，使得调查者为得到确切结果平均提问次数最少。

5.17　已知在 8 枚硬币中有一枚假币且较重，而其中一枚是假的概率为 1/3，其余是假的概率都相等。设计用无砝码天平称重鉴别出假币，并使平均称重次数最少的策略。另外有一枚真币可以供使用。

5.18　甲、乙两人用一副特殊的扑克牌做猜牌游戏，这副牌中有 1 张黑桃 A，2 张黑桃 2，3 张黑桃 3，…，13 张黑桃 K。每轮游戏开始后，甲从这副牌中随机抽取 1 张，乙用向甲提问的方式确定抽取牌的点数，甲只能用“是”或“否”来回答，当抽取牌的点数被确定后，该轮游戏结束。游戏进行若干轮之后，统计平均每轮提问问题的次数。

（1）求乙平均每轮得知抽取牌的点数后所获得的信息量。

（2）试设计使乙平均每轮提问题次数最少的最佳策略。

（3）计算采用最佳策略平均每轮提问题的次数。

5.19　对例 5.8 中信源的 4 次扩展源和例 5.9 中的信源分别进行规范 Huffman 编码。

5.20　设信源 X 符号集为 $A=\{1,2,\cdots,m\}$，$p_i\ (i=1,\cdots,m)$为 $X=i$ 符号的概率，l_i 为符号 i 对应二进制码字的码长，c_i 表示传送符号 i 对应码字中每个二进制符号的费用，现对信源符号进行使平均传送费用 C 最小的最优编码。

（1）写出平均传送费用 C 的函数表达式（表示成 p_i，c_i 的函数）。

（2）计算使平均传送费用 C 最小的 Huffman 编码的概率分布 $q_i(i=1,\cdots,m)$。

（3）设 m=5，信源符号概率分别为 1/2，1/4，1/8，1/16，1/16，对应的费用分别为 2，3，6，6，10。求使平均传送费用最小的 Huffman 编码的概率分布、信源符号与码字的对应表及平均传送费用。

5.21 一马氏源 X 状态转移图如图 5.14 所示，符号集 $A=\{a_1, a_2, a_3\}$，状态集 $S=\{s_1, s_2, s_3\}$。

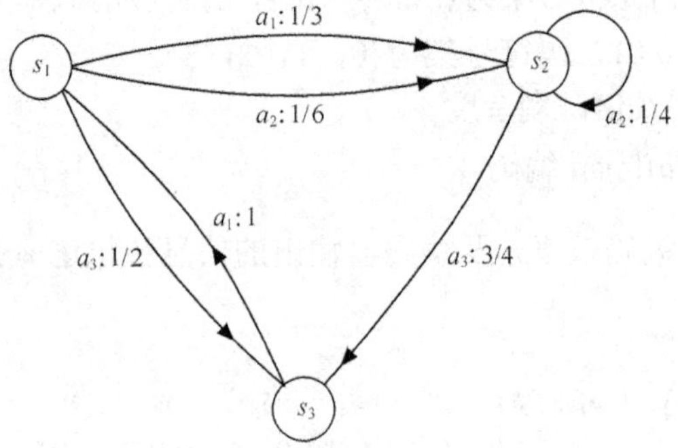

图 5.14 题 5.21 图

（1）求条件熵 $H(X|s_1), H(X|s_2), H(X|s_3)$。

（2）对各种信源状态，对信源符号编成变长二元 Huffman 码。

（3）求编码的平均码长，并与 $H_\infty(X)$ 比较。

5.22 证明：按式（5.50）所确定的算术编码的码长可以保证编码是唯一可译的。

5.23 设 $\{x_i, i=0,1,\cdots\}$ 为二元平稳马氏链，转移概率矩阵为 $\begin{pmatrix} 1/3 & 2/3 \\ 2/3 & 1/3 \end{pmatrix}$。

（1）求积累概率 $P(01110)$。

（2）当 $x_1^\infty = 1010111\cdots$ 时，求积累概率 $P(x_1^\infty)$ 的前 3 位。

5.24 设信源符号集 $A=\{a,b,c,d\}$，$p(a)=0.35, p(b)=0.3, p(c)=0.25, p(d)=0.1$。

（1）分别对信源序列 $bbbb$，$abcd$，$dcba$，$badd$ 进行算术编码。

（2）分别对码序列 11，010001，10101 和 0101 进行译码，假定信源序列长度是 4。

5.25 设一离散无记忆二元信源的符号集 $A=\{0, 1\}$，其中符号 0 的概率为 $p_0=1/8$。

（1）求信源序列 11111110 的积累概率。

（2）对此序列进行算术编码，计算编码效率。

5.26 某序列用 LZW 算法进行编码，初始字典元素为 $a,\#,r,t$，索引号分别为 1，2，3，4。

（1）试对编码器输出序列 3 1 4 6 8 4 2 1 2 5 10 6 11 13 6 进行译码。

（2）用同一字典对译码序列进行编码。

第6章 离散信道及其容量

信道是信号传输的媒介，是传送信息的通道。在信息论研究中不考虑信道的物理特性，而只是考虑它的概率特性。研究信道的目的主要是为了解决信息如何通过信道实现有效和可靠传输的问题。仙农第二定理指出，信息传输速率小于信道容量是存在可靠传输的充分与必要条件，因此信道容量是信息能够可靠传输的最大信息传输速率，是信道研究中的一个重要内容。信道容量定义为信道输入与输出之间平均互信息的最大值，它是信道本身固有特性的反映，仅与信道的转移概率有关，与信道的输入概率无关，但是信道输入概率必须与信道匹配才能达到容量。

离散信道按输出符号之间的依赖关系，可以分为有记忆和无记忆信道。对于离散平稳无记忆信道可以归结为单符号信道容量的研究，但即使如此，只是一些特殊信道才能有解析解，一般情况要用迭代算法计算信道容量。

本章主要研究无记忆信道的容量，重点解决某些特殊离散无记忆信道容量的计算问题，内容安排如下：首先进行信道一般概念的论述，然后介绍单符号信道容量、级联信道容量及多维矢量信道的容量，信道容量的迭代算法，最后介绍有约束信道的容量。

6.1 概述

6.1.1 信道的分类

信道按照其物理组成常被人们分为微波信道、光纤信道、电缆信道等。而我们在信息论中所研究的信道与信息所通过的介质无关，它只反映信源与信宿的连接关系。图 6.1 为数字通信系统的基本模型。依据不同的条件，模型中的不同模块之间的通道可以划分为不同的信道，大致可进行如下分类。

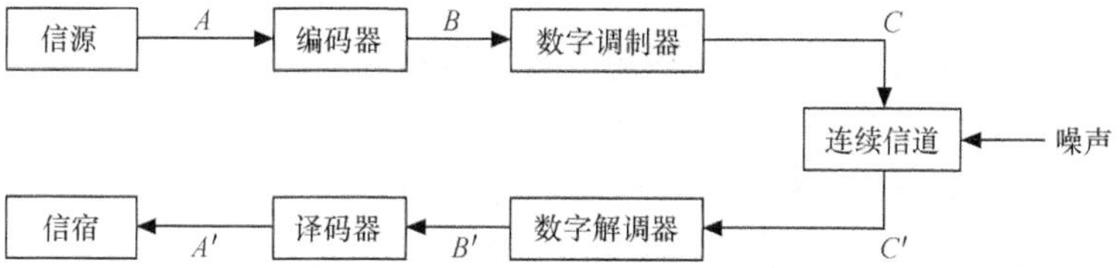

图 6.1　数字通信系统模型与信道划分

1．按输入、输出集合的取值分类

① 离散信道：输入和输出均为离散集，如 $B\text{-}B'$ 。

② 连续信道：输入和输出均为连续集，也称波形信道，其特点是信号的有效时间与取值都连续，如 $C\text{-}C'$ 。

③ 半连续（或半离散）信道：输入和输出一个为连续、一个为离散，如 $B\text{-}C'$ 或 $C\text{-}B'$ 。

④ 时间离散连续信道：信号连续取值但有效时间离散，例如，信道的输入和输出为模拟信号抽样的情况。

2．按输入集和输出集的个数来分类

① 单用户信道：信道的输入与输出 X,Y 中各有一个事件集，称单路或单端信道。

② 多用户信道：信道的输入与输出 X,Y 中至少有一端是多个事件集，也称多端信道。

多用户信道包含两种特殊的信道，即多元接入信道和广播信道。多元接入信道就是多个输入、单个输出的信道，例如，卫星通信、移动通信的上行链路。广播信道就是单个输入、多个输出的信道，例如，无线广播、电视转播及卫星通信、移动通信的下行链路等。

多个输入、多个输出的信道通常形成一个多址通信网，如局域网的用户与主机通信，卫星通信，蜂窝移动通信等。

3．按信道转移概率的性质分类

① 无噪声信道。即不存在噪声或噪声很小的信道，分为 3 种：无损信道（每个输入对应多个输出）；确定信道（多个输入对应单个输出）；无扰信道（一个输入对应一个输出）。

② 有噪声信道。分为无记忆信道和有记忆信道。在无记忆信道中，给定时间输出仅依赖于当前输入。在有记忆信道中，给定时间的输出值不仅依赖于当前输入，还依赖于以前的输入和输出。例如，具有码间干扰的信道就是有记忆信道。

4．根据信道统计特性分类

① 恒参信道：统计特性不随时间变化（也称平稳信道），例如，卫星通信信道。

② 变参信道：统计特性随时间变化，例如，短波，移动通信信道。

5．根据信道噪声的性质分类

① 高斯噪声信道：信道噪声为高斯分布（白噪声或有色噪声）。

② 非高斯噪声信道：信道噪声分布不是高斯分布。

6.1.2 离散信道的数学模型

设离散信道的输入 X 为随机变量，则输出 Y 也为随机变量。因为信道有随机噪声干扰，使 Y 在 X 给定条件下为随机变量，所以用条件概率或转移概率 $P(y|x)$描述 Y 与 X 之间关系，其中 $x\in X$，$y\in Y$。信道模型如图 6.2 所示。

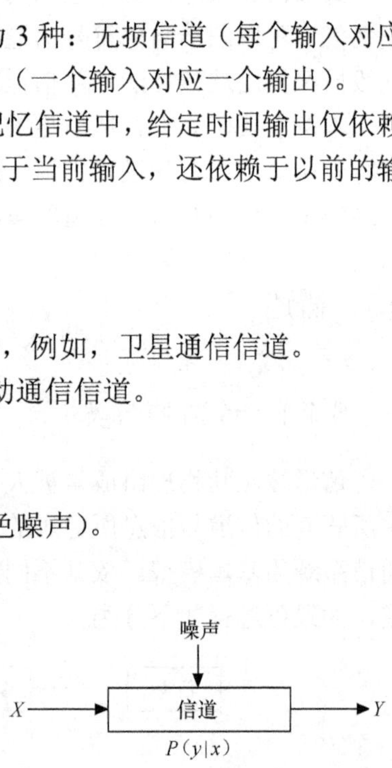

图 6.2 信道模型

一般的信道输入与输出均为随机矢量，设输入为 $\boldsymbol{X}^N=(X_1,X_2,\cdots,X_N)$，矢量取值为

$\boldsymbol{x}=(x_1,\cdots,x_N)$，输入单符号集为 $A=\{a_1,\cdots,a_r\}$，其中 $a_1,\cdots,a_r$ 的概率分别是 $p_1,\cdots,p_r$，且 $x_n \in A$，$1\leqslant n\leqslant N$，输入矢量的符号集为 A^N，$\boldsymbol{x}\in A^N$。输出为 $\boldsymbol{Y}^N=(Y_1,Y_2,\cdots,Y_N)$，矢量取值为 $\boldsymbol{y}=(y_1,\cdots,y_N)$，输出单符号集为 $B=\{b_1,\cdots,b_s\}$，其中 $b_1,\cdots,b_s$ 的概率分别是 $q_1,\cdots,q_s$，$y_n\in B$，$1\leqslant n\leqslant N$，输出矢量的符号集为 B^N，$\boldsymbol{y}\in B^N$。这种信道模型表示为 $\{\boldsymbol{X}^N, p(\boldsymbol{y}\,|\,\boldsymbol{x}), \boldsymbol{Y}^N\}$，其中 $p(\boldsymbol{y}\,|\,\boldsymbol{x})=p(y_1,\cdots,y_N\,|\,x_1,\cdots,x_N)$。

1．离散无记忆信道

设信道的输入和输出分别为长为 N 的序列，若信道的转移概率满足：

$$p(\boldsymbol{y}\,|\,\boldsymbol{x})=\prod_{n=1}^{N} p(y_n\,|\,x_n) \tag{6.1}$$

则称为此信道为离散无记忆信道（DMC），其数学模型为 $\{X, p(y_n\,|\,x_n), Y\}$。利用给定时刻的输出仅依赖于当前输入的条件可以推出式（6.1）成立。

2．平稳（或恒参）信道

如果对于任意正整数 m，n 和 $a_i\in A,\ b_j\in B$，离散无记忆信道的转移概率满足：

$$p(y_n=b_j\,|\,x_n=a_i)=p(y_m=b_j\,|\,x_m=a_i) \tag{6.2}$$

则称为平稳或恒参无记忆信道。可见，对于平稳信道，$p(y_n\,|\,x_n)$ 不随时间变化。这样，平稳无记忆信道的模型就是 $\{X, p(y\,|\,x), Y\}$。

3．单符号离散信道

如前所述，对于离散平稳无记忆信道，可以用一维条件概率描述。这种用一维条件概率描述的信道为单符号离散信道。其中，信道的输入 X 与输出 Y 都是一维随机变量，信道转移概率简记为

$$p(y\,|\,x)=p(y=b_j\,|\,x=a_i)=P_{Y|X}(b_j\,|\,a_i)\equiv p_{ij} \tag{6.3}$$

为了方便，经常将转移概率表示成矩阵形式，称为信道转移概率矩阵，形式如下：

$$\boldsymbol{P}=\begin{pmatrix} p_{11} & p_{12} & \cdots & p_{1s} \\ p_{21} & p_{22} & \cdots & p_{2s} \\ \cdots & \cdots & \cdots & \cdots \\ p_{r1} & p_{r2} & \cdots & p_{rs} \end{pmatrix} \tag{6.4}$$

其中，p_{ij} 是由 a_i 转移到 b_j 的概率。

单符号离散信道也可用转移概率图描述。输入与输出符号分别作为输入与输出两组节点，在对应不为零转移概率的输入与输出符号之间用线段连接，旁边标明转移概率，便形成转移概率图。

例 6.1 二元对称信道，简记为 BSC(Binary Symmetric Channel)，输入与输出符号集分别为 $A=\{0,1\}, B=\{0,1\}$，信道转移概率 $p(y|x)$ 满足 $P_{Y|X}(0\,|\,0)=P_{Y|X}(1\,|\,1)=1-\varepsilon$，$P_{Y|X}(1\,|\,0)=P_{Y|X}(0\,|\,1)=\varepsilon$，$\varepsilon$ 称为错误率。写出信道的转移概率矩阵并画出转移概率图。

解 转移概率矩阵为

$$\boldsymbol{P}=\begin{pmatrix} 1-\varepsilon & \varepsilon \\ \varepsilon & 1-\varepsilon \end{pmatrix}$$

转移概率图如图 6.3 所示。

例 6.2 二元删除信道，简记为 BEC(Binary Erasure Channel)：其中 $A=\{0,1\}, B=\{0,2,1\}$，转移概率图如图 6.4 所示，写出信道的转移概率矩阵。

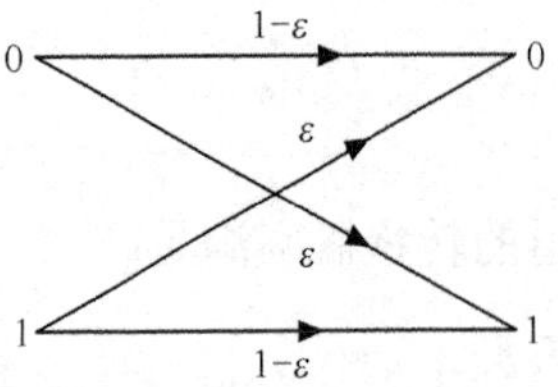

图 6.3 二元对称信道转移概率图

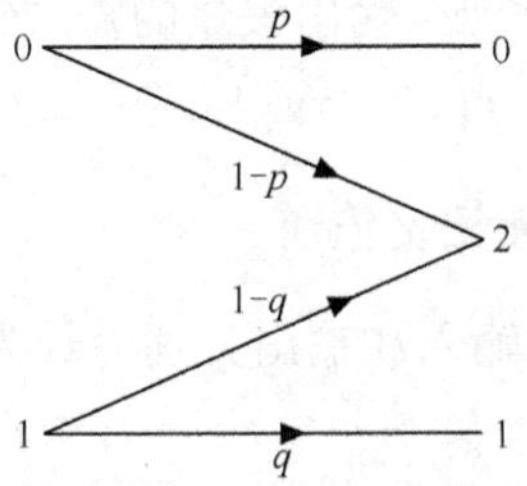

图 6.4 二元删除信道转移概率图

解 信道的转移概率矩阵为

$$\boldsymbol{P}=\begin{pmatrix} p & 1-p & 0 \\ 0 & 1-q & q \end{pmatrix}$$

例 6.3 4 个等概率消息，编成的码字为 $M_1=000, M_2=011, M_3=101, M_4=110$，通过如图 6.3 所示二元对称无记忆信道（$\varepsilon<0.5$）传输，求：①事件“接收到第一个数字为 0”与发送 M_1 之间的互信息；②当接收到第二个数字也为 0 时，关于 M_1 的附加信息；③当接收到第三个数字也为 0 时，又增加多少关于 M_1 的信息？

解 记“0”表示第一个接收数字为 0，“00”表示第一、二个接收数字都为 0，“000”表示前三个接收数字都为 0；$q(.)$表示接收符号的概率；$p(y|x)$为信道的转移概率。

① $$q(\text{"0"})=\sum_{i=1}^{4}p(M_i)p(0\mid M_i)=\frac{1}{4}[2(1-\varepsilon)+2\varepsilon]=\frac{1}{2};$$

互信息：$$I(M_1;\text{"0"})=\log\frac{p(\text{"0"}\mid M_1)}{q(\text{"0"})}=\log\frac{1-\varepsilon}{1/2}=\log[2(1-\varepsilon)]。$$

② $$q(\text{"00"})=\sum_{i=1}^{4}p(M_i)p(00\mid M_i)=\frac{1}{4}[p(0\mid 0)p(0\mid 0)+p(0\mid 0)p(0\mid 1)+p(0\mid 1)p(0\mid 0)+p(0\mid 1)p(0\mid 1)]$$

$$=\frac{1}{4}[(1-\varepsilon)^2+2\varepsilon(1-\varepsilon)+\varepsilon^2]=\frac{1}{4};$$

互信息：$$I(M_1;\text{"00"})=\log\frac{p(\text{"00"}\mid M_1)}{q(\text{"00"})}=\log\frac{(1-\varepsilon)^2}{1/4}=2\log[2(1-\varepsilon)];$$

附加信息：$\log[2(1-\varepsilon)]$。

③ $$q(\text{"000"})=\sum_{i=1}^{4}p(M_i)p(000\mid M_i)=\frac{1}{4}[(1-\varepsilon)^3+3(1-\varepsilon)\varepsilon^2]=\frac{1}{4}(1-\varepsilon)(4\varepsilon^2-2\varepsilon+1)$$

互信息：

$$I(M_1;\text{"000"})=\log\frac{p(\text{"000"}\mid M_1)}{q(\text{"000"})}=\log\frac{(1-\varepsilon)^3}{(1-\varepsilon)(4\varepsilon^2-2\varepsilon+1)/4};$$

$$=2\log[2(1-\varepsilon)]-\log(4\varepsilon^2-2\varepsilon+1);$$

又增加的信息为 $-\log(4\varepsilon^2-2\varepsilon+1)$。

6.1.3 信道容量的定义

1．单符号离散信道

一个平稳离散无记忆信道的容量 C 定义为输入与输出之间平均互信息 $I(X;Y)$的最大值，即

$$C \equiv \max_{p(x)} I(X;Y) \tag{6.5}$$

注：

① 信道容量的单位为比特/信道符号（奈特/信道符号），在不引起混淆时可简写成比特或奈特；

② 当信道给定后，$p(y|x)$就固定，所以 C 仅与 $p(y|x)$有关，而与 $p(x)$无关；

③ C 是信道传输最大信息速率能力的度量。

2．多维矢量信道

若 $\boldsymbol{X}^N$ 和 $\boldsymbol{Y}^N$ 分别为信道的 N 维输入与输出随机矢量，则信道容量定义为

$$C \equiv \max_{p(x_1 \cdots x_N)} I(\boldsymbol{X}^N;\boldsymbol{Y}^N) \tag{6.6}$$

其中，$p(x_1 \cdots x_N)$为信道输入矢量的概率。

6.2 单符号离散信道及其容量

6.2.1 离散无噪信道的容量

图 6.5 所示为 3 种简单的离散无噪信道。下面分别研究这 3 种信道的容量计算。

1．无损信道

无损信道如图 6.5（a）所示，该信道的特点是，每个输出符号只对应一个输入符号（一多对应），即 $H(X|Y)=0$。可以求得信道容量为

$$C = \max I(X;Y) = \max[H(X) - H(X \mid Y)] = \max H(X) = \log r \tag{6.7}$$

其中，r 为输入符号集的大小。

2．确定信道

确定信道如图 6.5（b）所示，该信道的特点是，每个输入符号都对应一个输出符号（多一对应），即 $H(Y|X)=0$。可以求得信道容量为

$$C = \max I(X;Y) = \max[H(Y) - H(Y \mid X)] = \max H(Y) = \log s \tag{6.8}$$

其中，s 为输入符号集的大小。

3．无损确定信道

无损确定信道如图 6.5（c）所示，该信道的特点是，输入符号和输出符号是一一对应的

关系，即 $H(X|Y)=H(Y|X)=0$。可以求得信道容量为

$$C=\max H(Y)=\log s=\log r \tag{6.9}$$

其中，r，s 分别为输入与输出字母表的大小，且 $r=s$。

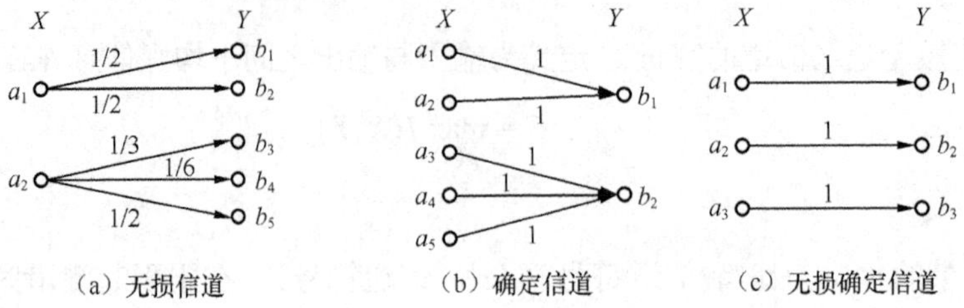

图 6.5　无噪信道

6.2.2　一般离散信道的容量

由于 $I(X;Y)$ 为 $p(x)$ 上凸函数，故极大值存在。并且 $p(x)$ 要满足非负且归一化的条件，因此，求信道容量归结为求有约束极值的问题。为了书写方便，记 $p_i=p(x)$，$p_{ij}=p(y\,|\,x)$，$q_j=q(y)$。现求 $I(X;Y)=\sum_{i,j}p_ip_{ij}\log\frac{p_{ij}}{q_j}$，在约束 $\sum_i p_i=1, p_i\geqslant 0$ 下的极值。

利用拉格朗日乘子法，求函 $J=I(X;Y)-\lambda\sum_i p_i$ 数的极值。计算 $\frac{\partial J}{\partial p_k}$ 并使其为 0，并考虑到 $q_j=\sum_{i=1}^{r}p_ip_{ij}$，得

$$\begin{aligned}\frac{\partial J}{\partial p_k}&=\frac{\partial}{\partial p_k}[\sum_{i,j}p_ip_{ij}\log p_{ij}-\sum_j q_j\log q_j-\lambda\sum_i p_i]\\&=\sum_j p_{kj}\log p_{kj}-\sum_j(p_{kj}\log q_j+p_{kj}\log \mathrm{e})-\lambda\\&=0\end{aligned}$$

所以，有

$$\sum_j p_{kj}\log\frac{p_{kj}}{q_j}=\log \mathrm{e}+\lambda \tag{6.10}$$

记　$I(a_k;Y)=\sum_j p_{kj}\log\frac{p_{kj}}{q_j}\quad k=1,\cdots,r$，因为 $\sum_k p_kI(a_k;Y)=I(X;Y)$，所以

$$C=\sum_k p_kI(a_k;Y)=\log \mathrm{e}+\lambda \tag{6.11}$$

由于输入概率不能为负值，我们在求 J 的稳定点时，必须对 p_i 进行约束。下面，根据式（6.10），进行信道容量的求解。现将方程组重写如下：

$$\begin{cases}\sum_j p_{ij}\log\frac{p_{ij}}{q_j}=\log \mathrm{e}+\lambda\\ q_j=\sum_i p_ip_{ij}\end{cases}\quad i=1,\cdots,r;j=1,\cdots,s \tag{6.12}$$

设信道转移概率矩阵为

$$\boldsymbol{P}=\begin{pmatrix} p_{11} & p_{12} & \cdots & p_{1s} \\ p_{21} & p_{22} & \cdots & p_{2s} \\ \cdots & \cdots & \cdots & \cdots \\ p_{r1} & p_{r2} & \cdots & p_{rs} \end{pmatrix}=\left(p_{ij}\right)$$

下面仅解决当 $r=s$，且 $\boldsymbol{P}^{-1}$ 存在时的特殊情况。设 $\boldsymbol{P}^{-1}=\left(\alpha_{ki}\right)$，有

$$\sum_{i=1}^{r}\alpha_{ki}p_{ij}=\begin{cases}1,k=j\\0,k\neq j\end{cases}$$

根据线性代数的知识：若一矩阵每行元素的和为 b，则其逆阵每行元素值和为 b^{-1}。

可知，$\boldsymbol{P}^{-1}$ 中每行元素之和为 1，即 $\sum_{i=1}^{r}\alpha_{ki}=1$，$\left(k=1,\cdots,r\right)$。

将式（6.10）两边乘以 $\sum_{i=1}^{r}\alpha_{ki}$，得

$$\sum_{i=1}^{r}\alpha_{ki}\sum_{j}p_{ij}\log p_{ij}-\sum_{i}\alpha_{ki}\sum_{j}p_{ij}\log q_{j}=\log\mathrm{e}+\lambda$$

因为 $\sum_{j}(\sum_{i}\alpha_{ki}p_{ij})\log q_{j}=\log q_{k}$，所以

$$\sum_{i=1}^{r}\alpha_{ki}\sum_{j}p_{ij}\log p_{ij}-\log q_{k}=\log\mathrm{e}+\lambda=C$$

得

$$q_{k}=2^{\sum_{i}\alpha_{ki}\sum_{j}p_{ij}\log p_{ij}-C}\quad k=1,\cdots,s$$

利用 $\sum_{k}q_{k}=\sum_{k}2^{\sum_{i}\sum_{j}\alpha_{ki}p_{ij}\log p_{ij}}2^{-C}=1$，得

$$C=\log_{2}\sum_{k}2^{\sum_{i}\sum_{j}\alpha_{ki}p_{ij}\log p_{ij}}\ \text{比特/符号}\tag{6.13}$$

可计算输出概率为

$$q_{k}=\frac{2^{\sum_{i}\sum_{j}\alpha_{ki}p_{ij}\log p_{ij}}}{\sum_{k}2^{\sum_{i}\sum_{j}\alpha_{ki}p_{ij}\log p_{ij}}},\quad k=1,\cdots,s\tag{6.14}$$

令

$$h_{i}=-\sum_{j=1}^{s}p_{ij}\log p_{ij}\qquad i=1,\cdots,r\tag{6.15}$$

$$\beta_{k}=-\sum_{i=1}^{r}\alpha_{ki}h_{i}\quad,\quad k=1,\cdots,s\tag{6.16}$$

则式（6.13），式（6.14）可分别写成

$$C=\log_{2}\sum_{k=1}^{r}2^{\beta_{k}}\tag{6.17}$$

$$q_{k}=2^{\beta_{k}}/\sum_{k=1}^{r}2^{\beta_{k}}\tag{6.18}$$

设 $\boldsymbol{h}=\left(h_{1},h_{2},\cdots,\ h_{r}\right)^{\mathrm{T}}$，$\boldsymbol{\beta}=\left(\beta_{1},\beta_{2},\cdots,\ \beta_{s}\right)^{\mathrm{T}}$，（$r=s$），写成矩阵形式为

$$\boldsymbol{\beta}=-\boldsymbol{p}^{-1}\boldsymbol{h}\tag{6.19}$$

因此，当转移概率矩阵 $\boldsymbol{p}$ 有逆阵时，首先计算出 $\boldsymbol{p}^{-1}$，再根据式（6.15）计算出 $\boldsymbol{h}$，根据式（6.19）计算出 $\boldsymbol{\beta}$，最后根据式（6.17）计算出信道容量 C。不过，计算完后要验证 C 的正确性。验证步骤为：根据式（6.18）计算 q_k，再计算 p_i，若所有 p_i 非负，则解正确。否则设某些 p_i 为 0，重新计算。

例 6.4 用矩阵求逆的方法求例 6.1 中二元对称信道容量。

解 由于 $\varepsilon \neq 1/2$，求矩阵 $\boldsymbol{P}=\begin{pmatrix}1-\varepsilon & \varepsilon \\ \varepsilon & 1-\varepsilon\end{pmatrix}$ 的逆，得

$$\boldsymbol{P}^{-1}=\frac{1}{1-2\varepsilon}\begin{pmatrix}1-\varepsilon & -\varepsilon \\ -\varepsilon & 1-\varepsilon\end{pmatrix},$$

$$\boldsymbol{h}=-\begin{pmatrix}(1-\varepsilon)\log(1-\varepsilon)+\varepsilon\log\varepsilon \\ (1-\varepsilon)\log(1-\varepsilon)+\varepsilon\log\varepsilon\end{pmatrix},$$

$$\boldsymbol{\beta}=-\boldsymbol{P}^{-1}\boldsymbol{h}=\frac{1}{1-2\varepsilon}\begin{pmatrix}1-\varepsilon & -\varepsilon \\ -\varepsilon & 1-\varepsilon\end{pmatrix}\bullet\begin{pmatrix}(1-\varepsilon)\log(1-\varepsilon)+\varepsilon\log\varepsilon \\ (1-\varepsilon)\log(1-\varepsilon)+\varepsilon\log\varepsilon\end{pmatrix}=\begin{pmatrix}(1-\varepsilon)\log(1-\varepsilon)+\varepsilon\log\varepsilon \\ (1-\varepsilon)\log(1-\varepsilon)+\varepsilon\log\varepsilon\end{pmatrix}$$

信道容量为

$$C=\log_2 2\cdot 2^{(1-\varepsilon)\log(1-\varepsilon)+\varepsilon\log\varepsilon}=1+(1-\varepsilon)\log(1-\varepsilon)+\varepsilon\log\varepsilon=1-H(\varepsilon)\text{（比特/符号）}$$

根据式（6.18），可得输出概率为 $q_1=q_2=1/2$。

对应的输入概率为

$$\begin{aligned}(p_0 \quad p_1)&=(q_0 \quad q_1)\bullet\begin{pmatrix}1-\varepsilon & -\varepsilon \\ -\varepsilon & 1-\varepsilon\end{pmatrix}\frac{1}{1-2\varepsilon}\\ &=\frac{1}{2(1-2\varepsilon)}(1-2\varepsilon \quad 1-2\varepsilon)=(1/2 \quad 1/2)\end{aligned}$$ ■

对于一般情况信道容量的确定，有以下定理。

定理 6.1 对于离散无记忆信道，当且仅当

$$I(a_i;Y)=C,\quad \text{对于 } p_i>0 \tag{6.20a}$$

$$I(a_i;Y)\leqslant C,\quad \text{对于 } p_i=0 \tag{6.20b}$$

时，$I(X;Y)$ 达到最大值，此时 C 为信道容量。

由前面的推导可知，$I(a_k;Y)=\sum_j p_{kj}\log\frac{p_{kj}}{q_j},k=1,\cdots,r$，并且有

$I(a_i;Y)=\frac{\partial I(X;Y)}{\partial p_i}+\log e$。设 $\lambda=C-\log e$，那么式（6.20）与下面的式（6.21）等价。

$$\frac{\partial I(X;Y)}{\partial p_i}=\lambda \quad \text{对于 } p(a_i)>0 \tag{6.21a}$$

$$\frac{\partial I(X;Y)}{\partial p_i}\leqslant\lambda \quad \text{对于 } p(a_i)=0 \tag{6.21b}$$

（证明留作练习）

例 6.5 一信道的转移概率如图 6.6 所示，求信道容量和达到容量时的输入概率。

解 设输入概率分别为 p_0,p_1,p_2；输出概率分别为 q_0,q_1。

（1）达到容量时，若输入概率全不为零，则根据式（6.20a）有

$$
\left.\begin{aligned}
-\log q_0 &= C(p_0>0) \quad ①\\
(1/2)\log\frac{1/2}{q_0}+(1/2)\log\frac{1/2}{q_1} &= C(p_2>0) \quad ②\\
-\log q_1 &= C(p_1>0) \quad ③
\end{aligned}\right\}
$$

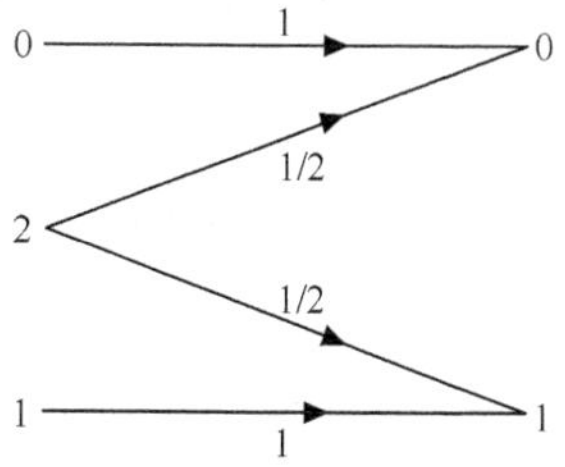

图 6.6 信道的转移概率图

解得 $q_0=q_1=1/2$，C=1 比特，但将结果代入第②式，使该式左边的值为 0，出现矛盾。

（2）达到容量时，可设 p_2=0，p_0,p_1,不为零。由 $-\log q_0=-\log q_1=C$，得 $q_0=q_1=1/2$，C=1 比特，将结果代入第②式，该式左边的值为 $0<C$，所以，信道容量 C=1 比特/符号，达到容量时输入概率为 $p_0=p_1=1/2, p_2=0$。▌

6.2.3 离散对称信道的容量

若一个信道的转移概率矩阵按输出可分为若干子集，其中每个子集都有如下特性：即每一行是其他行的置换，每一列是其他列的置换，则信道称为对称信道。

例 6.6 分析图 6.7 信道的对称性。

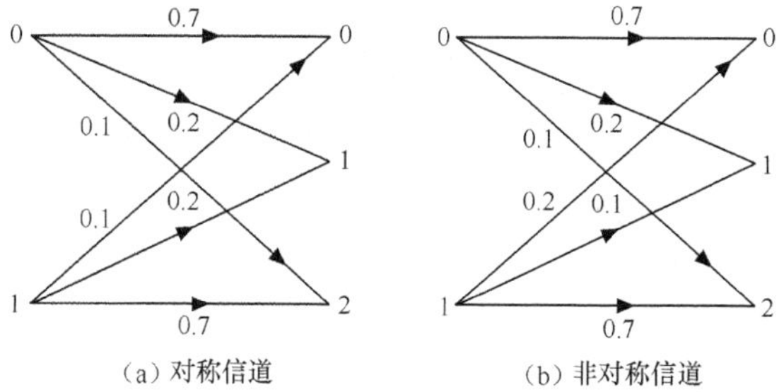

图 6.7 信道的对称性

解 图 6.7（a）可分成两个子矩阵：$\begin{pmatrix}0.2\\0.2\end{pmatrix}$和$\begin{pmatrix}0.7 & 0.1\\0.1 & 0.7\end{pmatrix}$，所以为对称信道。

图 6.7（b）的概率转移矩阵为$\begin{pmatrix}0.7 & 0.2 & 0.1\\0.2 & 0.1 & 0.7\end{pmatrix}$，不是对称信道。

有时将转移概率矩阵可分成多个子集的对称信道称为准对称或弱对称信道，而只有一个子集的对称信道称强对称信道。▌

定理 6.2 对于离散对称信道，当输入等概率时达到信道容量。信道容量为

$$C=H(Y)-H(p_{11},p_{12},\cdots,p_{1s}) \tag{6.22}$$

其中，H（Y）为输入等概率时信道输出的熵，$p_{11},p_{12},\cdots,p_{1s}$ 为转移概率矩阵的第 1 行的元素。

证 设信道的转移概率矩阵由式（6.4）表示。根据对称信道矩阵的性质，可知矩阵的每行元素相同。设按列分成的子信道矩阵为 $\boldsymbol{p}_j$，则子矩阵的每行元素也相同。子信道所对应的输出子集为$\{y_m^{(j)}\}$,m=1,⋯,M_j，其中

$$
\boldsymbol{P}_j=\begin{pmatrix}
p_{11}^{(j)} & p_{12}^{(j)} & \cdots & p_{1M_j}^{(j)}\\
\cdots & \cdots & \cdots & \cdots\\
p_{r1}^{(j)} & p_{r2}^{(j)} & \cdots & p_{rM_j}^{(j)}
\end{pmatrix}
$$

M_j 为子信道矩阵 $\boldsymbol{P}_j$ 的列数。令 $c_k{}^{(j)}=\sum_{m=1}^{M_j}p_{km}{}^{(j)}$，$d_m{}^{(j)}=\sum_{k=1}^{r}p_{km}{}^{(j)}$，由于子矩阵每行元素的和相同，每列元素的和也相同，所以令 $c_k{}^{(j)}=c^{(j)}$，$d_m{}^{(j)}=d^{(j)}$。

当输入等概率时，子信道内输出也等概率，即

$$q_m{}^{(j)}=p(Y=y_m^{(j)})=\sum_k\frac{1}{r}p_{km}^{(j)}=\frac{1}{r}d^{(j)}=q^{(j)}$$

计算

$$\begin{aligned}I(a_k;Y)&=\sum_y p(y|a_k)\log\frac{p(y|a_k)}{q(y)}\\&=\sum_y p(y|a_k)\log p(y|a_k)-\sum_y p(y|a_k)\log q(y)\end{aligned}$$

根据对称性，上式中第1项对所有 k 都相同。而第2项按子矩阵求和，当输入等概时，该项为 $-\sum_j c^{(j)}\log\frac{d^{(j)}}{r}$，该项与 k 值也无关。可见，$I(a_k;Y)$ 为常数，所以达到信道容量 C，见定理6.1。▌

信道容量可以通过下式计算

$$C=\sum_j c^{(j)}\log\frac{r}{d^{(j)}}-H(p_{11},p_{12},\ldots,p_{1s})\tag{6.23}$$

其中，$c^{(j)}$ 为子矩阵每行元素和，$d^{(j)}$ 为子矩阵每列元素和，$p_{11},p_{12},\cdots,p_{1s}$ 为转移概率矩阵的第1行的元素。

对强对称信道，输入等概率时达到容量，此时输出等概率，信道容量为

$$C=\log s-H(p_{11},p_{12},\ldots,p_{1s})\tag{6.24}$$

例6.7 一信道的转移概率矩阵为

$$\begin{pmatrix}1/2 & 1/3 & 1/6\\1/6 & 1/2 & 1/3\\1/3 & 1/6 & 1/2\end{pmatrix}$$

求信道容量和达到容量时的输出概率。

解 设输出概率为 q_1,q_2,q_3。由于信道为强对称信道，故当输入等概率时达到容量 C，此时输出也等概率。所以

$$q_1=q_2=q_3=1/3$$

利用式（6.24）得信道容量为

$$C=\log 3-H(1/2,1/3,1/6)=0.126\ \text{比特/符号}$$

例6.8 一信道的转移概率矩阵为

$$\begin{pmatrix}1-p & \frac{p}{r-1} & \cdots & \frac{p}{r-1}\\ \frac{p}{r-1} & 1-p & \cdots & \frac{p}{r-1}\\ \cdots & \cdots & \cdots & \cdots\\ \frac{p}{r-1} & \frac{p}{r-1} & \cdots & 1-p\end{pmatrix}$$

求信道容量和达到容量时的输入概率。

解 设信道输入输出概率分别为 $p_i, q_i, i=1,2,\cdots,r$。由于信道为强对称信道，故当 $p_1=\cdots=p_r=1/r$ 时，达到容量

$$\begin{aligned}C&=\log r+[((1-p)\log(1-p)+(r-1)\frac{p}{r-1}\log\frac{p}{r-1}]\\&=\log r-H(p)-p\log(r-1)\end{aligned}$$ ▌

特别是，当 $r=2$ 时，信道为二元对称信道（BSC），其容量为 $C=1-H(p)$ 比特/符号。

例 6.9 一信道的转移概率矩阵为

$$\begin{pmatrix}1/3 & 1/3 & 1/6 & 1/6\\1/6 & 1/3 & 1/6 & 1/3\end{pmatrix}$$

求信道容量和达到容量时的输出概率。

解 设输出概率为 q_1,q_2,q_3,q_4。因为是准对称信道，当输入等概率时达到信道容量。

可计算输出概率为

$q_1=1/2[1/6+1/3]=1/4$，$q_2=1/2[1/3+1/3]=1/3$，$q_3=1/2[1/6+1/6]=1/6$，$q_4=1/4$

利用式（6.22）得信道容量为

$$C=H(1/4,1/3,1/6,1/4)-H(1/3,1/3,1/6,1/6)=0.041\text{ 比特/符号}$$

6.3 级联信道及其容量

在通信系统中，信息的传输往往要依次通过若干个信道。这些信道通常采用级联的形式。级联的含义是被连接的信道输入只依赖于前面相邻信道的输出而和前面的其他信道的输出无直接关系。

若随机变量集合(X,Y,Z)构成马氏链，则称信道 X-Y 与 Y-Z 构成级联信道。典型的级联信道如图 6.8 所示。图中，由于当 Y 给定时，Z 不依赖于 X，所以有

$$P(z|y)=P(z|xy) \tag{6.25}$$

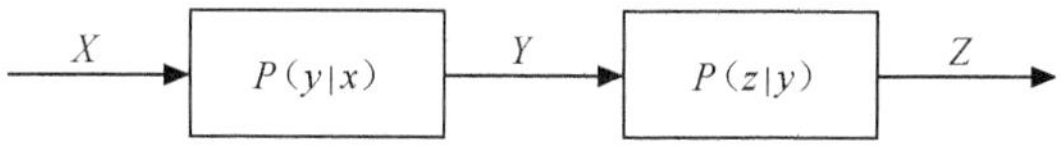

图 6.8 级联信道

因此，(X,Y,Z)构成马氏链与式（6.25）是同一含义。根据定理 2.16 和定理 2.17，如果(X,Y,Z)构成马氏链，则

$$I(X;Z|Y)=0 \tag{6.26}$$

$$I(XY;Z)=I(Y;Z) \tag{6.27}$$

定理 6.3 若 X,Y,Z 构成一马氏链，则

$$I(X;Z)\leqslant I(X;Y) \tag{6.28}$$

$$I(X;Z)\leqslant I(Y;Z) \tag{6.29}$$

证 根据公式，有 $I(X;YZ)=I(X;Y)+I(X;Z|Y)=I(X;Z)+I(X;Y|Z)$，又因为 X,Y,Z 为马氏链，故 $I(X;Z|Y)=0$，从而得到 $I(X;Z)\leqslant I(X;Y)$。同理可证明式（6.29）。▌

通常我们可把通信系统模型看成各部分的级联，如图 6.9 所示。信源发出 L 长的序列 U^L，

通过编码后得到 N 长的码序列 X^N，经信道传输后，译码器收到 N 长序列为 Y^N，译码后传给信宿的消息序列为 V^N。这样就有下面的定理。

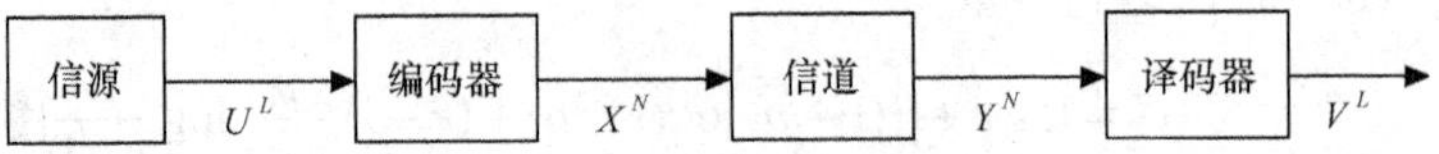

图 6.9　通信系统模型各部分的级联

定理 6.4　（数据处理定理）

$$I(U^L;V^L) \leqslant I(X^N;Y^N) \tag{6.30}$$

证　由于 (U^L,X^N,Y^N) 构成马氏链，所以 $I(U^L;Y^N) \leqslant I(X^N;Y^N)$；由于 (U^L,Y^N,V^L) 构成马氏链，所以 $I(U^L;V^L) \leqslant I(U^L;Y^N)$；从而得式（6.30）。■

该定理表明，从信宿得到的关于信源的信息经过编译码器、信道的处理后会减少，而且处理的次数越多，减少得越多。这就是数据处理定理。

但实际上，总是要对数据进行处理的，因为只有这样才能保留对信宿有用的信息，去掉无用的信息或干扰。例如，为看清晰的图像，要尽量去除杂波；为听悦耳的声音，要尽量滤掉噪声。虽然信息的总量减少，但突出了对信宿有用的信息。

下面计算级联信道的转移概率矩阵及信道容量。

级联信道既然为马氏链，一级级联相当于状态的一步转移。因此，级联信道的转移概率矩阵为级联信道中各矩阵依次相乘。根据级联信道的转移矩阵特点，按照前面介绍的离散信道容量的计算方法即可计算其信道容量。

例 6.10　给定例 6.1 中的二元对称信道，计算两级级联信道的概率转移矩阵。如果信道输入 0，1 等概率，求在两级级联和三级级联情况下输入与输出之间的平均互信息。

解　所求级联信道转移概率矩阵为

$$\boldsymbol{P}=\begin{pmatrix}1-\varepsilon & \varepsilon\\ \varepsilon & 1-\varepsilon\end{pmatrix}\begin{pmatrix}1-\varepsilon & \varepsilon\\ \varepsilon & 1-\varepsilon\end{pmatrix}=\begin{pmatrix}(1-\varepsilon)^2+\varepsilon^2 & 2\varepsilon(1-\varepsilon)\\ 2\varepsilon(1-\varepsilon) & (1-\varepsilon)^2+\varepsilon^2\end{pmatrix}$$

设原信道输入与输出集分别为 X，Y，两级级联和三级级联情况下输出集合分别为 Z，U。

设 $\begin{pmatrix}X\\ P_X\end{pmatrix}=\begin{pmatrix}0 & 1\\ 1/2 & 1/2\end{pmatrix}$，计算可得

$$\begin{pmatrix}Y\\ P_Y\end{pmatrix}=\begin{pmatrix}0 & 1\\ 1/2 & 1/2\end{pmatrix},\quad \begin{pmatrix}Z\\ P_Z\end{pmatrix}=\begin{pmatrix}0 & 1\\ 1/2 & 1/2\end{pmatrix}$$

$$I(X;Y)=H(Y)-H(Y\mid X)=\log 2-H(\varepsilon)$$

$$I(X;Z)=\log 2-H(Z\mid X)=\log 2-H[2\varepsilon(1-\varepsilon)]$$

其中，$H(\varepsilon)=-\varepsilon\log\varepsilon-(1-\varepsilon)\log(1-\varepsilon)$。

类似地，可计算三级信道级联时

$$I(X;U)=\log 2-H[3\varepsilon(1-\varepsilon)^2+\varepsilon^3]$$ ■

结论：信道级联后增加信息损失，级联级数越多，损失越大。

例 6.10（续）　设错误概率 ε 为 1/3，计算两级级联信道的容量及达到容量时的输出概率。

解　两级级联信道的转移矩阵为

$$\boldsymbol{P}=\begin{pmatrix}2/3 & 1/3\\ 1/3 & 2/3\end{pmatrix}\begin{pmatrix}2/3 & 1/3\\ 1/3 & 2/3\end{pmatrix}=\begin{pmatrix}5/9 & 4/9\\ 4/9 & 5/9\end{pmatrix}$$

可以看出，该级联信道是一个强对称信道，因此当输入等概率时达到信道容量，此时输出也等概率。所以

$$q_1=q_2=1/2$$
$$C=\log 2-H(5/9,4/9)=0.009\text{ 比特/符号}$$

6.4 多维矢量信道及其容量

6.4.1 多维矢量信道输入与输出的性质

设离散信道的单符号输入为 X，输出为 Y，通常 X 视为信源的输出。设信源符号也就是信道的输入概率为 $p(x)$，信道的转移概率 $P(y|x)$描述 Y 与 X 之间关系，$I(X;Y)$为 X 与 Y 之间的平均互信息。对于多维矢量信道，我们定义输入与输出之间的平均互信息为

$$\begin{aligned}I(X^N;Y^N)&=H(X^N)-H(X^N|Y^N)\\&=H(Y^N)-H(Y^N|X^N)\\&=\sum_{\boldsymbol{x},\boldsymbol{y}}p(\boldsymbol{xy})\log\frac{p(\boldsymbol{y}|\boldsymbol{x})}{q(\boldsymbol{y})}\end{aligned}$$

引理 6.1 设信道输入输出分别为 X^N,Y^N，其中，$X^N=(X_1\cdots X_N)$，$Y^N=(Y_1\cdots Y_N)$，则

① $$H(Y^N|X^N)\leqslant\sum_{i=1}^N H(Y_i|X_i) \tag{6.31}$$

仅当信道无记忆时等式成立。

② $$H(X^N|Y^N)\leqslant\sum_{i=1}^N H(X_i|Y_i) \tag{6.32}$$

仅当 $p(x|y)=\prod_{i=1}^N p(x_i|y_i)$ 时等号成立。

证 ① $$\begin{aligned}H(Y^N|X^N)&\overset{a}{=}H(Y_1|X^N)+H(Y_2|Y_1X^N)+\cdots+H(Y_N|Y_1\cdots Y_NX^N)\\&\overset{b}{\leqslant}H(Y_1|X_1)+H(Y_2|X_2)+\cdots+H(Y_N|X_N)\end{aligned}$$

其中，a：根据熵的可加性；b：根据熵的不增原理，仅当每个 Y_i 仅依赖 X_i 时等号成立，此时有 $p(\boldsymbol{y}|\boldsymbol{x})=p(y_1|x_1)\cdots p(y_N|x_N)=\prod_{i=1}^N p(x_i|y_i)$，即当信道无记忆时等式成立。

② 由①的结果，交换 X 与 Y 的位置，可得②的结果。■

结论：信源的输入与输出序列条件熵不大于各对应符号条件熵的和。

下面给出两个定理来说明多维矢量信道输入与输出之间平均互信息的性质。

定理 6.5 对于离散无记忆信道，有

$$I(X^N;Y^N)\leqslant\sum_{i=1}^N I(X_i;Y_i) \tag{6.33}$$

证 根据引理 6.1 中①，有

$$I(X^N;Y^N)=H(Y^N)-H(Y^N|X^N)=H(Y^N)-\sum_{i=1}^N H(Y_i|X_i)$$

而
$$\sum_{i=1}^{N}I(X_i;Y_i)=\sum_{i=1}^{N}H(Y_i)-\sum_{i=1}^{N}H(Y_i\,|\,X_i)$$

再根据熵的可加性，有
$$H(Y^N)=H(Y_1\cdots Y_N)\leqslant\sum_{i=1}^{N}H(Y_i),$$

所以式（6.33）成立，仅当输出独立时等式成立。

当输入独立时，有 $p(\boldsymbol{x})=p(x_1)\cdots p(x_N)$，可得
$$p(y)=\sum_{X^N}p(x)p(y\,|\,x)=\sum_{X_1}\cdots\sum_{X_N}\{\prod_{i=1}^{N}p(x_i)p(y_i\,|\,x_i)\}=\prod_{i=1}^{N}\{\sum_{X_i}p(x_i)p(y_i\,|\,x_i)\}=\prod_{i=1}^{N}p(y_i)$$

所以，当信源信道都无记忆时，式（6.33）中等号成立。▮

例 6.11 离散无记忆信道的输入 $X^N=X_1\cdots X_N$，输出 $Y^N=Y_1\cdots Y_N$，且有 $X_1=Y_1=X_2=Y_2,\cdots,X_N=Y_N=X$，其中 X 的熵为 H；计算 $I(X^N;Y^N)$ 和 $\sum_{i=1}^{N}I(X_i;Y_i)$。

解
$$\begin{aligned}I(X^N;Y^N)&=H(Y^N)-H(Y^N\,|\,X^N)=H(Y^N)=H(X_1\cdots X_N)\\&=H(X_1)+H(X_2\,|\,X_1)+\cdots+H(X_N\,|\,X_1\cdots X_{N-1})=H(X_1)=H(X)=H\end{aligned}$$
$$\sum_{i=1}^{N}I(X_i;Y_i)=\sum_{i=1}^{N}[H(X_i)-H(X_i\,|\,Y_i)]=\sum_{i=1}^{N}H(X_i)=NH$$ ▮

定理 6.6 对于无记忆信源，则
$$I(X^N;Y^N)\geqslant\sum_{i=1}^{N}I(X_i;Y_i) \tag{6.34}$$

证 由于信源无记忆，有
$$I(X^N;Y^N)=H(X^N)-H(X^N\,|\,Y^N)=\sum_{i=1}^{N}H(X_i)-H(X^N/Y^N)$$

而
$$\sum_{i=1}^{N}I(X_i;Y_i)=\sum_{i=1}^{N}H(X_i)-\sum_{i=1}^{N}H(X_i\,|\,Y_i)$$

再根据引理 6.1 中②，可知式（6.34）成立，仅当 $p(x\,|\,y)=\prod_{i=1}^{N}p(x_i\,|\,y_i)$ 时等式成立。

当信道无记忆时，有
$$p(\boldsymbol{x}\,|\,\boldsymbol{y})=\frac{p(\boldsymbol{x})p(\boldsymbol{y}\,|\,\boldsymbol{x})}{p(\boldsymbol{y})}=\frac{\prod_i p(x_i)p(y_i\,|\,x_i)}{\sum_{x_1,x_2,\cdots x_N}p(x_1)p(y_1\,|\,x_1)\cdots p(x_N)p(y_N\,|\,x_N)}$$
$$=\frac{\prod_i p(y_i)p(x_i\,|\,y_i)}{\prod_i p(y_i)}=\prod_{i=1}^{N}p(x_i\,|\,y_i)$$

可见当信源信道都无记忆时等式成立。▮

例 6.12 设无记忆信源 X 的熵为 H，X 的 5 次扩展源为 X^5，信道为下面矩阵所示的置换信道，
$$\begin{pmatrix}1&2&3&4&5\\3&2&5&1&4\end{pmatrix}$$

其中第 1 行为输入的序号，第 2 行为信道输出的序号，例如，X_1 输出到 Y_4，X_2 输出到 Y_2 等。计算 $\sum_{i=1}^{5} I(X_i;Y_i)$ 和 $I(X^5;Y^5)$。

解 因为信源 X 无记忆，所以有 $I(X_1;Y_1)=I(X_1;X_3)=0$，同理，得 $I(X_3;Y_3)=I(X_4;Y_4)=I(X_5;Y_5)=0$；而 $I(X_2;Y_2)=I(X_2;X_2)=H$，所以 $\sum_{i=1}^{5} I(X_i;Y_i)=H$；$I(X^5;Y^5)=H(X^5)-H(X^5|Y^5)=5H$。■

结论：

① 对于无记忆信源和无记忆信道，有 $I(X^N;Y^N)=\sum_{i=1}^{N} I(X_i;Y_i)$；

② 对于平稳信源，因为 X_i 同分布，Y_i 也同分布，因此得

$$I(X_i;Y_i)=I(X;Y);$$

$$\sum_{i=1}^{N} I(X_i;Y_i)=N\,I(X;Y)$$

6.4.2 离散无记忆扩展信道及其容量

如果 N 长的随机序列通过一个单符号离散信道，则信道的输出也是 N 长的随机序列。如果把 N 长的随机序列作为一个新信道的输入与输出，那么这个新信道就是原来信道的 N 次扩展信道。

N 次扩展信道的描述要满足 6.1.2 小节中一般的信道数学模型的描述，但符号集为同分布符号的扩展，即各 X_i 的分布都相同，信道的输入和输出分别为 $X^N=X_1\cdots X_N$ 和 $Y^N=Y_1\cdots Y_N$，所包含的矢量分别为 $\boldsymbol{x}=x_1,\cdots,x_N,\boldsymbol{y}=y_1,\cdots,y_N$，信道的转移概率可通过下式来计算：

$$\pi_{kl}=P_{Y^N|X^N}(\boldsymbol{y}=\beta_l\,|\,\boldsymbol{x}=\alpha_k)=p(\boldsymbol{y}\,|\,\boldsymbol{x})=p(y_1\ldots y_N\,|\,x_1\ldots x_N)=\prod_{i=1}^{N}p(y_i\,|\,x_i)$$

实际上，一个信道的 N 次扩展信道的转移概率矩阵是 N 个原信道转移概率矩阵的 Kronecker 乘积。设输入与输出符号集的尺寸分别为 r，s，则 N 次扩展信道的输入与输出符号集的尺寸分别为 $R=r^N$，$S=s^N$。

信道的转移概率为

$$\prod=\begin{pmatrix}\pi_{11} & \pi_{12} & \cdots & \pi_{1S}\\ \pi_{21} & \pi_{22} & \cdots & \pi_{2S}\\ \cdots & \cdots & \cdots & \cdots\\ \pi_{R1} & \pi_{R2} & \cdots & \pi_{RS}\end{pmatrix}$$

满足 $\sum_{l=1}^{s^N}\pi_{kl}=1$，对所有 $k=1,\cdots,r^N$。

例 6.13 求错误概率为 p 的二元对称信道的二次扩展信道的转移概率矩阵。

解 设 $\alpha_k\in\{00,01,10,11\},\beta_l\in\{00,01,10,11\}$，二次扩展信道的转移概率为 $\pi_{kl}=P_{Y^2|X^2}(\boldsymbol{y}=\beta_l\,|\,\boldsymbol{x}=\alpha_k)=p(y_1\,|\,x_1)p(y_2\,|\,x_2)$，对应的转移概率矩阵为

$$\prod=\begin{pmatrix}1-p & p\\ p & 1-p\end{pmatrix}\otimes\begin{pmatrix}1-p & p\\ p & 1-p\end{pmatrix}$$

$$=\begin{pmatrix}(1-p)^2 & p(1-p) & p(1-p) & p^2\\ p(1-p) & (1-p)^2 & p^2 & p(1-p)\\ p(1-p) & p^2 & (1-p)^2 & p(1-p)\\ p^2 & p(1-p) & p(1-p) & (1-p)^2\end{pmatrix}$$ ■

下面我们来研究离散无记忆 N 次扩展信道的容量问题。

设 C^N 为离散无记忆 N 次扩展信道的容量，根据定理 6.5，有

$C^N = \max\limits_{p(\boldsymbol{x})} I(X^N;Y^N) \leqslant \max\limits_{p(\boldsymbol{x})} \sum\limits_{i=1}^{N} I(X_i;Y_i)$，当信源无记忆时，有

$$C^N = \max_{p(\boldsymbol{x})} I(X^N;Y^N) = \sum_{i=1}^{N} \max_{p(x_i)} I(X_i;Y_i) = \sum_{i=1}^{N} C_i \tag{6.35}$$

其中 $C_i = \max\limits_{p(x_i)}\{I(X_i;Y_i)\}$。对于平稳信道，有 $C_i = C$，其中，C 为单符号信道容量。

因此离散平稳无记忆 N 次扩展信道的容量为

$$C^N = NC \tag{6.36}$$

达到容量时，信源应是无记忆的。

例 6.13（续） 求该二次扩展信道的容量。

解 由例 6.8 可得，错误概率为 p 的二元对称信道的容量 $C = \log 2 - H(p)$，根据式(6.36)，该信道的二次扩展信道容量为

$$C^2 = 2C = 2\log 2 - 2H(p) \text{ 比特/扩展符号} \blacksquare$$

6.4.3 并联信道及其容量

如果一个信道由若干并行的单符号子信道组成，在每单位时间，发送端都同时通过每个子信道发送不同符号集的消息，而且每子信道的输出仅与该子信道的输入有关，那么这种信道称为并联信道。设并联信道的输入、输出分别为 X^N，Y^N 其中，$X^N = X_1 \cdots X_N$，$Y^N = Y_1 \cdots Y_N$，并且 X_i, Y_i 分别为子信道 i 的输入与输出，那么 Y_i 仅与 X_i 有关，因此满足式(6.1)，从而满足式（6.33）。

设并联信道的容量为 C，则

$$C = \max_{p(x_1,\cdots,x_N)}\{I(X^N;Y^N)\} = \max_{p(x_1,\cdots,x_N)} \sum_{i=1}^{N} I(X_i;Y_i) = \sum_{i=1}^{N} C_i$$

其中，C_i 为各子信道的容量。当各 X_i 互相独立时，上面等式成立，所以并联信道的容量为

$$C = \sum_{i=1}^{N} C_i \tag{6.37}$$

仅当各 X_i 互相独立且各子信道输入符号均达到最佳概率分布时，达到容量。

例 6.14 一信道的输入为二维随机矢量 $\boldsymbol{X}_1\boldsymbol{X}_2$，其中 $\boldsymbol{X}_i,(i=1,2)$ 均取自同一符号集{0，1}，输出也为二维随机矢量 $\boldsymbol{Y}_1\boldsymbol{Y}_2$，$\boldsymbol{Y}_i,(i=1,2)$ 的符号集与输入相同，信道的转移概率如图 6.10 所示，求信道容量和达到容量时的输入概率分布。

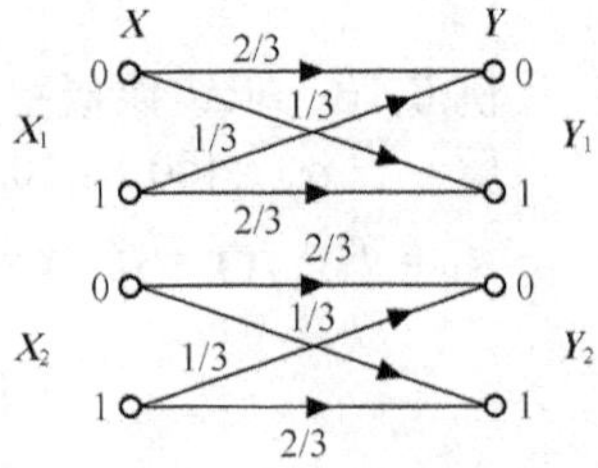

图 6.10 信道的转移概率图

解 从信道的转移概率图可以看出，两个子信道是独立的，所以构成一个二维并联信道。根据式（6.37），所求信道容量为

$C = C_1 + C_2 = 2C_1 = 2[1 - H(1/3)] = 0.164$ 比特/2 个符号

达到容量时，输入 $\boldsymbol{X}_1\boldsymbol{X}_2$ 相互独立，且均为等概率分布。$\blacksquare$

6.4.4 和信道及其容量

若一个信道分为若干子信道，且各子信道输入之间互不相交，输出之间也互不相交，信道总的输出与输入集合分别为各子信道输出与输入之并集，而且每次传输只能用一个信道，则称此信道为和信道。

定理 6.7 对于由 N 个子信道构成的和信道，信道容量为 $C=\log_2\sum 2^{C_i}$ 比特/符号，其中 C_i 为每个子信道的容量，第 i 个子信道使用概率为 $r_i=2^{C_i-C}=\dfrac{2^{C_i}}{\sum_{i=1}^{N}2^{C_i}}$，达到容量的输入概率为各子信道达到容量时的概率再乘以 r_i。（证明略）

例 6.15 一信道的转移概率如图 6.11 所示，求信道容量和达到容量时的输入概率。

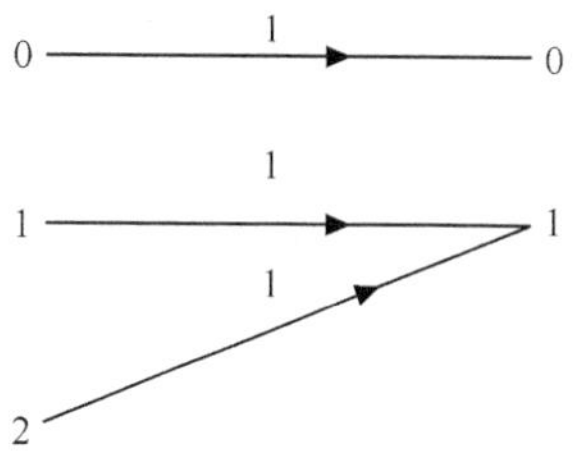

图 6.11 信道的转移概率图

解 此信道可看成具有两个子信道的和信道，两子信道的容量均为 0，根据定理 6.7，得

$$C_1=C_2=0, r_1=\frac{1}{2}, r_2=\frac{1}{2}$$

所求信道容量为

$$C=\log_2 2=1\text{比特}$$

达到容量的输入概率为

$$p_0=\frac{1}{2}, p_1=\frac{p}{2}, p_2=\frac{1-p}{2}$$

其中，p 为不大于 1 的正数。■

关于信道容量的注释如下所述。

① 达到容量时的输入概率分布不一定唯一。例 6.15 就是一例。

② 达到容量时的输出概率严格为正。

达到容量时，对某些 $p_i=0$，有 $\sum_j p_{ij}\log\dfrac{p_{ij}}{q_j}\leqslant C$，若 $q_j=0$，但对应 q_j 的某一个 $p_{ij}\neq 0$，使得不等式右边为无穷大，出现矛盾。

③ 对应于信道容量的输出概率是唯一的。

可以证明，如果两个不同输入概率达到同样容量，那么都对应着相同的输出分布。

以上介绍的离散信道容量的计算只能处理某些特殊情况，然而对于任意的离散信道的转移概率分布，要利用下面的迭代算法进行计算。

6.5 信道容量的迭代算法

为了说明迭代计算的基本方法，先让我们重写一下（2.29）式，为计算方便，公式中的对数取自然对数。

$$I(X;Y)=\sum_i\sum_j p_i p_{ij}\ln\frac{p_{ij}}{\sum_i p_i p_{ij}} \tag{6.38}$$

求信道容量 C 就是在 p_i 的约束下，求 $I(X;Y)$ 的极大值。首先引入反条件概率，即 $P_{X|Y}$（$a_i|b_j$）$=q_{ji}$，则

$$q_{ji}=\frac{p_i p_{ij}}{\sum_i p_i p_{ij}} \tag{6.39}$$

这样，式（6.38）可写成

$$I(X;Y)=\sum_i\sum_j p_i p_{ij}\ln\frac{q_{ji}}{p_i} \tag{6.40}$$

迭代算法的要点是，当信道固定（即 p_{ij} 固定）时，把 $I(X;Y)$ 看成 p_i 和 q_{ji} 的函数，用式（6.40）进行信道容量计算的迭代。每一次迭代由两步组成（变量的上标为迭代次序）。

① 将 $p_i^{(n)}$ 固定，在约束 $\sum_i q_{ji}=1$ 的条件下变动 q_{ji}，得到 $I(X;Y)$ 的极大值，记为 $I(X;Y)=C(p_i^{(n)};q_{ji}^{(n)})=C(n,n)$。此时 $q_{ji}^{(n)}$ 应满足式（6.39），重写为

$$q_{ji}^{(n)}=\frac{p_i^{(n)}p_{ij}}{\sum_i p_i^{(n)}p_{ij}} \tag{6.41}$$

② 将 $q_{ji}^{(n)}$ 固定，在约束 $\sum_i p_i=1$ 的条件下变动 p_i，得到 $I(X;Y)$ 的极大值，记为 $I(X;Y)=C(p_i^{(n+1)};q_{ji}^{(n)})=C(n+1,n)$。此时 $p_i^{(n+1)}$ 应满足

$$p_i^{(n+1)}=\frac{\mathrm{e}^{\sum_j p_{ij}\ln q_{ji}^{(n)}}}{\sum_i \mathrm{e}^{\sum_j p_{ij}\ln q_{ji}^{(n)}}} \tag{6.42}$$

式（6.41）与式（6.42）是迭代的基本公式。先选取一组 $p_i^{(n)}$（n=1）的初始值，通常选取均匀分布，由式（6.41）计算 $q_{ji}^{(n)}$；再将此值代入式（6.42）计算 $p_i^{(n+1)}$，依次反复计算下去。每次迭代都要利用式（6.40）计算 $I(X;Y)$ 的值。可以设置门限值，当相邻的两次计算 $I(X;Y)$ 的误差小于门限值时，就结束迭代过程，此时 $I(X;Y)$ 的值就是信道容量 C。

可以采用下述方法，避免计算反向条件概率，使算法简化。

将式（6.41）代入式（6.42）得

$$p_i^{(n+1)}=\frac{p_i^{(n)}\mathrm{e}^{\sum_j p_{ij}\ln(p_{ij}/q_j^{(n)})}}{\sum_i p_i^{(n)}\mathrm{e}^{\sum_j p_{ij}\ln(p_{ij}/q_j^{(n)})}} \tag{6.43}$$

其中

$$q_j^{(n)}=\sum_i p_i^{(n)}p_{ij} \tag{6.44}$$

将式（6.43）、式（6.41）代入式（6.40），得

$$C(p_i^{(n+1)};q_{ji}^{(n)})=\ln\sum_i p_i^{(n)}\mathrm{e}^{\sum_j p_{ij}\ln(p_{ij}/q_j^{(n)})} \tag{6.45}$$

可以证明：

① 随着迭代次数 n 的增大，$I(X;Y)=C(n,n)$ 收敛于信道容量 C；

② 信道容量 C 满足不等式：

$$\ln\sum_i p_i^{(n)}\mathrm{e}^{\sum_j p_{ij}\log(p_{ij}/q_j^{(n)})} \leqslant C \leqslant \ln[\max_i(\mathrm{e}^{\sum_j p_{ij}\log(p_{ij}/q_j^{(n)})})] \tag{6.46}$$

仅当输入分布 $p_i^{(n)}$ 使信道达到容量时，等式成立。

现将算法归纳如下。

设信道输入与输出符号集的大小分别为 r，s，且 ε 为一个小的正数。取初始概率分布为均匀分布，即设 $p_i=1/r$

① 计算 $q_j=\sum_i p_i p_{ij}$

② 计算 $\alpha_i=\exp[\sum_j p_{ij}\ln(p_{ij}/q_j)]$，$i=1,\cdots,r$

③ 计算 $u=\sum_i p_i\alpha_i$

④ 计算 $I_L=\log_2(u);\ I_U=\log_2(\max_i(\alpha_i))$

⑤ 若 $(I_U-I_L)<\varepsilon$，转到⑥，

否则 $p_i=p_i\alpha_i/u,\quad i=1,\cdots r$；

返回①

⑥ 输出信道容量的值 $C=I_L$（比特/符号）

6.6 有约束信道的容量

在信息传输和存储过程中，往往要求传送的符号之间具有一定的约束关系，这种对传送符号有约束的信道称为有约束信道。在信息论创立初期，这些约束是在无噪声干扰条件下研究的，所以香农把这类信道称做无噪声信道。早在 1948 年，香农就给出了有约束信道容量的定义，并计算了在某些约束条件下的信道容量。自从信息论产生以来，有约束信道编码理论和技术取得了重大进展，在光、磁记录和通信领域得到广泛的应用，传输信道的约束也突破了原来传统约束的范围，引入了不少新的约束条件。

在传统的信息传输系统中，符号在传输的序列中间往往不能任意地组合，而存在某些约束。例如，汉语拼音中单子音后面必须接母音，英文中字母“q”后面除“u”之外不接别的字母。在数字通信与存储系统中，为使传输的信号匹配物理信道的特性和所采用的信道处理技术，也必须对传输的符号施加一定的约束，以保证通信的可靠进行。因为无论是传统的还是现代的有约束系统中的约束都可以用标号图来描述，所以首先介绍标号图的概念，然后再研究有约束信道的容量。

6.6.1 标号图的基本概念

一个标号图（或有限标号图）G 由一个有限状态集合($V=V_G$)）和一个有限边集合($E=E_G$)以及边标号($L=L_G$：$E\ \rightarrow\Sigma$，其中 Σ 为有限字母表）组成，其中每条边 $e(e\in E)$ 都有一个初

始状态和一个终止状态，这些状态都属于V。标号图记为$G=(V, E, L)$。标号图为有向图，每条边只有一个方向，由起始状态指向终止状态，而且每条边都和一个标号相对应。每条边也是其初始状态的输出边，同时又是其终止状态的输入边。对于每个状态，都允许存在从自身起始并终止到自身的边，这种边称作自环。从给定状态到某一状态允许存在多条边，但每条边要有不同的标号，而从一状态到不同状态的边可以有相同的标号。为了用标号图产生有限符号序列，可沿图中选定的路径依次读出所经过边所对应的标号，这就产生一串符号序列。因此，如果根据信道的约束得到一个对应的标号图，那么沿标号图的任何路径所产生的符号序列就是满足给定约束的序列。

一个标号图的例子示于图6.12。该图有3个状态{1，2，3}；有限字母表为$\Sigma=\{a,b,c,d\}$；图中有6条边，其中在状态1存在自环，从状态3到状态1有两条边，但标号不同；而从状态3到状态1和从状态3到状态2有两条相同标号（c）的边；沿路径$1\to2\to3\to1\to1$，可产生序列为bbda。沿标号图的所有路径读出的标号所产生的序列（或字）集合，称为一个有约束系统，记为S。可见一个给定的有约束系统可以用标号图来表示。由于有约束系统只与标号有关而与标号图的状态无关，所以同一个有约束系统可用多种不同的标号图来表示。

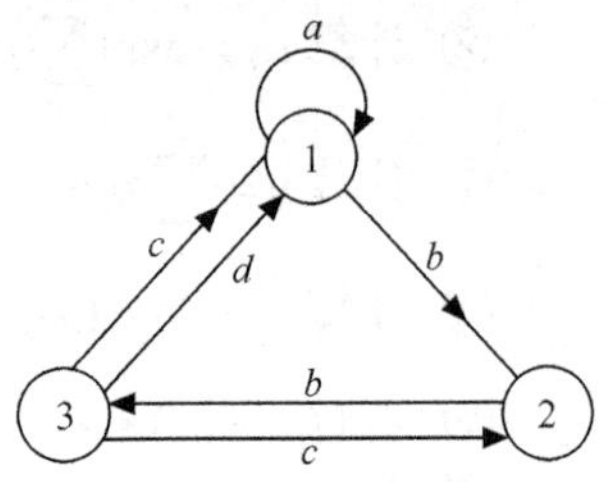

图6.12　标号图示例

由于标号图是有向图，所以可以用连接矩阵来描述。设一个N状态的标号图G，定义连接矩阵$\boldsymbol{D}_G$（或简记为$\boldsymbol{D}$）为$N\times N$阶矩阵：

$$\boldsymbol{D}=(d_{\mathrm{ij}}) \tag{6.47}$$

其中，d_{ij}为从状态i到状态j的边的数目，i，j=1，…，N。连接矩阵也称邻接矩阵。例如，图6.12中的标号图的连接矩阵是：

$$\boldsymbol{D}=\begin{pmatrix}1&1&0\\0&0&1\\2&1&0\end{pmatrix}$$

设G是一个标号图，G的N次幂用G^N表示，也是一个状态集合与G相同的标号图，而它的每条边都与在G中产生的长度为N的路径相对应。因此G^N的每条边对应的标号就是一条长度为N且满足G的约束的序列。G^N的连接矩阵$\boldsymbol{D}_{G^N}$就是$\boldsymbol{D}_G$的N次幂$\boldsymbol{D}_G{}^N$（或简记为$\boldsymbol{D}^N$），即

$$\boldsymbol{D}_{G^N}=D_G^N=[D^N]_{ij} \tag{6.48}$$

其中，每个元素$[\boldsymbol{D}^N]_{ij}$表示在图G中从状态i经N步到状态j的路径数。实际上，它表示此有约束系统从状态i到状态j所能构成的长度为N的序列的数目。

例6.16　求图6.12所示有约束系统，由状态3到状态2所能构成的长度为3的序列的数目，并列出这些序列。

解　计算

$$\boldsymbol{D}^3=\begin{pmatrix}1&1&0\\0&0&1\\2&1&0\end{pmatrix}^3=\begin{pmatrix}3&2&1\\2&2&1\\4&3&2\end{pmatrix}$$

所求序列数为$[\boldsymbol{D}^3]_{32}=3$，这 3 条序列是：*cbc*，*dab*，*cab*。■

研究有约束系统时，常常需要将标号图进行变换，以达到减少图中所含状态数或降低编码器复杂度等目的。常用的标号图化简原则如下：

1. 等价状态合并

在标号图中，状态 $s_1,s_2,\cdots,s_J$ 是等价的，当且仅当对每一个可能的输入序列，不管 $s_1,s_2,\cdots,s_J$ 中哪一个是初始状态，所产生的序列完全相同。可以验证，对于两状态 s_i,s_j，如果它们具有相同数目和对应相同标号的输出边，并且具有相同标号边的终止状态也相同，那么 s_i 和 s_j 是等价的。等价状态满足自反性、对称性和传递性，等价状态可以合并成一个状态。例如，状态 s_i 具有输出边集合$\{e_i^1,e_i^2\}$，状态 s_j 具有输出边集合$\{e_j^1,e_j^2\}$，并且 e_i^1 与 e_j^1 有相同的标号和终止状态，e_i^2 与 e_j^2 有相同的标号和终止状态，那么状态 s_i 和 s_j 可以合并成一个状态。等价状态合并后，原来两状态合并前的输入边都保留作为合并后新状态的输入边，而只保留合并前其中一个状态的输出边。等价状态合并后的图与合并前的图是等价的。即两图所产生的序列完全相同。等价状态合并示意图如图 6.13 所示。

2. 状态节点的吸收

在图 6.14 所示，节点 s_2 可被吸收，从而变成新的标号图。此时应注意：①状态节点被吸收后，图的标号集合要扩展。例如，图 6.14（b）中图的标号集合就增加 *ba*,*ca* 等元素；②状态节点被吸收后，标号图与原来的图不等价。因此，仅当所研究的问题与有约束序列的起点无关时才能使用该方法。

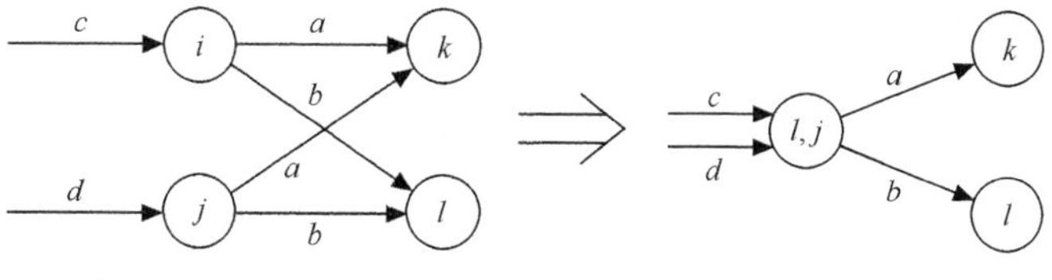

（a）*i*，*j* 状态合并前　　（b）*i*，*j* 状态合并后

图 6.13　等价状态合并

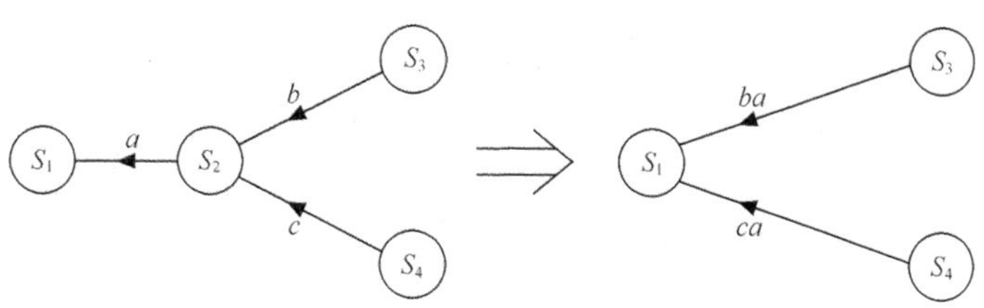

（a）S_2 节点被吸收前　　（b）S_2 节点被吸收后

图 6.14　节点吸收示例

例 6.17　在摩尔斯电码中，容许的符号有 3 个，分别为“点”、“划”、“空”，如果规定不能出现 3 个连续的“空”。试画出摩尔斯电码所对应的状态图。

解　将“点”、“划”、“空”、“空空”作为图的 4 个状态，由题意，“空空”后面不能接“空”。

所求状态图如图 6.15 所示。图中，状态集合 V={点，划，空，空空}，边标号集合 Σ={点，划，空}。

例 6.17（续） 利用等价状态关系对图 6.15 的状态图化简。

解 由图 6.15 可以看出，“点”状态与“划”状态有相同的输出边集合{“点”，“划”，“空”}，而且输出边“点”，“划”，“空”又分别终止于“点”，“划”，“空”状态。所以“点”与“划”是等价关系，可合并成一个“点划”状态。合并后如图 6.16 所示。■

例 6.17（续） 利用节点吸收原则对图 6.16 状态图化简。

解 将状态节点“空空”吸收可得到图 6.17（a）的状态图。此时的标号集合为 Σ={点，划，空，空点，空划}。还可以将“空”节点吸收，成为 1 个状态的图，如图 6.17（b）所示。此时的标号集合为 Σ={点，划，空点，空划，空空点，空空划}。由于只有 1 个状态，所以可看成无约束系统，标号集中的标号可以无约束地结合，不会出现不允许的情况。■

此例中，标号图经过两种化简过程：等价状态合并后，标号集合中的元素不变；而当状态节点被吸收后，标号集合的元素增加。

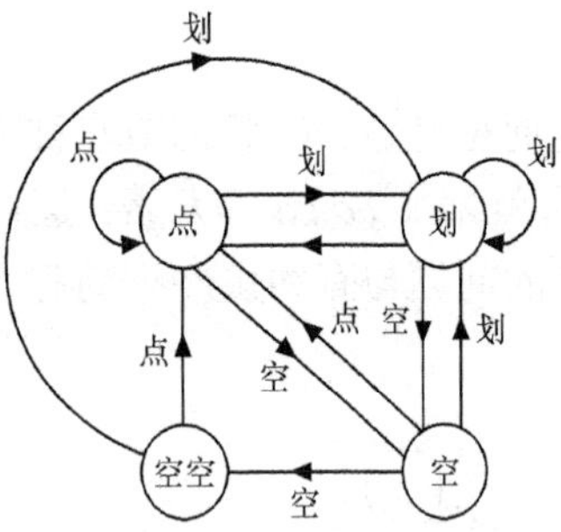

图 6.15　Morse 电码状态图

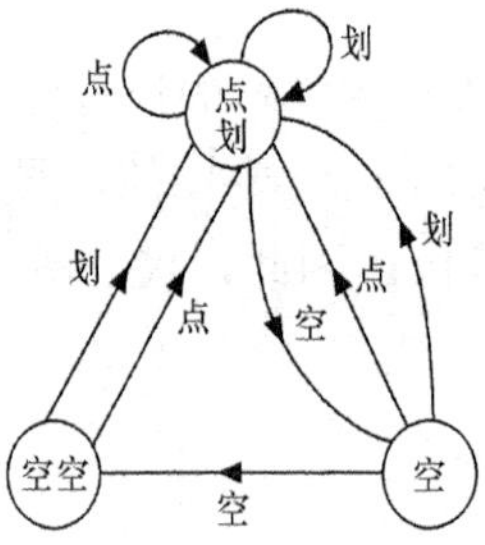

图 6.16　合并后的状态图

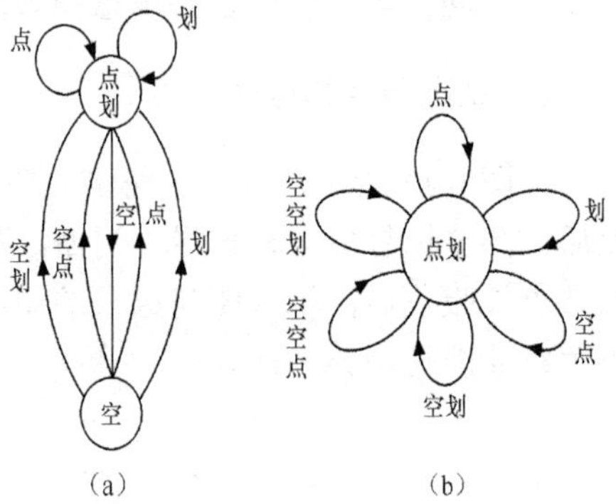

图 6.17　状态节点吸收后状态图

6.6.2　有约束信道容量的计算

一个有约束信道的容量 C 定义为：

$$C = \lim_{T\to\infty} \log M(T)/T \tag{6.49}$$

其中，$M(T)$为时间长度 T 内所允许的序列的个数。这些不同排列构成的序列可以代表信源的不同输出。根据渐近均分特性，当 T 足够大时，信源输出序列接近等概率出现；再根据离散最大熵定理，当这 $M(T)$种序列等概率时，达到最大熵。所以式（6.49）表示在单位时间内所能传输的最大信息量。下面分别就等时长符号有约束、不等时长符号无约束和有约束三种情况计算信道容量。

定理 6.8 等时长有约束信道的容量等于系统连接矩阵最大特征值的对数，即

$$C=\log_2 \lambda_{\max}\ （比特/符号） \tag{6.50}$$

其中，$\lambda_{\max}$ 为系统连接矩阵最大特征值。

证 设每信道符号为单位时长 1，有约束系统的连接矩阵为 D，总状态数为 N，那么从状态 i 出发长度为 t+1（t 为正整数）的不同序列数 $M_i(t+1)$应等于从状态 i 出发终止到以状态 j 出发的长度为 t 的所有序列数的总和，即有如下差分方程组：

$$M_i(t+1)=\sum_{j=1}^{N}d_{ij}M_j(t) \qquad i=1,\cdots,N \tag{6.51}$$

其中，d_{ij} 为矩阵 D 的第（i，j）元素。这是一个线性常系数齐次差分方程组，其解为 λ^t 的线性组合。现设 $M_i(t)=y_i\lambda^t$ 为方程的特解，代入（6.51），得

$$\lambda^t(\lambda y_i)=\lambda^t\sum_{j=1}^{N}d_{ij}y_j \quad , \quad i=1,\cdots,N$$

令 $\boldsymbol{y}^T=(y_1,\cdots,y_N)$，将方程组写成矩阵形式，有

$$\lambda \boldsymbol{y}=D\boldsymbol{y} \tag{6.52}$$

可见，λ 应为 D 的特征值。由于当 t 很大时，只有最大的特征值起作用，所以

$$M_i(t)\approx a_i\lambda_{\max}^t \tag{6.53}$$

其中，a_i 为独立于 t 的常数，$\lambda_{\max}$ 为矩阵 D 的最大实特征值，即为方程

$$\left|D-zI\right|=0 \tag{6.54}$$

的最大实根。方程（6.54）称为特征方程。将式（6.53）代入式（6.49）就得式（6.50）。■

例 6.18 设一个有约束系统的标号图如图 6.18 所示，其中 0,1 符号等时长，写出系统的连接矩阵和特征方程，并求 d=1 时有约束信道的容量。

解 连接矩阵 $\boldsymbol{D}$ 为如下$(d+1)\times(d=1)$阶矩阵：

$$D=\begin{pmatrix}0 & 1 & 0 & \cdots & 0\\ 0 & 0 & 1 & \cdots & 0\\ & \cdots & & \cdots & \\ 0 & 0 & & \cdots & 1\\ 1 & 0 & & \cdots & 1\end{pmatrix} \tag{6.55}$$

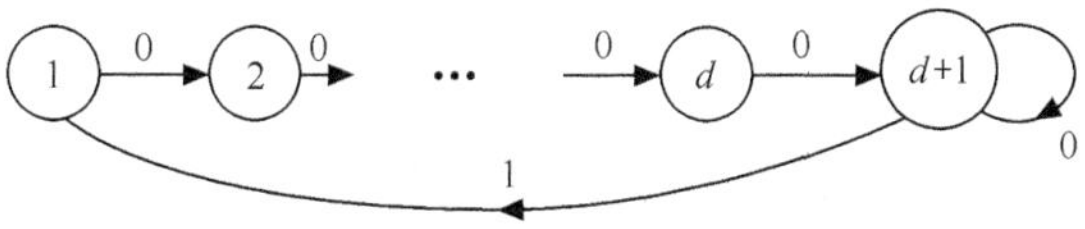

图 6.18 等时长约束系统

令 $\left|D-zI\right|=0$，得 $\qquad z^{d+1}-z^d-1=0 \qquad (6.56)$

令 d=1，式（6.56）变为 $\qquad z^2-z-1=0$

解得 $\qquad \lambda_{\max}=(1+\sqrt{5})/2$

信道容量 $\qquad C=\log_2\lambda_{\max}=\log_2[(1+\sqrt{5})/2]=0.694$ 比特/符号。■

设信源符号 $a_1,a_2,\cdots,a_N$ 的时间长度分别为 $t_1,t_2,\cdots,t_N$，其中每个 $t_i(i=1,\cdots,N)$ 是某单位时长的整数倍，方程

$$z^{-t_1}+z^{-t_2}+\cdots+z^{-t_N}=1 \tag{6.57}$$

称为系统的特征方程。

定理 6.9 不等时长无约束信道容量等于系统特征方程最大实根的对数，形式与（6.50）同。

证 设 $M(t)$ 表示在时间长度 t 内序列的个数。由于传输无约束，所以下面的差分方程成立：

$$M(t)=\sum_{i=1}^{N}M(t-t_i) \tag{6.58}$$

式（6.58）的含义是，在 t 时间内序列的个数应等于以 $a_1,a_2,\cdots,a_N$ 结尾的序列的个数的和。将方程的一个解 $M(t)=yz^t$ 代入（6.58），得

$$y z^{t} = \sum_{i=1}^{N} y z^{t-t_i} \tag{6.59}$$

（6.59）两边除以 yz^t，得（6.57）。令 $\lambda_{\max}$ 为方程（6.59）的最大实根，可得信道容量为：

$$C = \lim_{t\to\infty} \log_2 M(t)/t = \log_2 \lambda_{\max} \text{（比特/单位时长）} ▌ \tag{6.60}$$

例 6.19 在摩尔斯电码中，设“点”、“划”、“空”的时长分别为 $2t_0, 4t_0, 3t_0$（其中 t_0 为单位时长），求无约束信道的容量。

解 根据（6.57），列出特征方程为 $z^{-2t_0} + z^{-4t_0} + z^{-3t_0} = 1$

求解可得 $x^{t_0} = 1.466$，$\log_2(x^{t_0}) = 0.565$ 比特

信道容量为 $C = \log_2(x^{t_0})/t_0 = 0.565$ 比特/单位时长▌

例 6.20 将例 6.18 中的标号图化简成一个状态，然后求无约束信道的容量。

解 将图中的 1，2，…，d 状态节点吸收，可得到如图 6.19 所示标号图。所对应特征方程为 $z^{-(d+1)} + z^{-1} - 1 = 0$，与（6.56）完全相同。故所求结果与例 6.18 相同。▌

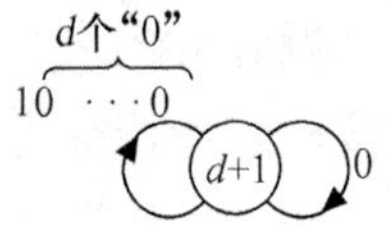

图 6.19 图 6.18 的化简图

定理 6.10 设 $l_{ij}^{(s)}$ 为所允许的从状态 i 到状态 j 的第 s 符号的时长，则信道容量 $C = \log\lambda$，其中 λ 为下面方程的最大实根：

$$\left|\sum_s \lambda^{-l_{ij}^{(s)}} - \delta_{ij}\right| = 0 \tag{6.61}$$

其中，$\delta_{ij} = \begin{cases} 1 & i = j \\ 0 & i \neq j \end{cases}$（证明略）。

定理 6.10 可以把定理 6.8 与定理 6.9 两种情况作为特例来处理。例如，对于等时长情况，设 $l_{ij}^{(s)} = 1$，方程（6.61）变为 $\left|d_{ij}\lambda^{-1} - \delta_{ij}\right| = 0$，这与（6.54）等价。对于不等时长无约束情况，式（6.61）中相当于只含一项，而 $l_{ij}^{(s)}$ 包含了所有符号的时长，这归结于式（6.57）。

例 6.21 在例 10.19 中引入两个“空”后不能再接“空”的约束，求信道容量。

解 这种约束对应图 6.16 的化简图，记 s_1=“空空”，s_2=“空”，s_3=“点划”，则有 $l_{13}^1 = 2t_0$，$l_{13}^2 = 4t_0$，$l_{21} = 3t_0$，$l_{23}^1 = 2t_0$，$l_{23}^2 = 4t_0$，$l_{32} = 3t_0$，$l_{33}^1 = 2t_0$，$l_{33}^2 = 4t_0$；代入方程（10.61），得

$$\begin{vmatrix} -1 & 0 & \lambda^{-2t_0} + \lambda^{-4t_0} \\ \lambda^{-3t_0} & -1 & \lambda^{-2t_0} + \lambda^{-4t_0} \\ 0 & \lambda^{-3t_0} & \lambda^{-2t_0} + \lambda^{-4t_0} + 1 \end{vmatrix} = 0 \tag{6.62}$$

展开得

$$\lambda^{-10t_0} + \lambda^{-8t_0} + \lambda^{-7t_0} + \lambda^{-5t_0} + \lambda^{-4t_0} + \lambda^{-2t_0} = 1 \tag{6.63}$$

求解可得 $\lambda^{t_0} = 1.453$

信道容量为 $C = \log_2(\lambda^{t_0})/t_0 = 0.539$ 比特/单位时长

实际上，直接利用图 6.17（b）所示的无约束系统求解，此时标号集合中的符号长度分别为：“点”：$2t_0$，“划”：$4t_0$，“空点”：$5t_0$，“空划”：$7t_0$，“空空点”：$8t_0$，“空空划”：$10t_0$。

将这些数值代入方程（6.57），可得到与（6.63）相同的结果。由此可见，状态图的化简对于简化运算是很重要的。

本章小结

1．信道模型：信道特性由输入输出间条件概率来描述：$\{X^N, p(\boldsymbol{y}|\boldsymbol{x}), Y^N\}$。

2．单符号信道容量定义：$C \equiv \max\limits_{p(x)} I(X;Y)$。

3．特殊离散无记忆信道的容量计算

（1）对称信道：输入等概率时达到容量，且 $C = H(Y) - H(p_{11}, p_{12}, \dots, p_{1s})$，式中，$p_{11}, p_{12}, \cdots, p_{1s}$ 为矩阵 $\boldsymbol{P} = (p_{ij})$ 中的一行。

（2）信道转移概率矩阵有逆：

$$C = \log_2 \sum_{k=1}^{r} 2^{\beta_k}$$

式中，$\beta_k = -\sum_{i=1}^{r} \alpha_{ki} h_i$，$h_i = -\sum_{j=1}^{s} p_{ij} \log p_{ij}$，$\boldsymbol{P}^{-1} = (\alpha_{ki})$。

（3）利用定理求解：

$$I(a_i;Y) = C, \quad 对于\ p_i > 0$$
$$I(a_i;Y) \leqslant C, \quad 对于\ p_i = 0$$

（4）级联信道：各级联信道矩阵的相乘得到总信道转移概率矩阵，然后计算其容量。

（5）离散平稳无记忆 N 次扩展信道：$C^N = NC$，式中，C 为单符号信道容量。

（6）并联信道：当各子信道的输入 X_i 互相独立时，达到容量 $C = \sum_{i=1}^{N} C_i$。

（7）和信道：

$$C = \log_2 \sum 2^{C_i}\ 比特/符号$$

式中，C_i 为子信道 i 的容量，第 i 个子信道使用概率为 $r_i = 2^{C_i} / \sum_i 2^{C_i}$，达到容量的输入概率为各子信道达到容量时的概率再乘以 r_i。

4．离散无记忆信道容量的迭代计算

当信道固定（即 p_{ij} 固定）时，把 $I(X;Y)$ 看成 p_i 和 q_{ji} 的函数，利用下式进行计算的迭代：

$$I(X;Y) = \sum_i \sum_j p_i p_{ij} \ln \frac{q_{ji}}{p_i}。$$

5．有约束序列可用标号图描述，根据标号图的连接矩阵就可求出有约束系统的容量 C

$$C = \log_2 \lambda_{\max}$$

其中，$\lambda_{\max}$ 为连接矩阵的最大特征值。

思考题

6.1　信道有哪些分类？试举例说明。

6.2 信道容量的定义是什么？它与哪些因素有关？

6.3 为什么离散平稳无记忆信道的容量可以归结到离散单符号信道容量的研究？

6.4 离散对称信道达到容量时的输入概率满足什么条件？

6.5 离散无记忆信道达到容量时，输入及输出概率是否唯一？

6.6 如果级联信道的级数增加，信道容量是增加还是减小？

6.7 在计算并联信道容量时，对各子信道有什么要求？

6.8 并联信道与和信道有什么区别？

6.9 离散信道与有约束信道容量的定义有何区别和联系？

习　题

6.1 某信源包含 8 个消息，其概率及相应的码字如下表所列，码字通过一无损确定信道传输后接收序列为 $u_1u_2u_3$，求：

消息	a_1	a_2	a_3	a_4	a_5	a_6	a_7	a_8
概率	1/4	1/4	1/8	1/8	1/16	1/16	1/16	1/16
码字	000	001	010	011	100	101	110	111

（1）接收到第一个符号为“0”获得的关于 a_4 的信息量 $I(a_4;u_1=0)$；

（2）在接收到第一个符号为“0”的条件下，接收第 2 个码符号为“1”获取的关于 a_4 的信息量 $I(a_4;u_2=1|u_1=0)$；

（3）在接收到前两个符号为“01”的条件下，接收第 3 个码符号为“1”获取的关于 a_4 的信息量 $I(a_4;u_3=1|u_1u_2=01)$；

（4）从码字 011 中获取的关于 a_4 的信息量 $I(a_4;u_1u_2u_3=011)$。

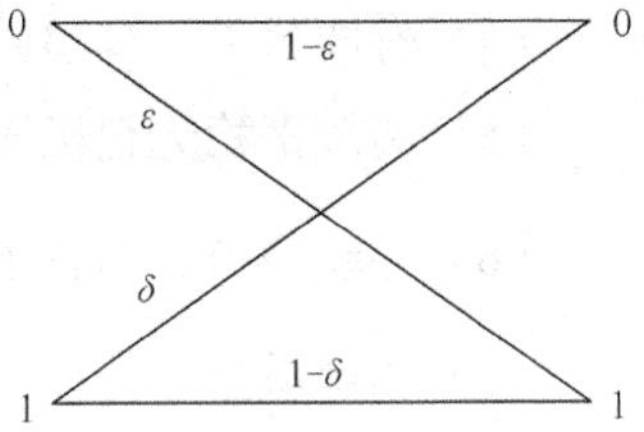

图 6.20　题 6.2 图

6.2 求图 6.20 中所示信道的容量（$\varepsilon \neq \delta$）。

6.3 一离散无记忆信道的转移概率矩阵为

$$\begin{pmatrix} 2/3 & 1/3 & 0 \\ 1/3 & 1/3 & 1/3 \\ 0 & 1/3 & 2/3 \end{pmatrix}$$

（1）求该信道的信道容量。

（2）求达到容量时的输入概率分布和输出概率分布。

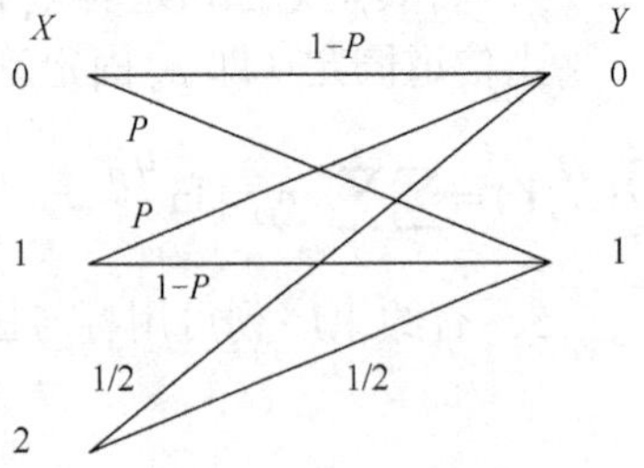

图 6.21　题 6.4 图

6.4 一离散无记忆信道转移概率图如图 6.21 所示，信道输入、输出分别为 X,Y。

（1）写出该信道的转移概率矩阵 $\boldsymbol{P}$。

（2）求信道容量。

（3）求达到容量时的输入和输出概率分布。

6.5 求如下信道的容量与达到容量时的输入概率分布：

$$P=\begin{pmatrix}1/2 & 1/4 & 1/4 & 0\\ 1/4 & 1/4 & 1/4 & 1/4\\ 0 & 0 & 1 & 0\\ 1/2 & 0 & 0 & 1/2\end{pmatrix}$$

6.6　设二元对称信道的概率转移矩阵为

$$\begin{pmatrix}3/4 & 1/4\\ 1/4 & 3/4\end{pmatrix}。$$

（1）若 $p(0)=1/3$，求 $I(x=0;y=1)$，$I(x=1;Y)$，$I(X;Y)$。

（2）求该信道的容量及其达到容量时的输入概率分布。

6.7　设某信道的转移概率矩阵为：

$$P=\begin{matrix} \\ a_1\\ a_2\end{matrix}\overset{\begin{matrix}b_1 & b_2 & b_3 & b_4\end{matrix}}{\begin{bmatrix}\frac{1}{2} & \frac{1}{4} & \frac{1}{8} & \frac{1}{8}\\ \frac{1}{4} & \frac{1}{2} & \frac{1}{8} & \frac{1}{8}\end{bmatrix}}$$

（1）若 $p(a_1)=1/3$，$p(a_2)=2/3$，求 $I(a_1;Y)$，$I(a_2;Y)$，$I(X;Y)$；

（2）求该信道的容量和达到容量时的输入输出分布。

6.8　一信道的转移概率矩阵为 $P=\begin{pmatrix}2/3 & 1/3 & 0\\ 0 & 1/3 & 2/3\end{pmatrix}$，求信道容量和达到容量时的输出概率分布。

6.9　求下列两信道的容量并加以比较：

（1）$\begin{pmatrix}1-p-\varepsilon & p-\varepsilon & 2\varepsilon\\ p-\varepsilon & 1-p-\varepsilon & 2\varepsilon\end{pmatrix}$　　（2）$\begin{pmatrix}1-p-\varepsilon & p-\varepsilon & 2\varepsilon & 0\\ p-\varepsilon & 1-p-\varepsilon & 0 & 2\varepsilon\end{pmatrix}$

6.10　证明离散无记忆信道容量定理6.1。

6.11　一离散无记忆信道如图6.22所示：

（1）写出该信道的转移概率矩阵；

（2）该信道是否为对称信道？

（3）求该信道的信道容量；

（4）求达到信道容量时的输出概率分布。

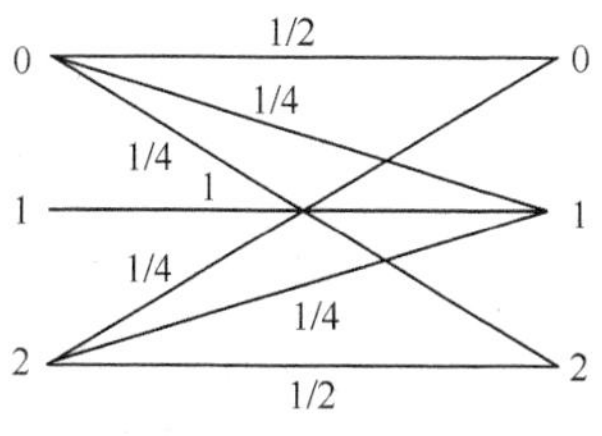

图6.22　题6.11图

6.12　一个 Z 信道的转移概率如图6.23所示：

（1）求信道容量；

（2）若将两个同样的 Z 信道串接，求串接后信道的转移概率矩阵；

（3）求（2）中串接信道的容量和达到容量时的输入的概率分布；

（4）将 n 个同样的 Z 信道串接，求串接后信道的转移概率矩阵和信道容量。

6.13　一信道的转移概率如图6.24所示：

（1）求信道容量；

（2）若将两个同样的信道串接，求串接后信道的转移概率矩阵；

（3）求（2）中串接信道的容量和达到容量时的输入概率分布。

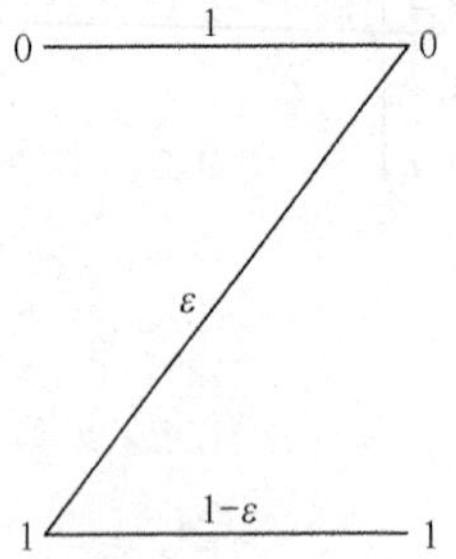

图 6.23　题 6.12 图

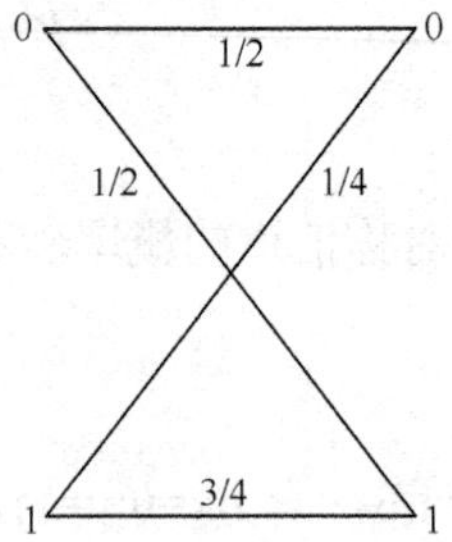

图 6.24　题 6.13 图

6.14　给定如图 6.25 所示的级联信道，求：

（1）X 与 Y 之间的信道容量 C_1；

（2）Y 与 Z 之间的信道容量 C_2；

（3）X 与 Z 之间的信道容量 C_3 及达到容量时的输入概率分布。

6.15　将 n 个二元对称信道级连，其中每个二元对称信道的错误概率为 p，求此级连信道的容量。并证明当 $n\to\infty$ 时级联信道的容量趋于 0。

6.16　设二元对称信道错误概率为 p，

（1）求由两个上述相同的二元对称信道组成的并联信道的容量；

（2）求由两个上述相同的二元对称信道组成的和信道的容量；

（3）求由一个上述二元对称信道和题 6.4 中所示信道构成的和信道的容量。

6.17　求图 6.26 中所示信道的容量用其到达容量时的输入概率分布。

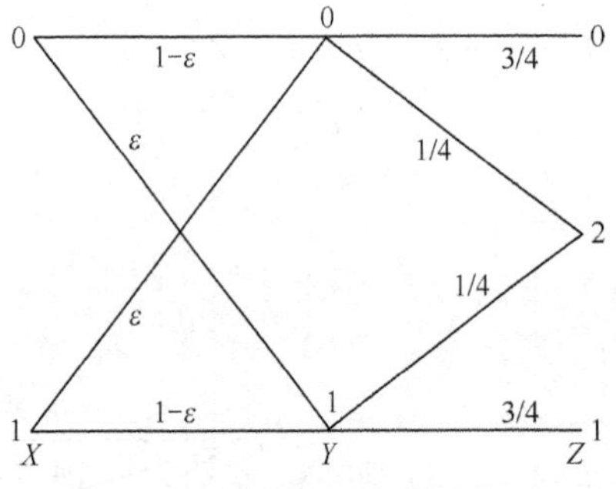

图 6.25　题 6.14 图

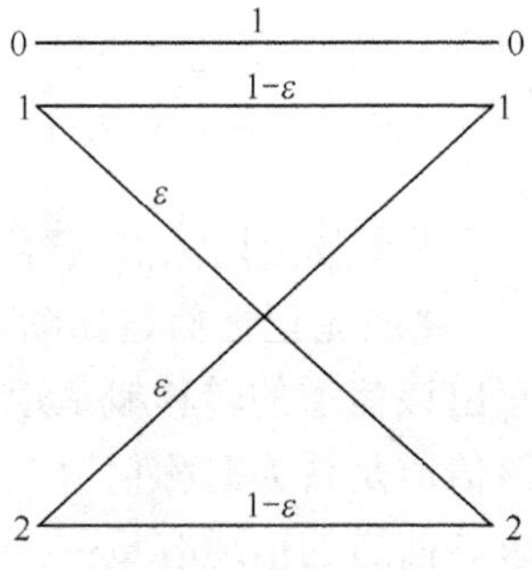

图 6.26　题 6.17 图

6.18　如果一个信道的输入 X 与输出 Y 的取值均为 $0,1,\cdots,K-1$，加性的噪声 Z 独立于信道输入，取值也为 $0,1,\cdots,K-1$，并且 $y=x\oplus z$，其中的加法为模 K 加法；

（1）证明：$I(X;Y)=H(Y)-H(Z)$；

（2）求信道容量并求最佳输入概率分布。

6.19　设信道输入和输出分别为 X 和 Y，符号集均为 $\{0,1,2,3\}$，转移概率矩阵为

$$\begin{pmatrix} 1/2 & 1/2 & 0 & 0 \\ 0 & 1/2 & 1/2 & 0 \\ 0 & 0 & 1/2 & 1/2 \\ 1/2 & 0 & 0 & 1/2 \end{pmatrix}$$

（1）定义随机变量 $z=g(y)$，其中

$$g(y)=\begin{cases}A & 若y\in\{0,1\}\\ B & 若y\in(2,3)\end{cases}$$

对于下面的两种分布，计算 $I(X;Z)$

（a）$p(x)=\begin{cases}1/2 & 若x\in\{1,3\}\\ 0 & 若x\in(0,2)\end{cases}$　　（b）$p(x)=\begin{cases}0 & 若x\in\{1,3\}\\ 1/2 & 若x\in(0,2)\end{cases}$

（2）求 X 和 Z 之间的信道容量与达到容量时 X 的概率分布；

（3）对于满足（2）中（a）的 X 的分布，X-Z-Y 是否构成马氏链，并说明原因。

6.20　一加性离散信道输入 X，符号集为{0，1}，噪声 Z 独立于 X，符号集为{0，a}，且 $p(z=0)=p(z=a)=1/2$，信道输出 $y=x+z$；求信道容量。

6.21　一离散无记忆信道输入 X 的符号集 A={0,1,2,3}，噪声 Z 的符号集 $N=\{n_1,n_2,n_3\}$，其中 n_1、n_2、n_3 为 3 个不同的整数，且等概率分布，信道输出 $Y=X+Z$；

（1）对所有符号集 N 的选择，求最大信道容量及对应的 $N=\{n_1,n_2,n_3\}$ 和 X 的分布；

（2）对所有符号集 N 的选择，求最小信道容量及对应的 $N=\{n_1,n_2,n_3\}$ 和 X 的分布。

6.22　两信道 CH1 和 CH2 级联构成级联信道，其中 CH1 的输入 X 与输出 Y 的符号集分别为 A={0, 1, 2}和 B={ 0, 1, 2, −1}，转移概率 $P_{Y|X}(0|0)=1$，$P_{Y|X}(1|1)=P_{Y|X}(-1|2)=1-p$，$P_{Y|X}(2|1)=P_{Y|X}(2|2)=p$；CH2 的输出 Z 与输入 Y 的关系由函数 $Z=Y^2$ 确定；

（1）上面两信道中哪一个是有噪信道？哪一个是无噪信道？

（2）写出 CH1 和 CH2 的转移概率矩阵 $\boldsymbol{P}_1$ 和 $\boldsymbol{P}_2$；

（3）求 CH1 的信道容量和达到容量时的输入概率分布；

（4）求 CH2 的信道容量和达到容量时的输入概率分布；

（5）求级联信道的容量和达到容量时的输入概率分布。

6.23　离散信源 X 发出消息经过有噪信道输出为 Y，且 $Y=X+Z \pmod 2$，其中，Z 为干扰噪声，X 和 Z 相互独立，而且 X 和 Z 只能取值为 0 或 1，其中 $p_X(0)=\omega$，$p_Z(0)=\varepsilon$；发送方功率受限，有 $E(X^2)\leqslant 1/2$，干扰方功率也受限，有 $E(Z^2)\leqslant 1/4$；

（1）求信道输入与输出之间的平均互信息 $I(X;Y)$；

（2）当信道噪声分布给定，求使 $I(X;Y)$最大的信源 X 的分布；

（3）当信源 X 的分布给定，求使 $I(X;Y)$最小的信道噪声的分布；

（4）发送端设法使 $I(X;Y)$最大，而干扰噪声则设法使 $I(X;Y)$最小化。如果两者同时达到它们的目的，平均互信息 $I(X;Y)$是多少？

6.24　利用迭代算法求下列转移概率矩阵所对应信道的容量和达到容量时的输入概率：

（1）$P=\begin{pmatrix}0.98 & 0.02\\ 0.05 & 0.95\end{pmatrix}$　　（2）$P=\begin{pmatrix}0.6 & 0.4\\ 0.01 & 0.99\end{pmatrix}$

（3）$P=\begin{pmatrix}0.8 & 0.15 & 0.05\\ 0.05 & 0.15 & 0.08\end{pmatrix}$　　（4）$P=\begin{pmatrix}0.99 & 0.01 & 0\\ 0.005 & 0.99 & 0.005\\ 0 & 0.01 & 0.99\end{pmatrix}$

6.25　一个简化的电报代码的模型由两个符号“点”和“划”组成，“点”是 1 个单位时间的高电平后接一个单位时间的 0 电平，“划”是 3 个单位时间的高电平后接一个单位时间的

0 电平：（1）确定状态转移矩阵；（2）确定有约束信道的容量。

6.26　设一个信源基本符号集$\{a_i\}$，i=1，2，3，4，5，它们的时长分别为 1、2、3、4、5 时间单位，在如下条件下求信道容量：

（1）符号间无约束；

（2）由符号组成的消息序列不能出现 a_1a_1，a_1a_2，a_2a_1，a_2a_2 这四种符号相连的情况。

6.27　证明不等时长符号有约束信道的容量定理 6.10。

第7章 有噪信道编码

本章研究通信中的另一个重要问题——传输可靠性问题。由于信道有噪声和干扰或信道有某种约束会使接收的消息发生差错，因此要通过信道编码来提高传输可靠性。因为信道编码是通过增加冗余符号实现的，所以会使传输有效性降低。这就产生一个矛盾的问题，要提高可靠性就要降低有效性。但是为达到高度的可靠性，是否必须大幅度地降低有效性呢？有噪信道编码定理，即香农第二定理，回答了这个问题。该定理指出，只要信息传输速率不大于信道容量，就存在高可靠性传输。这就是说，高可靠性和高效率的信道编码是存在的。香农第二定理是信道编码的理论基础，不过它只给出了高可靠和高效信道编码的存在性，并未给出如何实现这种编码的方法。

本章主要内容安排如下：首先介绍具有信道编译码器通信系统的一般概念、最佳判决与译码原则、信道编码与最佳译码、费诺不等式，然后简单介绍有噪信道编码定理，最后介绍简单的信道编码技术。

7.1 概述

7.1.1 信道编码的基本概念

信道编码就是按一定的规则给信源输出序列增加某些冗余符号，使其变成满足一定数学规律的码序列（或码字），再经信道进行传输。信道译码就是按与编码器同样的数学规律去掉接收序列中的冗余符号，恢复信源消息序列。一般地说，所加的冗余符号越多，纠错能力就越强，但传输效率降低。因此在信道编码中明显体现了传输有效性与可靠性的矛盾。长期以来人们总是认为编码的高可靠性一定伴随低的传输有效性。而在香农提出有噪信道编码定理，以前就有人指出这是一种不正确的传统观念。

因为本章研究的是通信系统中的信道与信道编、译码器，所以我们把信源和信源编码器合并在一起看成信源，信源译码器和信宿合并在一起看成信宿。这样，简化的通信系统模型如图 7.1 所示。设信源输出（或信道编码器的输入）消息集合为 U，信道编码器采用分组编码，输出码字为 X^n 的一个子集，其中每个码符号 x 取自符号集 $A=\{a_1,a_2,\ldots,a_r\}$；码字通过离散无记忆信道传输；信道输出或译码器的输入为 Y^n，其中每个符号 y 取自符号集 $B=\{b_1,b_2,\ldots,b_s\}$；译码器输出是被恢复的消息，其集合用 V 表示。信息传送过程如下：

① 消息产生：由信源发出 M 个等概率消息：$U=\{1,2,\cdots,M\}$；

② 信道编码：编码器将消息映射成码字，编码函数 f：$\{1,2,\cdots,M\}\to C=\{\boldsymbol{c}_1,\boldsymbol{c}_2,\cdots,\boldsymbol{c}_M\}$，其中，$\boldsymbol{c}_i(i=1,\cdots,M)$ 为码长为 n 的码字，码符号集 A 的大小为 r；

③ 信道传输：$\boldsymbol{x}$ 为 n 维矢量，取自码字集 C，作为 n 次扩展信道的输入，$C\in A^n$，$\boldsymbol{y}$ 是 n 维矢量，为信道输出，$\boldsymbol{y}\in A^n$，如第 6 章所述，信道单符号输出与输入的关系用条件概率或转移概率 $p(y|x)$ 来描述；

④ 信道译码：译码器根据接收的 $\boldsymbol{y}$ 完成译码功能，译码函数 $g:Y^n\to V=\{1,2,\cdots,M\}$。

图 7.1 简化的通信系统模型图

通常将这种信道编码表示成（M，n）码，其中 M 为信源编码器产生的消息总数，n 为码字的长度。由于信道存在噪声，信息传输会出现差错，即通过接收的 $\boldsymbol{y}$ 所译出的信道输入与实际发送的 $\boldsymbol{x}$ 可能不同，这就使恢复的消息 V 与原始消息 U 也可能不相同。为减少译码差错，除采用性能高的信道编码外，选择合适的译码方式也是很重要的。通常有两类信道译码方式，一种是首先进行信道传输符号的判决再进行信道译码，另一种是信道传输符号的判决和信道译码同时完成。前者对信道传输符号的判决称为硬判决，而后者称为软判决。通常，单符号的信道译码指的是信道传输符号的判决。由于译码算法直接影响系统的传输的错误率，所以要选择使平均差错率最小的译码算法。

衡量信道编码有效性的重要指标就是信息传输速率（也称信道编码码率）。

对于离散信道，信息传输速率表示每个码符号携带的信息量。当离散信源的符号通过信道编码器编成长度为 n 的码字通过信道传输时，那么信息传输速率为

$$R=H(X)/n \tag{7.1}$$

单位为：比特（或奈特）/信道符号。其中，H（X）为信源的熵。

当信源符号等概率时，一个（M，n）码信息传输速率 R 为

$$R=(1/n)\log M \tag{7.2}$$

在研究信道编码时，总是认为信源经过理想的信源编码，输出符号等概率，从而采用式（7.2）计算信息传输速率。

对于时间连续信道，信息传输速率表示单位时间所传送的信息量，即信息传输速率为

$$R'=H(X)/(nT_s) \tag{7.3}$$

单位为：比特（或奈特）/秒，即 bit/s 或 Nat/s。式中，T_s 为传输一个码符号所需时间。

7.1.2 判决与译码规则

对于图 7.1 所示的模型，单符号判决规则为

$$g(y=b_j)=a^* \qquad j=1,\cdots,s \tag{7.4}$$

其中，$a^*\in A$。式（7.4）的含义是，当接收到 b_j 就判定 a^* 为发送符号。因此，对每一个信道输出都必须有一个信道输入与之对应。所以判决规则是一个有唯一结果的函数。式（7.4）可简记为 $g(y)=x^*$，称 $g(y)$ 为判决函数。可见，在接收到 b_j 的条件下，若实际上发送的是 a^*，则

判决正确，反之判决就出现差错。

在发送 $x=a_j$ 条件下，利用判决规则式（7.4），条件错误率定义为

$$p(e|x=a_i)=\sum_{y,g(y)\neq a_i}p(y|x=a_i) \tag{7.5}$$

平均错误率定义为

$$\begin{aligned}P_E&=\sum_i p(x=a_i)p(e|x=a_i)=\sum_x p(x)\sum_{y,g(y)\neq x}p(y|x)\\&=1-\sum_y p(x^*y)\end{aligned} \tag{7.6}$$

式（7.6）的含义是，输出 y 与未被 y 作为判决结果的输入同时出现的事件是判决错误事件，这些事件概率的和就是平均错误率。

还可计算平均正确率为

$$\overline{P}_E=1-P_E=\sum_y p(x^*y) \tag{7.7}$$

例 7.1 一个二元对称信道输入和输出分别为 X，Y，其中 $p_X(0)=\omega$，信道的转移概率为 $p_{Y|X}(0|0)=p_{Y|X}(1|1)=1-p$，$p_{Y|X}(1|0)=p_{Y|X}(0|1)=p$，分别求下面两种判决函数所对应的平均错误率并比较两者的大小：

（1）$g(y=0)=0$，$g(y=1)=1$；

（2）$g(y=0)=1$，$g(y=1)=0$。

解

（1） $p(e|x=0)=p_{Y|X}(1|0)=p$， $p(e|x=1)=p_{Y|X}(0|1)=p$；

平均错误率： $P_{E_1}=\omega p+(1-\omega)p=p$ 。

（2） $p(e|x=0)=p_{Y|X}(0|0)=1-p$， $p(e|x=1)=p_{Y|X}(1|1)=1-p$

平均错误率： $P_{E_2}=\omega(1-p)+(1-\omega)(1-p)=1-p$；

很明显，当 $p\leqslant 1/2$ 时， $P_{E_1}\leqslant P_{E_2}$；否则 $P_{E_1}>P_{E_2}$ 。■

此例说明，错误率和判决函数的选取有关。

7.1.3 译码错误概率

如前所述，译码就是通过接收序列恢复消息序列。如果恢复的消息序列与发送序列不同，则称译码差错。通常有两种错误概率的描述：误码率和误字率。误码率是指传输码元出错概率（对二进制也称误比特率）。误字率是指码字出错概率。本章所研究的错误率就是误字率。

如果发送消息 i 的码字 c_i 而译码器的输出不是消息 i，就发生译码差错。与单符号判决情况类似，条件错误率为

$$P(g(\boldsymbol{y})\neq i|\boldsymbol{x}=\boldsymbol{c}_i) \tag{7.8}$$

平均错误率为

$$P_E=\sum_{i,\boldsymbol{y}}p(\boldsymbol{c}_i)P(g(\boldsymbol{y})\neq i|\boldsymbol{x}=\boldsymbol{c}_i) \tag{7.9}$$

如果一个 L 长的二进码字的传输中至少出现一个比特差错，则码字就发生译码错误。而当发生一个码字差错时，其中多个比特的传输可能是正确的。所以对同一通信系统，误码率总比误字率低。

错误概率的大小首先与编码器的纠错性能有关，其次与译码规则的选择有关，也和接收信噪比大小有关。应选择纠错性能好的编码和性能好的译码算法以使平均错误概率最小。

7.2 最佳判决与译码准则

为提高传输可靠性，除采用有效的信道编码之外，还应采用适当的译码准则。本节介绍最大后验概率（MAP）准则和最大似然（ML）准则。下面将针对离散概率分布情况进行推导，实际上，类似的结果可以推广到连续分布，只是用概率密度代替原来的离散概率分布。

7.2.1 最大后验概率准则

根据式（7.7），平均正确率可以写为

$$\sum_y p(x^* y) = \sum_y p(y) p(x^* \mid y) \leqslant \sum_y p(y) \max_x p(x \mid y)$$

这样，为使判决正确率最大或使判决错误率最小，应使得对于每一个输出 y，都选择对应后验概率最大的 x，即

对所有 i，当满足

$$p(x=a^*|y) \geqslant p(x=a_i|y) \tag{7.10}$$

时，则选择判决函数为 $g(y)=a^*$，称此准则为最大后验概率（Maximum a Posteriori，MAP）准则，可简写为

MAP 判决准则：

$$g(y) = \arg\max_x p(x \mid y) \tag{7.11}$$

MAP 准则就是，对给定的信道输出将具有最大后验概率的输入符号作为判决结果。

由式（7.10），得

$$\frac{p(x=a^*)p(y \mid x=a^*)}{p(y)} \geqslant \frac{p(x=a_i)p(y \mid x=a_i)}{p(y)}$$

所以，对所有 i，当

$$\Lambda = \frac{p(y \mid x=a^*)}{p(y \mid x=a_i)} \geqslant \frac{p(x=a_i)}{p(x=a^*)} \tag{7.12}$$

时，则选择判决函数为 $g(y)=a^*$。其中，Λ 为似然比，式（7.12）表示的是似然比检验。

注：① MAP 准则是使平均错误率最小的准则；

② MAP 准则可归结为似然比检验。

例 7.2 设信道输入 X 取值为（a_1,a_2,a_3），概率分别为 1/2，1/4，1/4；信道输出 Y 取值为 (b_1,b_2,b_3)，信道转移概率矩阵如下：

$$\begin{pmatrix} .5 & .3 & .2 \\ .2 & .3 & .5 \\ .2 & .4 & .4 \end{pmatrix}$$

求利用 MAP 准则的判决函数和平均错误率。

解 在输出 y 给定的条件下，后验概率的比较相当于对应的 x，y 的联合概率的比较。

当 $y=b_1$ 时，$p_{XY}(a_1,y)=.25$，$p_{XY}(a_2,y)=.05$，$p_{XY}(a_3,y)=.05$，得判决结果为 $g(b_1)=a_1$，同理得

其他判决结果为 $g(b_2)=a_1$，$g(b_3)=a_2$。所以判决函数为 $g(b_1)=g(b_2)=a_1$，$g(b_3)=a_2$。

平均正确率 $1-p_E=p_{XY}(a_1,b_1)+p_{XY}(a_1,b_2)+p_{XY}(a_2,b_3)=0.25+0.15+0.125=0.525$，所以平均错误率 $p_E=1-0.525=0.475$。■

例 7.3 设信道输入 X 等概率取值为{+1，−1}，通过一个加性高斯信道传输，加性噪声 Z 是均值为零，方差为 σ^2 的高斯随机变量，信道输出 $Y=X+Z$，接收机用 MAP 准则接收，试确定判决函数。

解 后验概率密度为

$$p(x|y)=\frac{p(x)p(y|x)}{p(x=1)p(y|x=1)+p(x=-1)p(y|x=-1)}$$

$$=\frac{\exp[-(y-x)^2/(2\sigma^2)]}{\exp[-(y-1)^2/(2\sigma^2)]+\exp[-(y+1)^2/(2\sigma^2)]}$$

$$=\frac{1}{1+\exp(-2xy/\sigma^2)}$$

令 $\Lambda=\frac{p(x=1|y)}{p(x=-1|y)}=\frac{1+\exp(2y/\sigma^2)}{1+\exp(-2y/\sigma^2)}$，则 $\Lambda\geqslant 1$ 时，$g(y)=+1$；$\Lambda<1$ 时，$g(y)=-1$；而当 $y\geqslant 0$ 时，有 $\Lambda\geqslant 1$；$y<0$ 时，有 $\Lambda<1$。所以，判决函数为

$$g(y)=\begin{cases}+1 & y\geqslant 0\\ -1 & y<0\end{cases}$$ ■

7.2.2 最大似然准则

若输入符号等概，即 $p(a_i)=1/r$ 时，（7.12）变为

对所有 i，当

$$p(y|x=a^*)\geqslant p(y|x=a_i) \tag{7.13}$$

时，则选择判决函数为 $g(y)=a^*$，称此准则为最大似然（Maximum Likelihood，ML）准则，可简写为

ML 判决准则：

$$g(y)=\arg\max_x p(y|x) \tag{7.14}$$

注：① 当输入符号等概率或先验概率未知时，采用此准则；

② 当输入符号等概率时，最大似然准则等价于最大后验概率准则。

例 7.2（续） 求利用最大似然（ML）准则的判决函数和平均错误率。

解 每个输出符号给定，当 $y=b_1$ 时，$p(y|a_1)=.5$，$p(y|a_2)=.2$，$p(y|a_3)=.2$，利用式（7.13），得判决结果 $g(b_1)=a_1$，同理得其他最大似然判决结果：$g(b_2)=a_3$，$g(b_3)=a_2$。

所以判决函数为 $g(b_1)=a_1$，$g(b_2)=a_3$，$g(b_3)=a_2$。

平均正确率 $1-p_E=p_{XY}(a_1,b_1)+p_{XY}(a_3,b_2)+p_{XY}(a_2,b_3)=0.25+0.1+0.125=0.475$。

所以平均错误率 $p_E=1-0.475=0.525$。■

例 7.3（续） 接收机用 ML 准则接收，试确定判决函数。

解 似然函数为

$$p(y|x)=\frac{1}{\sqrt{2\pi}\sigma}\exp[-(y-x)^2/(2\sigma^2)]$$

令

$$\Lambda=\frac{p(y\,|\,x=1)}{p(y\,|\,x=-1)}=\exp(2y/\sigma^2)$$

类似于 MAP 判决情况，可得到与 MAP 相同的结果。■

这是意料之中的，因为信道输入等概率。但当信道输入概率不相等时，MAP 和 ML 判决函数和平均错误率通常是不同的，而 MAP 准则是使平均错误率最小的。

设信道输入概率和转移概率矩阵给定，对两种准则使用要点总结如下。

（1）MAP 判决准则

- 由转移概率矩阵的每行分别乘 $p(x)$，得到联合概率矩阵。
- 对于每一列（相当于 y 固定）找一个最大的概率对应的 x 作为判决结果。
- 所有判决结果所对应的联合概率的和为正确概率，其他矩阵元素的和为错误概率。

（2）ML 判决准则

- 对转移概率矩阵中每列选择最大的一个元素对应的 x 作为判决结果。
- 所有信道输出和所对应判决结果的联合概率之和为平均正确率，其他的联合概率之和为平均错误率。

7.3 信道编码与最佳译码

信道编码有很多种类，其中最重要的一类是线性分组码，其冗余符号（也称校验位或监督位）和信息符号是线性关系。本节利用简单的线性分组码的最佳译码说明如何实现传输可靠性。

7.3.1 线性分组码

一个二元（n，k）线性分组码有 k 个信息位，n-k 个校验位，根据某种确定的数学关系构成总长度为 n 的码字，码率为 k/n。在线性分组码中，校验位为信息位的线性组合。如果码字的开头或结尾的 k 位是信息位，那么就称为系统码，否则称非系统码。在（n，k）线性分组码中码字的个数有 2^k 个。

例 7.4 求一个二进（n，k）线性分组码的信息传输速率。

解

$$R=\frac{\log_2 2^k}{n}=\frac{k}{n}\ \text{（比特/符号）}\quad ■ \tag{7.15}$$

$R=k/n$ 常称作码率或编码效率。

1. 汉明距离

设两个二元码字为 $\boldsymbol{x}=(x_1,\cdots,x_n),\boldsymbol{y}=(y_1,\cdots,y_n)$，其中，$x_i,y_i$ 均取自符号集{0，1}，定义它们的汉明距离为

$$d_{\mathrm{H}}(\boldsymbol{x},\boldsymbol{y})=\sum_{k=1}^{n}x_k\oplus y_k \tag{7.16}$$

其中，$\oplus$ 为模二加运算。汉明距离实际上表示两码字对应位置上不同符号的个数。例如，码

字 $\boldsymbol{x}=(1101110)$ 和码字 $\boldsymbol{y}=(1010001)$ 的汉明距离为 6。

容易证明，汉明距离有如下性质。

引理 7.1　设 $\boldsymbol{x}$，$\boldsymbol{y}$，$\boldsymbol{z}$ 是长度为 n 的二元矢量，那么

（1）$d_{\mathrm{H}}(\boldsymbol{x},\boldsymbol{y}) \geqslant 0$　　　　（非负性）

（2）$d_{\mathrm{H}}(\boldsymbol{x},\boldsymbol{y}) = d_{\mathrm{H}}(\boldsymbol{y},\boldsymbol{x})$　　　　（对称性）

（3）$d_{\mathrm{H}}(\boldsymbol{x},\boldsymbol{z}) \leqslant d_{\mathrm{H}}(\boldsymbol{x},\boldsymbol{y}) + d_{\mathrm{H}}(\boldsymbol{y},\boldsymbol{z})$　　　　（三角不等式）

（证明留做练习）

2．码的最小距离

一个码字集合中任意两码字的汉明距离最小值，称为码的最小距离，用 $d_{\min}$ 来表示。

一个（n，k）线性分组码的最小 $d_{\min}$ 距离定义为

$$d_{\min} = \min_{i \neq j} d_{\mathrm{H}}(\boldsymbol{v}_i, \boldsymbol{v}_j) \tag{7.17}$$

其中，$d_{\mathrm{H}}(\boldsymbol{v}_i,\boldsymbol{v}_j)$表示码字 $\boldsymbol{v}_i,\boldsymbol{v}_j$ 间的汉明距离。由于线性分组码可看成 n 维空间的一个子空间，任何两码字的和都是码字，所以

$$d_{\min} = \min_{i \neq j} d_{\mathrm{H}}(\boldsymbol{v}_i, \boldsymbol{v}_j) = \min_{i \neq j} d_{\mathrm{H}}(\boldsymbol{v}_i \oplus \boldsymbol{v}_j) = \min_{v_k \neq 0} w(\boldsymbol{v}_k) \tag{7.18}$$

其中，$\boldsymbol{v}_k=\boldsymbol{v}_i \oplus \boldsymbol{v}_j$，$w(.)$表示某码字的重量，即该码字中“1”的个数。因此，线性分组码的最小距离 $d_{\min}$ 就是其最小重量的非零码字的重量。

例 7.5　一个线性分组码 C={00000，01010，10101，11111}，求该码的最小距离 $d_{\min}$。

解　$d_{\min}= w(01010)=2$ ∎

下面的定理说明，码的纠错能力与码的最小距离 d 有直接关系。首先引入差错矢量的概念。设一个长度与码字相同的矢量 $\boldsymbol{e}$ 为差错矢量，其每个分量取值为 0 或 1，设发送和接收矢量分别为 $\boldsymbol{x}$ 和 $\boldsymbol{y}$，那么接收矢量可以表示为 $\boldsymbol{y}=\boldsymbol{x}+\boldsymbol{e}$。如果 $\boldsymbol{e}$ 的某分量为 1 表示码字对应的位出错，反之如果为 0 表示码字对应的位传输正确。

定理 7.1　一个最小距离为 d_{H} 的二元分组码能纠 t 个错的充要条件是

$$d_{\mathrm{H}} \geqslant 2t+1 \tag{7.19}$$

证　（充分性）设 $\boldsymbol{x} \in$ 码 C 被发送，接收矢量表示为 $\boldsymbol{y}=\boldsymbol{x}+\boldsymbol{e}$，其中 $\boldsymbol{e}$ 为差错矢量。如果传输差错不大于 t，那么 e 的重量 $w(\boldsymbol{e}) \leqslant t$，$d(\boldsymbol{x},\boldsymbol{y}) \leqslant t$，而对任何 z（$\neq x$）$\in$ 码 C，有 $d_{\mathrm{H}}(\boldsymbol{x},\boldsymbol{z}) \geqslant 2t+1$。根据三角不等式，有 $d_{\mathrm{H}}(\boldsymbol{y},\boldsymbol{z}) \geqslant d_{\mathrm{H}}(\boldsymbol{x},\boldsymbol{z}) - d_{\mathrm{H}}(\boldsymbol{x},\boldsymbol{y})= t+1 > d_{\mathrm{H}}(\boldsymbol{x},\boldsymbol{y})$。这样用最小汉明距离译码准则的译码结果为 $\boldsymbol{x}$，译码正确，从而纠正了所有的传输差错。

（必要性证明略，留做练习）。

例 7.6　一个线性分组码 C={00000，11111}，求该码的最小距离 $d_{\min}$。该分组码能纠几个错？

解　$d_{\min}=w(11111)=5$

$5=2\times 2+1$，能纠 2 个错。∎

7.3.2　序列最大似然译码

在实际信息传输系统中，发送端发送的往往不是单一符号而是一串序列，所以接收端往往要考虑如何对整条序列进行最佳接收问题，这样就提出序列最大似然译码问题。设所有符

号规定与图 7.1 所示的模型的说明相同。

如果对于所有 k，满足

$$p(\boldsymbol{y}\,|\,\boldsymbol{x}=\boldsymbol{c}^*) \geqslant p(\boldsymbol{y}\,|\,\boldsymbol{x}=\boldsymbol{c}_k) \tag{7.20}$$

就选择译码函数为 $g(\boldsymbol{y})=f^{-1}(\boldsymbol{c}^*)$，则称为序列的最大似然译码准则，其中，$f^{-1}(\boldsymbol{c}^*)$ 表示码字 $\boldsymbol{c}^*$ 所对应的消息。可以简写为

序列 ML 译码准则：

$$g(\boldsymbol{y})=f^{-1}(\arg\max_{\boldsymbol{c}_k\in\boldsymbol{C}} p(\boldsymbol{y}\,|\,\boldsymbol{c}_k)) \tag{7.21}$$

转移概率 $p(\boldsymbol{y}\,|\,\boldsymbol{x})$ 称为似然函数，其对数称为对数似然函数。与单符号情况相同，当消息等概率或概率未知时用最大似然译码准则。

在通信系统中，设发送序列为 $\boldsymbol{x}$，接收序列为 $\boldsymbol{y}$，并且 $\boldsymbol{x}$ 和 $\boldsymbol{y}$ 来自同一个符号集，信道噪声的干扰 $\boldsymbol{y}$ 通常与 $\boldsymbol{x}$ 不同。本节介绍在两种信道环境下序列的最大似然译码准则。一种是无记忆二元对称信道，另一种是无记忆加性高斯噪声信道。

对于二元对称信道，当接收机收到序列 $\boldsymbol{y}$ 后，计算所有可能的发送序列 $\boldsymbol{x}$ 与 $\boldsymbol{y}$ 之间的汉明距离，将与 $\boldsymbol{y}$ 汉明距离最小的 $\boldsymbol{x}$ 作为译码输出，这种译码方法称最小汉明距离准则。

定理 7.2 对于无记忆二元对称信道（错误概率 $p \leqslant 1/2$），最大似然译码准则等价于最小汉明距离准则。

证 设信道的输入与输出分别为序列 $\boldsymbol{x}=(x_1,\cdots,x_n)$，$\boldsymbol{y}=(y_1,\cdots,y_n)$，因为信道是无记忆的，所以似然函数为

$$p(\boldsymbol{y}\,|\,\boldsymbol{x})=\prod_{i=1}^{n} p(y_i\,|\,x_i) \tag{7.22}$$

设 $\boldsymbol{x},\boldsymbol{y}$ 的汉明距离为 d_{H}，如果 x_i 出错，那么 y_i 与 x_i 不同，从而使汉明距离增加 1。设二元对称信道的传输错误率为 p，根据二元对称信道的特性，有

$$p(y_i\,|\,x_i)=\begin{cases} p & x_i \neq y_i \\ 1-p & x_i = y_i \end{cases}$$

其中 $p \leqslant 1/2$，所以式（7.22）变为 $p(\boldsymbol{y}\,|\,\boldsymbol{x})=(1-p)^{n-d_{\mathrm{H}}}p^{d_{\mathrm{H}}}$，得对数似然函数为

$$\log p(\boldsymbol{y}\,|\,\boldsymbol{x})=n\log(1-p)+d_{\mathrm{H}}\log[p/(1-p)] \tag{7.23}$$

因为 n 是定值，而当信道固定后，p 也是定值，又 $p \leqslant 1/2$，所以，对于所有的码序列 $\boldsymbol{x}$，当对应的 d_{H} 最小时就使式（7.23）的值最大，从而使似然函数最大，可简写为

最小汉明距离译码准则：

$$g(\boldsymbol{y})=f^{-1}[\arg\min_{\boldsymbol{x}\in\{0,1\}^n} d_{\mathrm{H}}(\boldsymbol{x},\boldsymbol{y})] \quad ▋ \tag{7.24}$$

设信源符号等概率，编码后为 n 维矢量 $\boldsymbol{x}$，能量恒定为 E，通过一个无记忆加性高斯信道传输；$\boldsymbol{z}$ 是均值为零、方差为 σ^2 的高斯白噪声序列；信道输出序列 $\boldsymbol{y}=\boldsymbol{x}+\boldsymbol{z}$。接收机计算所有可能的发送序列 $\boldsymbol{x}$ 与 $\boldsymbol{y}$ 之间的欧氏距离，将与 $\boldsymbol{y}$ 欧氏距离最小的 $\boldsymbol{x}$ 作为译码输出，这种译码方法称最小欧氏距离译码准则。

定理 7.3 对于无记忆加性高斯噪声信道，最大似然译码准则等价于最小欧氏距离译码或最大相关译码准则。

证 设信道输入与输出分别为 $\boldsymbol{x}=(x_1,\cdots,x_n)$，$\boldsymbol{y}=(y_1,\cdots,y_n)$，$\|\boldsymbol{x}\|^2=\sum_{i=1}^{n}x_i^2=E$；而 $p(y_i\,|\,x_i)=p_Z(y_i-x_i)=(\sqrt{2\pi}\sigma)^{-1}\exp[-(y_i-x_i)^2/(2\sigma^2)]$，因信道无记忆，所以

似然函数：$p(\boldsymbol{y}\,|\,\boldsymbol{x}) = \prod_{i=1}^{n} p(y_i\,|\,x_i) = (\sqrt{2\pi}\sigma)^{-n}\exp[-\sum_{i=1}^{n}(y_i - x_i)^2/(2\sigma^2)]$　（7.25）

$$= (\sqrt{2\pi}\sigma)^{-n}\exp\left\{[-(\sum_{i=1}^{n} y_i^2) - E + 2\sum_{i=1}^{n} x_i y_i]/(2\sigma^2)]\right\} \quad (7.26)$$

当 $\boldsymbol{y}$ 固定，改变所有的 $\boldsymbol{x}$，由式（7.25）可知，使似然函数值最大相当于使欧氏距离 $d_{\mathrm{H}}(\boldsymbol{x},\boldsymbol{y}) = \sum_{i=1}^{n}(x_i - y_i)^2$ 最小；而由式（7.26）可知，使似然函数值最大相当于使相关函数 $R(\boldsymbol{x},\boldsymbol{y}) = \sum_{i=1}^{n} x_i y_i$ 最大。因此最大似然译码准则等价于下面两个等价的译码准则：

最小欧氏距离译码：$$g(\boldsymbol{y}) = f^{-1}[\arg\min_{\boldsymbol{x}} d_E(\boldsymbol{x},\boldsymbol{y})] \quad (7.27)$$

最大相关译码：$$g(\boldsymbol{y}) = f^{-1}[\arg\max_{\boldsymbol{x}} R(\boldsymbol{x},\boldsymbol{y})] \quad (7.28)$$ ■

7.3.3 几种简单的分组码

1．重复码

重复码是一种最简单的分组码，只有一个信息位，n−1 个校验位（是信息位的简单重复），码率为 1/n，所以码字数与信源符号数相同。二元重复码中只有两个码字，即 0…0 和 1…1，码的最小距离为 n，能纠（n−1）/2 个差错。很明显，一个 n 次重复码的距离是 n。

2．奇偶校验码

奇偶校验码是一种（n，n−1）二元分组码，有 n−1 个信息位，1 个校验位，码率为（n−1）/n。校验位的选取应使得每个码字的重量都是奇数或偶数。在奇校验中，每个码字的重量是奇数，而在偶校验中，每个码字的重量是偶数。当传输差错是奇数时，就改变码字中原来“1”符号个数的奇偶性，使接收方发现差错。所以，该码只能检测到奇数个差错。

3．方阵码

这是一个二维奇偶校验码，又称行列监督码。该码不仅能克服奇偶校验码不能检测偶数个差错的缺点，而且还能纠正突发错误。编码过程简述如下：将要传送的符号排成方阵，对方阵的各行和各列分别进行奇偶校验编码，校验位分别放到相应行或列的后面或下面，构成一个新的矩阵，按顺序将新矩阵逐行或逐列输出。该码的缺点是，不能检测在方阵中构成矩形四角的错误。

例 7.7　对等概二元信源符号 a_0 和 a_1 进行重复码编码，对应码字为 000，111；编码序列通过错误概率为 p（≤1/2）的无记忆二元对称信道传输，接收端利用序列最大似然译码准则。

（1）求重复码的码率。

（2）求重复码的最小码距离与可纠错误数。

（3）求译码错误率 p_E，并将 p_E 与未编码译码错误率比较。

解

（1）码率 R=1/3。

（2）最小码距离 3，可纠错误数 1。

（3）由于是对称信道，可利用最小汉明距离准则进行译码。二元对称信道三次扩展信道转移概率矩阵的元素如表 7.1 中第二、三行的后 8 列所示（其中 x 为码字，y 为接收序列）。

表 7.1　二元对称信道三次扩展信道转移概率矩阵与译码输出

信源符号	y / x	000	001	010	011	100	101	110	111
a_0	000	$(1-p)^3$	$(1-p)^2p$	$(1-p)^2p$	$(1-p)p^2$	$(1-p)^2p$	$(1-p)p^2$	$(1-p)p^2$	p^3
a_1	111	p^3	$(1-p)p^2$	$(1-p)p^2$	$(1-p)^2p$	$(1-p)p^2$	$(1-p)^2p$	$(1-p)^2p$	$(1-p)^3$
	译码输出	a_0	a_0	a_0	a_1	a_0	a_1	a_1	a_1

分别计算 y 的每一个可能序列与 000 和 111 的汉明距离，将汉明距离小的信源符号作为译码输出。例如，接收为 010，与 000 的距离为 1，而和 111 的距离为 2，所以译码输出为 a_0；依次类推，得到表中最下面一行的译码输出。

通过计算，得译码正确率：$1-p_E=(1-p)^3+3(1-p)^2p$，译码错误率：$p_E=p^3+3(1-p)p^2$。

因为未编码译码错误率为 p，计算差值，得

$$p_E-p=p^3+3(1-p)p^2-p=p(1-p)(2p-1)\leqslant 0 \blacksquare$$

从本例可以看到，就是采用很简单的信道编码也能提高传输可靠性。可以证明，当采用足够长的重复码（$n\to\infty$）时，译码错误率趋于零。

7.4　费诺（Fano）不等式

本节所介绍的费诺不等式确定信道疑义度的上界，该不等式主要用于编码逆定理的证明。设信道的输入与输出分别为 X，Y，定义条件熵 $H(X|Y)$为信道疑义度。它有如下含义：

① 信道疑义度表示接收到 Y 条件下 X 的平均不确定性；

② 根据 $I(X;Y)=H(X)-H(X|Y)$，信道疑义度又表示 X 经信道传输后信息量的损失；

③ $H(X|Y)=0$，表示无传输差错，反之，有传输差错。

定理 7.4　设信道的输入与输出分别为 X，Y，输入符号的数目为 r，那么信道疑义度满足

$$H(X|Y)\leqslant H(p_E)+p_E\log(r-1) \tag{7.29}$$

其中，p_E 为平均错误率。式（7.29）称作费诺不等式。

证　设译码或判决规则由式（7.4）确定，那么

$$\begin{aligned}
&H(X|Y)-H(p_E)-p_E\log(r-1)\\
&=-\sum_x\sum_y p(xy)\log p(x|y)+p_E\log p_E+(1-p_E)\log(1-p_E)-p_E log(r-1)\\
&=-\sum_y\sum_{x\neq x^*} p(xy)\log p(x|y)+\sum_y\sum_{x\neq x^*} p(xy)\log\frac{p_E}{r-1}\\
&\quad-\sum_y p(x^*y)\log p(x^*|y)+\sum_y p(x^*y)\log(1-p_E)\\
&=\sum_y\sum_{x\neq x^*} p(xy)\log\frac{p_E}{(r-1)p(x|y)}+\sum_y p(x^*y)\log\frac{1-p_E}{p(x^*|y)}
\end{aligned}$$

$$\leqslant \{\sum_{y}\sum_{x\neq x^*} p(xy)[\frac{p_E}{(r-1)p(x|y)}-1]+\sum_{y} p(x^*y)[\frac{1-p_E}{p(x^*|y)}-1]\}(\log e)$$

$$=\{\sum_{x\neq x^*}\sum_{y} p(y)\frac{p_E}{(r-1)}-\sum_{y}\sum_{x\neq x^*} p(xy)+\sum_{y}(1-p_E)p(y)-\sum_{y} p(x^*y)\}(\log e)$$

$$=\{p_E-p_E+(1-p_E)-(1-p_E)\}(\log e)=0$$

仅当下面两个条件同时成立时，等号成立：

（1）
$$\frac{p_E}{(r-1)p(x|y)}-1=0 \Rightarrow p(x|y)=\frac{p_E}{(r-1)} \tag{7.30a}$$

（2）
$$\frac{1-p_E}{p(x^*|y)}-1=0 \Rightarrow p(x^*|y)=1-p_E \tag{7.30b}$$

上面条件表明，当 y 给定后各错误判决结果的条件概率都等于平均错误率的 r–1 分之一时，不等式取等号。■

注释：

① 费诺不等式给出了信道疑义度的上界，无论什么译码规则，费诺不等式恒成立，译码规则变化只会改变 p_E 的值；

② 信道疑义度的上界由信源、信道及译码规则所限定，因为信源决定 $p(x)$，r，而 $p(x)$，$p(y|x)$及译码规则决定 p_E；

③ 如果 $H(X|Y)>0$，那么 $p_E>0$；

④ 不等式的含义可以这样来理解：当接收到 Y 后，关于 X 平均不确定性的解除可以分成两步来实现：第 1 步是确定传输是否有错，解除这种不确定性所需信息量为 $H(p_E)$；第 2 步是当确定传输出错后，究竟是哪一个错，解除这种不确定性所需最大信息量是 $\log(r-1)$。

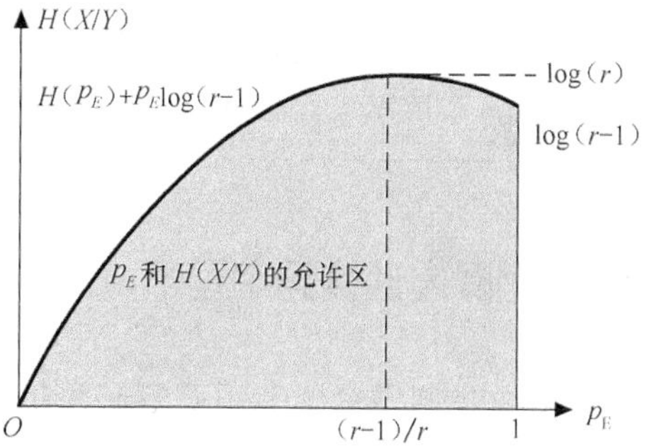

图 7.2　费诺不等式示意图

图 7.2 所示为费诺不等式示意图。图中，曲线下面的区域为信道疑义度被限定的区域。信道疑义度不能超过区域边界的曲线。现求曲线所表示的函数的极大值。

$$H(p_E)+p_E\log(r-1)=p_E\log\frac{r-1}{p_E}+(1-p_E)\log\frac{1}{1-p_E}$$

$$\leqslant \log[p_E\frac{r-1}{p_E}+(1-p_E)\frac{1}{1-p_E}]=\log r$$

仅当 $\frac{r-1}{p_E}=\frac{1}{1-p_E}$，即

$$p_E=\frac{r-1}{r} \tag{7.31}$$

时等式成立，对上面利用了对数函数为上凸函数的性质。由于 $p_E\leqslant 1$，当 $p_E=1$时，有 $H(p_E)+p_E\log(r-1)=\log(r-1)$。

结合式（7.30）和式（7.31），可以推出信道疑义度达到最大值的充要条件是，信道输入

等概率且与输出统计独立。

例 7.8 已知信道的转移概率矩阵为

$$\begin{pmatrix} 1/2 & 1/3 & 1/6 \\ 1/6 & 1/2 & 1/3 \\ 1/3 & 1/6 & 1/2 \end{pmatrix}$$

现有两种判决规则：

$$\text{规则 A：}\begin{cases} g(y=b_1)=a_1 \\ g(y=b_2)=a_2 \\ g(y=b_3)=a_3 \end{cases}\text{，规则 B：}\begin{cases} g(y=b_1)=a_1 \\ g(y=b_2)=a_3 \\ g(y=b_3)=a_2 \end{cases}$$

设输入等概率，求信道的疑义度和两种译码规则下信道疑义度的上界。

解 当信道输入等概率时输出也等概率，所以 $H(X)=H(Y)$。又因为 $H(X)-H(X|Y)=H(Y)-H(Y|X)$，所以信道疑义度：

$H(X|Y)=H(Y|X)=H(1/2,1/3,1/6)=1.4591$ 比特

- 对于判决规则 A，$P_E(A)=1/2$，

所以信道疑义度上界为 $H(1/2)+(1/2)\times\log 2=1.5$ 比特；

- 判决规则 B，$P_E(A)=2/3$，

所以信道疑义度上界为 $H(2/3)+(2/3)\times\log 2=\log 3=1.585$ 比特。■

注意 信道疑义度和信道疑义度的上界是两个不同的概念。若信道输入和转移概率矩阵给定，信道疑义度就确定了，而信道疑义度上界可随判决规则的不同而改变。

7.5 有噪信道编码定理

前面我们研究了利用重复码可以提高传输可靠性的例子，并且仅当码长足够长时才能实现，而当码长足够长时码率又趋于零。这就是说，可靠性和有效性的要求是矛盾的。那么高可靠性是否一定意味着低有效性呢？有噪信道编码定理，即香农第二定理回答了这个问题，该定理指出高可靠性和高有效性的信道编码是存在的。香农第二定理是信息论中最重要的结论之一。香农于 1948 年用联合典型序列译码方法证明了编码定理。本节将简要描述这种方法。

7.5.1 联合典型序列

在第 5 章，我们介绍了典型序列，利用式（5.4）表示某信源符号在序列中出现的频率与其概率接近的程度，并设定一个门限值将序列分成典型和非典型序列。本节我们利用与式（5.4）不同的不等式定义典型序列。实际上，两种定义无本质区别，但后者在使用上更简单。

设离散无记忆平稳信道的转移概率为 p_{ij}，输入与输出序列分别为 $\boldsymbol{x}=(x_1,\cdots,x_n)$ 和 $\boldsymbol{y}=(y_1,\cdots,y_n)$，$n$ 为序列长度；达到信道容量的输入概率为 $P(x_k=a_i)=p_i$，信道输出概率为

$P(y_k=b_j)=\sum_i p_i p_{ij}$，输入与输出的联合概率为 $P(x_k=a_i,y_k=b_j)=p_i p_{ij}$，$1\leqslant k\leqslant n$；设输入/输出序列对 $(\boldsymbol{x},\boldsymbol{y})$ 构成序列 $\boldsymbol{xy}=[x_1y_1,x_2y_2,\cdots,x_ny_n]$；并设 n_i 为序列 $\boldsymbol{x}$ 中 $x_k=a_i$ 的数目，n_j 为序列 $\boldsymbol{y}$ 中 $y_k=b_j$ 的数目，n_{ij} 为序列 $(\boldsymbol{x},\boldsymbol{y})$ 中（$x_k=a_i,y_k=b_j$）的数目。

如果 $n_i=np_i(1\pm\delta)$，对每个 i，那么就称 $\boldsymbol{x}$ 为 $\delta-$典型序列；如果 $n_j=n\sum_i p_i p_{ij}(1\pm\delta)$，对每个 j，那么就称 $\boldsymbol{y}$ 为 $\delta-$典型序列；如果 $n_{ij}=np_i p_{ij}(1\pm\delta)$，对每对（$i,j$），那么就称 $(\boldsymbol{x},\boldsymbol{y})$ 为 $\delta-$联合典型序列。实际上，联合典型序列 $(\boldsymbol{x},\boldsymbol{y})$ 是两个典型序列 $\boldsymbol{x}$ 和 $\boldsymbol{y}$ 所对应的元素组成的有序对构成的一个新序列。这个序列的元素取自联合集 XY，序列的概率为 $p(\boldsymbol{x},\boldsymbol{y})=\prod_{i=1}^n p(x_i,y_i)$。

引理 7.2 如果 $(\boldsymbol{x},\boldsymbol{y})$ 为 $\delta-$联合典型序列，那么 $\boldsymbol{x}$ 和 $\boldsymbol{y}$ 也分别是 $\delta-$典型序列。

证 $n_i=\sum_j n_{ij}=\sum_j np_i p_{ij}(1\pm\delta)=np_i(1\pm\delta)$，所以，$\boldsymbol{x}$ 也是 $\delta-$典型序列。同理，$\boldsymbol{y}$ 也是 $\delta-$典型序列。■

引理 7.3 对于 $\delta-$联合典型序列 $(\boldsymbol{x},\boldsymbol{y})$，有下面的关系成立：

$$p(\boldsymbol{x},\boldsymbol{y})=2^{-nH(XY)(1\pm\delta)} \tag{7.32}$$

$$p(\boldsymbol{x})=2^{-nH(X)(1\pm\delta)} \tag{7.33}$$

$$p(\boldsymbol{y})=2^{-nH(Y)(1\pm\delta)} \tag{7.34}$$

证 因为 $p(\boldsymbol{x},\boldsymbol{y})=\prod_{i,j}(p_i p_{ij})^{n_{ij}}$，所以

$$\frac{\log p(\boldsymbol{x},\boldsymbol{y})}{n}=\sum_{i,j}p_i p_{ij}(1\pm\delta)\log(p_i p_{ij})=-H(XY)(1\pm\delta)$$

从而式（7.32）成立。同理可证，式（7.33）和式（7.34）成立。■

根据典型序列和联合典型序列的性质我们看到：典型 $\boldsymbol{x}$ 序列的个数大约为 $2^{nH(X)}$，典型 $\boldsymbol{y}$ 序列的个数大约为 $2^{nH(Y)}$，但并不是所有的 $(\boldsymbol{x},\boldsymbol{y})$ 对都是联合典型的，因为联合典型序列 $(\boldsymbol{x},\boldsymbol{y})$ 的个数大约为 $2^{nH(XY)}$，而 $H(XY)\leqslant H(X)+H(Y)$。

引理 7.4 如果 $\boldsymbol{y}$ 为 $\delta-$典型序列，$\boldsymbol{x}$ 为与 $\boldsymbol{y}$ 独立的 $\delta-$典型序列，那么与 $\boldsymbol{y}$ 构成 $\delta-$联合典型序列的 $\boldsymbol{x}$ 的个数不大于 $2^{n[H(X|Y)+\delta(H(XY)+H(Y))]}$。

证 因为 $\boldsymbol{y}$ 为 $\delta-$典型序列，根据式（7.30），有 $p(\boldsymbol{y})\leqslant 2^{-nH(Y)(1-\delta)}$；又因为 $\boldsymbol{x}$ 与 $\boldsymbol{y}$ 构成 $\delta-$联合典型序列，所以根据式（7.32），有 $p(\boldsymbol{x},\boldsymbol{y})\geqslant 2^{-nH(XY)(1+\delta)}$，所以

$$p(\boldsymbol{x})=p(\boldsymbol{x},\boldsymbol{y})/p(\boldsymbol{y})\geqslant 2^{-nH(XY)(1+\delta)+nH(Y)(1-\delta)}$$

设 $F_{\boldsymbol{y}}$ 表示满足引理条件的 $\boldsymbol{x}$ 的集合，那么

$$1\geqslant\sum_{\boldsymbol{x}}p(\boldsymbol{x})\geqslant\left|F_{\boldsymbol{y}}\right|2^{-nH(XY)(1+\delta)+nH(Y)(1-\delta)}$$

因此

$$\left|F_{\boldsymbol{y}}\right|\leqslant 2^{n[H(X|Y)+\delta(H(XY)+H(Y))]} \tag{7.35}$$

从式（7.35）可以看出，当 δ 很小时，$\left|F_{\boldsymbol{y}}\right|\approx 2^{nH(X|Y)}$。■

下面根据以上三个引理，利用联合典型序列译码方法证明有噪信道编码定理。

7.5.2 有噪信道编码定理

定理 7.5 （信道编码定理） 设有一离散无记忆平稳信道的容量为 C，则只要信息传输率 $R<C$，总存在一种（M，n）码，使得当 n 足够长时，译码错误概率 p_E 任意小；反之，当信息传输率 $R>C$ 时，对任何编码方式，译码差错率>0。

在定理证明之前，首先对定理中采用的随机编码和典型序列译码做某些说明。

1．随机编码

每个 n 长码字的每一个符号概率按照达到信道容量的输入概率 $p(x)$ 独立选取，从而随机地产生 $M=2^{nR}$ 个码字。第 m 个码字的概率为

$$p(\boldsymbol{c}_m)=\prod_{i=1}^{n}p(x_i(m)) \tag{7.36}$$

其中，x_i 为码字 $\boldsymbol{c}_m$ 的第 i 个符号。因为每个码字独立产生，所以产生某特殊码的概率为各个码字概率的乘积：

$$p(C)=\prod_{m=1}^{2^{nR}}\prod_{i=1}^{n}p(x_i(m)) \tag{7.37}$$

这种编码方式称随机编码。因此随机编码是指在编码时，码符号的选择是随机的，从而码字的选择是随机的，码字集合的选择也是随机的。但当码字集合选定后，译码规则就使用确定的码字集合。

由于码符号按照其出现的概率选择，所以，当码长足够大时，选择后的码字基本上是典型序列，且这些序列基本上是等概率出现的。

2．联合典型序列译码

设接收序列为 $\boldsymbol{y}$，如果下面条件满足，则译码器输出第 m 条消息：

① $(\boldsymbol{c}_m,\boldsymbol{y})$ 是联合典型序列；

② 没有其他的消息对应的码字 $\boldsymbol{c}_k\,(k\neq m)$ 使得 $(\boldsymbol{c}_k,\boldsymbol{y})$ 是联合典型的；

否则，输出译码错误信息。

在接收端应该知道达到容量的输入概率和信道的转移概率，所以根据接收序列判定符合联合典型的输入码字是可以做到的。

利用如图 7.3 所示的图形可以对有噪信道编码定理的证明做如下解释。为使典型序列译码不出现差错，我们总希望对于一个输出典型序列 $\boldsymbol{y}$，仅有一个码字和 $\boldsymbol{y}$ 构成联合典型序列。但实际上有 $\left|F_y\right|\approx 2^{nH(X|Y)}$ 个与 $\boldsymbol{y}$ 独立但又与 $\boldsymbol{y}$ 构成联合典型序列的输入序列 $\boldsymbol{x}$，因此就应该让 $2^{nH(X|Y)}$ 个 $\boldsymbol{x}$ 的典型序列中最多含一个码字。由于 $\boldsymbol{x}$ 的典型序列的总数为 $2^{nH(X)}$，因此，如果码字数不超过 $2^{n[H(X)-H(X|Y)]}$，就可以做到这一点。如果 $R<C$，那么就有码字数 $2^{nR}=M<2^{n[H(X)-H(X|Y)]}$（此时的平均互信息就是信道容量），从而可使译码差错任意小。

3．译码平均错误率 p_E

由于寻找最佳（即 p_E 最小）的编码很困难，所以采用求 $\overline{p_E}$ 的方法，即在所有的随机编码集合中对 p_E 进行平均，$\overline{p_E}=E_{p(C)}\{p_E(C)\}$，$p(C)$ 为选择码 C 的概率。若 n 足够大且 $\overline{p_E}$ 任意小，那么至少有一种编码满足要求。

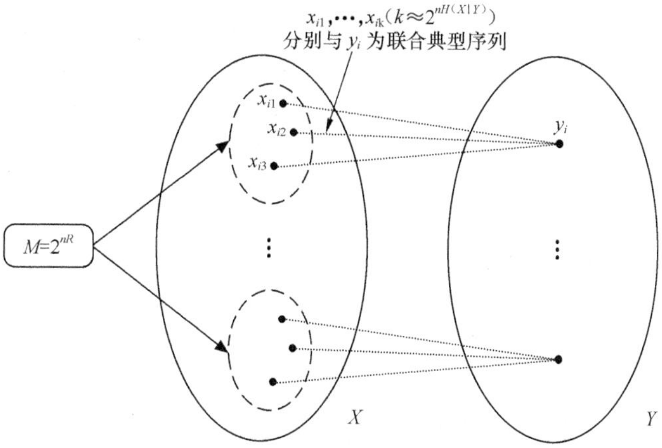

图 7.3 有噪信道编码定理的图形解释

4．定理的证明

（1）前半部分的证明

采用随机编码：选择一种由 M 个输入序列 $\boldsymbol{x}_1,\boldsymbol{x}_2,\cdots,\boldsymbol{x}_M$（每个序列的长度为 n）组成的码，并随机地选择每个序列中的每一个符号，并让每个符号的概率使信道达到容量。

译码原则采用典型序列译码。如果发送的码字是 $\boldsymbol{x}_m$，当接收序列为 $\boldsymbol{y}$，且 $(\boldsymbol{x}_m,\boldsymbol{y})$ 是唯一的联合典型序列，则译码正确；否则就拒绝译码，出现差错。

由于发送的码字都是相互独立的，所以如果编码器的输入是消息 m，那么仅当 $(\boldsymbol{x}_m,\boldsymbol{y})$ 不是典型序列或对任何其他消息 m' 的码字 $\boldsymbol{x}_{m'}\in F_{\boldsymbol{y}}$ 时，译码出错。

设 T_δ 为 $\delta-$ 典型序列 $(\boldsymbol{x},\boldsymbol{y})$ 的集合，在随机编码集合中，错误概率不依赖于消息 m，并且序列集合 $X_m^nY^n$ 的每一个元素 x_ky_k 都独立地以概率 p_ip_{ij} 选取，所以错误率的上界为

$$P(E)\leqslant(1-P(T_\delta))+(M-1)P(X_{m'}^n\in F_y) \tag{7.38}$$

除发送码字之外的每个其他码字 $X_{m'}^n$ 独立于接收序列 Y^n。而每个 $\delta-$ 典型序列 $X_{m'}^n$ 的概率最大为 $2^{-nH(X)(1-\delta)}$，因此利用式（7.35），得

$$P(X_{m'}^n\in F_y)\leqslant 2^{-nH(X)(1-\delta)}\ 2^{n\{H(X/Y)+\delta[H(XY)+H(Y)]\}}$$

$$=2^{-n\{C-\delta[H(X)+H(XY)+H(Y)]\}} \tag{7.39}$$

其中，C=H(X)−H(X1Y)为信道否量设信息传输速率为 $R=(\log_2 M)/n$（比特/符号），那么 M=2^{nR}，设 $\eta=C-R>0$，式（7.38）中 M−1 用 M 代替，得

$$P(E)\leqslant(1-P(T_\delta))+\ 2^{-n\{\eta-\delta[H(X)+H(XY)+H(Y)]\}} \tag{7.40}$$

如果 R<C，那么 $\eta>0$，选择 $\delta=\eta/\{2(H(X)+H(XY)+H(Y))\}$，那么式（7.40）变为

$$P(E)\leqslant(1-P(T_\delta))+2^{-n\eta/2}$$

对于任何 $\varepsilon>0$，我们选择 n 足够大，使得 $P(T_\delta)\geqslant 1-\varepsilon/2$ 且 $2^{-n\eta/2}\leqslant\varepsilon/2$，那么对于足够大的 n，有 $P(E)\leqslant\varepsilon$。因为这对于在所有码集合中平均都成立，所以至少存在一种编码使结论成立。这里的错误概率是误字率，而误符号率不大于误字率，所以只要没有错误传播，误符号率就会任意小。

（2）后半部分的证明（当信息传输率 $R>C$ 时，传输错误率必大于 0）

参照图 7.1 的模型，根据数据处理定理有，$I(U;V)\leqslant I(X^n;Y^n)$，因为信道无记忆，$I(X^n;Y^n)\leqslant nC$；所以$I(U;V)\leqslant nC$，即$H(U)-H(U|V)\leqslant nC$。根据 Fano 不等式（7.29），有

$$H(U)-nC\leqslant H(U|V)\leqslant H(p_E)+p_E\log(r-1)] \tag{7.41}$$

所以

$$n^{-1}H(U)-C\leqslant n^{-1}[H(p_E)+p_E\log(r-1)] \tag{7.42}$$

这里$R=n^{-1}H(U)$为信息传输速率。当$n^{-1}H(U)-C>0$时，式（7.42）的右边大于零，所以 p_E 不为 0。■

5．对定理的几点认识

① 该定理纠正了人们认为的提高可靠性必须要降低有效性的传统的观念，提出高效（接近容量）和高可靠性（译码差错任意小）的编码是存在的，为信道编码理论和技术的研究指明了方向。定理给出了信道编码的理想极限性能，是信道编码理论的基础。

② 定理仅指出编码的存在性，并未给出编码的具体方法。由于采用随机编码，寻找最佳信道编码是很困难的：

- 要求编码序列足够长，加大了编译码延迟和所需的存储量，使编译码器难于实现；
- 码集合的总数有 r^{nM} 种（每选择一个码字有 r^n 种，每个码集合有 M 个码字，当然其中包含不少“坏”码），数量很大，难于寻找好码；
- 采用随机编码，不仅难于分析，而且难于采用有效的编译码算法。

③ 定理指出了信息传输速率不能大于信道容量是可靠传输的必要条件，但并未指出编码序列无限长是可靠传输的必要条件。实际上，有些信道编码，如 Turbo 码和 LDPC 码在码长并未达到无限长的情况下，性能接近香农所提出的极限。

④ 香农还进一步证明了，在 $R=C$ 时，任意小的差错率也是可以达到的。下面做简单说明。设 $\eta>0$ 为任意小，令 $R'=(1-\eta)R$，长度为 n 的分组码以速率 R' 传输，那么当 n 足够大时就可以达到任意小的错误概率 ε。我们可以将信源序列编成这样的码字序列，但只发送整个序列长度的$(1-\eta)$，而其余的 η 部分不发送，结果就发生错误。当对输入数据进行平均时，错误概率最多为 $\varepsilon+\eta$，而这个值可以任意小。

7.5.3 无失真信源信道编码定理

如果信源发出的消息通过信道传输，那么实现有效可靠传输的条件由下面的信源信道编码定理来说明。

定理 7.6 （信源信道编码定理） 设有一离散无记忆平稳信道的每秒容量为 C，一个离散信源每秒的熵为 H，那么，如果 $H<C$，总存在一种编码系统，使得信源的输出以任意小的错误概率通过信道传输；反之，如果 $H>C$ 时，对任何编码系统，译码差错率>0。

证 ① 如果 $H<C$，则存在一个小正数 ε，使得 $H+\varepsilon<C$，选取以比特/秒为单位的信息传输速率 $R=H+\varepsilon$，则 $R>H$ 和 $R<C$。设传送每个信源符号和码符号的时间分别为 T_s 和 T_c，那么 RT_s，RT_c 分别表示信源编码的码率和信道编码的码率。由 $R<C$，得 $RT_c<CT_c\Rightarrow R$（比特/码符号）$<C$（比特/码符号），根据有噪信道编码定理，存在信道编码使传输差错任意小；由 $R>H$，得 $RT_s>HT_s\Rightarrow R$（比特/信源符号）$>H$（比特/信源符号），根据无失真信源编码定理，

存在无失真信源编码。因此，信源输出能以任意小的错误概率通过信道传输。

② 可采用与①类似的方法，若 $H>C$，可推得 R（比特/码符号）$>C$（比特/码符号），不存在使传输差错任意小的信道编码。无论采用何种信源编码，通过信道传输时，都使译码差错率>0。■

例 7.9 有一个二元对称信道，错误率为 $p=0.02$。设该信道以 1500 二元符号/秒的速率传送消息，现有一条 0，1 独立等概率、长度为 14000 二元符号消息序列通过信道传输。

（1）信道能否在 10 秒内将消息序列无差错传输？

（2）实现该消息序列无差错传输的最短时间是多少？

解 （1）二元对称信道容量：$C=1-H_2(0.02)=1-0.1414=0.8586$ 比特/信道符号，每秒信道容量：$C(\text{bit/s})=0.8586\times 1500=1288\text{bit/s}$；信源熵：$H(X)=1$ 比特/信源符号，每秒信源熵率：$H(\text{bit/s})=1\times 14000/10=1400\text{bit/s}$。因为 1400bit/s>1288bit/s，根据信源信道编码定理，消息序列不能无差错传输。

（2）设所需最短时间为 T，则每秒信源熵率：$H(\text{bit/s})=1\times 14000/T$，根据信源信道编码定理，应有 $14000/T\leqslant 1288$，得 $T\geqslant 14000/1288=10.87\text{s}$。■

7.6 纠错编码技术简介

信道编码通常称作纠错码，可以按多种方式分类。例如，按编码方式可分为分组码和卷积码；按纠错或检错能力可分为检错码和纠错码；按纠错类型可分为纠随机错误和纠突发错误码；按信息位和校验位之间的关系可分为线性码和非线性码；根据码元的取值还可分为二进制码和多进制码。本节在前面已介绍的分组码基本概念的基础上，进一步介绍线性分组码的编译码方法、实用的几种线性分组码和卷积码的简单知识。

7.6.1 线性分组码的编译码

1. 生成矩阵

一个（n，k）线性分组码中的码字可用 n 维矢量空间的一个 n 维行矢量 $\boldsymbol{v}$ 表示，记为 $\boldsymbol{v}=(v_{n-1},\cdots, v_0)$，对应的信息分组用一个 k 维行矢量 $\boldsymbol{u}$ 表示，记为 $\boldsymbol{u}=(u_{k-1},\cdots, u_0)$。在二进制编码中，所有 v_i，u_i 都取值 0 或 1。$\boldsymbol{v}$，$\boldsymbol{u}$ 之间的关系可用矩阵表示

$$\boldsymbol{v}=\boldsymbol{u}\boldsymbol{G} \tag{7.43}$$

其中，$\boldsymbol{G}$ 为分组码的生成矩阵，阶数为 $k\times n$。将 $\boldsymbol{G}$ 写成

$$\boldsymbol{G}=(\boldsymbol{g}_1^{\mathrm{T}},\cdots,\boldsymbol{g}_k^{\mathrm{T}})^{\mathrm{T}} \tag{7.44}$$

其中，$\boldsymbol{g}_i(i=1,\ldots,k)$为 n 维行矢量，T 为转置。由式（7.43），有

$$\boldsymbol{v}=u_{k-1}\boldsymbol{g}_1+\cdots+u_0\boldsymbol{g}_k \tag{7.45}$$

可见，码字是生成矩阵各行的线性组合。为保证不同的信息分组对应不同的码字，$\boldsymbol{g}_i$ 应该是线性无关的。

对于码字的前 k 位是信息位，后 n-k 位是校验位的系统码，有 $v_{n-i}=u_{k-i}(i=1,\cdots,k)$，所以通常的系统分组码生成矩阵 $\boldsymbol{G}$ 为如下形式：

$$\boldsymbol{G}=(\boldsymbol{I}_k\vdots\boldsymbol{P}_{kr}) \tag{7.46}$$

其中，$\boldsymbol{I}_k$ 为 k 阶单位矩阵，$\boldsymbol{P}_{kr}$ 为 $k\times r(r=n-k)$阶矩阵。将式（7.46）代入式（7.43），得

$$\boldsymbol{v}=(\boldsymbol{u}\vdots\boldsymbol{u}\boldsymbol{P}_{kr}) \tag{7.47}$$

所以，矩阵 $\boldsymbol{P}_{kr}$ 确定了分组码校验位和信息位的关系。

例 7.10 设 C_1 为一个（7，4）系统分组码，其生成矩阵为

$$\boldsymbol{G}=\begin{pmatrix}1&0&0&0&1&1&1\\0&1&0&0&1&1&0\\0&0&1&0&1&0&1\\0&0&0&1&0&1&1\end{pmatrix} \tag{7.48}$$

求信息分组 0011，1100 对应的码字。

解 设信息分组 0011，1100 对应的码字分别为 $\boldsymbol{v}_1,\boldsymbol{v}_2$，那么

$\boldsymbol{v}_1=(0011)\boldsymbol{G}=(0011110)$，$\boldsymbol{v}_2=(1100)\boldsymbol{G}=(1100001)$ ■

2．奇偶校验矩阵

例 7.10（续） 导出该码校验位与信息位的关系。

解 设 3 个校验位分别为 w_2,w_1,w_0，根据式（7.47），有

$$(w_2\,w_1\,w_0)=(u_3\,u_2\,u_1\,u_0)\boldsymbol{P}_{kr}=(u_3\,u_2\,u_1\,u_0)\begin{pmatrix}1&1&1\\1&1&0\\1&0&1\\0&1&1\end{pmatrix}$$

所以

$$\begin{aligned}w_2&=u_3+u_2+u_1\\w_1&=u_3+u_2+u_0\\w_0&=u_3+u_1+u_0\end{aligned}$$ ■

在一般情况下，有

$$\left(\boldsymbol{P}_{kr}^{\mathrm{T}}\vdots\ \boldsymbol{I}_r\right)\boldsymbol{v}^{\mathrm{T}}=\left(\boldsymbol{P}_{kr}^{\mathrm{T}}\vdots\ \boldsymbol{I}_r\right)(\boldsymbol{u}\vdots\boldsymbol{u}\boldsymbol{P}_{kr})^{\mathrm{T}}=\left(\boldsymbol{P}_{kr}^{\mathrm{T}}\boldsymbol{u}^{\mathrm{T}}+\boldsymbol{P}_{kr}^{\mathrm{T}}\boldsymbol{u}^{\mathrm{T}}\right)=\boldsymbol{0}^{\mathrm{T}} \tag{7.49}$$

上面，$\boldsymbol{0}$ 是一个 n 维行零矢量。

记

$$\boldsymbol{H}=\left(\boldsymbol{P}_{kr}^{\mathrm{T}}\vdots\ \boldsymbol{I}_r\right) \tag{7.50}$$

$\boldsymbol{H}$ 称为分组码的奇偶校验矩阵，这是一个 $r\times n$（$n=k+r$）阶矩阵。式（7.49）意味着，对任何码字都必须满足

$$\boldsymbol{H}\boldsymbol{v}^{\mathrm{T}}=\boldsymbol{0}^{\mathrm{T}} \tag{7.51}$$

因此，式（7.49）可用来验证某 n 维矢量是否为码字。根据式（7.43）和式（7.51）又可得到

$$\boldsymbol{G}\boldsymbol{H}^{\mathrm{T}}=\boldsymbol{0}_{k,n-k} \tag{7.52}$$

这里，$\boldsymbol{0}_{k,n-k}$ 表示一个 $k\times$（$n-k$）阶的全零矩阵。

例 7.10（续） 求分组码的奇偶校验矩阵 $\boldsymbol{H}$，并计算 $\boldsymbol{G}\boldsymbol{H}^{\mathrm{T}}$。

解 根据式（7.50），得

$$\boldsymbol{H}=\begin{pmatrix}1&1&1&0&1&0&0\\1&1&0&1&0&1&0\\1&0&1&1&0&0&1\end{pmatrix}$$

$$\boldsymbol{GH}^{\mathrm{T}}=\begin{pmatrix}1&0&0&0&1&1&1\\0&1&0&0&1&1&0\\0&0&1&0&1&0&1\\0&0&0&1&0&1&1\end{pmatrix}\begin{pmatrix}1&1&1\\1&1&0\\1&0&1\\0&1&1\\1&0&0\\0&1&0\\0&0&1\end{pmatrix}=\begin{pmatrix}0&0&0\\0&0&0\\0&0&0\\0&0&0\end{pmatrix}$$ ■

3．伴随式

在传输过程中，接收码字 $\boldsymbol{v}$ 可能发生差错，设差错矢量为 $\boldsymbol{e}$，则接收矢量 $\boldsymbol{r}$ 为

$$\boldsymbol{r}=\boldsymbol{v}+\boldsymbol{e} \tag{7.53}$$

设

$$\boldsymbol{e}=(e_{n-1},\cdots,\ e_0) \tag{7.54}$$

如果 $e_i\neq 0$，就表示第 i 个码元 v_i 出错。

令

$$\boldsymbol{s}^{\mathrm{T}}=\boldsymbol{Hr}^{\mathrm{T}} \tag{7.55}$$

称 $\boldsymbol{s}$ 为分组码的伴随式。利用式（7.53）和式（7.51），得

$$\boldsymbol{s}^{\mathrm{T}}=\boldsymbol{H}(\boldsymbol{v}+\boldsymbol{e})^{\mathrm{T}}=\boldsymbol{He}^{\mathrm{T}} \tag{7.56}$$

注：

① 伴随式仅与错误有关，是 $\boldsymbol{H}$ 各列的线性组合；

② 伴随式是 $r=n-k$ 维行矢量；

③ 可以建立伴随式与错误矢量之间的对应关系，这些错误矢量称为可纠错误图样，通常选择重量最小的错误矢量作为可纠错误图样。

例 7.10（续） 确定分组码的可纠错误图样 $\boldsymbol{e}$，并求对应的伴随式。

解 伴随式是 3 维矢量，共 8 个，所以可纠错误图样也有 8 个，伴随式和可纠错误图样的对应表见表 7.2。

表 7.2　　伴随式和可纠错误图样对应表

伴随式 $\boldsymbol{s}$	可纠错误图样 $\boldsymbol{e}$	伴随式 $\boldsymbol{s}$	可纠错误图样 $\boldsymbol{e}$
111	1000000	100	0000100
110	0100000	010	0000010
101	0010000	001	0000001
011	0001000	000	0000000

4．分组码的译码

根据伴随式可以对分组码译码，译码过程如下：

① 根据式（7.55）计算伴随式 $\boldsymbol{s}$；

② 根据伴随式 $\boldsymbol{s}$ 查找对应的可纠错误图样 $\boldsymbol{e}$；

③ 计算 $\hat{\boldsymbol{v}}=\boldsymbol{r}+\boldsymbol{e}$，$\hat{\boldsymbol{v}}$ 为纠错后的码字。

例 7.10（续） 设接收序列为 0111110，试利用伴随式进行译码。

解

$$\text{计算伴随式：}\ \boldsymbol{s}^{\mathrm{T}}=\begin{pmatrix}1&1&1&0&1&0&0\\1&1&0&1&0&1&0\\1&0&1&1&0&0&1\end{pmatrix}\begin{pmatrix}0\\1\\1\\1\\1\\1\\0\end{pmatrix}=(110)^{\mathrm{T}},$$

根据表 7.2，得可纠错误图样 $\boldsymbol{e}$ =(0100000)，译码结果：$\hat{\boldsymbol{v}}=(0111110)\oplus(0100000)=(0011110)$。■

下面介绍标准阵列译码方法。

将码字集合 $C=\{\boldsymbol{v}\}$ 看成 n 维线性空间 Ω 的一个子集，设 $\boldsymbol{s}\in\Omega$，子集 $\{\boldsymbol{v}+\boldsymbol{s}\}$ 称作陪集。通过选择不同的 $\boldsymbol{s}$ 可以构成 Ω 中 2^{n-k} 个互不相交的陪集，每个陪集中重量最小的 n 维矢量称作陪集首。按陪集首的重量由小到大将陪集排序，第 1 个陪集对应的是码字集合，陪集首是零矢量，构成标准阵列的第 1 行。注意：在选取 $\boldsymbol{s}$ 构成陪集时，要选择已经产生的陪集之外的元素，而且陪集首未必就是 $\boldsymbol{s}$。把产生的陪集与第 1 行对齐，陪集首放在每行的左边。这样就形成标准阵列。

例 7.11 设分组码 C={0000，1011，0101，1110}，计算标准阵列。

解 因为 n=4，k=2，所以陪集数为 4，标准阵列见表 7.3。

表 7.3 标准阵列

陪集序号	陪集首	陪集元素			
1	0000	0000	1011	0101	1110
2	1000	1000	0011	1101	0110
3	0100	0100	1111	0001	1010
4	0010	0010	1001	0111	1100

可以看到，每一个接收序列都可以在标准阵列中找到位置，并且每个陪集中的每个元素是对应列中的码字和陪集首的和。如果差错图样是某陪集首，那么接收序列就是对应的陪集中的元素。如果接收序列就是某陪集中的元素，那么该矢量与其陪集首相加得到的码字（与接收序列位于同一列的码字）就是译码结果。这就是标准阵列译码原理。

例 7.11（续） 若接收序列为 0111，试利用标准阵列进行译码。

解 接收序列为 0111 在陪集 4，第 3 列，对应码字为 0101。■

5．分组码的译码错误率计算

从上面的分析可知，如果可纠错图样就是实际发生的错误，那么译码正确，否则译码错误。所以译码错误率 $p_E=1-$ 可纠错图样的概率。设 α_i 为重量 i 的错误图样的个数，那么

$$p_E=1-\sum_{i=0}^{n}\alpha_i p^i(1-p)^{n-i} \tag{7.57}$$

其中，p 为信道传输单符号错误率。

例 7.11（续） 设四个等概率消息通过一个错误率为 10^{-2} 的二元对称信道传输，计算译码错误率并与未编码系统比较。

解 陪集首就是可纠错图样，译码错误率为

$$p_E=1-[(1-p)^4+3p^3(1-p)]\big|_{p=10^{-2}}=0.0103$$

对于未编码系统，4 个消息可用 00，01，10，11 传送，传输错误率为

$$p_E=1-(1-p)^2\big|_{p=10^{-2}}=0.0199$$

可见，编码系统比未编码系统的传输错误率低，但代价是码率降低（由原来未编码的 1 降低到 1/2）。■

7.6.2 几种重要的分组码

1．循环码

在（n，k）分组码中，设 $\boldsymbol{v}=(v_{n-1},\cdots，v_0)$为其中的一个码字，那么 $\boldsymbol{v}^i=(v_{n-1-i},\cdots，v_{n-i})$称作 $\boldsymbol{v}$ 的 i 次左循环移位，或 i 次循环移位。如果一个（n，k）分组码的任何一个码字的循环移位都是码字，那么该码就称为循环码。例如，分组码 C={0000，0110，1100，0011，1001}就是循环码。

2．汉明码

这是一个纠单错的码，分组长度 $n=2^m-1$，信息位数 $k=n-m$，校验位数 $r=m$，$m\geqslant 3$，码的最小距离 $d_{\min}=3$，码率为 $R=(n-m)/n=1-1-m/(2^m-1)$。例 7.10 中的（7，4）C_1 码就是汉明码。汉明码可以是循环码。

3．BCH 码

这是一类纠多重错误的码，分组长度 $n=2^m-1$（$m\geqslant 3$），校验位数 $n-k\leqslant mt$，码的最小距离 $d_{\min}\geqslant 2t+1$。BCH 码是一种纠错能力很强的码，在码的参数选择上有较大的灵活性，可以选择码长、码率及纠错能力等。

4．里德-所罗门码

里德-所罗门码（Reed-Solomon）码，简称 RS 码，是 BCH 码的一个子类，是非二进制码。

该码的参数：每符号 m 比特，分组长度 $n=2^m-1$ 符号，信息符号数 $k=n-2t$，码的最小距离 $d_{\min}=2t+1$。RS 码非常适合纠突发错误，并经常在级联码中用作外码。

7.6.3 卷积码简介

在分组码中，信息序列先分组，然后在每组独立编码，组内码元仅和本组内的信息元有关。在卷积码中，信息序列可以连续进入编码器，码元间的依赖关系与编码器的长度有关。下面简单介绍卷积码的编译码原理。

1．卷积码的基本概念

当前卷积码广泛应用在数字通信中，特别是用作数字语音传输的信道编码和级联码的内码。卷积码是信息序列通过一个有限状态卷积编码器产生的。常用的编码器由 k 个 m 级移位寄存器和 n 个模二加器组成。这些模二加器的输入来自移位寄存器的某些抽头。当编码器工作时，将输入序列分成每组 k 比特的并行数据流，依次进入 k 个移位寄存器，每次产生 n 个模二加结果轮流从编码器的输出端输出。$R=k/n$ 称为编码器的码率，$v=m+1$ 称为卷积码的约束长度，常记为（n，k，m）卷积码。这里研究 $k=1$ 情况的卷积码。

图 7.4 所示为一个（2，1，2）卷积编码器的工作原理图。在编码器中，移位寄存器的各级与移位寄存器的连接关系可用生成多项式来表示，其中多项式的系数 1 表示连接，0 表示不连接，为简化也可用行矢量表示。例如，图中，上、下支路输出对应的生成多项式分别为

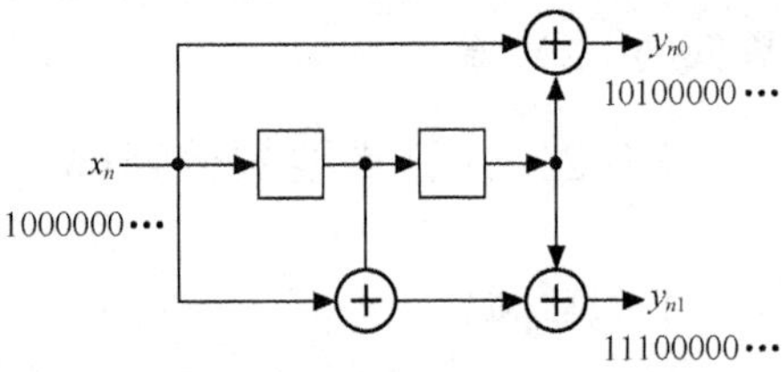

图 7.4 （2，1，2）卷积编码器工作原理图

$$g_0(D)=1+D^2 \text{ 和 } g_1(D)=1+D+D^2 \tag{7.58}$$

也可简单表示为 $g_0=(1\ 0\ 1)$和 $g_1=(1\ 1\ 1)$。

移位寄存器的内容确定了编码器的状态，该编码器有 $2^2=4$ 个状态。通常，编码器的初始状态定为 0 状态，即移位寄存器的内容为全 0。编码器工作时，输入信息序列按照时钟节拍脉冲不断进入编码器，在每个时钟周期先后产生两个模二加器的输出，从而产生编码序列，随后信息符号移入移位寄存器，使编码器进入新状态。设当前输入为 x_n，移位寄存器的内容为 x_{n-1},x_{n-2} 那么对应的上、下支路输出就是 $x_n \oplus x_{n-2}$ 和 $x_n \oplus x_{n-1} \oplus x_{n-2}$，写成矩阵形式为

$$\begin{pmatrix} y_{n_0} & y_{n_1} \end{pmatrix} = \begin{pmatrix} x_n & x_{n-1} & x_{n-2} \end{pmatrix} \begin{pmatrix} 1 & 1 \\ 0 & 1 \\ 1 & 1 \end{pmatrix} \tag{7.59}$$

如果考虑输入序列是一条半无限长的序列，那么输入与输出的关系可写成如下矩阵形式：

$$\boldsymbol{y}=\boldsymbol{x}\boldsymbol{G} \tag{7.60}$$

其中，$\boldsymbol{x}$，$\boldsymbol{y}$ 分别表示编码器的输入与输出半无限行矢量，$\boldsymbol{G}$ 为卷积码的生成矩阵（设编码器从零状态开始）：

$$\boldsymbol{G}=\begin{pmatrix} 1 & 1 & 0 & 1 & 1 & 1 & 0 & 0 & 0 & \cdots & \cdots & \cdots \\ 0 & 0 & 1 & 1 & 0 & 1 & 1 & 1 & 0 & 0 & \cdots & \cdots \\ 0 & 0 & 0 & 0 & 1 & 1 & 0 & 1 & 1 & 1 & \cdots & \cdots \\ & \cdots & & \cdots & & \cdots & 1 & 1 & 0 & 1 & \cdots & \cdots \end{pmatrix} \tag{7.61}$$

这就是卷积码的矩阵表示。

2. 卷积码的表示方法

除生成矩阵外卷积码其他表示方法主要有三种：码树、网格图和状态转移图表示法。

（1）码树

卷积码可用码树表示，图中每个分支表示一个输入符号。通常，输入 0 对应上分支，输入 1 对应下分支。每个分支上面标有对应的输出，包含 *n*（模二加器的个数）个符号。因此，任何编码序列都与码树中的一条特殊路径相对应。为节省空间，书中没有画出码树。

（2）网格图

从码树上可以看出，从任何状态出发的分支都相同，因此可以把同级相同状态的点合并而得到网格图。图 7.5 所示为图 7.4 的卷积码网格表示图。与码树规定相同，输入 0 对应上分支，输入 1 对应下分支，每个分支上面标有对应的输出。由于码率为 1/2，所以每分支的输出有两个符号。与码树一样，任何可能的输入序列都对应网格图中的一条特殊路径。例如，输入序列 10110 对应的输出序列为 1101001010，如图中粗线所示。

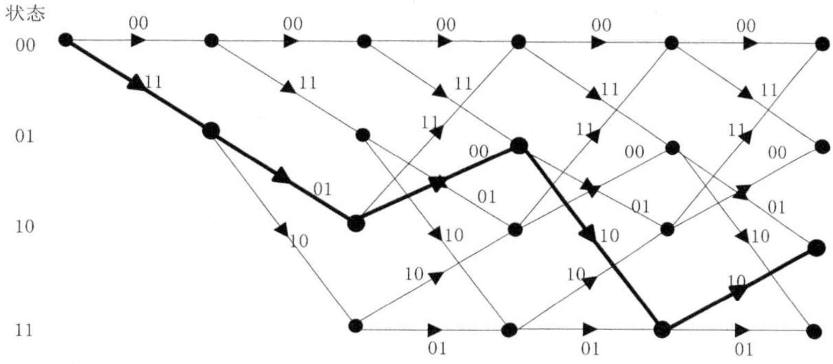

图 7.5　卷积码的网格表示

（3）状态转移图

移位寄存器的内容对应着编码器的状态。编码器的输出由其状态和当前输入所决定，并且每当输入一个符号后，编码器就变成下一个状态。编码器的状态转移图类似于马氏源的状态转移图。

3. 卷积码的距离特性

纠错码的距离特性是一个重要参数，与分组码不同，卷积码可以根据译码方法对距离定义。当利用维特比译码和序列译码时，通常采用自由距离作为距离量度。自由距离定义为任意长的编码序列之间的最小汉明距离。

4. 卷积码译码方法

卷积码的译码可分为代数译码和概率译码。代数译码是基于码的代数结构，主要用于系统卷积码的译码。概率译码就是通过信道统计特性的研究，使用不依赖于编码的代数运算实现译码，主要用于非系统卷积码的译码。

维特比（Viterbi）译码算法就是一种概率译码方法，也是最大似然译码，与传统的译码算法相比复杂度明显降低，并能保持很好的译码性能。如前所述，最大似然译码就是将接收序列与所有可能的发送序列相比较（求其汉明距离或欧氏距离），从中选择对应最大似然函数的信息序列，作为译码输出。以二进制编码为例，如果信息序列长度为 L 比特，那么这种比较就要进行 2^L 次。这样译码计算量与序列长度呈指数关系增长。因此当 L 很大时，这种译码方式很难实现。

数码从网格图上可以看到，如果某一路径是最佳的，那么在此路径上从起点到每一级节点的子路径与到此节点的其他路径相比也是最佳的，否则便不能保证整个路径最佳。例如，在图 7.5 的网格图上，如果粗线为最佳路径，其中一条子路径是从起点开始到第 3 级节点的路径（110100），那么它与汇集到同一节点的其他路径相比（如 000011）也是最佳的。维特比算法就是把比较所有 2^L 条序列转化成在网格图上逐级比较。在每一级的每个节点，通过比较，找到一条最佳子路径而抛弃其他路径，然后再以这一级为基础，寻找到下一级节点的最佳子路径，直到对整条序列进行译码。逐级比较与整条序列直接比较相比节省了很多运算。

设通信系统发送与接收序列分别为 $\boldsymbol{x}=(x_1,\cdots,x_n)$， $\boldsymbol{y}=(y_1,\cdots,y_n)$，由式（7.23）可知，对于无记忆二元对称信道，$\boldsymbol{x}$ 和 $\boldsymbol{y}$ 之间的汉明距离越小，对数似然函数值越大；由式（7.26）可知，对于无记忆加性高斯噪声信道，$\boldsymbol{x}$ 和 $\boldsymbol{y}$ 之间相关函数值越大，对数似然函数值越大。

对于二元对称信道，译码方式称为硬判决，设汉明距离的负值为度量值：

$$\mu_j=-d_{\mathrm{H}}(x_j,y_j) \tag{7.62}$$

其中，x_j,y_j 分别为第 j 支路的发送序列和接收序列，d_{H} 为汉明距离。对于加性高斯噪声信道，译码方式称为软判决，设相关函数为度量值：

$$\mu_j=\sum\nolimits_{k=1}^{n}x_{ik}y_{ik} \tag{7.63}$$

其中， x_{jk},y_{jk} 分别为 x_j,y_j 的第 k 个码元所对应波形的抽样值，n 为模二加器的数目。

译码时，每条路径都由从起点到某一节点的若干支路组成，每条支路都被分配给一个度量值。这样，寻找具有最大似然函数发送序列的问题就转化成计算具有最大度量值路径的问题。维特比译码算法利用卷积码的网格图确定最可能的发送序列，它对应着网格图上某一特殊路径。译码器的目的就是可靠而有效地在所有可能传输路径上找到最佳（最大积累度量）路径，从而得到译码输出。

下面介绍维特比译码算法流程。

设卷积码约束长度 $\nu=m+1$，则网格图上每级的节点数为 2^m。对于码率为 $1/n$ 的二进制编码，每个节点有两条输入支路和两条输出支路，如图 7.6 所示，称此图为蝶形运算单元，一般地有如下关系： $j=2s$， $k=2s+1$， $t=s+2^{m-1}$。在每个节点，每次对积累度量进行比较后，只保留一条积累度量最大的路径（称为幸存路径）。因此，在整个译码过程中，路径的个数始终保持恒定，等于状态数 2^m。

设 $R_j^{(i)}$ 表示在第 i 级第 j 个节点的积累度量， $r(s,j)$ 为节点 s 到节点 j 支路的度量，维特比算法可简单总结如下。

① 设第 i 级的每节点都有一条相应的幸存路径，其度量分别为 $R_j^{(i)}(j=1,\cdots,2^m)$。

② 设第 i+1 级某节点有两条来自第 i 级节点 s 和 t 的路径，则取

$$R_j^{(i+1)}=\max\{R_s^{(i)}+r(s,j),R_t^{(i)}+r(t,j)\} \tag{7.64}$$

为第 i+1 级节点 j 的度量，并保留对应的路径，删除另一条路径。

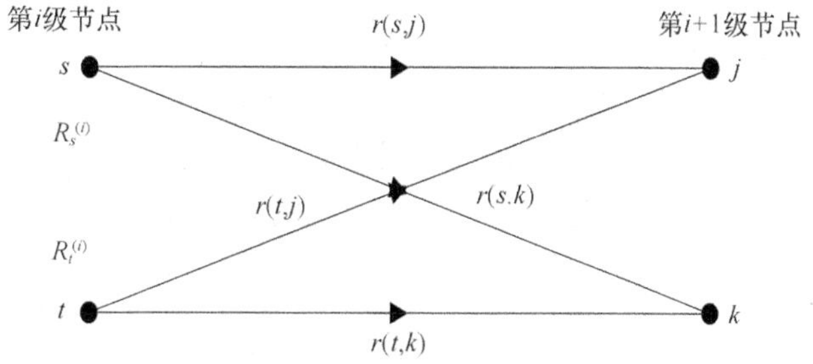

图 7.6 蝶形运算单元

注：这一步为关键操作，可归纳为“加”（积累度量与支路度量相加）、“比”（比较两路径的积累度量）、“选”（选取最大积累度量路径为幸存路径）。

③ 同理可以得到 i+1 级其他节点的积累度量值和对应的幸存路径。

④ 从第 m 级开始，一直处理完整条序列。

⑤ 规定一个译码时延，将具有最大度量路径对应的信息序列作为译码输出。

例 7.12 对于图 7.4 卷积编码器，设接收序列为 110110000000，试进行硬判决译码。

解 对于硬判决译码，分支度量为汉明距离的负值，与接收序列汉明距离最小的路径视为具有最大度量的路径，译码过程示于图 7.7。从第 2 级开始，计算各路径与接收序列的汉明距离；对于每个蝶形单元进行“加、比、选”操作，得到幸存路径，若比较时两积累度量相等，则随机选取其一；将具有最小汉明距离的路径所对应的信息序列作为译码器的输出。译码序列为 100000（网格图上，各节点上的数字表示积累汉明距离）。∎

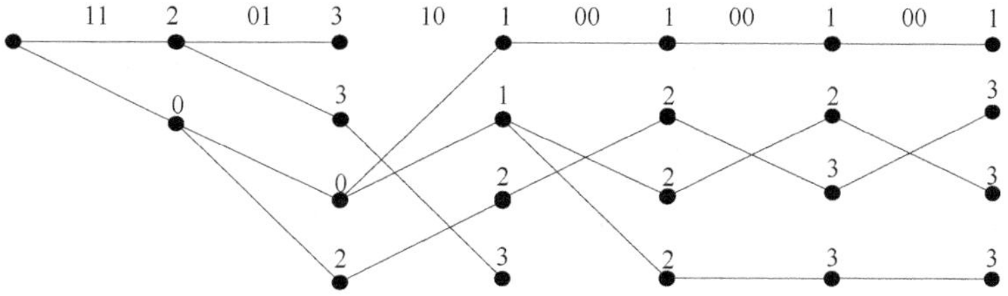

图 7.7 维特比硬判决译码示例

例 7.12（续） 设卷积编码器经调制器输出调制序列为归一化电平，+1 对应调制符号 0，−1 对应调制符号 1，接收机将接收序列各码元的波形量化，得到的电平序列为+2，−1，+5，−7，+2，+3，−4，+1，+5，−6，+2，−3。试进行维特比软判决译码。

解 对于软判决译码，分支度量为发送和接收序列的相关值，其他与硬判决过程同，译码过程示于图 7.8。译码器输出信息序列为 101111（网格图上各节点上的数字表示积累相关值）。∎

维特比译码算法广泛应用于高斯信道通信系统中，具有较大编码增益。例如，码率为 1/2、约束长度为 6 的卷积码，采用维特比译码可在误码率 10^{-5} 时提供 5dB 的编码增益。维特比译码的主要缺点是译码复杂度随约束长度的增加呈指数关系增加，所以通常约束长度不大于 9。当约束长度大时，宜采用序列译码方法。

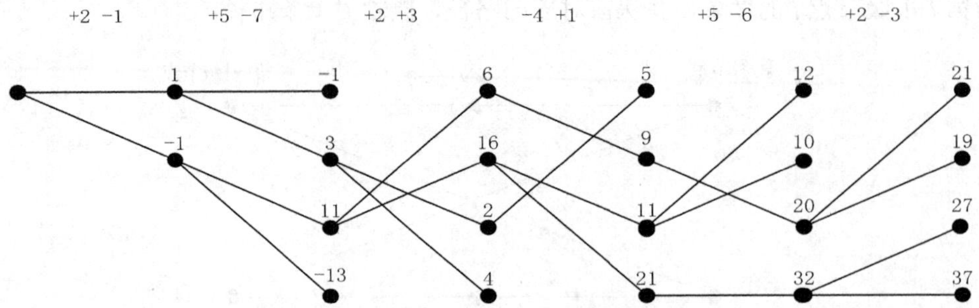

图 7.8　维特比软判决译码示例

软输出维特比算法（SOVA）是维特比算法的改进，基本操作与维特比算法相同，唯一的不同就是对每一个输出的信息位加上一个可靠性指示，将硬判决输出和可靠性指示结合起来，称为软输出。SOVA 主要用于 Turbo 译码器中的迭代译码，其译码性能优于原始的维特比算法，但比 MAP 等算法稍差，但译码时延小，计算复杂度低，适于硬件实现。

本章小结

1．最佳译码准则

- MAP 准则：　$g(y)=f^{-1}[\arg\max\limits_{\boldsymbol{x}} p(\boldsymbol{x}\mid\boldsymbol{y})]$　（使平均错误率最小）
- ML 准则：　$g(y)=f^{-1}[\arg\max\limits_{\boldsymbol{x}} p(\boldsymbol{y}\mid\boldsymbol{x})]$　（用于输入等概率或概率未知）
- 最小汉明距离准则：　$g(y)=f^{-1}[\arg\min\limits_{\boldsymbol{x}} d(\boldsymbol{x},\boldsymbol{y})]$　（用于二元对称信道）
- 最小欧氏距离准则：　$g(\boldsymbol{y})=f^{-1}[\arg\min\limits_{\boldsymbol{x}} d_E(\boldsymbol{x},\boldsymbol{y})]$　（用于加性高斯白噪声信道）
- 最大相关准则：　$g(\boldsymbol{y})=f^{-1}[\arg\max\limits_{\boldsymbol{x}} R(\boldsymbol{x},\boldsymbol{y})]$　（用于加性高斯白噪声信道）

2．最小码距离：　$d_{\min}=2t+1$　⇔　能纠 t 个错误

3．费诺不等式：　$H(X/Y)\leqslant H(P_E)+P_E\log(r-1)$

4．有噪信道编码定理：　$R\leqslant C$　⇔　存在使传输差错任意小的信道编码。其中，R 为码率，C 为信道容量。

5．无失真信源信道编码定理：$H\leqslant C$　⇔　存在使传输差错任意小的信源信道编码。其中，H 为单位时间信源的熵，C 为单位时间信道容量。

6．线性分组码

- 生成矩阵
- 校验矩阵
- 伴随式译码方法

7．卷积码

- 表示法：生成矩阵、码树、网格图、状态图
- 维特比译码算法：硬判决译码、软判决译码

思考题

7.1 信道编码的含义与目的是什么？

7.2 信息传输速率与信道输入与输出之间的平均互信息是否等价？

7.3 高可靠性和高有效性的信道编码是否存在？

7.4 有噪信道编码的内容是什么？该定理是否给出了高效和高可靠性信道编码的方法？

7.5 译码错误率与哪些因素有关？

7.6 有哪两种常用的译码准则？说明它们各自的含义、使用场合，以及区别和联系。

7.7 什么是最小汉明距离准则？该准则适用于何种信道？

7.8 什么是最小欧氏距离或最大相关译码准则？该准则适用于简种信道？

7.9 解释信道疑义度的含义。

7.10 解释 Fano 不等式的含义及等号成立的条件。

7.11 什么是联合典型序列和联合典型序列译码？

7.12 什么叫随机编码？实现随机编码有什么难度？

7.13 用联合典型序列译码证明有噪信道编码的基本思路是什么？

7.14 解释信源信道编码定理的含义。

7.15 简述纠错码的分类。

7.16 列举几种重要的线性分组码和对应的编码参数。

7.17 维持比算法的基本思路是什么？

7.18 蝶形运算的基本要点是什么？

习题

7.1 一通信系统传送的脉冲组由 4 个脉冲和一个随后的间隔脉冲组成，其中每个脉冲的宽度为 1ms，除间隔脉冲外的其他脉冲幅度可能值为 0，1，2，3V，且等概率分布。试计算该系统的平均信息传输速率。

7.2 已知信源的消息分别为 A，B，C，D，现用二进制码元对各消息进行信源编码：$A\to 00$，$B\to 01$，$C\to 10$，$D\to 11$，每二进制码元的宽度为 5ms。

（1）若每个消息等概率出现，求信息平均传输速率。

（2）设 $P(A)=1/5$，$P(B)=1/4$，$P(C)=1/4$，$P(D)=3/10$，求信息平均传输速率。

7.3 一信道输入符号集 $A=\{0,1/2,1\}$，输出符号集 $B=\{0,1\}$，信道的转移概率矩阵为

$$\boldsymbol{P}=\begin{pmatrix} 1 & 0 \\ 1/2 & 1/2 \\ 0 & 1 \end{pmatrix}$$

现有 4 个等概率消息通过此信道输出，若选择这样的信道编码：C_b：$\{a_1,a_2,1/2,1/2\}$，a_i 为 0 或 1（i=1,2），码长为 4，并选择如下译码规则：

$$f:\ (y_1,y_2,y_3,y_4)=(y_1,y_2,1/2,1/2)$$

（1）编码后信息传输速率等于多少？

（2）证明在此译码规则下，对所有码字的译码错误率 $P_E^{(i)}=0, i=1,2,3,4$ 。

7.4　一个二元对称信道的转移概率矩阵为 $\boldsymbol{P}=\begin{pmatrix}1-p & p\\ p & 1-p\end{pmatrix}$（$p<1/2$），信道输入符号 0，1 的概率分别为 ω，$1-\omega$。

（1）求利用 MAP 准则的判决函数和平均错误率。

（2）求利用 ML 准则的判决函数和平均错误率。

（3）什麽情况下上述两准则的判决结果相同？

7.5　设有一离散无记忆信道的转移概率矩阵为

$$\boldsymbol{P}=\begin{pmatrix}1/2 & 1/3 & 1/6\\ 1/6 & 1/2 & 1/3\\ 1/3 & 1/6 & 1/2\end{pmatrix}$$

其中输入符号集 $A=\{a_1,a_2,a_3\}$，且 $P(a_1)=1/2, P(a_2)=P(a_3)=1/4$ 。试求最佳判决函数和平均错误率。

7.6　设一个离散无记忆信道的概率转移矩阵为

$$\boldsymbol{P}=\begin{pmatrix}1/2 & 1/2 & 0 & 0 & 0\\ 0 & 1/2 & 1/2 & 0 & 0\\ 0 & 0 & 1/2 & 1/2 & 0\\ 0 & 0 & 0 & 1/2 & 1/2\\ 1/2 & 0 & 0 & 0 & 1/2\end{pmatrix}$$

（1）计算信道容量 C。

（2）找出一个码长为 1 信息传输率为 log2，且对每个消息译码错误率为 0 的编码。

（3）找出一个码长为 2 的重复码，其信息传输率为(1/2)log5，当输入码字等概率分布时，按最大似然译码规则设计译码器，求译码平均错误率。

（4）能否设计信息传输率为(1/2)log5，且译码错误率为 0 的编码？

7.7　一盒子内有三枚形状相同的硬币，其中第一枚是均匀的，第二枚在抛掷落下后正面朝上的概率是 3/4，而第三枚在抛掷落下后正面朝上的概率是 1/4。现从盒中随机地取出其中的一枚，进行了三次抛掷，通过每次观察硬币朝上的正反面，对所取出的硬币进行判决。

（1）如果某次试验结果为“正面、正面、反面”，求该试验结果与事件“取出的是第一枚硬币”之间的互信息。

（2）根据（1）的试验结果，利用最佳判决准则确定所取的硬币是哪一枚。

（3）如果取出的是第 2 枚硬币，求利用最佳判决准则的条件错误率。

（4）如果反复进行上述试验并对所有的“三次抛掷”结果进行最佳判决，求平均错误率。

7.8　证明汉明距离的三角不等式成立。

7.9　证明定理 7.2 的必要性。

7.10　二元信源符号 0，1 的概率分别为 ω，$1-\omega$，通过图 7.9 的二元删除信道传输信息：

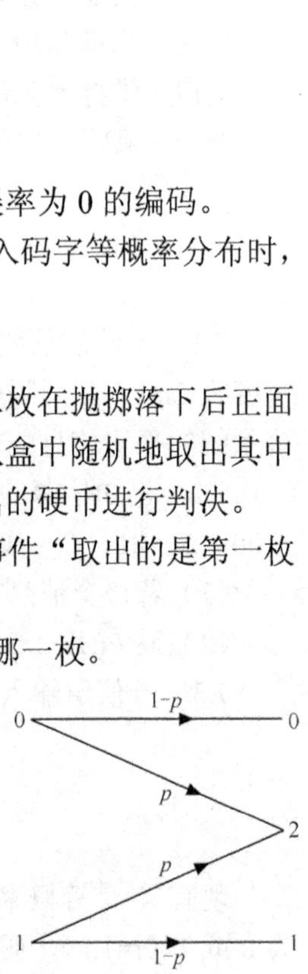

图 7.9　题 7-10 图

（1）求利用 MAP 准则的判决函数和平均译码错误率。

（2）求利用 ML 准则的判决函数和平均译码错误率。

（3）说明如何利用二元重复码传送消息，使得当码长无限大时平均译码错误率趋于 0？

7.11　对于习题 7.10 中的二元删除信道，证明最小汉明距离译码准则等价于 ML 准则。

7.12　设信道输入 X 取值为 0，1，概率分别为 p 和 $1-p$，通过一个加性高斯信道传输，加性噪声 Z 是均值为零，方差为 σ^2 的高斯随机变量，信道输出 $Y=X+Z$，接收机分别用① MAP 准则接收，②ML 准则接收。试分别求判决函数和判决错误率表达式并进行比较。

7.13　设二元码为 $C_b=\{11100,01001,10010,00111\}$。

（1）计算此码的最小距离 $d_{\min}$ 和码率（假定码字等概分布）。

（2）采用最大似然译码准则，当接收序列分别为 10000，01100 和 00100 时，应分别译成什么码字？

（3）此码最多能纠正几位码元错误？

7.14　一个码长为 4 的二元码，码字为 W_1=0000，W_2=0011，W_3=1100，W_4=1111，假定码字通过一个单符号错误概率 $p(p<0.01)$的二元对称信道传输，码字的概率为：$p(W_1)$=1/2，$p(W_2)$= $p(W_3)$=1/8，$p(W_4)$=1/4。试找出一种译码原则使平均差错率 p_E 最小并求 p_E。

7.15　某信源含有 4 个消息，概率分别为 $1/2,1/4,1/8,1/8$，编成二元码为 $C=\{000,011,101,110\}$，各码字通过一个单符号错误概率为 $P(P<0.01)$ 的二元对称信道进行传输。

（1）求该码的最小距离 $d_{\min}$ 和信息传输速率。

（2）找出一种译码规则使平均差错率 P_E 最小，并计算出 P_E 的值。

（3）如果信源的 4 个消息分别用 00，01，10，11 来代表，并通过同一信道传输，求译码平均差错率，并将此结果与编码系统相比较。

7.16　一通信系统通过习题 7.10 中的二元删除信道传送信息，发送端输出 X 的符号集为{0，1}，接收端 Y 的符号集为{0，1，2}，。

（1）若系统设置反馈信道，即当输出端接收为 2 时，要求发送端重发，直到收端不为 2 为止。设每传送一个信源符号所需发送次数为 z，则 z 为取值 1，2，… 的离散随机变量，并设此随机变量为 Z。

① 求 Z 的熵 H（Z）和均值 E（Z）。

② 当输入符号等概率时，求平均信息传输速率。

（2）若系统无反馈信道，发端发送 2 个消息 M_1，M_2，所对应的码字分别为 C_1=00，C_2=11。

① 若 M_1，M_2 等概率，在接收端利用最佳译码准则译码，求平均错误率 P_{E_1}。

② 若 M_1，M_2 的概率分别为 $p(M_1)$=1/3，$p(M_2)$=2/3，在接收端利用最佳译码准则译码，求平均错误率 P_{E_2}。

7.17　一个 Z 信道，当发送 0 时接收为 0，当发送 1 时以概率 p 接收为 1，以概率 $1-p$ 接收为 0，信道输入符号 0，1 的概率分别为 ω，$1-\omega$。

（1）确定 ML 译码准则，并计算平均译码错误率。

（2）将信道输入符号 0，1 分别编成 000 和 111 通过该信道传送，试利用 ML 准则确定译码函数，并求信息传输速率和平均译码错误率。

（3）上述译码方法与“择多译码”或“最小汉明距离”译码准则是否相同？

（4）如果利用 n 长重复码传送 0，1 符号，求信息传输速率和平均译码错误率，当码长 $n\to\infty$ 时，结果如何？

7.18 利用码长 $n=2t+1$ 的二元重复码通过一个错误率为 $p(<1/2)$ 的二元对称信道传送 0，1 符号，证明，在这种情况下，ML 准则、“择多译码”和最小汉明距离译码准则给出相同的结果，平均译码错误率为

$$P_E \leqslant \frac{(2t+1)!}{(t!)^2} p^t (1-p)^{t+1}$$

且当 $n\to\infty$ 时，$P_E\to 0$。

7.19 设信道输入与输出分别为 X，Y，其中 X 含 r 个符号，定义随机变量 Z 为

$$z=\begin{cases}1 & (x=y)\\ 0 & (x\neq y)\end{cases}$$

（1）证明 $H(XZ\,|\,Y)=H(X\,|\,Y)$。

（2）证明 $H(XZ\,|\,Y)\leqslant H(Z)+p(z=0)\log(r-1)$。

（3）根据（1）和（2）的结果，证明费诺不等式成立。

7.20 式（7.30）、可以作为费诺不等式等号成立的充分必要条件，当等号成立时，信道的后验概率矩阵（即由 p（$x|y$）构成的矩阵）有什么特点？给定如下两个信道后验概率矩阵：

$$\boldsymbol{Q}_1=\begin{pmatrix}1/6 & 2/3 & 1/6\\ 1/6 & 1/6 & 2/3\\ 2/3 & 1/6 & 1/6\end{pmatrix},\quad \boldsymbol{Q}_2=\begin{pmatrix}1/4 & 1/2 & 1/4\\ 1/6 & 1/6 & 2/3\\ 1/3 & 1/3 & 1/3\end{pmatrix}$$

设输出等概率，用最大似然判决，分别求两信道的信道疑义度及其上界。

7.21 证明信道疑义度达到最大值的充要条件是：信道输入无记忆、符号等概率且信道输入与输出统计独立。

7.22 设 0，1 二元信源 X，其中 0 符号的概率为 0.8，信源每秒发出 2.5 个符号，将此信源的输出通过某一个二元无噪信道传输，且每秒只传送两个符号。

（1）若要求信息无失真传输，信源能否不进行编码而直接与信道相接？

（2）能否采用适当的编码方式然后通过信道进行无失真传输？

（3）确定一种编码方式并进行编码，使得传输满足不失真要求。

7.23 一个线性分组码的校验矩阵为

$$\boldsymbol{H}=\begin{pmatrix}1&0&0&1&0&0&1&1&0\\ 1&0&1&0&1&0&0&1&0\\ 0&1&1&1&0&0&0&0&1\\ 1&0&1&0&1&1&1&0&1\end{pmatrix}$$

求该码的生成矩阵和码的最小距离。

7.24 一个（8，4）线性分组码的校验矩阵为

$$\boldsymbol{H}=\begin{pmatrix}1&1&1&0&1&0&0&0\\ 0&1&1&1&0&1&0&0\\ 1&1&0&1&0&0&1&0\\ 1&0&1&1&0&0&0&1\end{pmatrix}$$

（1）设接收矢量 $\boldsymbol{r}=(r_7,r_6,r_5,r_4,r_3,r_2,r_1,r_0)$，试用接收矢量的各位表示伴随式的各位。

（2）根据（1）的结果构造此码的伴随式电路。

（3）设接收矢量为（01111001），计算伴随式并求译码结果。

7.25 写出（4，3）偶校验码的所有码字，并计算当信道错误率为 10^{-3} 时，不可检错的概率。

7.26 一个（7，3）线性分组码的生成矩阵为

$$\boldsymbol{G}=\begin{pmatrix} 0 & 0 & 1 & 1 & 1 & 0 & 1 \\ 0 & 1 & 0 & 0 & 1 & 1 & 1 \\ 1 & 0 & 0 & 1 & 1 & 1 & 0 \end{pmatrix}$$

（1）构造一个等价的系统码生成矩阵和校验矩阵。

（2）求所有伴随式和对应的最大可能错误图样。

（3）求码的最小距离和可靠纠错数。

（4）确定译码标准阵列。

（5）确定该码与（7，4）汉明码的关系。

7.27 将 12 位的数据序列用（24，12）线性分组码编码，假定该码能纠正所有 1 位和 2 位的错误，但不能纠正多于 2 位的错误，求当信道错误率为 10^{-3} 时接收消息的错误率。

7.28 一个（2,1,4）卷积码的连接矢量分别为 g_1=（11101），g_2=（10011）。①画出该编码器的框图；②写出该码的生成多项式；③写出该码的生成矩阵；④设信息序列为 11010000，求编码器输出序列。

7.29 一个（3，1，2）卷积码器，其中 $g_1(D)=g_2(D)=1+D+D^2$，$g_3(D)=1+D^2$。

（1）画出该编码器的框图、码树、网格图和状态转移图。

（2）当编码器输出通过二元对称信道输出时，接收序列为 000 110 111 111 001 000 111 001 001 111，试利用维特比算法对接收序列进行译码，并求原始信息序列。

第 8 章 波形信道

在通信系统中，调制器要将信源发出的消息调制成波形，以利于在信道中传输。在传输过程中，波形受到噪声的干扰后进入接收机的输入端。接收机解调器对接收的信号进行解调，以恢复传送的信息。在发信机调制器的输出和接收机解调器输入之间的信道就是波形信道。波形信道就是输入与输出都是时间连续随机过程的信道。

研究时间连续随机过程的常用方法是把随机波形离散化，即将波形信道转变成等价的离散时间连续信道，通过这种等价离散时间连续信道所传送的消息可以无失真地恢复原始波形信道所传送的消息。可见，对波形信道的研究可以通过对相应的离散时间连续信道的研究来实现。

在信息传输过程中，存在两种信道噪声：加性噪声和乘性噪声。这里仅研究加性噪声，重点是加性高斯噪声。与离散信道类似，波形信道也有平稳与非平稳的分别，这里仅研究平稳波形信道。

本章首先介绍离散时间连续信道、加性噪声信道、单符号高斯噪声信道和并联高斯噪声信道的容量，在此基础上研究波形信道的容量，重点是加性高斯白噪声（AWGN）信道容量，导出著名的香农信道容量公式，然后推广到有色高斯信道的容量，最后介绍二维数字调制系统的信道容量。

8.1 离散时间连续信道

如果一个信道的输入与输出只定义在离散时间上，但取值是连续的，这样的信道称为时间离散连续信道，有时简称为连续信道。这种信道可以通过对时间连续信道在离散时间进行抽样或者对其进行某种变换得到。因此，“离散时间”并不一定是真正意义的时间，实际上，这种连续信道的输入与输出分别为随机序列，而序列中符号的取值是连续的。如果信道是平稳无记忆的，即信道的转移概率不随时间而变，且信道的输出仅依赖于当前的输入，那么离散时间信道的研究可以归结于单符号离散时间信道研究。所以，我们首先研究单符号信道，然后研究多维矢量信道。

8.1.1 离散时间连续信道模型

一般的时间离散连续信道输入与输出均为随机矢量，设信道输入为 N 维随机矢量

$\boldsymbol{X}^N=(X_1,\cdots,X_N)$，取值为 $\boldsymbol{x}=(x_1,\cdots,x_N)$，概率密度或概率用 $p(\boldsymbol{x})$ 表示，其中 x_i 取实数或离散值；信道输出为 N 维随机矢量 $\boldsymbol{Y}^N=(Y_1,\cdots,Y_N)$，取值为 $\boldsymbol{y}=(y_1,\cdots,y_N)$，概率密度用 $p(\boldsymbol{y})$ 表示，其中 y_i 取实数值。信道模型表示为

$\{\boldsymbol{X}^N,p(\boldsymbol{y}|\boldsymbol{x}),\boldsymbol{Y}^N\}$，其中 $p(\boldsymbol{y}|\boldsymbol{x})=p(y_1,\cdots,y_N|x_1,\cdots,x_N)$ 为信道的转移概率密度。

8.1.2　平稳无记忆连续信道

若信道的转移概率密度满足

$$p(\boldsymbol{y}|\boldsymbol{x})=\prod_{i=1}^{N}p(y_i|x_i) \tag{8.1}$$

则称为此信道为离散时间无记忆连续信道，简称为无记忆连续信道，其数学模型为 $\{X,p(y_n|x_n),Y\}$。

如果对于任意正整数 m，n，离散无记忆信道的转移概率密度满足：

$$p(y_n|x_n)=p(y_m|x_m) \tag{8.2}$$

则称为平稳或恒参无记忆信道。可见，对于平稳信道，$p(y_n|x_n)$ 不随时间变化。这样，平稳无记忆信道的模型就是 $\{X,p(y|x),Y\}$。

对于平稳无记忆信道，可以用一维条件概率密度来描述，其中，信道的输入 X 与输出 Y 都是一维随机变量。

8.1.3　多维矢量连续信道的性质

如前所述，一般的时间离散连续信道输入与输出均为随机矢量，称为多维矢量连续信道。这种信道的输入与输出之间平均互信息也有与离散情况类似的结果。

对于 N 维矢量连续信道，输入与输出之间平均互信息为

$$\begin{aligned}I(\boldsymbol{X}^N;\boldsymbol{Y}^N)&=h(\boldsymbol{X}^N)-h(\boldsymbol{X}^N|\boldsymbol{Y}^N)\\&=h(\boldsymbol{Y}^N)-h(\boldsymbol{Y}^N|\boldsymbol{X}^N)\\&=\iint p(\boldsymbol{x},\boldsymbol{y})\log\frac{p(\boldsymbol{x},\boldsymbol{y})}{p(\boldsymbol{x})p(\boldsymbol{y})}\mathrm{d}\boldsymbol{x}\mathrm{d}\boldsymbol{y}\end{aligned} \tag{8.3}$$

通过与离散信道类似的推导，可以得到如下结论。

定理 8.1　对于离散时间无记忆连续信道，有

$$I(\boldsymbol{X}^N;\boldsymbol{Y}^N)\leqslant\sum_{i=1}^{N}I(X_i;Y_i) \tag{8.4}$$

仅当信源无记忆时等式成立。

定理 8.2　对于离散时间无记忆连续信源，有

$$I(\boldsymbol{X}^N;\boldsymbol{Y}^N)\geqslant\sum_{i=1}^{N}I(X_i;Y_i) \tag{8.5}$$

仅当信道无记忆时等式成立。

（证明留做练习）

8.1.4　离散时间连续信道的容量

我们知道，在求离散信道容量时，除输入概率归一化的限制之外，可以不做其他限制。但对连续信道，若不对输入进行附加限制，输入与输出之间的平均互信息的最大值就可能会

无限增大。通常这种限制就是输入平均功率或峰值的限制。因此，连续信道容量定义为，在信道输入满足某些约束条件下，输入之间与输出平均互信息的最大值。

1. 单符号连续信道的容量

首先规定一个与输入有关的非负代价函数 $f(x)$ 和一个约束量 β，单符号离散时间连续信道的容量定义为

$$C(\beta)=\max_{p(x)}\{I(X;Y):\underset{p(x)}{E}[f(x)]\leqslant\beta\} \tag{8.6}$$

即容量就是在满足平均代价不大于某一给定值的约束条件下，$I(X;Y)$ 的最大值。实际上，合理的代价函数会使 $I(X;Y)$ 随 β 的增加而增加，即信道容量是 β 的非减函数，否则就会出现 β 减小而容量增加的反常现象。所以在不大于 β 的所有平均代价的选择中，平均代价等于 β 时最大值达到最大。所以在求有约束的 $I(X;Y)$ 最大值时，将约束中的不等式取等号，即

$$C(\beta)=\max_{p(x),E[f(x)]=\beta}I(X;Y) \tag{8.7}$$

单符号连续信道容量的单位与平均互信息同，为比特/自由度。

式（8.7）可分为两种情况来处理：

（1）对于 $p(x)$ 可以变动的情况，则应改变 $p(x)$，求在满足约束条件下的极值；

（2）对于 $p(x)$ 已经固定的情况，则仅利用约束条件求极值，即

$$C(\beta)=\max_{E[f(x)]=\beta}I(X;Y) \tag{8.8}$$

2. 平稳无记忆连续信道的容量

参照前面单符号信道容量的定义，也规定一个与输入有关的非负代价函数 $f(\boldsymbol{x})$ 和一个约束量 β，N 维矢量连续信道容量定义为

$$C^N(\beta)=\max_{p(\boldsymbol{x})}\{I(\boldsymbol{X}^N;\boldsymbol{Y}^N):\underset{p(\boldsymbol{x})}{E}[f(\boldsymbol{x})]\leqslant\beta\} \tag{8.9}$$

N 维矢量连续信道容量的单位与平均互信息同，为比特/N 个自由度。下面研究在输入平均能量约束条件下，平稳无记忆 N 维矢量连续信道的容量。

根据式（8.4），有

$$\max_{p(\boldsymbol{x})}I(\boldsymbol{X}^N;\boldsymbol{Y}^N)=\max_{\prod_i p(x_i)}\sum_{i=1}^N I(X_i;Y_i)=\sum_{i=1}^N\max_{p(x_i)}I(X_i;Y_i) \tag{8.10}$$

在输入平均能量约束条件下的代价函数为

$$f(\boldsymbol{x})=\|\boldsymbol{x}\|^2=\sum_{i=1}^N x_i^2,\beta=NE \tag{8.11}$$

达到容量时，并考虑到平稳性，有

$$E_{p(\boldsymbol{x})}[\|\boldsymbol{x}\|^2]=\sum_{i=1}^N E(x_i^2)=NE(x^2)=NE \tag{8.12}$$

所以

$$C^N(NE)=N\,C(E) \tag{8.13}$$

其中，

$$C(E)=\max_{p(x)}\{I(X;Y):E(x^2)\leqslant E\}$$

式（8.13）表明，一个平稳无记忆 N 维连续矢量信道容量为单符号容量的 N 倍，而平均能量约束等价于单符号均方值的约束。

一个离散时间连续信道的容量定义为

$$C=N^{-1}C^{N}(\beta) \tag{8.14}$$

根据式（8.13）可得，一个离散时间平稳无记忆连续信道的容量就等于其单符号容量。所以，在平均能量约束下的离散时间平稳无记忆信道的容量为

$$C=\max_{p(x),E(x^2)\leqslant E} I(X;Y) \tag{8.15}$$

除非特殊声明，后面所研究的连续信道都认为是平稳无记忆的。因此对这种连续信道容量的研究就归结为对单符号连续信道容量的研究，而且今后研究的主要约束条件是平均能量的约束。

8.2 加性噪声信道与容量

8.2.1 加性噪声信道的容量

如果信道输入和独立于输入的噪声均为随机变量，而信道的输出是输入与噪声的和，那么这种信道称为加性噪声信道。对于这种信道，我们始终假设信道输入 X 为均值为零的连续或离散随机变量集，概率或概率密度为 $p(x)$，噪声 Z 是均值为零的独立于 X 的连续随机变量集，概率密度为 $p(z)$，信道的输出为 Y=X+Z，条件概率密度为 $p(y|x)$。这种信道的模型如图 8.1 所示。

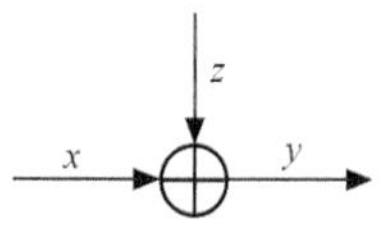

图 8.1 加性噪声信道的模型

定理 8.3 设信道的输入与输出分别为 X 和 Y，加性噪声信道的噪声 Z 独立于输入且熵为 $h(Z)$，那么

（1）信道的转移概率密度为

$$p(y|x)=p_Z(y-x) \tag{8.16}$$

（2）条件熵

$$h(Y|X)=h(Z) \tag{8.17}$$

（3）信道输入与输出之间的平均互信息

$$I(X;Y)=h(Y)-h(Z) \tag{8.18}$$

（4）信道容量

$$C=\max_{p(x)} h(Y)-h(Z) \tag{8.19}$$

其中，$h(Y)$ 为信道输出的熵。

证 因为 z 为独立加性噪声，所以 y=x+z，有

$$\begin{pmatrix} x \\ y \end{pmatrix} = \begin{pmatrix} 1 & 0 \\ 1 & 1 \end{pmatrix} \begin{pmatrix} x \\ z \end{pmatrix} = A \begin{pmatrix} x \\ z \end{pmatrix}$$

其中，$A = \begin{pmatrix} 1 & 0 \\ 1 & 1 \end{pmatrix}$，$\det(A) = 1$。从而有 $p(xy) = p(xz)$，$p(x)p(y|x)=p(x)p(z|x)\big|_{z=y-x} = p(x)p(z)\big|_{z=y-x}$，得式（8.16）；根据变换的熵定理，有 $h(XY) = h(XZ) + \log|\det A| = h(XZ)$，又因为 x, z 独立，有 $h(X) + h(Y|X) = h(X) + h(Z)$，从而得式（8.17）；由 $I(X;Y) = h(Y) - h(Y|X)$ 和式（8.17）得到式（8.18）；因 $h(Y)$ 依赖于输入 X，而 $h(Z)$ 独立于输入 X，所以求 $\max\limits_{p(x)} I(X;Y)$ 相当于求 $h(Y)$ 的极大值，因此得式（8.19）。

注：

① 为保证结论成立，x、z 独立是必要的；

② 在加性噪声信道中，$h(Y|X)$也称为噪声熵。

例 8.1 一个信道的噪声 Z 在 $-1 \leqslant z \leqslant 1$ 区间均匀分布，输入信号 X 的幅度限制在区间 $-1 \leqslant x \leqslant 1$ 内，输出 $Y=X+Z$，求输入与输出之间平均互信息 $I(X;Y)$ 的最大值。

解 由于 $y=x+z$，所以 y 的值限制在 $-2 \leqslant y \leqslant 2$ 区间内。根据限峰值最大熵定理，Y 应该是均匀分布才能使 $h(Y)$ 达到最大值。所以，$\max\limits_{p(x)} I(X;Y) = \log(2+2) - \log(1+1) = 1$ 比特/自由度。▌

8.2.2 加性高斯噪声信道的容量

如果信道的加性噪声为高斯分布，则信道称为加性高斯噪声信道。给定信道输入 X 的方差为 σ_x^2，噪声 Z 为零均值、方差为 σ_z^2 的高斯分布，即 $Z \sim N(0,\sigma_z^2)$，那么 Y 的方差也就确定。根据限平均功率最大熵定理，当 Y 为高斯分布时，$h(Y)$ 达到最大。又根据式（8.18）可知，此时 $I(X;Y)$ 达到最大。由 $y = x + z$ 可知，X 也应为高斯分布。设 $X \sim N(0,\sigma_x^2)$，且 X, Z 独立，所以 $Y \sim N(0,\sigma_x^2 + \sigma_z^2)$，因此有

$$h(Z) = \frac{1}{2}\log(2\pi e\sigma_z^2) \tag{8.20}$$

$$h(Y) = \frac{1}{2}\log[2\pi e(\sigma_z^2 + \sigma_x^2)] \tag{8.21}$$

$$\max_{p(x)} I(X;Y) = \frac{1}{2}\log\left(1 + \frac{\sigma_x^2}{\sigma_z^2}\right) \tag{8.22}$$

注：

① 对于加性高斯噪声信道，当 $I(X;Y)$ 达到最大值时，输入与输出均为高斯分布，而且这个最大值仅与输入信噪比 σ_x^2/σ_z^2 有关；

② 当 $\sigma_x^2/\sigma_z^2 \to \infty$ 时，$\max\limits_{p(x)} I(X;Y) \to \infty$；

③ 必须对 σ_x^2/σ_z^2 进行限制才能得到有限的 $I(X;Y)$ 的最大值。

定理 8.4 设一个离散时间平稳无记忆加性高斯噪声信道，噪声方差为 σ_z^2，输入限制为 $\overline{x^2} \leqslant E$，则信道容量为

$$C=\frac{1}{2}\log(1+\frac{E}{\sigma_z^2})\ \text{比特（或奈特）/自由度} \tag{8.23}$$

因为随机变量是一维的，一维的变量具有一个自由度，多维变量则有多个自由度。由式（8.18）可知，对平均功率受限平稳无记忆加性高斯信道，其容量仅与输入信噪比有关。

8.2.3 一般加性噪声信道容量界限

对于一般的加性噪声信道，难以求出精确的容量表达式，但可以估计容量的界限。

定理 8.5 设一离散时间无记忆连续信道的加性噪声 Z 的方差为 σ_z^2，熵功率为 σ^2，输入平均功率约束为 $E(x^2)\leqslant\sigma_x^2$，则噪声信道的容量 C 满足：

$$\frac{1}{2}\log(1+\frac{\sigma_x^2}{\sigma_z^2})\leqslant C\leqslant\frac{1}{2}\log(\frac{\sigma_x^2+\sigma_z^2}{\sigma^2}) \tag{8.24}$$

证 根据给定条件，有 $h(Z)=\frac{1}{2}\log(2\pi e\sigma^2)$。

右边：由于是加性噪声，信道输出为输入与噪声的和，即 $y=x+z$；根据定理 8.3，有

$$C=\max_{p(x)}h(Y)-h(Z)\overset{a}{\leqslant}\frac{1}{2}\log[2\pi e(\sigma_x^2+\sigma_z^2)]-\frac{1}{2}\log[2\pi e\sigma^2]$$
$$=\frac{1}{2}\log(\frac{\sigma_x^2+\sigma_z^2}{\sigma^2})$$

其中，a：利用限平均功率最大熵定理，当输入和噪声均为高斯分布时，等号成立。

左边：

$$C=\max_{p(x)}I(X;Y)\overset{a}{\geqslant}h(X+Z)-h(Z)\overset{b}{\geqslant}h(X+Z')-h(Z)$$
$$=(1/2)\log[2\pi e(\sigma_x^2+\sigma^2)]-(1/2)\log(2\pi e\sigma^2)$$
$$=\frac{1}{2}\log(\frac{\sigma_x^2+\sigma^2}{\sigma^2})\overset{c}{\geqslant}\frac{1}{2}\log(\frac{\sigma_x^2+\sigma_z^2}{\sigma_z^2})$$

其中，a：设不等号右边输入 x 为高斯随机变量；b：设 z'为高斯随机变量，且 $h(Z')=h(Z)$，根据熵功率不等式（见习题 4.9）；c：利用 $\sigma^2\leqslant\sigma_z^2$，通过比较可得。∎

从前两节研究的内容，可得如下结论：

① 在平均功率相同的加性噪声中，高斯噪声使信道容量最小，也就是说，高斯噪声是最难抵抗的噪声；

② 在干扰存在的条件下，通信系统通过在发送和接收端的信号处理，可以使性能不劣于等功率高斯噪声造成的影响；

③ 对通信系统干扰的最佳策略是，产生高斯噪声干扰；

④ 通信系统抵抗最佳干扰的最佳策略是，让信源输出的统计特性为高斯分布。

8.2.4 并联加性高斯噪声信道的容量

设信道的输入与输出分别为 N 维矢量 $\boldsymbol{X}^N=(X_1\cdots X_N)$ 和 $\boldsymbol{Y}^N=(Y_1\cdots Y_N)$，加性噪声 $\boldsymbol{Z}^N=(Z_1\cdots Z_N)$，即有 $y_i=x_i+z_i$，其中，x_i，y_i，z_i 分别为 x_i，y_i，z_i 的取值，当 Z_i 为 $N(0,\sigma_i^2)$ 的独立噪声时，便构成包含 N 个独立子信道的并联加性高斯噪声信道，如图 8.2 所示。

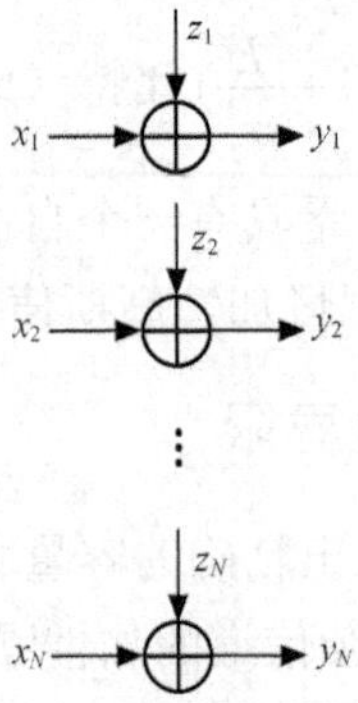

图 8.2 并联加性高斯噪声信道

定理 8.6 设由 N 个独立子信道构成的离散时间无记忆加性高斯噪声并联信道，各子信道噪声的方差分别为 $\sigma_i^2, i=1,\cdots,N$，输入满足约束

$$\sum_{i=1}^{N}\overline{x_i^2}=\sum_{i=1}^{N}E_i \leqslant E \tag{8.25}$$

那么，当输入是统计独立、零均值的高斯随机矢量时达到容量，并满足：

$$E_i+\sigma_i^2=B \qquad \text{对于 } B\geqslant\sigma_i^2 \tag{8.26 a}$$

$$E_i=0 \qquad \text{对于 } B<\sigma_i^2 \tag{8.26 b}$$

$$\sum_{i:\ \sigma_i^2\leqslant B} E_i=E \tag{8.26 c}$$

其中，B 为常数。信道容量为

$$\begin{aligned} C&=\sum_{i:\ \sigma_i^2\leqslant B}\frac{1}{2}\log\frac{B}{\sigma_i^2} \\ &=\frac{1}{2}\sum_{i=1}^{N}\log\left(1+\frac{E_i}{\sigma_i^2}\right) \end{aligned} \tag{8.27}$$

证 如果并联信道的各子信道的加性噪声相互独立，那么各子信道的输出就仅与该子信道的输入有关，而与其他子信道的输入输出无关（为什么？）。此时，连续并联信道容量与离散并联信道容量的计算公式相同，即信道容量 $C=\sum_{i=1}^{N}C_i$，其中，C_i 为各子信道的容量。根据式（8.23），有

$$C=\frac{1}{2}\sum_{i=1}^{N}\log\left(1+\frac{E_i}{\sigma_i^2}\right) \tag{8.28}$$

当 X_i 相互独立，且为高斯分布时，达到式（8.23）中的容量。但各子信道输入能量应满足式（8.25）的约束，所以式（8.28）还应在满足式（8.25）的条件下求极大值。

设
$$J=\frac{1}{2}\sum_{i=1}^{N}\log\left(1+\frac{E_i}{\sigma_i^2}\right)-\lambda\sum_{i=1}^{N}E_i$$

令 $\frac{\partial J}{\partial E_i}=0$，得 $E_i+\sigma_i^2=B$（常数），由于 E_i 非负，就得到式（8.26）的能量分配原则和式（8.27）容量公式。

特别是，当各 $\sigma_n=\sigma^2$ 时，能量平均分配，即 $E_n=E/N$，所以

$$C=\frac{N}{2}\log\left(1+\frac{E}{N\sigma^2}\right) \tag{8.29}$$

在一般情况下，各子信道的能量分配原则可以用蓄水池注水来解释。如图 8.3 所示，利用垂直的纵截面将蓄水池分成宽度相同的 N 个部分对应于 N 个并联子信道，各部分底面的高度对应信道噪声方差 σ_i^2，总注水量等于总输入能量 E，水完全注满后水面高度为 B。可以看出，底面高度低的部分注水多，高度高的部分注水少，而高度特别高的部分根本没有水。

例 8.2 设有一个 2 维独立并联高斯信道，两子信道噪声的方差分别为 $\sigma_1^2=1,\sigma_2^2=10$，输入信号的总能量为 $E=6$，求信道容量 C 和达到容量时的能量分配 E_1,E_2。

解 如果式（8.26 a）成立，就有

$$\begin{cases} E_1+1=B \\ E_2+10=B \\ E_1+E_2=6 \end{cases}$$

很明显，上面方程组无非负数解。所以，应有方差大的子信道分配的能量为零。
所以

$$\begin{cases} E_1+1=B \\ E_2=0 \end{cases} \Rightarrow E_1=6, B=7$$

$$C=\frac{1}{2}\log(1+\frac{6}{1})=\frac{1}{2}\log 7=1.404 \text{ 比特/2 个自由度}$$

例 8.2（续） 两子信道的噪声的方差不变，输入信号的总能量变为 $E=15$，求信道容量 C 和达到容量时的能量分配 E_1,E_2。

解

$$\begin{cases} E_1-E_2=9 \\ E_1+E_2=15 \end{cases}$$

有正数解

$$E_1=12, E_2=3$$

$$C=\frac{1}{2}\log(1+12)+\frac{1}{2}\log(1+\frac{3}{10})=\frac{1}{2}\log\frac{13^2}{10}=2.040 \text{ 比特/2 个自由度}$$

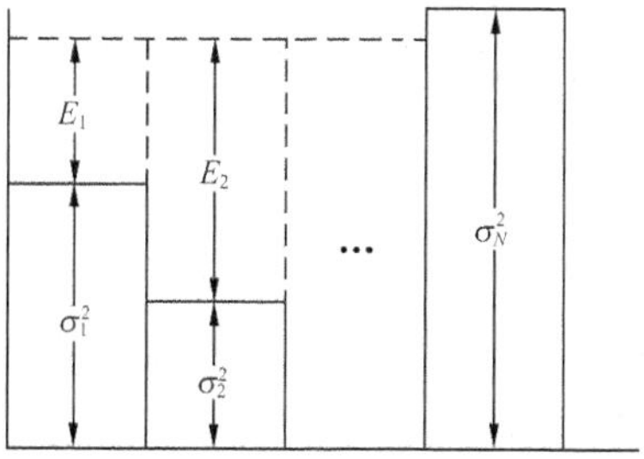

图 8.3 并联信道容量的注水解释

下面总结关于能量（或功率）分配的算法。
设 N' 为 $B \geqslant \sigma_n^2$ 中的 n 的集合，那么

$$\sum_{n\in N'}(E_n+\sigma_n^2)=E+\sum_{n\in N'}\sigma_n^2=KB \tag{8.30}$$

其中，K 为 N' 中元素的个数。

① E_n 的分配：

$$E_n = \frac{E + \sum_{n\in N'} \sigma_n^2}{K} - \sigma_n^2 \tag{8.31}$$

② 开始令 $K = N$，对所有 n，若 $\frac{E + \sum_{n\in N'} \sigma_n^2}{K} - \sigma_n^2 < 0$，则第 n 信道从 N' 集合中删除，重新计算式（8.26），直到所有 E_n 大于或等于零时，将能量 $E_n > 0$ 分配给信道 n，而被删除信道分配能量为 0。上例中，$N = 2, \sigma_1^2 = 1, \sigma_2^2 = 10, E = 6$，假定两信道全用，则 $\frac{6+1+10}{2} = 8.5$，$8.5 - 1 > 0$, 第 1 信道用；$8.5 - 10 < 0$, 第 2 信道不用；所以第 1 信道用，$E_1 = 6$，$E_2 = 0$。

总之，为达到容量，应给噪声小的信道分配能量多，给噪声大的信道分配能量少。应注意，当发送端按注水原理给各子信道分配能量时，应该知道关于信道的信息。这就需要反馈信道从接收端将信道信息传送给发送端，这就增加了通信的成本。如果发送端不知道关于信道的信息，就只能给各子信道分配相等的能量。

8.3 AWGN 信道的容量

在波形信道中最重要的一种信道就是加性高斯白噪声（AWGN）信道。本节研究这种信道的容量。

8.3.1 加性高斯噪声波形信道

根据噪声功率谱的特点，加性高斯噪声信道分为加性高斯白噪声信道和加性高斯有色噪声信道，一般模型为如图 8.4 所示。这里，假定信道是平稳的，实信号 $x(t)$ 为信道的输入，信道的冲击响应 $g(t)$ 可视为一个线性时不变滤波器，其傅氏变换为 $G(f)$，加性高斯噪声 $z(t)$ 的谱密度为 $N(f)$，输入信号平均功率限制为 P，接收信号为 $y(t)$，那么

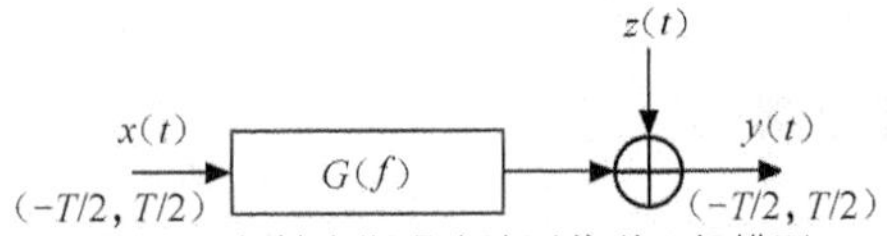

图 8.4 加性高斯噪声波形信道一般模型

$$y(t) = x(t) * g(t) + z(t) \tag{8.32}$$

其中，*表示卷积。输入信号平均功率约束表示为

$$\frac{1}{T}\int_{-T/2}^{T/2} \overline{x^2(t)}\mathrm{d}t \leqslant P \tag{8.33}$$

设 B 为信号传输的频带范围。这个频带未必是连续的频率间隔，也可能是若干不相邻的频段。若在频段 B 内 $N(f)$ 为常数，则称信道为限带加性高斯白噪声信道，否则称有色高斯噪声信道。特别是，若 $G(f)$ 在频段 B 内也为常数，则称信道为理想限带加性高斯白噪声信道（简称 AWGN 信道）。为运算方便，设 $G(f) = 1(f \in B)$，则对于 AWGN 信道有

$$y(t) = x(t) + n(t) \tag{8.34}$$

其中，$n(t)$ 为具有单边谱密度 N_0 的加性高斯白噪声。系统的带宽 W 可由下式计算：

$$W = \int_B \mathrm{d}f \tag{8.35}$$

信噪比为

$$SNR = P/(N_0W) \tag{8.36}$$

下面我们将波形信道转换成等价的离散时间信道，进而研究信道容量。

8.3.2 波形信道的互信息与容量

1. 波形信道的时间离散化

波形信道的容量研究要通过等价离散时间信道容量的研究来实现，即把连续时间信道变换成离散时间信道。这种信道实际上是一种独立并联信道，信道的输入与输出分别是原始波形信道输入与输出离散化抽样。波形信道输入在被抽样后，通过这个独立并联信道传输，通过信道输出可以恢复原始波形信道的输出。

得到等价离散时间信道最一般的方法就是正交展开的方法，由于篇幅所限，我们不介绍这种方法。实际上，对信道输入与输出的限时限频信号 $x(t)$ 和 $y(t)$ 进行傅氏级数展开和时域抽样都是常用的正交展开形式。

设信道输入与输出限时在时间 T、限频为 W 的实信号，那么根据抽样定理，在时域的抽样间隔应为 1/（$2W$），所形成的并联信道实子信道的个数为 $N=2TW$；在傅氏级数展开时，展开式系数的频率间隔为 $1/T$，形成的并联信道的子信道的个数为 $N=2TW$（这里考虑了正负频率）。所以，无论是傅氏级数展开还是时域抽样，都得到 $N=2TW$ 个实子信道，也可以说，信道具有 $N=2TW$ 个自由度。

2. 波形信道的容量

设与波形信道等价的并联信道的输入与输出两个 N 维矢量 $\boldsymbol{x}=(x_1,\cdots,x_N)$，$\boldsymbol{y}=(y_1,\cdots,y_N)$，它们构成的矢量集合分别为 $\boldsymbol{X}^N=(X_1,X_2,\ldots,X_N)$ 和 $\boldsymbol{Y}^N=(Y_1,Y_2,\ldots,Y_N)$，其中，$x_i\in X_i, y_i\in Y_i$。

定义在时间 T 内，$x(t)$与 y（t）之间的互信息 $I_T[x(t);y(t)]$ 为

$$I_T[x(t);y(t)] = \lim_{N\to\infty} I(X^N;Y^N) \tag{8.37}$$

对于平均功率约束，转换成等价并联信道后，考虑到原波形信号的能量在时间离散化后应该不变，所以

$$\sum_i \overline{|x_i|^2} \leqslant PT \tag{8.38}$$

当信号是限时限频时，N 是有限值，则在时间 T 内的容量为

$$C_T = \max_{p(x),\sum\overline{|x_i|^2}\leqslant PT} I(X^N;Y^N) \tag{8.39}$$

而在平均功率约束下，加性高斯噪声信道的容量定义为

$$C = \lim_{T\to\infty} C_T/T \tag{8.40}$$

注意 容量的单位为比特（奈特）/秒。

8.3.3 AWGN 信道的容量

限带 AWGN 信道，简称 AWGN 信道，是通信系统中最普遍的信道。限带的含义是指通信系统或传输的信号被限制在某个频带范围，而噪声在这一频带范围的谱密度为常数 N_0（单边），至于噪声在频带外的情况我们并不关心。

设信道的最高频率为 W，时间限制在 $(-T/2, T/2)$ 间隔内，对信道的输入、噪声与输出分别进行时域抽样，根据抽样定理，抽样率至少为 $2W$。为使得到的离散时间子信道独立，取抽样率为 $2W$，总抽样点数为 $N=2TW$，就构成一个由 N 个子信道组成的等价的离散时间并联信道，其输入、噪声与输出序列分别为 $\{x_i\}$，$\{z_i\}$，$\{y_i\}$，，$i=1$，…，N，并且

$$y_i = x_i + z_i,\quad i = 1,2,\cdots,N \tag{8.41}$$

如果 $z(t)$ 是带宽为 W 的低通白噪声，我们将证明抽样后的 z_i 是相互独立的。求 $z(t)$ 的自相关函数为

$$R_Z(\tau) = \frac{N_0}{2}\int_{-W}^{W} \mathrm{e}^{\mathrm{j}2\pi f\tau}\mathrm{d}f = N_0\int_{0}^{W}\cos(2\pi f\tau)\mathrm{d}f = N_0 W\frac{\sin(2\pi W\tau)}{2\pi W\tau} \tag{8.42}$$

上式中，当 $\tau = n/(2W)$ 时（n 为整数），$R(\tau)=0$，即对 $z(t)$ 按 $1/(2W)$ 的抽样间隔所得到的抽样值不相关，而这些抽样值正是 z_i 的值，由于是高斯噪声，所以 z_i 也是独立的。这样，通过时域抽样，原来的限带波形信道就变成一个等价的由 N 个离散时间独立子信道构成的并联信道，其中每个子信道 i 的输入均方值为 $\overline{x_i^2}$，并可以证明，每个子信道噪声方差为 $N_0/2$。

根据式（8.39），有

$$\begin{aligned} C_T &= \max_{p(\boldsymbol{x}),\sum|x_i|^2\leqslant PT} I(X^N;Y^N) \overset{a}{\leqslant} \max_{p(\boldsymbol{x}),\sum|x_i|^2\leqslant PT}\sum_{i=1}^{N} I(X_i;Y_i) \\ &\overset{b}{=} \max_{\sum|x_i|^2\leqslant PT}\sum_{i=1}^{N}\frac{1}{2}\log\Big(1+\frac{\overline{x_i^2}}{N_0/2}\Big) \overset{c}{=} \frac{N}{2}\log\Big(1+\frac{PT}{N N_0/2}\Big) \end{aligned} \tag{8.43}$$

其中，a：因各子信道独立，根据式（8.4）得到该不等式，仅当各 x_i 独立时等号成立；b：各子信道为高斯信道，当输入为高斯分布达到容量；c：由于各子信道噪声方差相同（都为 $N_0/2$），故信道达到容量时各子信道输入能量均匀分配，即 $\overline{x_i^2} = PT/N$，此时各子信道容量也相同。利用 $N=2WT$ 和式（8.43），可总结为下面的定理。

定理 8.7 一个加性高斯白噪声（AWGN）信道的噪声功率谱密度为 $N_0/2$，输入信号平均功率限制为 P，信道的带宽为 W，那么信道每单位时间的容量为

$$C = W\log\Big(1+\frac{P}{N_0 W}\Big) \tag{8.44}$$

当输入为高斯分布时达到信道容量。这就是著名的香农限带高斯白噪声信道的容量公式，信道容量曲线如图 8.5 所示。

从上面的分析可以看到，AWGN 信道容量公式的推导过程大致分为三步：①将 AWGN 信道变换成等价的离散时间并联信道；②计算各并联子信道的容量；③各子信道容量的和就是总信道容量。

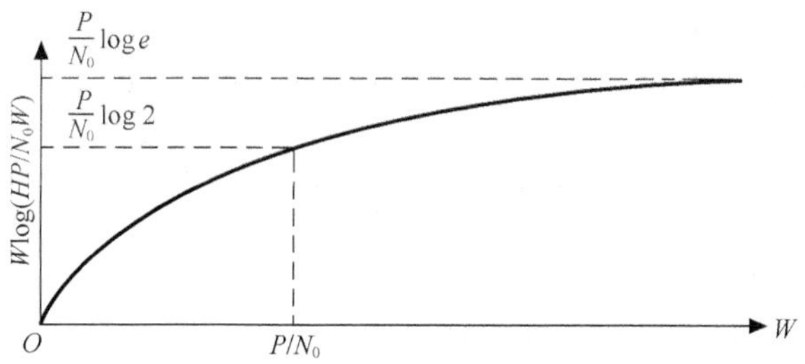

图 8.5 加性高斯白噪声信道容量曲线

香农公式的几点注释如下。

① 式（8.44）是最常用的，它表明每单位时间的信道容量，根据对数的底不同，可以为比特/秒（bit/s）或奈特/秒。信道容量还可以采用其他单位来描述。将式（8.44）变为

$$\frac{C}{2W}=\frac{1}{2}\log(1+\frac{P}{N_0W}) \tag{8.45}$$

式（8.45）表明每自由度的容量，单位为比特/自由度（或奈特/自由度）。将式（8.45）变为

$$\frac{C}{W}=\log(1+\frac{P}{N_0W}) \tag{8.46}$$

式（8.46）表明每单位带宽的容量，也是含两个自由度的信道容量，单位为（bit/s）/Hz，常用来描述系统可能达到的最大的频谱利用率，也可描述二维调制系统每符号的容量。可见，为描述 AWGN 信道的容量，利用式（8.44）和式（8.45）或式（8.46）没有本质的不同，只不过是单位不同而已，特别是在数字调制系统中用后者描述可能更简便。

② 式（8.44）中带宽 W 是指正频率范围，不包括负频率范围。

③ 达到容量时，信道的输入也应该是高斯过程，因此如果事先已经限制了输入的概率分布，那么就未必能达到信道容量。

④ 当噪声为非高斯时，式（8.44）不适用，利用此式可使计算的容量比实际容量低。

⑤ 当噪声不是加性或噪声不独立于信号时，此式不适用。

⑥ 此公式是在平均功率为唯一受约束的量的条件下得到的，如果是别的量（如峰值功率）受到限制，或峰值功率和平均功率都受限制的情况下，该公式不适用。

⑦ W 的范围并不要求是一个连续的频带，可以允许有若干不相邻的频段组成（详细论证见 8.4.2）

⑧ 只要求噪声谱密度在信号带宽内为常数，不考虑信号频带外的噪声特性。

关于香农公式的讨论如下。

（1）信道容量与信号功率的关系

由公式可知，当 P 增加时，容量 C 也增加，但当 P 无限增长时，C 增长的速度也在减小。因为

$$\frac{\mathrm{d}C}{\mathrm{d}P}=W\frac{\log e}{1+\frac{P}{N_0W}}\cdot\frac{1}{N_0W}=\frac{\log e}{N_0+P/W} \tag{8.47}$$

当 $P\to\infty$ 时，$\frac{\mathrm{d}C}{\mathrm{d}P}\to 0$。

（2）信道容量与带宽的关系

由公式可知，当带宽 W 增大时，C 也增大，但当 W 无限增大时，C 与 W 无关。因为

$$\lim_{W\to\infty} C = \lim_{W\to\infty} W \frac{P}{N_0 W}\log e = 1.44\frac{P}{N_0} \quad \text{(bit/s)} \tag{8.48}$$

（3）带宽与信噪比的互换关系

设两个通信系统，其容量表达式分别为

$$C_i = W_i \log(1+\frac{P_i}{N_0 W_i}),\quad i=1,2$$

当 $C_1 = C_2$ 时有

$$W_1 \log(1+\frac{P_1}{N_0 W_1}) = W_2 \log(1+\frac{P_2}{N_0 W_2})$$

$$1+\frac{P_1}{N_0 W_1} = (1+\frac{P_2}{N_0 W_2})^{W_2/W_1}$$

或

$$\frac{P_1}{N_0 W_1} = (1+\frac{P_2}{N_0 W 2})^{W_2/W_1} - 1 \tag{8.49}$$

式（8.49）说明在信道容量不变条件下，信噪比和带宽的互换关系。如果 $\frac{P_1}{N_0 W_1} >> \frac{P_2}{N_0 W_2}$，那么，应有 $W_2 >> W_1$，以保证式（8.49）成立。因此，如果系统带宽较小，那么可以通过增加信噪比来提高容量，如窄带通信系统；如果系统带宽很大，那么降低信噪比，也能保证需要的容量，如扩频通信系统。

例 8.3 一限带加性高斯白噪声信道，带宽为 1MHz，信号功率为 10W，噪声功率谱为 $N_0/2 = 10^{-9}\,\text{W}/\text{Hz}$，求信道容量。

解 根据香农公式，信道容量为

$$C = W\log_2(1+\frac{P}{N_0 W}) = 10^6 \times \log_2(1+\frac{10}{10^6\times 10^{-9}\times 2}) \approx 1.23\times 10^7\,\text{bit/s} \blacksquare$$

8.3.4 高斯噪声信道编码定理

与离散情况类似，波形信道的容量也是可靠传输时信息速率的上界。由于波形信道可以等价为离散时间信道，所以我们只研究离散时间高斯信道即可。对于定理 8.7 描述的限带高斯白噪声信道可等价为 n=2TW 维的独立并联离散时间信道，各并联子信道噪声方差为 $N_0/2 = \sigma^2$，平均功率约束变成

$$\sum_{i=1}^{n} \overline{x_i^2} \leqslant PT = nE \tag{8.50}$$

其中，$E = PT/n$，根据式（8.23），等价离散时间信道每自由度容量为 $C = (1/2)\log(1+E/\sigma^2)$。设发送消息数为 M，则信息传输速率 $R = (\log M)/n$。高斯噪声信道编码定理叙述如下。

定理 8.8 对于输入平均功率受限的加性高斯白噪声信道，当传输速率 $R \leqslant C$ 时，总可找到一种编码方式，使得差错率任意小；反之当 $R > C$ 时，不存在使错误概率任意小的编码。

可采用类似于离散有噪编码定理的证明：采用随机编码和典型序列译码，其中主要的差别是，这里附加了输入平均功率的约束。下面是证明的思路。

设发送消息为 m，对应的码字为 $\boldsymbol{x}_m$ ，接收为 $\boldsymbol{y}$。

随机编码：设码字数为 M，码长为 n。独立地选取码字 $\boldsymbol{x}_m$ 的每一个符号 x_i ，使 x_i 满足方差不大于 E 的高斯分布。

典型序列译码：在离散情况译码原则的基础上，附加对平均功率约束条件的判定。当 $\boldsymbol{x}_m$ 违反功率约束，就表示译码出错。

错误概率的计算：如果 $\boldsymbol{x}_m$ 不满足功率约束或 $\boldsymbol{x}_m$ 和 $\boldsymbol{y}$ 不构成联合典型序列或 $\boldsymbol{x}_{m'}(m' \neq m)$ 和 $\boldsymbol{y}$ 构成联合典型序列，都表示译码错误。

当 n 足够长时，$\boldsymbol{x}_m$ 不满足平均功率约束的概率趋近于 0，其他两类译码错误事件的概率当 $R<C$ 时也趋近于 0（证明过程与离散情况相同）。

定理的后半部分的证明也与离散情况类似。

为加深对编码定理的理解，我们利用多维信号空间的概念做如下解释：

如图 8.6 所示，在式（8.50）的约束下，信道输入和噪声都可视为 $n=2TW$ 维空间中的一个点，其功率分别为 nE 和 $n\sigma^2$ 。由于受到噪声干扰，信道输出矢量 $\boldsymbol{y}$ 是以发送码字 $\boldsymbol{x}_m$ 为均值、方差为 $n\sigma^2$ 的高斯分布，它以很高的概率位于以 $\boldsymbol{x}_m$ 为中心、半径为 $\sqrt{n}\sigma$ 的 n 维球内。在译码时，如果 $\boldsymbol{y}$ 处于这个 n 维球内，我们就将球的中心 $\boldsymbol{x}_m$ 译为发送的码字，称这个 n 维球为该码字 $\boldsymbol{x}_m$ 的译码球。由于信道输出功率限制在 $n(E+\sigma^2)$ 内，因此所有的信道输出矢量以很高的概率位于以原点中心，半径为 $\sqrt{n(E+\sigma^2)}$ 的 n 维球内。如果在编码时合理地选择码字之间的距离使得 M 个码字 $\boldsymbol{x}_m(m=1,\cdots,M)$ 的译码球不相交，就实现错误率很低的译码。这些译码球的体积之和为输出矢量 $\boldsymbol{y}$ 表示的球的体积，M 的最大值即为矢量 $\boldsymbol{y}$ 表示的球体中能容纳的中心为 $\boldsymbol{x}_m$ ，半径为 $\sqrt{n}\sigma$ 的噪声球体的最大个数，根据 n 维球体积公式，这些不相交下的译码球的个数为：

$$M' = \frac{A_n[n(E+\sigma^2)]^{n/2}}{A_n(n\sigma^2)^{n/2}} = (1+\frac{E}{\sigma^2})^{n/2} \tag{8.51}$$

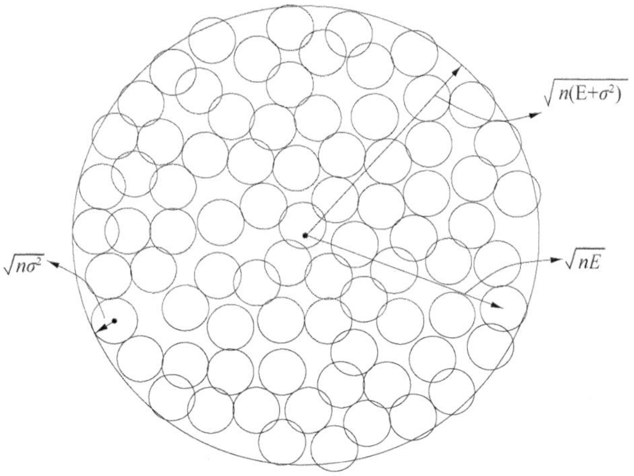

图 8.6　高斯信道编码定理的多维信号空间解释

其中 $A_n r^n$ 表示半径为 r 的多维球体积， A_n 是不依赖于半径仅依赖于 n 的常数。若 $R<C$，则有

$$M = 2^{nR} \leqslant 2^{nC} = 2^{(n/2)\log(1+\frac{E}{\sigma^2})} = M' \tag{8.52}$$

这样，通过适当编码可以保证各译码球不相交，从而实现在 n 足够大时，差错率任意小的译码。

另外图 8.6 的球填充问题也可用互信息的概念来理解：因为当达到信道容量且序列长度 n 足够大时，其中接收矢量 $\boldsymbol{y}$ 几乎都是典型序列，所占空间是体积约为 $2^{nh(Y)}$ 的 n 维球，而噪声矢量所占容量是体积约为 $2^{nh(Y|X)}$ 的 n 维球。由于 $(1/2)\log(1+E/\sigma^2)=I(X;Y)=h(Y)-h(Y|X)$，所以当 R<C 时不相交译码球的个数 M 满足：$M=2^{nR}\leqslant 2^{nc}=2^{n[h(Y)-h(Y|X)]}=2^{(n/2)\log(1+E/\sigma^2)}=(1+E/\sigma^2)^{n/2}$，与式（8.52）的结果相同。

8.3.5 功率利用率和频谱利用率的关系

在评估一个通信系统性能时，系统的功率利用率和频谱利用率是两个最重要的指标。

功率利用率用在给定误比特率条件下能量信噪比 E_b/N_0（即每比特能量 E_b 与白噪声的单边功率谱密度 N_0 之比）的值来衡量，此值越小说明系统的功率利用率越高，因此它表明了一个系统利用所发送信号功率的能力。例如，在二进制数字载波调制系统中，BPSK 的功率利用率要高于 BFSK 和 BASK。

频谱利用率定义为系统所传输的信息速率 R 与系统带宽 W 的比，即 R/W（单位为（bit/s/Hz）），此值越高，说明系统的频谱利用率越大，因此它表明了一个系统在单位频带上传输信息的效率。例如，在相同带宽条件下，多进制调制要比二进制调制具有更高的频谱利用率。

一个好的通信系统应该是具有高的功率利用率和频谱利用率。但是从下面的研究可以看到这两个指标往往是矛盾的。即高的功率利用率要导致低的频谱利用率，或者是相反。因此，在设计通信系统时要对两个指标进行权衡考虑。

根据编码定理，在限带高斯白噪声信道条件下，欲达到可靠的信息传输，必须使传输的信息速率 R（bit/s）不大于 C。因此，有

$$R\leqslant C=W\log(1+\frac{P}{N_0W})$$

而 $P=E_b\cdot R$，因此得

$$\frac{R}{W}\leqslant\log(1+\frac{E_b}{N_0}\frac{R}{W})$$

或

$$\frac{E_b}{N_0}\geqslant\frac{2^{R/W}-1}{R/W} \tag{8.53}$$

由于 $\frac{E_b}{N_0}$ 和 $\frac{R}{W}$ 均不为负值，故在以 $\frac{E_b}{N_0}$ 和 $\frac{R}{W}$ 为坐标轴的第一象限，画出曲线：

$$\frac{E_b}{N_0}=\frac{2^{R/W}-1}{R/W} \tag{8.54}$$

如图 8.7 所示。该曲线将第一象限的区域划分成两部分，即可靠通信可能区域与可靠通信不可能区域。当 $\frac{E_b}{N_0}$ 和 $\frac{R}{W}$ 的关系处于可靠通信可能区域中时，总会找到一种编码和调制方式使得传输差错率任意小

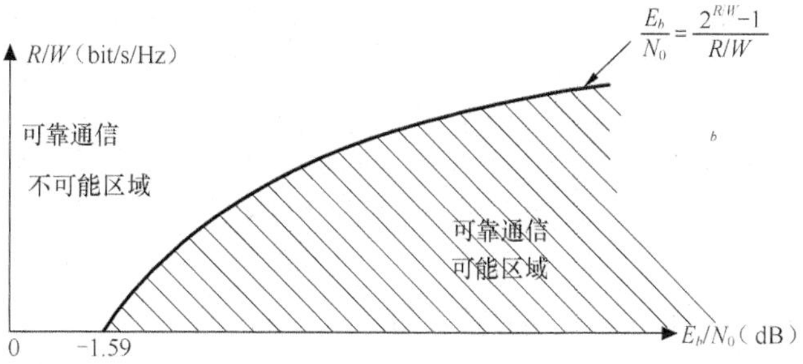

图 8.7 E_b/N_0与 R/W的关系

通常为了使系统效率达到最大，我们总希望 E_b/N_0 与 R/W 的关系尽量靠近曲线式(8.54)。从图中，可以看到，当 E_b/N_0 一定时，为达到可靠通信，R/W 不能超过曲线式（8.54）所规定的值。同样，当 R/W 一定时，E_b/N_0 不会低于曲线式（8.54）所规定的值。当系统的 E_b/N_0 和 R/W 的关系沿曲线式（8.54）变化时，若 E_b/N_0 降低，则 R/W 也降低。反之，若 R/W 增大，则 E_b/N_0 也增大。因此，为达到可靠的通信，一个系统不可能同时是有最大的功率利用率和频谱利用率。这两个量必须满足不等式（8.53），最好能满足式（8.54）。

当 $R/W \to 0$ 时，求不等式（8.53）右边的极限，这个极限值是 E_b/N_0 的最小值：

$$\frac{E_b}{N_0} \geqslant \lim_{R/W\to 0}\frac{2^{R/W}-1}{R/W} = \ln 2 = 0.693 = -1.59\text{dB} \tag{8.55}$$

这就是加性高斯白噪声（AWGN）信道实现可靠通信的信噪比的下界，这个下界称作香农限（Shannon limit）。这个界对应着系统的带宽是无限大。

例 8.4 给定信噪比 $E_b/N_0 = 25\text{dB}$，信道带宽分别为 100kHz 和 10kHz，问能否可靠地传输速率为 1Mbit/s 的数据？

解 根据式（8.53）计算所需 E_b/N_0 的最小值。

当信道带宽为 100kHz，有

$$\frac{E_b}{N_0} \geqslant \frac{2^{1\times 10^6/10^5}-1}{10^6/10^5} = \frac{2^{10}-1}{10} = 102.3 = 20.09\text{dB}$$

通过适当的编码方式可实现无差错传输。

当信道带宽为 10kHz，有

$$\frac{E_b}{N_0} \geqslant \frac{2^{100}-1}{100} > 25\text{dB}$$

此时，无论采用何种编码方式都不能实现可靠传输。▌

8.4 有色高斯噪声信道

本节研究有色高斯噪声信道的容量。参照图 8.4 所示的信道模型，将波形信道转换成等价的并联信道，通过计算该并联信道的容量得到有色高斯噪声信道的容量。

8.4.1 有色高斯噪声信道容量

设有色高斯噪声信道输入为 $x(t)$，频带范围为 W，$S_x(f)$ 为功率谱，时间宽度为 T，在频

段 W 加性噪声的功率谱密度 $N(f)$ 不是常数。在频域将信道分割成宽度为 $\Delta f = 1/T$ 的多个子信道，那么子信道的个数为 $N=2W/\Delta f = 2TW$（注意：此处考虑到正负频率）。这 N 个宽度为 Δf 的频域不重叠的子信道的噪声可看成不相关的，因为噪声是高斯的，所以这些子信道是独立的，这就构成的一个并联信道。由于 Δf 很小，可以认为在此区间噪声的功率谱密度是常数，所以每个子信道可以视为频带宽度为 Δf 的 AWGN 信道。有色高斯噪声信道的容量近似为这 N 个 AWGN 子信道容量的和，而每个信道 i 的输入平均功率为 $\overline{x_i^2} = |G(f_i)|^2 S_x(f_i)\Delta f$，噪声平均功率为 $N(f_i)\Delta f$，每个子信道的容量为

$$C_i = \frac{1}{2}\log(1 + \frac{|G(f)|^2 S_x(f_i)\Delta f}{N(f_i)\Delta f}) \tag{8.56}$$

在 T 时间内，有色高斯噪声信道的容量为

$$C \approx \sum_{i=1}^{N} C_i = \frac{1}{2}\sum_{i=1}^{N}\log(1 + \frac{S_x(f_i)\left|G(f_i)\right|^2}{N(f_i)}) \tag{8.57}$$

如果 Δf 变小，那么容量值越精确。当 $T \to \infty$ 时，$1/T \to \mathrm{d}f, f_i \to f, N \to \infty$，求和变成积分，式（8.57）变成

$$\begin{aligned} C_{[b/s]} &= \lim_{T\to\infty}\frac{1}{T}\sum\nolimits_{i=1}^{N} C_i = \lim_{T\to\infty}\frac{1}{2T}\sum_{i=1}^{N}\log(1 + \frac{S_x(f_i)\left|G(f_i)\right|^2}{N(f_i)}) \\ &= \frac{1}{2}\int_{-\infty}^{\infty}\log(1 + \frac{S_x(f)\left|G(f)\right|^2}{N(f)})\mathrm{d}f \end{aligned} \tag{8.58}$$

输入平均功率限制写为

$$\frac{1}{T}\int_{-T/2}^{T/2}\overline{x^2(t)}\mathrm{d}t = \int_{-\infty}^{\infty} S_x(f)\mathrm{d}f \leqslant P \tag{8.59}$$

这样，求有色高斯噪声信道的容量问题就是在式（8.59）的约束条件下，求式（8.58）的最大值问题。即求

$$J = \frac{1}{2}\int_{-\infty}^{\infty}\log(1 + \frac{S_x(f)\left|G(f)\right|^2}{N(f)})\mathrm{d}f - \lambda\int_{-\infty}^{\infty} S_x(f)\mathrm{d}f \tag{8.60}$$

的极值，其中 λ 为拉格朗日乘子。对 $S_x(f)$ “求导”，并令其为 0，得

$$(\frac{1}{2}\int_{-\infty}^{\infty}\frac{\left|G(f)\right|^2 / N(f)\log\mathrm{e}}{1 + S_x(f)\left|G(f)\right|^2 / N(f)} - \lambda)\mathrm{d}f = 0$$

所以有

$$S_x(f) + \frac{N(f)}{\left|G(f)\right|^2} = \frac{\log\mathrm{e}}{2\lambda} = B \tag{8.61}$$

$N(f)/\left|G(f)\right|^2$ 可视为等效的噪声功率谱密度，由于 $S_x(f)$、$N(f)/\left|G(f)\right|^2$ 均为非负，所以 $S_x(f)$ 的变化仍服从注水原理，如图 8.8 所示。当等效噪声谱密度小于 B 时，$S_x(f)$ 等于两者的差值，反之，$S_x(f) = 0$，因此，式（8.61）可写成：

$$S_x(f) = \max(0, B - N(f)/\left|G(f)\right|^2) \tag{8.62}$$

设 F_B 为满足 $N(f)/\left|G(f)\right|^2 \leqslant B$ 的频率范围，根据功率约束又有

$$P = \int_{f\in F_B}(B - \frac{N(f)}{\left|G(f)\right|^2})\mathrm{d}f \tag{8.63}$$

可以总结成如下定理。

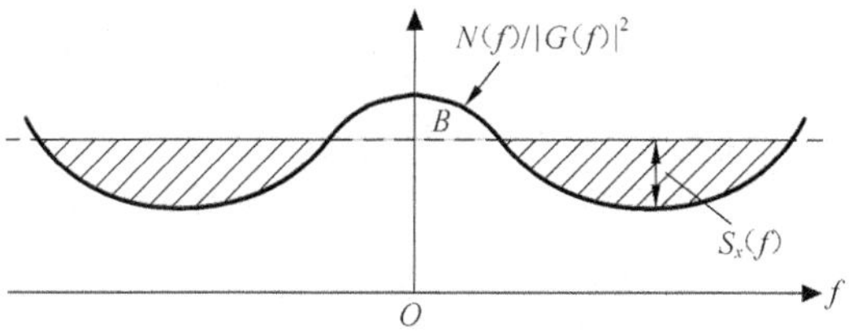

图 8.8 有色高斯噪声信道容量的注水解释

定理 8.9 一个传输函数为 $G(f)$ 的有色加性高斯噪声信道，噪声功率谱密度为 $N(f)$，信号平均功率限制为 P，那么每单位时间的信道容量为

$$C=\frac{1}{2}\int_{f\in F_B}\log\frac{|G(f)|^2 B}{N(f)}\mathrm{d}f \tag{8.64}$$

其中，积分范围为 $(-\infty,\infty)$，B 由式（8.63）确定，信号的功率分配由式（8.62）确定。

因此我们可以得到结论：对于有色高斯噪声信道，达到容量时的输入信号功率分布应满足注水原理。对于等效噪声很大的频段不分配信号功率。当 $N(f)$，$G(f)$，P 为已知时，先由式（8.63）确定 B，然后再根据式（8.62）确定输入信号的功率谱。利用式（8.58）计算信道容量，不过当 $N(f)/|G(f)|^2$ 为不规则的函数时，B 的确定比较烦琐。

例8.5 给定如图 8.4 所示的有色高斯噪声信道，设 $|G(f)|^2=\dfrac{1}{1+(f/f_0)^{2n}}$，$N(f)=N_0/2$，信号平均功率约束为 P，求信道容量。

解 等效的噪声功率谱密度 $N(f)/|G(f)|^2=\dfrac{N_0}{2}[1+(f/f_0)^{2n}]$ 是偶函数，在 $(0,\infty)$ 区间是 f 的单调增函数，设信号可用频率范围为（$-W,W$），则有

$$B=\frac{N_0}{2}[1+(W/f_0)^{2n}] \tag{8.65}$$

根据式（8.63），得

$$P=\int_{-W}^{W}\frac{N_0}{2}\frac{[W^{2n}-f^{2n}]}{f_0^{2n}}\mathrm{d}f \tag{8.66}$$

通过运算，得

$$W=\left(\frac{P(2n+1)f_0^{2n}}{2nN_0}\right)^{\frac{1}{2n+1}} \tag{8.67}$$

所求容量

$$C=\frac{1}{2}\int_{-W}^{W}\log\frac{1+(W/f_0)^{2n}}{1+(f/f_0)^{2n}}\mathrm{d}f=\int_{0}^{W}\log\frac{1+(W/f_0)^{2n}}{1+(f/f_0)^{2n}}\mathrm{d}f \tag{8.68}$$

给定 P/N_0 和 f_0，通过数值计算可得到 C 与 n 的关系曲线。▌

8.4.2 多频段 AWGN 信道容量

有色高斯噪声信道容量把 AWGN 信道作为其特殊情况。通过分析，可以得到以下结论。

① 香农公式中 W 为系统带宽，并不一定是（0，W）范围。

对于 AWGN 信道，有 $\left|G(f)\right|^2=1$，$N(f)=N_0/2$。设频率范围从 f_1 到 f_2，令 $W=f_2-f_1$，则 W 为系统带宽，式（8.63）变为 $P=2\left(B-N_0/2\right)W$，得 $B/(N_0/2)=1+P/(N_0W)$，带入式（8.64），得 $C=W\log[1+P/(N_0W)]$，与式（8.44）结果同。

② 如果含多个不相邻噪声功率谱密度相同频段，香农公式中 W 为各频段带宽的和。

设各频段带宽分别为 W_1，…，W_k，其中噪声的功率谱密度都为 $N_0/2$。令 $W=\sum_i W_i$，式（8.63）变为 $P=2(B-N_0/2)\sum_i W_i=2(B-N_0/2)W$，再用式（8.64）计算，得到与式（8.44）相同的结果。

③ 如果含多个不相邻且噪声功率谱密度不同频段，达到容量时按注水原理分配总功率，容量为所有频段容量的和。

设各频段带宽分别为 W_1, …, W_k，噪声的功率谱密度分别为 N_1, …, N_k，式（8.63）式变为 $P=\sum_m (B-N_m)W_m$，其中，m 是所有分配到功率的频段子集中频段序号，得

$$B=(P+\sum_m N_mW_m)/\sum_m W_m \tag{8.69}$$

第 m 频段分配的功率为

$$P_m=BW_m-N_mW_m>0 \tag{8.70}$$

如果上面不等式不满足，那么就将 m 频段从被分配的功率的集合中删去，并重新按式（8.69）确定 B。根据式（8.64）得信道容量为

$$\begin{aligned}C&=\sum_m W_m\log\frac{B}{N_m}\\&=\sum_m W_m\log[1+P_m/(N_mW_m)]\end{aligned} \tag{8.71}$$

例 8.6 一通信系统通过 AWGN 信道传送信息，噪声的双边功率谱密度为 $N_0/2=0.5\times10^{-8}$W/Hz，信号平均功率 P 限制为 10W，系统使用两个频段 B_1 和 B_2，其中 B_1 范围为（0, 3MHz），B_2 范围为（4MHz,6MHz）。（1）求系统的信道容量；（2）如果频段 B_1 的双边功率谱密度不变，而 B_2 的变为原来的 50 倍，求信道容量，并求达到容量时两频段的功率分配。

解

（1）设系统的信道容量为 C_1，W_1=3MHz, W_2=6−4=2MHz；W = 3+2 = 5MHz

$$\begin{aligned}C_1&=W\log_2(1+\frac{P}{N_0W})\\&=5\times10^6\times\log_2(1+\frac{10}{10^{-8}\times5\times10^6})=38.225\times10^6\text{ bit/s}\end{aligned}$$

（2）设 B_1 和 B_2 分配功率分别为 P_1 和 P_2，根据功率分配注水原理，有

$$P_1+P_2=P，\quad P_1+N_0W_1=BW_1，\quad P_2+50N_0W_2=BW_2，$$

得

$$\begin{aligned}B&=[P+N_0W_1+50N_0W_2]/(W_1+W_2)\\&=[10+10^{-8}\times(3+2\times50)\times10^6]/(5\times10^6)=2.206\times10^{-6}\end{aligned}$$

所求信道容量为

$$C=3\times10^6\times\log_2\frac{2.206\times10^{-6}}{10^{-8}}+2\times10^6\times\log_2\frac{2.206}{50\times10^{-8}}=27.639\text{ Mbit/s}$$

$$P_1=（B-N_0）W_1=6.588\text{W}，P_2=（B-50N_0）W_2=3.412\text{W}$$ ▌

功率分配的注水解释如图 8.9 所示。

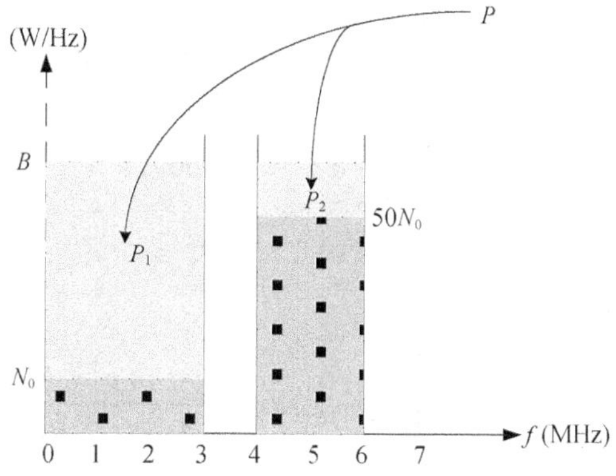

图 8.9 功率分配的注水解释

*8.5 数字调制系统的信道容量

本节研究重要的数字调制系统通过 AWGN 信道传输时的容量。我们知道，在 AWGN 信道下的容量由香农公式给出。但要达到容量，信道的输入也必须是高斯过程，而对于数字调制系统，调制信息为离散集合而且概率分布已经确定，通常不具有高斯分布特性，因此达不到仙农公式给出的容量。所以数字调制系统的信道容量实际上是在输入平均功率约束下信道输入与输出之间的平均互信息。通过将数字调制系统的信道容量和香农公式给出的容量进行比较，就可以评估数字调制系统的性能，提出系统设计时调制方式的选择方案及改进措施等。

数字调制包括一维脉冲幅度调制（PAM），二维调制（包括相移键控（PSK）、正交幅度调制（QAM）和无载波相位幅度（CAP）调制）等方式。在将波形信道转换成等价离散时间信道后，含有一个自由度的调制符号为一维调制，而含有两个自由度的调制符号为二维调制。当然还存在多维调制。这里我们主要研究二维数字载波调制系统的信道容量。

MPSK、QAM、CAP 等类型的数字载波调制都是二维调制，其中信息序列（通称是二进制序列）经编码和映射后的基带调制信号可用复平面上的点 (a_i,b_i) 表示，用复数表示为 $\alpha_i = a_i + \mathrm{j}b_i$，其中 $\{a_i\},\{b_i\}$ 分别为同相与正交支路的数字调制序列，每个调制符号有两个自由度，这些调制符号的集合称为星座。当调制符号取自大小为 M 的符号集时，即 α_i 取自集合 $\{\boldsymbol{s}_m\}, m=1,2,\cdots,M$，则称为 M 进制调制，其中每个符号可由 $K=\log_2 M$ 比特来表示。这种基带调制信道是输入取离散值的调制符号，对于二维调制设为 $\boldsymbol{S}^2$，符号集大小为 M，输出为连续随机矢量，对于二维调制设为 $\boldsymbol{Y}^2$。这些调制符号再经脉冲整形和载波调制得到最后的数字调制信号，它属于带通信号。

研究数字调制系统信道容量，可以通过研究基带信道的容量来解决。对于二维调制信号，如果选择无符号间干扰的整形脉冲，基带传输信道可以作为等价的离散时间无记忆信道，信道容量就是在调制符号能量约束下，输入与输出之间的平均互信息的最大值，此时信道容量单位为比特/调制符号，也可理解为频谱利用率。

设第 i 个调制符号 α_i 取自符号集 $\{\boldsymbol{s}_m\},(m=1,2,\cdots,M), \boldsymbol{s}_m = c_m + \mathrm{j}d_m$，设加性高斯白噪声的功率谱密度 $N_0/2$，两个正交的噪声分量分别为 n_r, n_q，那么 n_r, n_q 为高斯分布，相互独立，且

均值为 0，方差均为 $N_0/2$。

设信道输出为 $\boldsymbol{y}=u+\mathrm{j}v$，则有 $u=c_m+n_r, v=d_m+n_q$，可得信道转移概率为

$$p(\boldsymbol{y}\mid \boldsymbol{s}_m)=\iint \frac{1}{\pi N_0}\mathrm{e}^{-(u-c_m)^2/N_0-(v-d_m)^2/N_0}\mathrm{d}u\mathrm{d}v$$

$$=\iint \frac{1}{\pi N_0}\mathrm{e}^{-|\boldsymbol{y}-\boldsymbol{s}_m|^2/N_0}\mathrm{d}u\mathrm{d}v \tag{8.72}$$

二维数字调制信道容量 $C_{[b/2\text{ 自由度}]}$表示为

$$C_{[b/2\text{自由度}]}=\max_{E(|\boldsymbol{s}|^2)\leqslant E_s} I(\boldsymbol{S}^2;\boldsymbol{Y}^2)$$

$$=\max_{E(|\boldsymbol{s}|^2)\leqslant E_s}\sum_{m=1}^{M}p(\boldsymbol{s}_m)\iint p(\boldsymbol{y}\mid \boldsymbol{s}_m)\log\frac{p(\boldsymbol{y}\mid \boldsymbol{s}_m)}{\sum_{m=1}^{M}p(\boldsymbol{s}_m)p(\boldsymbol{y}\mid \boldsymbol{s}_m)}\mathrm{d}u\mathrm{d}v \tag{8.73}$$

E_s 为调制符号平均能量，它与信息比特能量 E_b 的关系是：

$$E_s=E_bR/R_s=E_bR/W \tag{8.74}$$

其中，R 为信息传输速率，即单位时间所传送的信息比特数，R_s 为调制符号波特率，即单位时间所传送的调制符号数，对于二维调制，无码间干扰时的最大符号速率为 $R_s=W$，而 W 为基带宽度。设 $\boldsymbol{s}_m$ 等概率出现，即 $p(\boldsymbol{s}_m)=1/M, m=1,\cdots,M$，代入式（8.72）的结果，得

$$C_{[b/2\text{自由度}]}=\log M-\frac{1}{M}\sum_{m=1}^{M}\iint\frac{1}{\pi N_0}\mathrm{e}^{-|\boldsymbol{y}-\boldsymbol{s}_m|^2/N_0}\log\sum_{n=1}^{M}\mathrm{e}^{-(|\boldsymbol{y}-\boldsymbol{s}_n|^2-|\boldsymbol{y}-\boldsymbol{s}_m|^2)/N_0}\mathrm{d}u\mathrm{d}v$$

满足约束：

$$M^{-1}\sum_{m=1}^{M}|\boldsymbol{s}_m|^2\leqslant E_bR/W \tag{8.75}$$

进行变量代换，令 $\boldsymbol{s}'_m=\dfrac{\boldsymbol{s}_m}{\sqrt{N_0/2}}$，$\boldsymbol{z}=\dfrac{\boldsymbol{y}-\boldsymbol{s}_m}{\sqrt{N_0/2}}$，可得二维数字调制信道容量：

$$C_{[b/2\text{自由度}]}=\log M-\frac{1}{M}\sum_{m=1}^{M}\iint\frac{1}{2\pi}\mathrm{e}^{-|z|^2/2}\log\sum_{n}\mathrm{e}^{-\{|\boldsymbol{s}'_n-\boldsymbol{s}'_m|^2/2-\mathrm{Re}[\boldsymbol{z}^*(\boldsymbol{s}'_n-\boldsymbol{s}'_m)]\}}\mathrm{d}u'\mathrm{d}v' \tag{8.76}$$

其中，$\boldsymbol{z}=u'+\mathrm{j}v'$，* 表示复共轭，积分限为$(-\infty,\infty)$，容量单位为比特（奈特）/2 自由度。因为是二维调制，对照式（8.45）可知，式（8.76）也可表示系统最大的频带利用率，单位也可写成 bit/s/Hz。

设频带利用率$\eta=R/W$，根据香农容量公式和信道编码定理，理想的频带利用率η应满足

$$\eta\leqslant\log_2(1+SNR)=\log_2\left(1+\frac{E_b}{N_0}\cdot\eta\right) \tag{8.77}$$

对于 M 进制二维数字调制，根据信道编码定理，频带利用率η应满足：

$$\eta\leqslant\log M-\frac{1}{M}\sum_{m=1}^{M}\iint\frac{1}{2\pi}\mathrm{e}^{-|z|^2/2}\log\sum_{n}\mathrm{e}^{-\{|\boldsymbol{s}'_n-\boldsymbol{s}'_m|^2/2-\mathrm{Re}[\boldsymbol{z}^*(\boldsymbol{s}'_n-\boldsymbol{s}'_m)]\}}\mathrm{d}u'\mathrm{d}v' \tag{8.78}$$

式（8.75）的约束变为

$$M^{-1}\sum_{m=1}^{M}|\boldsymbol{s}_m|^2\leqslant E_b\eta \tag{8.79}$$

可见，式（8.78）中的各个 s'_n 也与η 有关。下面说明，当η 给定后，如何计算 $s_m, m=1,2,\cdots,M$。因为信号的平均能量与星座点间的最小距离 $2d$ 有关，对于不同的星座图，有不同的计算关系。所以信噪比 SNR 可由下式计算：

$$SNR=\frac{E_sR_s}{N_0W}=\frac{E_s}{N_0}=\frac{E_b}{N_0}\eta \tag{8.80}$$

当给定 η 时，为使式（8.78）右边达到最大值，令式（8.78）中的等号成立，求得每个星座点与 η 和 E_b/N_0 的关系。当系统达到最大频谱利用率时，式（8.78）不等式中的等号成立，从而得到一个含最大频谱利用率 η 与 E_b/N_0 的方程，利用数值计算可得 η 与 E_b/N_0 关系曲线。

图 8.10 所示为某些二维调制星座图，图 8.10(a)所示为 QPSK 调制，图 8.9(b)所示为 16QAM 调制。下面以图 8.10（b）中的 16QAM 为例，计算信道容量。图中，每象限中的 4 个信号的能量分别为 $2d^2,10d^2,10d^2,18d^2$，所以 $E_s=\frac{1}{4}(2+10+10+18)d^2=10d^2$，对每个信号点都可计算出其实部与虚部，例如，$\boldsymbol{s}_1=d+\mathrm{j}d=\sqrt{E_s/10}(1+j)$，$\boldsymbol{s}_1'=\frac{\boldsymbol{s}_1}{\sqrt{N_0/2}}=\sqrt{\frac{E_s}{N_0}\frac{1}{5}}(1+j)=\sqrt{\frac{E_b}{N_0}\frac{\eta}{5}}(1+j)$，同理可计算其他 $\boldsymbol{s}_m',m=2,\cdots,16$。对于每一个给定的 E_b/N_0，所有的 $\boldsymbol{s}_m'$ 仅为 η 的函数，所以式（8.78）右边的最终结果只与 η 有关，因此可通过数值解法式（8.78）对应的方程，以求 η 值，从而得到 $\frac{E_b}{N_0}-\eta$ 平面上的一个点。类似可得到 η 与 E_b/N_0 关系曲线。

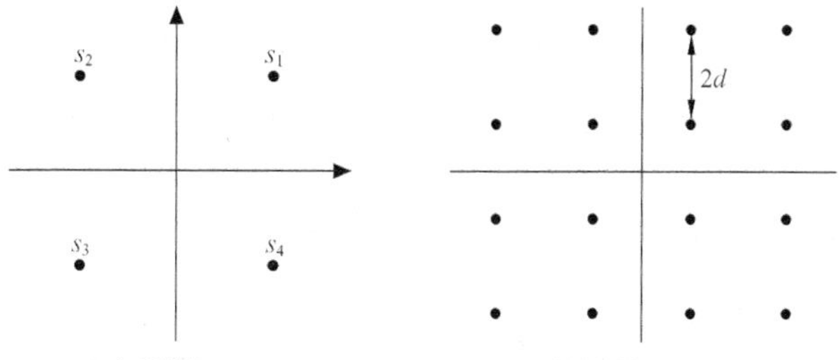

图 8.10　二维调制星座图

由式（8.77）所确定的信道容量界及根据式（8.78）所计算的 PSK，QAM 的最大频谱利用率 η（即每符号容量）与 E_b/N_0 的关系曲线示于图 8.11。根据图中的结果，我们有如下几点解释。

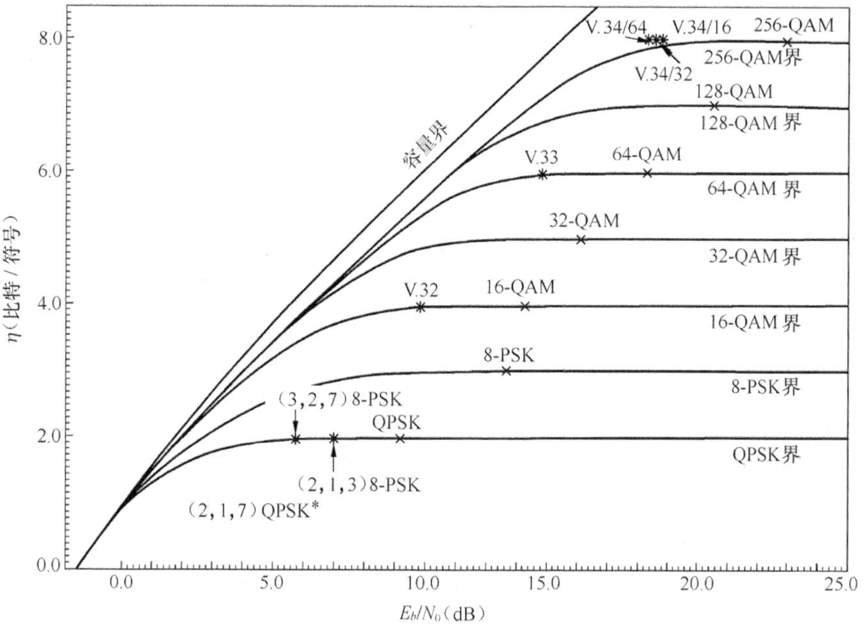

图 8.11　二维调制信道容量曲线

① 容量界确定了当η给定时所需的最小E_b/N_0，其他曲线给出了为实现所要求的η所应采用的调制方式。例如，要求$\eta=1$，那么存在一种编码系统使得当$E_b/N_0=0\text{dB}$时，能够进行可靠通信；相反若$E_b/N_0<0\text{dB}$，则无论采用什么编码系统，通信都不可靠。

② 根据曲线还可得到使用合适的编码系统相对于非编码系统可达的最大编码增益。例如，对于$\eta=2$的非编码 QPSK 相干检测系统，当$E_b/N_0=9.6\text{dB}$时，误比特率为10^{-5}，可认为是可靠通信。但在同一频谱利用率上，容量界曲线对应着$E_b/N_0=1.8\text{dB}$。在这种情况下可达的最大编码增益为$9.6-1.8=7.8\text{dB}$。

③ 容量界给出对于固定的E_b/N_0能够进行可靠传输的最大频谱利用率η。例如，如果给定$E_b/N_0=0\text{dB}$，则存在$\eta=1$的可靠的通信系统，但不存在$\eta>1$的可靠的通信系统。

④ 根据曲线还可得到使用合适的编码系统相对于非编码系统的所能增加的最大频谱利用率。例如，当$E_b/N_0=9.6\text{dB}$时，从容量界曲线上可得，实现可靠通信所能达到的最大频谱利用率为$\eta=5.7$，但对于非编码 QPSK 相干检测系统，$\eta=2$。因此在这种情况下的最大频谱利用率增益为$5.7-2=3.7$。

⑤ 将容量界与各种调制系统容量界结合可以帮助我们在给定通信指标下自由地选择调制系统。从曲线中可以看到，当信噪比低时，数字调制容量曲线与容量界很接近；当信噪比高时，高进制调制比低进制调制更接近容量界。所以，当信噪比低时，采用低进制调制就能达到信道容量；而当信噪比高时，要采用高进制调制才能达到信道容量。

本章小结

1．离散时间平稳无记忆信道容量

$$C=\max_{p(x),E[f(x)]\leqslant\beta} I(X;Y)$$

其中，$p(x)$为输入概率密度，$E[f(x)]\leqslant\beta$为输入满足的约束。

2．加性噪声信道容量

$$C=\max h(Y)-h(Z)$$

3．加性高斯噪声信道容量

$$C=\frac{1}{2}\log(1+\frac{E_i}{\sigma_i^2})$$

4．并联加性高斯噪声信道容量

$$C=\frac{1}{2}\sum_i\log(1+(1+\frac{E_i}{\sigma_i^2}))$$

各子信道输入能量按注水原理分配。

5．AWGN 信道的容量

- 常用公式 $C=W\log(1+SNR)$ (bit / s)
- 每自由度容量 $C=(1/2)\log(1+SNR)$ （比特/自由度）
- 频谱利用率（二维调制每符号容量）

$$\eta=C/W=\log(1+SNR)\quad(\text{bit/s/Hz})$$

6．有色高斯噪声信道容量

$$P = \int_{f \in F_B} (B - \frac{N(f)}{|G(f)|^2}) \mathrm{d}f$$

$$C = \frac{1}{2} \int_{f \in F_B} \log \frac{|G(f)|^2 B}{N(f)} \mathrm{d}f$$

7．二维数字调制信道容量

$$\eta_{[b/2\text{自由度}]} = \log M - \frac{1}{M} \sum_{m=1}^{M} \iint \frac{1}{2\pi} \mathrm{e}^{-|z|^2/2} \log \sum_{n} \mathrm{e}^{-\{|s'_n - s'_m|^2/2 - \mathrm{Re}[z^*(s'_n - s'_m)]\}} \mathrm{d}u'\mathrm{d}v'$$

满足：$M^{-1}\sum_{m=1}^{M}|\boldsymbol{s}_m|^2 = E_b\eta$

思 考 题

8.1　离散信道、离散时间连续信道和波形信道有何区别与联系？

8.2　什么是加性噪声信道？什么是加性高斯噪声信道？

8.3　在平均功率相同的加性噪声中，哪种分布使信道容量最小？

8.4　当并联高斯噪声信道达到容量时，信源满足什么条件？总输入能量按什么原则在各个子信道之间分配？

8.5　什么是波形信道？如何研究波形信道的容量？

8.6　如果将一个非高斯加性信道视为一个高斯信道，计算出的容量比真实值是大还是小？为什么？

8.7　什么是 AWGN 信道？什么是有色高斯噪声信道？两者有何区别和联系？

8.8　香农信道容量公式是在什么约束条件下推导出的？

8.9　高斯噪声信道编码定理的含义是什么？

8.10　在计算二维数字调制系统容量时，信道输入是什么分布？

8.11　从提高频谱利用率的角度考虑，当信道的信噪比低时应采用何种调制？当信道的信噪比高时应采用何种调制？

习　　题

8.1　一离散时间无记忆信道的输入为+1,−1，由下面的转移概率密度确定信道输出：

$$P(y|x=1) = \begin{cases} \frac{1}{a+b}\exp(-\frac{y}{a}), y \geqslant 0 \\ \frac{1}{a+b}\exp(\frac{y}{b}), y \leqslant 0 \end{cases}$$

，且 P（−y|−1）=P（y|1）,a,b 为任意常数，$a \geqslant b$。

（1）求此信道容量的表达式，且求当 $b/a\to1$ 和 $b/a\to0$ 时的极限值。

（2）求使用最大似然检测而无任何编码时的错误率。

8.2　一个离散时间无记忆信道具有相位集合 $0 \leqslant \varphi \leqslant 2\pi$，作为输入和输出字母表。信道受加性相位噪声 z 的干扰，z 独立于输入 x 且概率密度 $p_Z(z)$ 仅在 $0 \leqslant Z \leqslant 2\pi$ 区间内不为零，信道输出 y 为 x+z 的模 2π 和。

（1）证明当 x 在 $[0,2\pi)$ 区间均匀分布时，信道达到容量。

（2）对下列两种情况求信道容量 C：

① $p_Z(z)=1/\alpha, 0\leqslant z<\alpha$；$P_Z(z)=0$，其他；

② $p_Z(z)=\dfrac{\alpha \mathrm{e}^{-\alpha z}}{1-\mathrm{e}^{-2\pi\alpha}}, 0\leqslant z<2\pi$。

8.3　一个离散时间无记忆加性噪声信道的输入 X 限制在[−2，2]，独立于 X 的噪声 Z 在（−1，1）区间均匀分布，熵为 h（Z），信道输出 Y 的熵为 h（Y）。

（1）写出信道输入与输出之间平均互信息 I（X；Y）的表达式。

（2）求信道容量和达到容量时的输出概率分布。

（3）求达到容量时的输入概率分布。

8.4　一个离散时间无记忆信道的输入限制在间隔（0，1），输出字母表为此间隔（0，1）加一个删除符号 E。对于每个输入 x（$0<x<1$），输出 y 以 1/ 2 的概率取值 x，以 1/2 的概率取符号 E，求此信道的容量。

8.5　设加性指数噪声无记忆信道的输入为 x，输出为 $y=x+z$，其中 z 为独立于输入均值为 μ 的指数分布噪声，如果对信道输入的均值进行限制，即 $E(x)\leqslant\lambda$，证明信道容量为 $C=\log(1+\lambda/\mu)$。

8.6　设离散时间连续信道的输入与输出分别为 $X^N=(X_1,\cdots,X_N)$ 和 $Y^N=(Y_1,\cdots,Y_N)$，试证明：

（1）信源无记忆时，有 $I(X;Y)\geqslant\sum_{i=1}^{N}I(X_i;Y_i)$，当且仅当信道无记忆时等式成立；

（2）信道无记忆时，有 $I(X;Y)\leqslant\sum_{i=1}^{N}I(X_i;Y_i)$，当且仅当信源无记忆时等式成立。

8.7　一离散时间连续信道的输入与输出分别为 X,Y，其中 X 均值为零，方差限制为 $\sigma_x^2\leqslant 9$，信道的转移概率密度为

$$p(y\,|\,x)=\frac{1}{3\sqrt{2\pi}}\exp[-\frac{(3y-4x)^2}{162}]$$

（1）求信道容量 C、达到容量时的输入概率分布密度 $p(x)$ 和差熵 $h(X)$；

（2）达到容量时输出 Y 的均值 $E(y)$，方差 $Var(y)$ 及条件差熵 $h(Y\,|\,X)$。

8.8　一个加性噪声衰落信道模型如图 8.12 所示，其中 z 为加性噪声，v 是表示衰落的随机变量，z 与 v 相互独立，且都与输入独立，证明 $I(X;Y|V)\geqslant I(X;Y)$，从而说明知道关于衰落的情况可以改进信道容量。

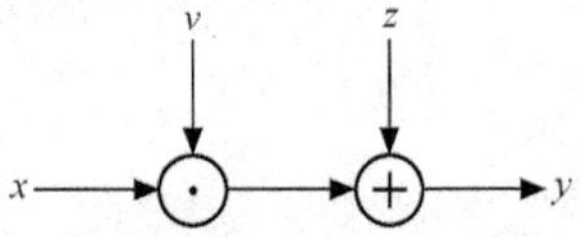

图 8.12　加性噪声衰落信道模型如图

8.9　一个功率约束为 P 的高斯噪声衰落信道模型如图 8.13 所示，其中信号 x 通过两条路径到达接收端，接收到的有噪信号在接收天线加在一起。

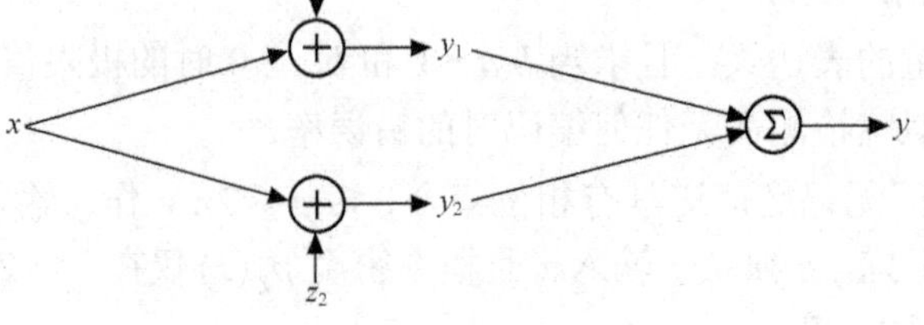

图 8.13　习题 8.9 图

（1）如果 z_1，z_2 是联合高斯分布，且自协方差矩阵为 $\begin{pmatrix} \sigma^2 & \rho\sigma^2 \\ \rho\sigma^2 & \sigma^2 \end{pmatrix}$，求信道容量。

（2）当 $\rho=0,\ 1,\ -1$ 时，信道容量各为多少？

8.10 由 4 个子信道构成的并联高斯信道的各子信道的噪声方差分别为 1,2,4,8，对总输入能量的限制为 E，分别求下面两种情况的最佳能量分配和每自由度的信道容量：

（1）E=6；

（2）E=18。

8.11 N 个独立离散时间加性高斯噪声并联信道，在第 n 个信道的噪声方差为 $\sigma_n^2=n^2$。对每个 n，信道输入能量约束为 $\sum_{n=1}^{N} E_n/n \leqslant 5$。

（1）求并联组合信道的容量，并求当 N 分别取 N=2, 4, ∞ 时达到容量的 E_n。

（2）改变输入能量约束为 $\sum\limits_{n=1}^{N} E_n/n \leqslant 50$，求当 N 为 ∞ 时达到容量的 E_n。

8.12 一个二维并联高斯信道的输入 $\boldsymbol{x}=(x_1,x_2)$ 的均值为零，能量约束为 $\overline{x_1^2}+\overline{x_2^2}\leqslant 10$；独立于输入的加性噪声 $\boldsymbol{z}=(z_1,z_2)$ 均值为零，自协方差矩阵为 $\boldsymbol{\Sigma}_{zz}$；输出为 $\boldsymbol{y}=(y_1,y_2)$。对于下面两种情况：（1）$\boldsymbol{\Sigma}_{zz}=\begin{pmatrix} 4 & 0 \\ 0 & 2 \end{pmatrix}$，（2）$\boldsymbol{\Sigma}_{zz}=\begin{pmatrix} 4 & \sqrt{3} \\ \sqrt{3} & 2 \end{pmatrix}$，求信道容量、达到容量时输入的能量分配和条件熵 $h(\boldsymbol{X}^2\,|\,\boldsymbol{Y}^2)$。

8.13 并联高斯信道包含两个子信道，输入分别为 x_1,x_2，输出分别为 y_1,y_2，且 $y_i=x_i+z_i, i=1,2$，其中 $z_1\sim N(0,\sigma_1^2), z_2\sim N(0,\sigma_2^2)$，$z_1,z_2$ 不相关；设总代价约束为 $\beta_1P_1+\beta_2P_2\leqslant\beta$，其中 $P_i\geqslant 0 (i=1,2)$，为分配给子信道 i 的功率；β_1,β_2 为常数，为每单位功率代价；通信系统在总代价约束下对各子信道进行最佳功率分配。

（1）如果 β 从 0 开始增大，那么当 β 为何值时系统从使用一个子信道变为开始使用两个子信道？

（2）设 $\beta_1=1,\beta_2=2,\sigma_1^2=3,\sigma_2^2=2,\beta=10$，求并联信道容量和达到容量时的功率分配 P_1,P_2。

8.14 某信道的输入 X 为一维随机变量，输出为二维随机变量 $\boldsymbol{Y}=(Y_1,Y_2)$，其中

$$Y_1 = X + Z_1$$
$$Y_2 = X + Z_2$$

$\boldsymbol{Z}=(Z_1,Z_2)$ 独立于 X，且均值为零，自协方差矩阵为 $\boldsymbol{\Sigma}=\begin{pmatrix} \sigma^2 & \rho\sigma^2 \\ \rho\sigma^2 & \sigma^2 \end{pmatrix}$，

对 X 的平均功率约束：$E(x^2)\leqslant P$。

（1）求信道容量 C（表示成 P，ρ，σ 的函数）。

（2）对于下面三种情况，计算信道容量 C：

① $\rho=1$；② $\rho=0$；③ $\rho=-1$。

8.15 设一加性高斯噪声信道输入为 X，噪声 Z 为零均值、方差为 σ^2 的高斯噪声，且独立于 X，输出 Y=X+Z，输出平均功率约束为 P，即 $E(Y^2)\leqslant P$，求信道容量。

8.16 求下列波形信道的容量，假设噪声为加性高斯白噪声：

（1）电话线路信道：带宽限制在 300Hz 到 3400Hz，信噪比为 30dB；

（2）深空通信信道：带宽不受限，$P/N_0=10^6$ Hz；

（3）卫星通信信道：带宽为36MHz，$P/N_0=5\times10^8$ Hz；

其中，P 为信号平均功率，N_0 为白噪声的单边功率谱密度。

8.17　一通信系统通过波形信道传送信息，信道受双边功率谱密度 $N_0/2=0.5\times10^{-8}$W/Hz 的加性高斯白噪声的干扰，信息传输速率为 R=24kbit/s，信号平均功率为 P=1W。

（1）若信道带宽无约束，求信道容量。

（2）若信道的频率范围为0到3000 Hz，求信道容量和系统的频带利用率 R/B（bit/s/Hz）（注：B 为系统带宽）；对同样的频带利用率，保证系统可靠传输所需的最小 E_b/N_0 是多少dB？

（3）若信道带宽变为100kHz，欲保持与（2）相同的信道容量，则此时的信噪比为多少dB？信号功率要变化多少dB？

8.18　已知AWGN信道，信号的带宽为3kHz，信号与噪声功率比为20dB。

（1）计算该信道的最大信息传输速率。

（2）若信号与噪声功率比降到5dB，且保持信道最大信息传输速率不变，则信道带宽应该变为多少？

8.19　一通信系统通过AWGN信道传送信息，噪声的双边功率谱密度为 $N_0/2=0.5\times10^{-8}$W/Hz，信号功率 P 限制为10W，系统使用两个频段 B_1 和 B_2，其中 B_1 范围为（0,3MHz），B_2 范围为（4MHz,6MHz）；如果频段 B_1 的双边功率谱密度不变，而频段 B_2 的受到一个独立的高斯噪声干扰，此噪声的功率谱密度为 $N_0=0.5\times10^{-6}$W/Hz，求信道容量。

8.20　有一波形信道，输入功率限制为 P（单位W），信道转移函数为 $G(f)$，且 $|G(f)|^2=\mathrm{e}^{-\alpha f}$，加性噪声的单边功率谱密度为 N_0（单位 W/Hz），求信道容量 C，并证明当 $\alpha\to0$ 时，$C\to P/(2N_0)$ 奈特。

8.21　有 K 个相互独立的高斯信道，各具有频带 F_k 和噪声功率谱 N_k，容许输入功率为 P_k，k=1，2，…，K，求下列条件下的总容量：

（1）$\sum_{k=1}^{k}P_k=P$，设 N_k=常量，与 k 无关，F_k 已给；

（2）$\sum_{k=1}^{k}F_k=F$，P_k/N_k=常量，与 k 无关；

（3）上述两式同时满足，设 N_k=常量，与 k 无关。

8.22　有一加性噪声信道，输入符号 X 是离散的，取值+1或−1，噪声 N 的概率密度为

$$P_N(n)=\begin{cases}\dfrac{1}{4} & |n|\leqslant 2\\ 0 & |n|>2\end{cases}$$

则输出的 $Y=X+N$ 是一个连续变量。

（1）求这一半连续信道的容量。

（2）若在输出端接一检测器也作为信道的一部分，检测输出变量为 Z，当 $Y>1$，则 $Z=1$；$1\geqslant Y\geqslant-1$，则 $Z=0$；$Y<-1$，则 $Z=-1$。这就成为了一个离散信道，求其容量。

（3）若检测特性改为：当 $Y\geqslant0$，则 $Z=1$；当 $Y<0$，则 $Z=-1$。求此离散信道的容量。

（4）从上面结果可见，（2）的检测器无信息损失，而（3）则不然：若噪声特性改为

$$P_N(n)=\begin{cases}\dfrac{1}{8} & |n|\leqslant 4\\ 0 & |n|>4\end{cases}$$

试构成一个不损失信息的检测器。

第9章 信息率失真函数

我们知道，无失真压缩编码码率的极限是信源熵，在此基础上如果再继续压缩码率，就会产生译码差错。这时通过编码序列不能完全恢复原始信源的信息，这就是有失真信源编码，也称有损数据压缩。香农提出的信息率失真（以后简称率失真）理论是有损数据压缩的理论基础，其基本概念是率失真函数，即 $R(D)$函数，它确定了为满足某一给定保真度准则恢复信源消息时，传送每信源符号平均所需最少二进制符号的个数，该理论的核心是在保真度准则下的信源编码定理，也称香农第三定理。

本章首先在介绍率失真理论基本概念的基础上，介绍限失真信源编码定理，然后研究离散与连续信源的率失真函数的性质与计算，其中以二元信源和高斯信源作为重点，最后简单介绍有损数据压缩技术。

9.1 概述

随着社会的发展，人们总是力图更迅速地传送信息，但当信源信息以超过信道容量的速率传输时，就会产生差错或失真。由于信道噪声的干扰，信息在传输过程中也会产生差错或失真。实际上，因为信宿的灵敏度和分辨力都是有限的，所以信息在传输过程中所产生的较少的差错或失真可能不会被信宿察觉，即不影响信宿对信息的获取。例如，把语音中很高的频率去掉，不会影响听觉效果。以较快的速度放映不连续的电影画面，可以得到连续画面的视觉效果。因此，要求在传输过程中信息绝对无失真，有时是不可能的，而且也没有必要，相反地可以允许信息有某些失真。这样可以降低信息传输速率，从而降低通信成本。通常所采用的方法是，对信源发出的消息按照重要程度进行压缩，即删掉多余的或不太重要的内容，仅传输重要的内容，以降低码率。

对于有失真信源编码，我们总希望在不大于一定编码速率（即传送每信源符号平均所需二进制数字数）的条件下，使平均失真最小；或者在平均失真不大于某个值的条件下，使编码速率最小。香农第三定理指出，信源编码的码率大于 $R(D)$是存在平均失真不大于 D 的信源编码的充分与必要条件。对有损压缩编码系统，确定失真测度是首要的工作，不同的失真测度会得到不同 $R(D)$函数。

9.1.1 系统模型

一个有损压缩系统对信源发出的消息 X 进行有失真信源编码，经理想无噪声信道传输，到达信源译码器，译码输出为 Y。由于编码有失真，所以 Y 不是 X 的精确复现。这样，从信源编码器输入到信源译码器输出的传输通道就可以视为一个有噪声信道，编码产生的失真可以认为是这个信道引起的，此信道称作试验信道，X 和 Y 就分别为试验信道的输入和输出。其中，X 表示信源消息，Y 表示有损压缩后恢复的消息，也称重建消息。因此可以通过研究试验信道输入与输出之间的平均互信息来研究限失真信源编码，其模型如图 9.1 所示。

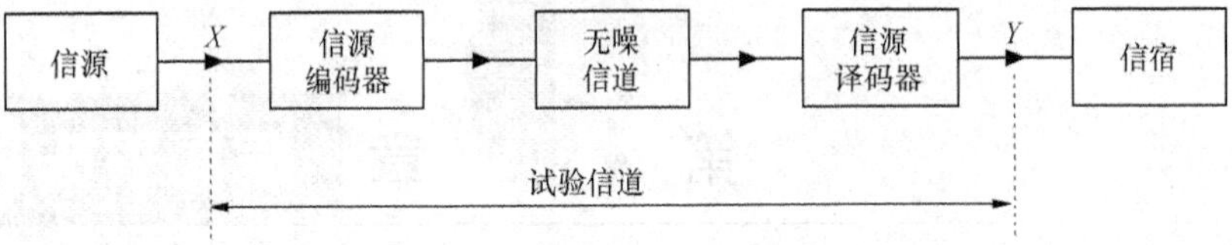

图 9.1　限失真编码通信系统模型

有损压缩系统中的基本问题是失真与码率的关系，为此对失真进行定量研究是必要的，所以要对给定信源确定某种失真测度或失真函数，以此为基础来定义率失真函数或失真率函数。

本章后面，除非特殊声明，总是假定试验信道输入为 X，对于离散信源，符号集 $A=\{a_1,\cdots,a_n\}$，对于连续信源，符号取值为实数区间，概率或概率密度为 $p(x)$；试验信道输出为 Y，对于离散输出，符号集 $B=\{b_1,\cdots,b_m\}$，对于连续输出，符号取值为实数区间，概率或概率密度为 $q(y)$；试验信道转移概率或转移概率密度为 $p(y|x)$。

9.1.2　失真测度

按照香农的观点，失真测度也称保真度准则，实际上是一个函数或一种映射关系 $d: A\times B \to [0,\infty)$。这就是说，$d$ 由符号对 (x,y) 构成的乘积空间 $A\times B$ 中的每一点分配一个 $[0,\infty)$ 区间的一个实数 $d(x,y)$，表示信源符号 x 用符号 y 作为其重建值所产生的失真或代价。

失真函数的选择有时可能比较困难，但对失真测度的要求应该包括以下几个方面：首先失真应与主观感觉一致，例如，小的失真应该对应好的重建质量，大的失真应该对应差的重建质量；其次失真也应该容易进行数学处理，还可以进行实际测量和计算。如果失真测度只是 x,y 之间差值的函数，则称为差值失真测度，这是经常使用的失真测度。

1．单符号失真测度

在离散信源情况下，为书写方便，令 $p(x=a_i)=p_i$，$q(y=b_j)=q_j$，$d(x=a_i,y=b_j)=d(a_i,b_j)$。失真测度可用一个 $n\times m$ 阶失真矩阵描述：

$$\boldsymbol{D}=\begin{pmatrix} d(a_1,b_1) & \dots & d(a_1,b_m) \\ d(a_2,b_1) & \dots & d(a_2,b_m) \\ \dots & \dots & \dots \\ d(a_n,b_1) & \dots & d(a_n,b_m) \end{pmatrix} \tag{9.1}$$

其中，矩阵元素 $d(a_i,b_j)\geqslant 0\ (i=1,\cdots,n;\ j=1,\cdots,m)$，表示当试验信道的输入为 a_i 时，输出为 b_j 所产生的失真。如果规定

$$d(a_i,b_j)=\begin{cases}0 & i=j\\1 & i\neq j\end{cases} \tag{9.2}$$

那么失真矩阵变为

$$\boldsymbol{D}=\begin{pmatrix}0 & 1 & \cdots & 1\\1 & 0 & \cdots & \cdots\\1 & \cdots & \cdots & 1\\1 & \cdots & 1 & 0\end{pmatrix} \tag{9.3}$$

这就是汉明失真测度，其失真矩阵特点是，主对角线上元素全为零，其他元素都为 1。在离散情况下，差值失真测度意味着 $d_{ij}=d(i-j)$，所以汉明失真实际上是一种差值失真测度。离散失真测度可用二分图表示，一组节点表示试验信道输入，另一组节点表示试验信道输出，具有有限失真的两节点用线段连接，无线段连接的两节点的失真为无限大。

离散信源单符号平均失真定义为

$$E[d(x,y)]=\sum_{x,y}p(x)p(y\,|\,x)d(x,y) \tag{9.4}$$

对于连续信源，符号失真测度表示为 $d(x,y)$，差值失真测度意味着 $d(x,y)=d(x-y)$。

连续信源单符号平均失真定义为

$$E[d(x,y)]=\iint p(x)p(y\,|\,x)d(x,y)\mathrm{d}x\mathrm{d}y \tag{9.5}$$

2. 序列失真测度

设试验信道输入和输出序列分别为 $\boldsymbol{x}$ 和 $\boldsymbol{y}$，长度都为 N，它们可用 N 维矢量表示，即 $\boldsymbol{x}=(x_1,x_2,\cdots,x_N)$， $\boldsymbol{y}=(y_1,y_2,\cdots,y_N)$，$\boldsymbol{x}$ 和 $\boldsymbol{y}$ 之间的失真定义为

$$d(\boldsymbol{x},\boldsymbol{y})]=N^{-1}\sum\nolimits_{i=1}^{N}d(x_i,y_i) \tag{9.6}$$

序列的平均失真定义为

$$E[d]=N^{-1}\sum\nolimits_{i=1}^{N}E[d(x_i,y_i)]=N^{-1}\sum\nolimits_{i=1}^{N}D_i \tag{9.7}$$

其中，D_i 是符号 x_i，y_i 之间的平均失真。式（9.6）描述的是加性失真测度，即序列的失真为所有组成符号失真的和（用 N 归一化）。

序列的差值失真测度是序列 $\boldsymbol{x}$ 和 $\boldsymbol{y}$ 差值的函数，即 $d(\boldsymbol{x},\boldsymbol{y})=d(\boldsymbol{x}-\boldsymbol{y})$，主要包括两种。

① 平方误差测度：

$$d_2(\boldsymbol{x},\boldsymbol{y})=N^{-1}(\boldsymbol{x}-\boldsymbol{y})^{\mathrm{T}}(\boldsymbol{x}-\boldsymbol{y})=N^{-1}\sum\nolimits_{i=1}^{N}(x_i-y_i)^2 \tag{9.8}$$

② r 次幂失真测度：

$$d_r(\boldsymbol{x},\boldsymbol{y})=N^{-1}\sum\nolimits_{i=1}^{N}|\,x_i-y_i\,|^r \tag{9.9}$$

矢量的差值就是常规的欧几里得差，当 $r=1$ 和 $r=2$ 时分别对应绝对误差失真测度和平方误差失真测度。对平方误差测度和 r 次幂失真测度取平均就得到均方失真（或均方误差）和 r 次幂平均失真。

有时随机矢量的各分量对总失真的贡献重要性不同，应使用加权的方法。加权平方误差测度定义为

$$d_W(\boldsymbol{x},\boldsymbol{y})=(\boldsymbol{x}-\boldsymbol{y})^{\mathrm{T}}\boldsymbol{W}(\boldsymbol{x}-\boldsymbol{y}) \tag{9.10}$$

其中，$\boldsymbol{W}$ 为正定的加权矩阵。当 $\boldsymbol{W}=N^{-1}\boldsymbol{I}$（其中 $\boldsymbol{I}$ 为单位矩阵）时 $d_W=d_2$。

9.1.3 率失真函数和失真率函数

根据通信的要求，通常要将平均失真限制在某一有限值 D，即要求 $E[d(x,y)]\leqslant D$。由式（9.4）或式（9.5）可知，$E[d(x,y)]$ 与 $p(x)$,$p(y|x)$ 及 $d(x,y)$ 有关。若选定信源和失真函数，那么 $E[d(x,y)]$ 可以看成条件概率 $p(y|x)$ 的函数。设

$$P_D=\{p(y\,|\,x):E[d(x,y)]\leqslant D\} \tag{9.11}$$

为在给定保真度准则下满足平均失真约束的所有信道的集合，这种信道为失真度 D 允许信道（或试验信道）。

定义率失真函数（rate-distortion function，或 $R(D)$函数）为

$$R(D)=\min_{p(y|x)\in P_D} I(X;Y) \tag{9.12}$$

即 $R(D)$函数就是一定的保真度准则下，试验信道输入 X 与输出 Y 之间的最小平均互信息。与信道容量的定义不同，这里信源已经给定，即输入概率已确定，需要寻找满足平均失真要求的使输入与输出之间平均互信息最小的试验信道。

离散信源的单符号率失真函数定义为

$$R(D)=\min_{p(y|x)\in P_D}\sum_{x,y}p(x)p(y\,|\,x)\log\frac{p(y\,|\,x)}{q(y)} \tag{9.13}$$

其中，$q(y)=\sum_x p(x)p(y\,|\,x)$。

连续信源的单符号率失真函数定义为

$$R(D)=\inf_{p(y|x)\in P_D}\iint_{x,y}p(x)p(y\,|\,x)\log\frac{p(y\,|\,x)}{q(y)}\mathrm{d}x\mathrm{d}y \tag{9.14}$$

其中，$q(y)=\int_x p(x)p(y\,|\,x)\mathrm{d}x$。

后面将证明，对于给定信源，$R(D)$是在平均失真≤D 条件下，信息率被允许压缩到的最小值。因为平均互信息是条件概率的下凸函数，所以式（9.13）中的最小值是存在的，重要的是如何求得这个最小值。通常我们总希望信息通过信道传输时输入与输出之间的互信息最大，前提条件是信道给定。而这里是在信源给定而不是信道给定条件下的传输。率失真理论要解决的问题就是计算满足失真要求的传输所需要的最小信道容量或传输速率，以达到降低信道的复杂度和通信成本的目的。

如果求 $R(D)$函数的反函数，就得到“失真率函数”（distortion-rate function），其含义是，在信道输入给定条件下，选择满足输入与输出之间平均互信息约束的试验信道，使平均失真最小。

失真率函数定义为

$$D(R)=\min_{p(y|x):I(p(y|x))\leqslant R} d(p(y\,|\,x)) \tag{9.15}$$

离散信源单符号失真率函数定义为

$$D(R)=\min_{p(y|x)}\sum_{x,y}p(x)p(y|x)d(x,y) \tag{9.16}$$

满足约束：

$$\sum_{x,y}p(x)p(y|x)\log\frac{p(y|x)}{q(y)}\leqslant R \tag{9.17}$$

连续信源单符号失真率函数定义为

$$D(R)=\min_{p(y|x)}\iint p(x)p(y|x)d(x,y)\mathrm{d}x\mathrm{d}y \tag{9.18}$$

满足约束：

$$\iint_{x,y}p(x)p(y|x)\log\frac{p(y|x)}{q(y)}\leqslant R \tag{9.19}$$

使用失真率函数的定义意味着既给定了信源又给定了信道容量，而问题是寻找达到平均失真最小的理想信道。所以这种定义好像比求最小互信息更加自然，同时更有助于说明率失真理论是用来对有失真压缩系统的性能进行比较的标准。实际上，在某些情况下，失真率函数比较方便；而在另一些情况下，率失真函数比较方便，因此应习惯这两种定义的使用。但传统上对率失真理论的研究是从对 $R(D)$函数开始的，所以在大多数文献中，仍然以 $R(D)$函数为主要研究内容。

9.2 限失真信源编码定理

本节包括限失真信源编码定理和限失真信源信道编码定理。限失真信源编码定理指出，当给定一个平均失真 D 时，对信源码率压缩的最低限度为 $R(D)$，而限失真信源信道编码定理指出，当信道容量 C 大于 $R(D)$时，信息能够通过信道以不大于 D 的平均失真传输。

9.2.1 码率的压缩

设信源 X 发出长度为 N 的序列，而码字仅有 M 个，即仅对 M 个信源序列进行编码。设信源的熵为 H，如果 $M>2^{NH}$，那么当 N 足够长时就存在无失真信源编码。令 $R=(\log_2 M)/N$，就有 $R>H$。但如果 $R<H$，编码就会产生失真。这就是限失真信源编码要解决的问题。由于压缩了码率，可以提高信息传输速率，从而减小了通信的成本。

在限失真信源编码系统中，编码器按所规定的失真测度给 N 长的信源序列分配总数为 M 的码字，发信机只传送码字的序号，接收端根据这些序号恢复成信源序列。限失真信源编码系统的原理框图如图 9.2 所示。图中，信源发出的 N 长符号序列 $\boldsymbol{x}$（$\boldsymbol{x}\in\boldsymbol{X}^N$）进入编码器，编码器按照最小失真的原则搜索到一个码字，设为 $\boldsymbol{y}$（其中码字集合为 Y）；设码字数为 M，m 为信源序列对应码字的序号；那么将 $\boldsymbol{y}_m$ 的序号 m 发送到译码器，译码器根据接收的序号恢复原始码字，输出到用户。这里，最简单的情况是对信源单符号的压缩，即 N=1。设信源符号数为 n，如果仅对其中的 m（$<n$）个信源符号进行编码，便产生失真。

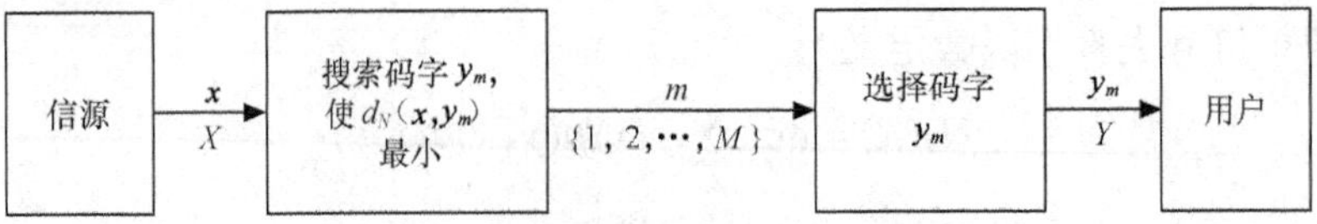

图 9.2　限失真信源编码系统

例 9.1　设信源 X 的符号集为 $\{a_1,a_2,\cdots,a_{2n}\}$，各符号等概分布为 $p_i=1/(2n)$，$i=1,\cdots,2n$，给定汉明失真测度，试设计一种单符号压缩算法使平均失真 $D=1/2$，并求压缩后的最低码率。

解　汉明失真实际上是误码失真，因为信源符号等概率，所以只要随便舍弃 1/2 的符号不传输就满足失真要求。设压缩系统实现流程如下：压缩编码器 $X\to Y$，其中 Y 压缩器输出，符号集为 $\{b_1,b_2,\cdots,b_n\}$，Y 经无损信道传输，输出为 $\hat{Y}$，$\hat{Y}=Y$，符号集与 Y 相同；译码器运算为 $\hat{Y}\to\hat{X}$，$\hat{X}$，X 符号集与 Y 相同。压缩算法有多种，例如，可采用如下压缩编码和译码算法：

$$
\begin{array}{c}
X\to Y \\
a_i\to b_i \\
(i=1,\cdots,n-1) \\
\\
a_i\to b_n \\
(i=n,\cdots,2n)
\end{array}
\quad
\begin{array}{c}
\\ a_1 \\ a_2 \\ \vdots \\ a_{n-1} \\ a_n \\ \vdots \\ a_{2n}
\end{array}
\!\!\!\!
\begin{array}{c}
\begin{array}{ccccc} b_1 & b_2 & \cdots & b_{n-1} & b_n \end{array} \\
\begin{pmatrix}
1 & 0 & \cdots & \cdots & 0 \\
0 & 1 & 0 & \cdots & 0 \\
 & & & & \\
0 & \cdots & 0 & 1 & 0 \\
0 & \cdots & \cdots & 0 & 1 \\
 & \cdots & \cdots & \cdots & \\
0 & \cdots & \cdots & \cdots & 1
\end{pmatrix}
\end{array},
\qquad
\begin{array}{c}
\hat{Y}\to\hat{X} \\
b_i\to a_i \\
(i=1,\cdots,n)
\end{array}
\quad
\begin{array}{c}
\\ b_1 \\ b_2 \\ \vdots \\ b_n
\end{array}
\!\!\!\!
\begin{array}{c}
\begin{array}{cccccc} a_1 & a_2 & & a_n & & a_{2n} \end{array} \\
\begin{pmatrix}
1 & 0 & \cdots & 0 & \cdots & 0 \\
0 & 1 & \cdots & & & \cdots \\
 & & & 0 & & \\
0 & 0 & \cdots & 1 & \cdots & 0
\end{pmatrix}
\end{array}
$$

在接收端，通过 $b_i\to a_i(i=1,\cdots,n)$ 的算法恢复信源序列。算法相当于舍弃了符号 $a_{n+1}\sim a_{2n}$，共 n 个符号，所以平均失真为 $D=\sum\limits_{x,\hat{x}}p(x)p(\hat{x}\mid x)d(x,\hat{x})=\dfrac{1}{2n}\sum\limits_{n+1}^{2n}1=\dfrac{n}{2n}=\dfrac{1}{2}$，算法满足要求。

因为 $b_j(j=1,\cdots,n)$ 的概率分布为 $\overbrace{1/2n\ \ \cdots\ \ 1/2n}^{n-1}$，$(n+1)/2n$，所以

$$H(Y)=\frac{n-1}{2n}\log 2n+\frac{n+1}{2n}\log\frac{2n}{n+1}$$

根据无失真信源编码定理，压缩后的最低码率为

$$R=H(Y)=\log 2n-\frac{n+1}{2n}\log(n+1) \blacksquare$$

实际上，可求得 $R(D)=\log(2n)-D\log(2n-1)-H(D)$，$R(\frac{1}{2})=\log n-\frac{1}{2}\log(2n-1)$，有 $R>R(\frac{1}{2})$。

9.2.2　限失真信源编码定理

如前所述，信息率失真理论的核心是在保真度准则下的信源编码定理，也称香农第三定理或限失真信源编码定理。该定理叙述如下。

定理 9.1　任意给定 $\varepsilon>0$，总存在一种信源编码，使当 $R\geqslant R(D)+\varepsilon$ 时，平均失真 $\leqslant D+\varepsilon$；反之，如果 $R<R(D)$，就不可能存在使平均失真 $\leqslant D$ 的编码。

（证明较繁，此处略）

对定理的几点注释如下。

① 定理的证明采用随机编码方法：随机地选择 M 个相互独立的码字构成满足速率要求的分组码。

② 定理指出，只要满足 $R \geqslant R(D)+\varepsilon$，就能达到失真要求，因此可以选择码率 R 任意接近 R（D），即令 $M = \mathrm{e}^{n[R(D)+\delta]} \geqslant \mathrm{e}^{n[R(D)+\varepsilon]}$，得到 $R=(1/n)\log M = R(D)+\delta$，其中，$\delta$ 可以任意小。当码长 $n \to \infty$ 时可找到一种编码使速率达到 $R(D)$，且平均失真小于等于 D。

③ 定理的含义是：在给定的保真度准则下，可对信源进行压缩，所需的编码速率（或每信源符号所需的比特数）$R \geqslant R(D)$，即 $R(D)$是满足某保真度准则下传送每信源符号平均所需最小的比特数。因此，$R(D)$是衡量在给定失真测度下数据压缩有效性的标准。码率越接近 $R(D)$，就说明编码越有效，而实际上，编码复杂度或代价也就越高。

④ 该定理是非构造性的，它仅指出了编码的存在性，并未给出编码的实际方法。

9.2.3 限失真信源信道编码定理

定理 9.2 设离散无记忆信源的信息率失真函数为 $R(D)$（比特/秒），离散无记忆信道的容量为 C（比特/秒），若满足

$$C \geqslant R(D) \tag{9.20}$$

则存在信源信道编码使得信源序列通过信道传输后的平均失真 $\leqslant D$；若 $C < R(D)$，则信源序列通过信道传输后的平均失真大于 D。▌（证明略）

由式（9.20）得

$$D \geqslant R^{-1}(C) \tag{9.21}$$

其中，R 和 C 的单位为比特/秒。

式（9.20）或式（9.21）是信息论中的一个基本不等式，也称信息传输不等式。式（9.20）说明，如果从一个信源用 R（D）的速率通过一个容量为 C 的信道传输数据，那么平均失真不小于对率失真函数的逆函数在 C 点求值的平均失真。如果不满足式（9.20）或式（9.21），就不能以小于 D 的平均失真传输。

几点注释如下。

① 当信道容量 C 给定，如果信源的熵大于信道容量，就不能通过信道进行无失真传输。这时有两种选择：一种是直接传输，使接收的消息出现差错；另一种是先将信源进行有失真压缩，使得码率小于信道容量，再进行无差错传输。两种选择可以达到相同的效果，但实现的复杂度可能有很大的差别。因此，信息传输不等式是指导我们设计通信系统的重要理论依据。我们可以采用尽量简单的实现方式达到所要求的技术指标。

② 为实现满足要求的系统，并未对信源编码器或信道编码器提出特殊的要求。因此，信源编码器和信道编码器可以单独设计，使得在总体上达到指标的要求。这样可以将复杂的问题简单化。当前已经形成信源压缩编码和信道纠错编码两大研究领域。

③ 为在总体上达到指标的要求，信源编码器和信道编码器也可以联合设计。这也是当前研究的热点课题之一。

9.3 离散 $R(D)$函数的性质与计算

9.3.1 离散 $R(D)$函数的性质

关于离散 $R(D)$函数性质，可概括为如下定理。

定理 9.3 离散 $R(D)$函数有如下性质。

（1）$R(D)$函数的定义域：

$$0 \leqslant D_{\min} \leqslant D \leqslant D_{\max} \tag{9.22}$$

且
$$D_{\min} = \sum_x p(x) \min_y d(x, y) \tag{9.23 a}$$

$$D_{\max} = \min_y \sum_x p(x) d(x, y) \tag{9.23 b}$$

（2）$R(D)$是关于 D 的下凸函数。

设 D_1, D_2 为任意两个平均失真，$0 \leqslant \alpha \leqslant 1$，那么

$$R(\alpha D_1 + (1-\alpha) D_2) \leqslant \alpha R(D_1) + (1-\alpha) R(D_2) \tag{9.24}$$

（3）$R(D)$是（$D_{\min}, D_{\max}$）区间的连续和严格递减函数。

证

（1）

- 定义域下界的确定。

$$D = \sum_{x, y} p(x) p(y \mid x) d(x, y) \overset{a}{\geqslant} \sum_x p(x) \sum_y p(y \mid x) \min_y d(x, y)$$
$$\overset{b}{=} \sum_x p(x) \min_y d(x, y) \sum_y p(y \mid x) = \sum_x p(x) \min_y d(x, y) \overset{c}{\geqslant} 0$$

其中，$a: d(x, y) \geqslant \min_y d(x, y)$；$b: \min_y d(x, y)$ 与 y 无关；$c: d(x, y) \geqslant 0$。实际上，对 x 的每一取值 a_i，令对应最小 $d(a_i, b_j)$ 的条件概率为 $p(b_j \mid a_i) = 1$，其余条件概率为零，那么，最小的平均失真为式（9.23 a）所确定。

- 定义域上界的确定。

首先，因为 $R(D)$为平均互信息，所以 $R(D) \geqslant 0$。因为 $R(D)$是用从 P_D 中选出的 $p(y|x)$求得的最小平均互信息，所以当 D 增大时，P_D 的范围增大，所求的最小值不大于范围扩大前的最小值，因此 $R(D)$为 D 的非增函数。当 D 增大时，$R(D)$可能减小，直到减小到 $R(D)=0$，此时对应着 $D_{\max}$。当 D 再增大，$R(D)$仍然为 0。所以 $D_{\max}$ 是使 $R(D)=0$ 的最小平均失真。

当 x, y 独立时，$p(x,y)=p(x)p(y)$，使得 $R(D)=0$。所以

$$D = \sum_{x, y} p(x) p(y) d(x, y) \geqslant \sum_y p(y) \min_y \sum_x p(x) d(x, y) = D_{\max}$$

由于 $p(x), d(x, y)$ 已给定，而且对不同 y，$\sum_x p(x) d(x, y)$ 也可能有不同的值。所以，求 $\min_y \sum_x p(x) d(x, y)$，并使对应的 $p(y)=1$，其余为 0。这样就可使平均失真最小。因此得到式（9.23 b）。

注：

- 当且仅当失真矩阵的每一行至少有一个零元素时，$D_{\min}=0$；
- 可适当修改失真函数使得 $\min_y d(x, y)$ 为 0；
- $D_{\min}$ 和 $D_{\max}$ 仅与 $p(x)$和 $d(x,y)$有关；

- $R(D)=0$，对于 $D \geqslant D_{\max}$。

（2）当信源分布给定后，$R(D)$ 可以看成试验信道转移概率 $p(y|x)$ 的函数，即

$$R(D_1)=\min_{p(y|x)\in P_{D_1}} I[p(y|x)]=I[p_1(y|x)],$$

$$R(D_2)=\min_{p(y|x)\in P_{D_2}} I[p(y|x)]=I(p_2(y|x)]，且有$$

$$\sum_{x,y} p(x)p_1(y|x)d(x,y)\leqslant D_1 \Rightarrow p_1(y|x)\in P_{D_1}$$

$$\sum_{x,y} p(x)p_2(y|x)d(x,y)\leqslant D_2 \Rightarrow p_2(y|x)\in P_{D_2}$$

令 $D_0=\alpha D_1+(1-\alpha)D_2$，$p_0(y|x)=\alpha p_1(y|x)+(1-\alpha)p_2(y|x)$，那么

$$\sum_{x,y} p(x)p_0(y|x)d(x,y)=\sum_{x,y} p(x)[\alpha p_1(y|x)+(1-\alpha)p_2(y|x)]d(x,y)\leqslant \alpha D_1+(1-\alpha)D_2=D_0,$$

所以，$p_0(y|x)\in P_{D_0}$。

$$R(D_0)=\min_{p(y|x)\in P_{D_0}} I[p(y|x)]\leqslant I[p_0(y|x)]=I[\alpha p_1(y|x)+(1-\alpha)p_2(y|x)]$$

$$\leqslant \alpha I[p_1(y|x)]+(1-\alpha)I[p_2(y|x)]=\alpha R(D_1)+(1-\alpha)R(D_2)$$

上式利用了平均互信息是条件概率的下凸函数的性质。

（3）$R(D)$在定义域内为凸函数，从而保证了连续性。下面证明在定义域内也是非增函数。由 $D_1>D_2\Rightarrow P_{D_1}\supset P_{D_2}$，在较大范围内求极小值一定不大于在所含小范围内求的极小值，所以 $R(D_1)\leqslant R(D_2)$。由于在定义域内 $R(D)$不是常数，而是非增下凸函数，从而推出 $R(D)$是严格递减函数。■

注释：

① $R(D)$ 函数是一个在区间 $[D_{\min},D_{\max}]$ 内的连续、单调递减下凸函数，并且对于 $D>D_{\max}, R(D)=0$；

② 对于每一个 $D\in[D_{\min},D_{\max}]$，存在一个且只有一个在 P_D 内的 $I[p(y|x)]$ 的最小值，这个最小值就是 $R(D)$，在这个点上的平均失真等于 D。

例 9.2 设试验信道输入 X，符号集为 $\{a_1,a_2,a_3\}$，概率分别为 1/3，1/3，1/3，输出 Y，符号集为 $\{b_1,b_2,b_3\}$，失真矩阵（d_{ij}）如下所示，求：

（1）$D_{\min}$ 和 $D_{\max}$，以及相应的试验信道的转移概率矩阵；

（2）$R(D_{\min})$和 $R(D_{\max})$。

$$(d_{ij})=\begin{pmatrix}1 & 2 & 3\\ 2 & 1 & 3\\ 3 & 2 & 1\end{pmatrix}$$

解 （1）

$$\begin{aligned}D_{\min}&=\sum_x p(x)\min_y d(x,y)\\&=p(a_1)\min\{1,2,3\}+p(a_2)\min\{2,1,3\}+p(a_3)\min\{3,2,1\}\\&=1\end{aligned}$$

令对应最小 $d(a_i,b_j)$ 的 $p(b_j|a_i)=1$，其他为 0。可得对应 $D_{\min}$ 的转移概率矩阵为

$$\begin{pmatrix} 1 & 0 & 0 \\ 0 & 1 & 0 \\ 0 & 0 & 1 \end{pmatrix}$$

$$\begin{aligned} D_{\max} &= \min_y \sum_x p(x)d(x,y) \\ &= \min\{[p(a_1)\times 1 + p(a_2)\times 2 + p(a_3)\times 3], [p(a_1)\times 2 + p(a_2)\times 1 + p(a_3)\times 2], \\ &\qquad [p(a_1)\times 3 + p(a_2)\times 3 + p(a_3)\times 1]\} \\ &= 5/3 \end{aligned}$$

上式中第 2 项最小，所以令 $p(b_2)=1$，$p(b_1)=p(b_3)=0$。可得 $D_{\max}$ 的转移概率矩阵为

$$\begin{pmatrix} 0 & 1 & 0 \\ 0 & 1 & 0 \\ 0 & 1 & 0 \end{pmatrix}$$

（2）当 $D=D_{\min}$ 时，计算得 $H(Y)=\log 3$，而 $R(D_{\min})=H(Y)-H(Y|X)=\log 3$。根据定义，有 $R(D_{\max})=0$。■

9.3.2 离散 $R(D)$ 函数的计算

信源率失真函数的计算是率失真理论中一个重要问题，通常有三种计算 $R(D)$ 函数方法：①用定义直接求解；②解析法求有约束的极值；③迭代算法。实际上即使很简单的信源和简单的失真测度，求解的过程往往都比较复杂，只有特殊情况才有解析解，对于一般的计算需要借助于迭代算法。本节介绍用解析法求解离散信源的 $R(D)$ 函数的方法，这种方法也称 $R(D)$ 函数的参量表示法。

设试验信道输入 X，符号集 $A=\{a_1,\cdots,a_n\}$，对应概率分布为 $p_1,\cdots,p_n$；信道输出 Y，符号集 $B=\{b_1,\cdots,b_m\}$，对应概率分布为 $q_1,\cdots,q_m$，失真矩阵（实际上是式（9.1）的简化）为

$$\boldsymbol{d} = \begin{pmatrix} d_{11} & d_{12} & \dots & d_{1m} \\ d_{21} & d_{22} & \dots & d_{2m} \\ \dots & \dots & \dots & \dots \\ d_{n1} & d_{n2} & \dots & d_{nm} \end{pmatrix} \tag{9.25}$$

试验信道转移概率矩阵为

$$\boldsymbol{P} = \begin{pmatrix} p_{11} & p_{12} & \dots & p_{1m} \\ p_{21} & p_{22} & \dots & p_{2m} \\ \dots & \dots & \dots & \dots \\ p_{n1} & p_{n2} & \dots & p_{nm} \end{pmatrix} \tag{9.26}$$

对于给定信源 X，符号概率分布 $p_1,\cdots,p_n$ 已知，给定式（9.25）确定的失真矩阵，$R(D)$是在试验信道转移概率 p_{ij} 和平均失真约束条件下的最小值。首先求解下面的有约束极值：

$$\begin{cases} \min\limits_{p_{ij}} I(X;Y) = \min\limits_{p_{ij}} \sum\limits_{i=1}^{n} \sum\limits_{j=1}^{m} p_i p_{ij} \log \dfrac{p_{ij}}{q_j} \\ \sum\limits_{i=1}^{n} \sum\limits_{j=1}^{m} p_i p_{ij} d_{ij} \leqslant D \\ \sum\limits_{j} p_{ij} = 1, i = 1, \cdots, n \end{cases} \tag{9.27}$$

其中，信道输出概率分布 $q_j = \sum\limits_i p_i p_{ij}$。

由于使 $I(X;Y)$ 最小的 p_{ij} 总是在 P_D 的边界上，所以在求极值时，平均失真约束条件的不等式取等号，即

$$\sum_{i=1}^{n} \sum_{j=1}^{m} p_i p_{ij} d_{ij} = D \tag{9.28}$$

从式（9.27）可知，约束条件有 n+1 个，其中 1 个为平均失真约束，n 个条件概率归一化约束，未知数 p_{ij} 有 mn 个。下面用拉格朗日乘子法求有约束极值。

设 s，$\mu_i(i=1,\cdots,n)$为常数，求式（9.27）的有约束极值相当于求下式的无约束极值：

$$J(p_{ij}) = \sum_i \sum_j p_i p_{ij} \log p_{ij} - \sum_j q_j \log q_j - s \sum_i \sum_j p_i p_{ij} d_{ij} - \sum_i \mu_i \sum_j p_{ij}$$

其中，$q_j = \sum\limits_i p_i p_{ij}$。对 p_{ij}（$i = 1,\cdots,n; j = 1,\cdots,m$）求导（设对数以 e 为底），并令其为零，得

$$\frac{\partial J}{\partial p_{ij}} = p_i(\log p_{ij} + 1) - p_i \log q_j - \frac{p_i}{q_j} q_j - s p_i d_{ij} - \mu_i = 0$$

即

$$p_i \log \frac{p_{ij}}{q_j} - s p_i d_{ij} - \mu_i = 0$$

令 $\lambda_i' = \mu_i / p_i$，得

$$\log \frac{p_{ij}}{q_j} - s d_{ij} - \lambda_i' = 0$$

$$p_{ij} = q_j \mathrm{e}^{s d_{ij} + \lambda_i'} = q_j \lambda_i \mathrm{e}^{s d_{ij}} \tag{9.29}$$

其中，$\lambda_i = \mathrm{e}^{\lambda_i'} = \mathrm{e}^{-\mu_i p_i}$，所以

$$\sum_j p_{ij} = \lambda_i \sum_j q_j \mathrm{e}^{s d_{ij}}$$

所以

$$\lambda_i^{-1} = \sum_j q_j \mathrm{e}^{s d_{ij}} \tag{9.30}$$

$$\sum_i p_i p_{ij} = q_j \sum_i p_i \lambda_i \mathrm{e}^{s d_{ij}}$$

当 $q_j \neq 0$ 时，有

$$\sum_i p_i \lambda_i \mathrm{e}^{s d_{ij}} = 1 \tag{9.31}$$

结合式（9.30）与式（9.31），得

$$\sum_i p_i \frac{e^{sd_{ij}}}{\sum_j q_j e^{sd_{ij}}} = 1 \quad ,\ j=1,\cdots,m \tag{9.32}$$

式（9.32）含 m 个方程，m 个未知数 $q_j(j=1,\cdots,m)$，而 s 为参量，一般能解。若所有 q_j 都为正数，则根据式（9.29），p_{ij} 也是正数，那么将此结果代入式（9.28）和式（9.27），分别得

$$D(s) = \sum_i \sum_j p_i p_{ij} d_{ij} = \sum_i \sum_j p_i \lambda_i q_j d_{ij} e^{sd_{ij}} \tag{9.33}$$

$$\begin{aligned} R(s) &= \sum_i \sum_j p_i p_{ij} \log \frac{p_{ij}}{q_j} = \sum_{i,j} p_i p_{ij} \log(\lambda_i e^{sd_{ij}}) \\ &= \sum_{i,j} p_i p_{ij} s d_{ij} + \sum_{i,j} p_i p_{ij} \log \lambda_i \\ &= sD + \sum_i p_i \log \lambda_i \end{aligned} \tag{9.34}$$

式（9.33）和式（9.34）为率失真函数的参量表示。注意，在上面求有约束极值的过程中并没有考虑 $p_{ij} \geqslant 0$ 的约束，这就是说，实际的 $R(D)$ 函数的约束要比式（9.34）的约束多，因为是求极小值，所以应该有

$$R(D) \geqslant R(s) = sD + \sum_i p_i \log \lambda_i \tag{9.35}$$

如果求得的所有 $p_{ij} \geqslant 0$，那么式（9.35）中的不等号变为等号。这时，$(D(s), R(D))$ 表示 $R(D)$ 函数曲线上的一个点的坐标。

1．参量 s 的意义

现求 $R(D)$ 对 D 的导数，由式（9.34）得

$$\begin{aligned} \frac{dR}{dD} &= \frac{\partial R}{\partial D} + \frac{\partial R}{\partial s}\frac{ds}{dD} + \sum_i \frac{\partial R}{\partial \lambda_i}\frac{d\lambda_i}{dD} \\ &= s + D\frac{ds}{dD} + \sum_i \frac{p_i}{\lambda_i}\frac{d\lambda_i}{dD} \\ &= s + (D + \sum_i \frac{p_i}{\lambda_i}\frac{d\lambda_i}{ds})\frac{ds}{dD} \end{aligned} \tag{9.36}$$

在式（9.30）的两边，对 s 求导，得

$$\sum_i \left(\frac{d\lambda_i}{ds} p_i e^{sd_{ij}} + p_i \lambda_i e^{sd_{ij}} d_{ij}\right) = 0$$

两边都乘以 $\sum_j q_j$，得

$$\sum_j q_j \sum_i \frac{d\lambda_i}{ds} p_i e^{sd_{ij}} + D = 0$$

根据式（9.31），得

$$\sum_i \frac{p_i}{\lambda_i}\frac{d\lambda_i}{ds} + D = 0 \tag{9.37}$$

将式（9.37）的结果代入式（9.36），得

$$\frac{\mathrm{d}R}{\mathrm{d}D}=s \tag{9.38}$$

由此可得如下结论：

① s 是 $R(D)$函数的斜率；

② 因为 $R(D)$在 $D_{\min}<D<D_{\max}$ 严格单调递减，所以 $s<0$。

2. R(D)函数求解过程

如前所述，由于在求有约束极值时没有考虑 p_{ij} 非负的约束，最后解式（9.32）的结果中某些 q_j 可能为负值，从而使得对应的 p_{ij} 为负值。这时获得的平均互信息极小值位于集合 P_D 之外，因此实际上在极小值处应该有某些 $q_j=0$。与求信道容量类似，这种情况称为“解处于边界上”。因此，达到 $R(D)$的最佳 $q_j\,(j=1,\cdots,m)$ 可分成两个子集：内部子集 V 和边界子集 B。对某一给定的 s，若最佳 $q_j=0$，则 $j\in B$，否则，$j\in V$。在每次计算 $R(D)$时，预先将 q_j 进行划分，然后求解，所以 q_j 的划分是一个重要的问题。但根据前面的推导，若 $q_j>0$，则式（9.31）成立，即

$$\sum_i p_i\lambda_i \mathrm{e}^{sd_{ij}}=1,\qquad j\in V \tag{9.39}$$

可以证明

$$\sum_i p_i\lambda_i \mathrm{e}^{sd_{ij}}\leqslant 1,\qquad j\in B \tag{9.40}$$

（证明略）。

将满足式（9.39）和式（9.40）的 q_j 称为 $R(D)$函数在某点的试验解，那么 $R(D)$函数的求解方法可总结为如下定理。

定理 9.4 满足式（9.39）和式（9.40）条件的试验解产生 $R(D)$函数曲线上某一点的充要条件是，式（9.39）和式（9.40）成立，此时所对应的点的坐标由式（9.33）和式（9.34）确定。（证明略）

现将 $R(D)$函数参量法求解的过程归纳如下。

① 根据式（9.23）确定函数的定义域。

② 划分重建符号概率子集，确定内部子集 V 和边界子集 B，根据式（9.39）和式（9.40）求 λ_i；通常开始计算时，假定边界子集 B 为空集，再次返回计算时，可尝试着假定内部子集 V 和边界子集 B 的划分，然后计算。

③ 根据式（9.30）求 q_j，$j=1,\cdots,m$；确定满足所有 $q_j>0$ 的 D 的区间，对于 $q_j=0$ 要满足式（9.40）；计算此区间内 $D(s)$和 $R(D)$。

- 根据式（9.33）求 $D(s)$；
- 根据式（9.34）求 $R(D)$。

④ 若定义域内其他区间的 $R(D)$ 未计算，则返回②，否则结束。

设矩阵 $\boldsymbol{A}=(a_{ij})=(\mathrm{e}^{sd_{ij}})$，$u_i=\lambda_i p_i$，$\boldsymbol{u}=(u_1,\cdots,u_n)^{\mathrm{T}}$，$\mathbf{1}=(\underbrace{1\cdots1}_{m})^{\mathrm{T}}$ 为列矢量，假定边界子集 B 为空集，即所有 q_j 均大于零，由式（9.31）得

$$\begin{cases} u_1a_{11}+u_2a_{21}+\cdots+u_na_{n1}=1 \\ \cdots \\ u_1a_{1m}+u_2a_{2m}+\cdots+u_na_{nm}=1 \end{cases}$$

写成矩阵形式为

$$\boldsymbol{A}^{\mathrm{T}}\boldsymbol{u}=\boldsymbol{1} \tag{9.41}$$

如果有某些 $q_j=0$，那么其所对应的方程应变成不等式。

由式（9.30）得

$$\begin{cases} q_1\mathrm{e}^{sd_{11}}+q_2\mathrm{e}^{sd_{12}}+\cdots+q_m\mathrm{e}^{sd_{1m}}=1/\lambda_1 \\ \cdots \\ q_1\mathrm{e}^{sd_{n1}}+q_2\mathrm{e}^{sd_{n2}}+\cdots+q_m\mathrm{e}^{sd_{nm}}=1/\lambda_n \end{cases}$$

写成矩阵形式为

$$\boldsymbol{A}\boldsymbol{q}=\boldsymbol{v} \tag{9.42}$$

其中，$\boldsymbol{q}=(q_1,\cdots,q_m)^{\mathrm{T}}$，$\boldsymbol{v}=[1/\lambda_1,1/\lambda_2,\cdots,1/\lambda_n]^{\mathrm{T}}$。

一般地讲，如果矩阵 $\boldsymbol{A}$ 不是方阵，求解比较困难，但当 $m=n$ 且 $\boldsymbol{A}^{-1}$ 存在时，可容易求解，具体过程如下：

① 由 $\boldsymbol{A}^{\mathrm{T}}\boldsymbol{u}=\boldsymbol{1}$ 解得 $\boldsymbol{u}=(\boldsymbol{A}^{\mathrm{T}})^{-1}\boldsymbol{1}$；

② $v_i=p_i/u_i$；

③ 由 $\boldsymbol{A}\boldsymbol{q}=\boldsymbol{v}$ 解得 $\boldsymbol{q}=\boldsymbol{A}^{-1}\boldsymbol{v}$；

④ 当 $\boldsymbol{q}\geqslant 0$ 时，设矩阵为 $\boldsymbol{B}=(\mathrm{e}^{sd_{ij}}d_{ij})$，有

$$D=\boldsymbol{u}^{\mathrm{T}}\boldsymbol{B}\boldsymbol{q} \tag{9.43}$$

$$\begin{aligned} R(D)&=sD+\sum_i p_i\log\lambda_i=sD+\sum_i p_i\log\frac{u_i}{p_i} \\ &=H(\boldsymbol{p})+sD+\sum_i p_i\log u_i \end{aligned} \tag{9.44}$$

其中，$H(\boldsymbol{p})$ 为信源的熵，$\boldsymbol{p}$ 为概率矢量。

应该指出，由于存在解在边界上的情况，特别是在重建符号字母表很大时，用尝试法预先假定重建符号概率子集的划分，计算 $R(D)$曲线一个点（或一个区间），可能需要多次尝试才能完成。但在一般情况下，如果 D 比较小，通过式（9.39）计算的结果，可得到所有 $q_j>0$ 的结果，这样式（9.34）就给出了有效的解答。实际上，对于某些有实际意义信源，式（9.34）的解在 $R(D)$的整个定义域内也是有效的。

例 9.3 一个二元信源，符号集 $A=\{0,1\}$，概率为 $p(0)=p_1=p$，$p(1)=p_2=1-p$，其中 $p\leqslant 1/2$；试验信道输出符号集 $B=\{0,1\}$，失真测度函数为汉明失真，求 $R(D)$函数。

解 首先确定函数的定义域，得 $D_{\min}=0$，$D_{\max}=\min\{p,1-p\}$。

设 $\boldsymbol{A}=(a_{ij})=(\mathrm{e}^{sd_{ij}})$，所以

$$\boldsymbol{A}=\begin{pmatrix}1 & \mathrm{e}^s \\ \mathrm{e}^s & 1\end{pmatrix},\quad \boldsymbol{A}^{-\mathrm{T}}=\boldsymbol{A}^{-1}=\frac{1}{1-\mathrm{e}^{2s}}\begin{pmatrix}1 & -\mathrm{e}^s \\ -\mathrm{e}^s & 1\end{pmatrix}$$

$$\boldsymbol{u}=\frac{1}{1-\mathrm{e}^{2s}}\begin{pmatrix}1 & -\mathrm{e}^s \\ -\mathrm{e}^s & 1\end{pmatrix}\begin{pmatrix}1 \\ 1\end{pmatrix}=\begin{pmatrix}1/(1+\mathrm{e}^s) \\ 1/(1+\mathrm{e}^s)\end{pmatrix}$$

由 $v_i=\dfrac{p_i}{u_i}$，得

$$v_1=(1+e^s)p\,,\quad v_2=(1+e^s)(1-p)$$

解得

$$\begin{pmatrix}q_1\\q_2\end{pmatrix}=\frac{1}{1-e^{2s}}\begin{pmatrix}1&-e^s\\-e^s&1\end{pmatrix}\begin{pmatrix}(1+e^s)p\\(1+e^s)(1-p)\end{pmatrix}$$

$$=\frac{1}{1-e^s}\begin{pmatrix}p-e^s(1-p)\\-pe^s+(1-p)\end{pmatrix}$$

$$D=\frac{1}{1+e^s}(1\quad 1)\cdot\begin{pmatrix}0&e^s\\e^s&0\end{pmatrix}\frac{1}{1-e^s}\begin{pmatrix}p-e^s(1-p)\\-pe^s+(1-p)\end{pmatrix}=\frac{e^s}{1+e^s}\tag{9.45}$$

计算得 $e^s=D/(1-D)$，$s=\log[D/(1-D)]$ 和 $1/(1+e^s)=1-D$；对于 $p=1/2$，得 $q_1=q_2=1/2$；对于 $p\neq1/2$，得 $q_1=(p-D)/(1-D)>0$，$q_2=(1-p-D)/(1-D)>0$，所以

$$\begin{aligned}R(D)&=H(p)+sD+p\log\frac{1}{1+e^s}+(1-p)\log\frac{1}{1+e^s}\\&=H(p)+sD+\log(1+e^s)^{-1}\end{aligned}\tag{9.46}$$

将以上计算结果代入式（9.46），最后得 $R(D)$ 函数为

$$R(D)=\begin{cases}H(p)-H(D) & 0\leqslant D\leqslant\min\{p,1-p\}\\0 & D>\min\{p,1-p\}\end{cases}\tag{9.47}$$

其中，$H(D)=-D\log D-(1-D)\log(1-D)$。■

图 9.3 所示为二元信源在不同概率 p 条件下的 $R(D)$ 函数曲线。可以看出，对于给定的平均失真 D，信源分布越接近等概率，$R(D)$ 越大，也就是说越难压缩，反之，信源分布越不均匀，$R(D)$ 越小，越容易压缩。

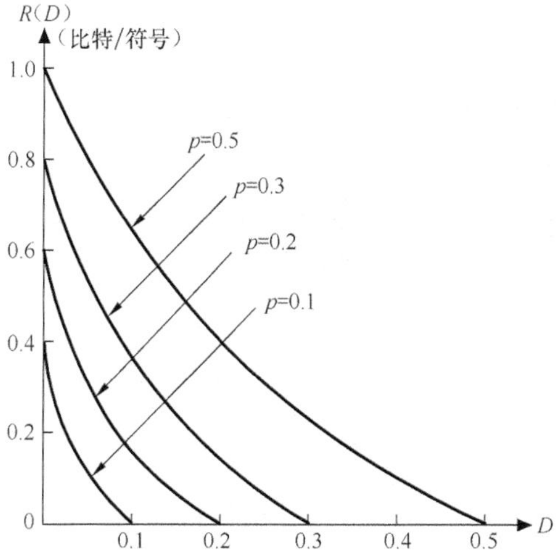

图 9.3　二元信源的 $R(D)$ 函数曲线

9.4 连续 $R(D)$函数的性质与计算

本节介绍离散时间连续信源的 $R(D)$函数。首先介绍 $R(D)$函数的性质，然后推导 $R(D)$函数的计算，特别是差值失真测度的 $R(D)$函数。与离散情况相比，$R(D)$函数定义和性质有类似性，但也有不同；而 $R(D)$函数的计算需要求有约束的泛函极值，因此过程更为复杂。

9.4.1 连续 $R(D)$函数的性质

与离散信源类似，可以证明连续信源 $R(D)$函数有以下性质。

（1）非负性；

（2）在 $0<D<D_{\max}$ 区间是单调递减函数；

（3）在 $0<D<D_{\max}$ 区间是下凸函数，

其中，$D_{\max}$ 对应着 X，Y 独立时的最小平均失真，所以

$$D_{\max}=\inf_{y}\int p(x)d(x,y)\mathrm{d}x \tag{9.48}$$

容易证明，对于均方失真测度，有

$$D_{\max}=\inf_{y}\int p(x)(x-y)^2\,\mathrm{d}x=\int p(x)[x-E(x)]^2\,\mathrm{d}x=\sigma_x^2 \tag{9.49}$$

其中，σ_x^2 为 X 的方差。

对于绝对失真测度，有

$$D_{\max}=\inf_{y}\int p(x)\,|\,x-y\,|\,\mathrm{d}x=\int p(x)\,|\,x-x_{1/2}\,|\,\mathrm{d}x \tag{9.50}$$

其中，$x_{1/2}$ 为 X 的中位数（或中值）。

与离散情况不同的是，在 D=0 时，$R(D)$并不连续。在 $D\to 0$ 时，$R(D)\to\infty$，趋近信源的绝对熵。对离散情况，$H(X)$是 $R(0)$的上界；对连续情况，$h(X)$不是 $R(0)$的上界，因为 $h(X)$还可能为负。

9.4.2 连续 $R(D)$函数的计算

在连续信源情况下，用条件概率密度来描述试验信道，求连续 $R(D)$函数的下确界，归结为求有约束泛函极值的问题，即求

$$I(X;Y)=\iint p(x)p(y\,|\,x)\log\frac{p(y\,|\,x)}{q(y)}\mathrm{d}x\mathrm{d}y\,,\quad q(y)=\int p(x,y)\mathrm{d}x \tag{9.51}$$

的极小值，满足约束为

$$D[p(y\,|\,x)]=\iint p(x)p(y\,|\,x)d(x,y)\mathrm{d}x\mathrm{d}y\,, \tag{9.52}$$

和

$$\int p(y\,|\,x)\mathrm{d}y=1 \tag{9.53}$$

求泛函极值，等价于使下式的一阶变分为 0。

$$J[p(y|x)] = \iint p(x)p(y|x)\log\frac{p(y|x)}{q(y)}\mathrm{d}x\mathrm{d}y$$

$$-\iint \mu(x)p(y|x)\mathrm{d}x\mathrm{d}y - s\iint p(x)p(y|x)d(x,y)\mathrm{d}x\mathrm{d}y \quad (9.54)$$

令 $\mu(x) = p(x)\log r(x)$，有

$$J[p(y|x)] = \iint p(x)p(y|x)[\log\frac{p(y|x)}{r(x)q(y)} - sd(x,y)]\mathrm{d}x\mathrm{d}y$$

通过推导，得

$$p(y|x) = \lambda(x)q(y)\mathrm{e}^{sd(x,y)} \quad (9.55)$$

其中，$\lambda(x) = r(x)\mathrm{e}^{f(x)}$，$f(x) = \log\frac{p(y|x)}{r(x)q(y)} - sd(x,y)$

与离散情况相似，可得

$$\lambda(x) = [\int q(y)\mathrm{e}^{sd(x,y)}\mathrm{d}y]^{-1} \quad (9.56)$$

当 $q(y) > 0$ 时，有

$$\int \lambda(x)p(x)\mathrm{e}^{sd(x,y)}\mathrm{d}x = 1 \quad (9.57)$$

平均失真为

$$D = \iint p(x)p(y|x)d(x,y)\mathrm{d}x\mathrm{d}y$$

$$= \iint p(x)\lambda(x)q(y)d(x,y)\mathrm{e}^{sd(x,y)}\mathrm{d}x\mathrm{d}y \quad (9.58)$$

$$R(s) = \iint p(x)p(y|x)\log[\lambda(x)\mathrm{e}^{sd(x,y)}]$$

$$= sD + \iint p(x)p(y/x)\log\lambda(x)\mathrm{d}x\mathrm{d}y$$

$$= sD + \int p(x)\log\lambda(x)\mathrm{d}x \quad (9.59)$$

可以证明，s 是 $R(D)$函数的斜率。

与离散情况类似，在求连续 $R(D)$函数有约束极值时，也没有考虑 $p(y|x) \geqslant 0$ 的约束，所以最后解得的 $q(y)$ 在某些区域可能为负，从而使得对应的 $p(y|x)$ 在该区域也为负值。因此，只有对应 $q(y) > 0$ 的区域，$R(s)$的值才等于 $R(D)$的值。对于连续 $R(D)$函数的计算，有类似于离散情况的如下定理。

定理 9.5 转移概率密度 $p(y|x)$ 产生 $R(D)$上一点的充要条件是：存在某一概率密度 $q(y)$，某一实数 $s \leqslant 0$ 和实数轴上的一个子集 V，使得

① 式（9.55）和式（9.56）成立；

② 对于 $y \in V$ 有 $q(y) > 0$，而对于 $y \notin V$ 有 $q(y) = 0$；

③ 对于 $y \in V$ 有 $c(y) = 1$，而对于 $y \notin V$ 有 $c(y) \leqslant 1$，其中

$$c(y) = \int \lambda(x)p(x)\mathrm{e}^{sd(x,y)}\mathrm{d}x \quad (9.60)$$

其中，$R(D)$上一点的坐标由式（9.58）和式（9.59）确定（证明略）。

对于一般的失真测度，计算 $R(D)$ 函数较为复杂。相比而言，计算差值失真测度下的连续 $R(D)$ 函数要容易些。

9.4.3 差值失真测度下的 $R(D)$ 函数

差值失真测度指的是平方误差测度 $d(x,y)=(x-y)^2$ 和绝对值误差测度 $d(x,y)=|x-y|$。在差值失真测度下，式（9.57）变为

$$\int\lambda(x)p(x)\mathrm{e}^{sd(x-y)}\mathrm{d}x=1 \tag{9.61}$$

式（9.61）表示 $\lambda(x)p(x)$ 与 $\mathrm{e}^{sd(x)}$ 的卷积为 1，所以 $\lambda(x)p(x)$ 的频谱与 $\mathrm{e}^{sd(x)}$ 的频谱乘积为冲激。而 $\mathrm{e}^{sd(x)}$ 在整个频率域，所以 $\lambda(x)p(x)$ 的频谱为冲激，因此

$$\lambda(x)p(x)=k(s)\text{（常数）} \tag{9.62}$$

$$k(s)=\left(\int\mathrm{e}^{sd(z)}\mathrm{d}z\right)^{-1} \tag{9.63}$$

式（9.63）成立的条件是 $\int\mathrm{e}^{sd(z)}\mathrm{d}z<\infty$。在差值失真测度下，式（9.56）变为

$$\lambda(x)^{-1}=\int q(y)\mathrm{e}^{sd(x-y)}\mathrm{d}y \tag{9.64}$$

由式（9.61）、式（9.62）和式（9.63），得

$$p(x)=k(s)\int q(y)\mathrm{e}^{sd(x-y)}\mathrm{d}y=\int q(y)\frac{\mathrm{e}^{sd(x-y)}}{\int\mathrm{e}^{sd(z)}\mathrm{d}z}\mathrm{d}y \tag{9.65}$$

可见，$p(x)$ 为 $q(x)$ 与 $g_s(x)$ 的卷积，即

$$p(x)=q(x)*g_s(x) \tag{9.66}$$

其中

$$g_s(x)=\frac{\mathrm{e}^{sd(x)}}{\int\mathrm{e}^{sd(z)}\mathrm{d}z}=k(s)\mathrm{e}^{sd(x)} \tag{9.67}$$

设 $g_s(x)$ 表示随机变量 e_s 的概率密度，那么 $x=e_s+y$，或 $e_s=x-y$，所以 $g_s(x)$ 表示误差的概率密度。根据概率论的知识可知，e_s 与 y 相互独立。此时的平均失真约束为

$$\int d(x)g_s(x)\mathrm{d}x\leqslant D \tag{9.68}$$

根据式（9.59）、式（9.61）、式（9.66）和式（9.67），得

$$\begin{aligned}R(s)&=sD+\int p(x)\log\lambda(x)\mathrm{d}x=sD+h(X)+\log k(s)\\&=h(X)+\int g_s(x)\log[k(s)\mathrm{e}^{sd(x)}]\mathrm{d}x=h(X)+\int g_s(x)\log g_s(x)\mathrm{d}x\\&=h(X)-h(g_s)\end{aligned} \tag{9.69}$$

其中，$h(g_s)$ 表示分布密度 $g_s(x)$ 的差熵，且 $h(g_s)=-\int g_s(x)\log g_s(x)\mathrm{d}x$。类似于离散情况的论证，有

$$R(D)\geqslant h(X)-h(g_s)=R_{SLB}(D) \tag{9.70}$$

$R_{SLB}(D)$ 称为差失真测度下的连续香农下界。当根据式（9.65）得到的 $q(y)$ 为概率密度，即对于这些 s，有 $q(y)>0$ 时，$R(D)=R_{SLB}(D)$。

现把以上结果归纳为如下定理。

定理 9.6　给定任何 $s \leqslant 0$，当且仅当信源 X 可以表示成两个独立随机变量和，其中一个对应由式（9.66）确定的概率密度 $g_s(\cdot)$ 时，$R(D)=R_{SLB}(D)$。

注：

① 在很多情况下，香农下界是紧的，所以是 $R(D)$ 的很好近似，但计算较方便；

② 对于很多信源，在较小 D 值条件下，香农下界是可达的，即 $R(D)=R_{SLB}(D)$。

当 $p(x)$ 已知且在差值测度 $d(x-y)$ 给定条件下，求 $R(D)$ 函数的过程可简单归纳如下：

① 根据式（9.50）确定 $D_{\max}$；

② 根据式（9.63）求 $k(s)$；

③ 根据式（9.67）求 $g_s(x)$；

④ 根据式（9.66）求 $q(y)$；

⑤ 将求得 $g_s(x)$ 结果代入式（9.68）的等式求 D；

⑥ 由式（9.69）确定香农下界；

⑦ 求满足对所有 y 的取值 $q(y) \geqslant 0$ 的 D 的范围，在此范围内有 $R(D)=R_{SLB}(D)$。

对于平方误差测度 $d(x,y)=(x-y)^2$，计算得

$$k(s)=\left(\int \mathrm{e}^{sz^2}\mathrm{d}z\right)^{-1}=\sqrt{-s/\pi} \tag{9.71}$$

和

$$g_s(x)=\sqrt{-s/\pi}\,\mathrm{e}^{sx^2} \tag{9.72}$$

可见，$g_s(x)$ 为高斯分布，所以根据式（9.67），得 $D=-1/(2s)$，$h(g_s)=\log(2\pi\mathrm{e}D)$。

所以，平方误差测度的香农下界为

$$R_{SLB}(D)=h(X)-(1/2)\log(2\pi\mathrm{e}D) \tag{9.73}$$

同理可得在绝对误差测度下的香农下界（见习题）。

9.5　高斯信源的 $R(D)$函数

本节就高斯信源和平方误差测度 $d(x,y)=(x-y)^2$ 的情况下研究 $R(D)$函数。这里仅研究离散时间无记忆高斯信源和独立并联信源两种情况。

9.5.1　无记忆高斯信源的 $R(D)$函数

已知高斯信源 X，概率密度为 $p(x)=(\sqrt{2\pi}\sigma)^{-1}\exp[-x^2/(2\sigma^2)]$，其中 $g_s(x)$ 由式（9.72）确定；设 $p(x)\leftrightarrow P(\omega)$，$q(x)\leftrightarrow Q(\omega)$，$g_s(x)\leftrightarrow G_s(\omega)$，这里 $\leftrightarrow$ 表示富氏变换关系。那么 $P(\omega)=\exp(-\sigma^2\omega^2/2)$，$G_s(\omega)=\exp\{-[-1/(2s)]\omega^2/2\}$。由 $P(\omega)=Q(\omega)\cdot G_s(\omega)$，得知 y 也为高斯分布，且

$$Q(\omega)=P(\omega)/G_s(\omega)=\exp\{-\omega^2[\sigma^2+1/(2s)]/2\} \tag{9.74}$$

将平均失真 $D=-1/(2s)$ 的结果代入（9.74），得

$$Q(\omega)=\mathrm{e}^{-\frac{1}{2}[\sigma^2-D]\omega^2} \tag{9.75}$$

式（9.75）表明，达到 $R(D)$ 时，试验信道的输出也是高斯分布，方差等于 $\sigma^2 - D$，并且与误差独立。由于 $q(y)$ 为高斯分布密度函数，所以对于 $0 < D \leqslant D_{\max} = \sigma^2$，都有 $q(y) > 0$，所以，$R(D) = R_{SLB}(D) = h(X) - h(g_s) = (1/2)\log(2\pi e\sigma^2) - (1/2)\log(2\pi eD) = (1/2)\log(\sigma^2 / D)$。

对以上结果，可归纳为下面的定理。

定理 9.7 一个无记忆任意均值、方差为 σ^2 的高斯信源，在平方误差准则下的率失真函数为

$$R(D) = \frac{1}{2}\max(0, \log\frac{\sigma^2}{D}) = \begin{cases} \frac{1}{2}\log\frac{\sigma^2}{D} & 0 < D \leqslant \sigma^2 \\ 0 & D > \sigma^2 \end{cases} \tag{9.76}$$

其中，$0 < D \leqslant D_{\max}$，且 $D_{\max} = \inf \int p(x)(x-y)^2 \mathrm{d}x = \sigma^2$。■

图 9.4 所示为高斯信源的 $R(D)$ 函数曲线。下面为高斯信源 $R(D)$ 函数的注释。

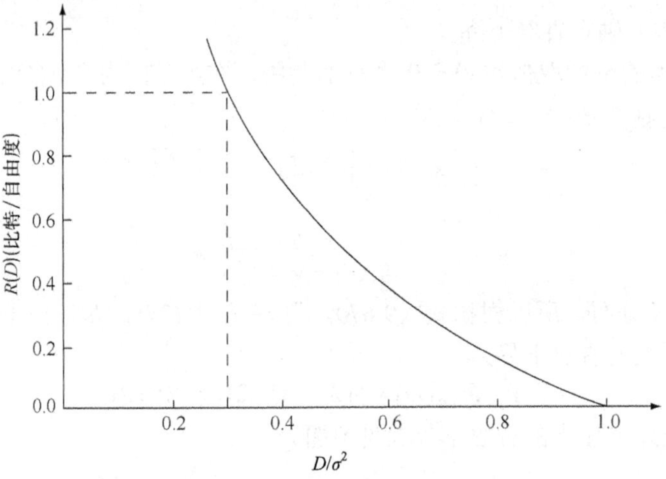

图 9.4 高斯信源的 $R(D)$ 函数

① 此 R（D）函数是在均方误差准则下推出的，不适用其他准则。

② R（D）函数是高斯信源实现平均失真小于等于 D 的有损编码可达到的最低速率。简单说明如下。

设一个有失真编码包含 $M=2^{nR}$ 个码字，每个信源序列的长度为 n。所有信源序列都位于半径为 $\sqrt{n\sigma^2}$ 的大球内，且都应该位于以某个码字为中心，半径为 $\sqrt{nD}$ 的小球内。因此为充满大球所需最少的小球数目也就是最少的码字数为

$$2^{nR} \geqslant (\frac{\sigma^2}{D})^{n/2} = 2^{nR(D)} \tag{9.77}$$

因此，只要 $R \geqslant R(D)$，就能使平均失真小于等于 D。

③ σ^2 / D 称为有损压缩的信噪比。当信源功率给定，平均失真越大，信噪比越小，所需码率也越小。

④ 当 $D = 0$ 时，$R(D) = \infty$；当 $D = \sigma^2$ 时，$R(D) = 0$。这说明，对于连续信源，当平均失真为 0 时，所需要的信息率为无限大。

⑤ 高斯信源失真率函数

$$D(R) = \sigma^2 2^{-2R} \tag{9.78}$$

上式通过求式（9.76）的反函数得到，其中，R 为编码器的码率，单位为比特/符号。D（R）表示当高斯信源有损压缩的码率为 R 时，可以达到的最小平均失真。所以对于任意码率为 R 的高斯信源有损编码器，其平均失真 D 满足：

$$D \geqslant \sigma^2 2^{-2R} \tag{9.79}$$

例 9.4 一个均值为零的离散时间高斯信源作为限失真信源编码器的输入，该编码器是一个量化器，输出 256 个量化电平，输出信噪比 SNR 用输入信号的均方值与均方误差的比来量度。（1）求编码器的码率；（2）SNR 能否达到 49dB？

解 （1）编码器的码率：$R = \log_2 256 = 8$ 比特/信源符号。

（2）SNR 不能达到 49dB。解释如下：根据式（9.79），有

$$[SNR]_{\text{dB}} = 10\lg\frac{\sigma^2}{D} \leqslant 10\lg 2^{2R} = 10\lg 2^{2\times 8} = 48.16\text{dB} < 49\text{dB}$$ ▇

9.5.2 独立并联高斯信源的 $R(D)$ 函数

一个多维离散时间高斯信源 $\boldsymbol{X}^N = X_1 X_2 \cdots X_N$，其中，$X_1$，$X_2$，…，$X_N$是 N个独立零均值、方差为 σ_i^2 的高斯随机变量，称这种信源为独立并联高斯信源，其中各 X_i 为子信源。设每个 X_i 的失真测度为均方失真，即 $d_i = (x_i - y_i)^2$，i=1, …, N; 独立并联高斯信源 $\boldsymbol{X}^N$ 的失真测度为

$$d_N(\boldsymbol{x}, \boldsymbol{y}) = (1/N)\sum_{i=1}^{N}(x_i - y_i)^2 \tag{9.80}$$

设信源 $\boldsymbol{X}^N$ 的信息率失真函数为 $R(D)$，各并联信源 X_i 的信息率失真函数为 $R_i(D_i)$，i=1，…，N，那么

$$\begin{aligned} D_N &= E[d_N(\boldsymbol{x}, \boldsymbol{y})] = (1/N)\sum_{i=1}^{N} E(x_i - y_i)^2 \\ &= (1/N)\sum_{i=1}^{N} D_i \end{aligned} \tag{9.81}$$

$$R(D) = (1/N)\min_{p(\boldsymbol{y}|\boldsymbol{x})\in P_D} I(\boldsymbol{X}^N; \boldsymbol{Y}^N) \tag{9.82}$$

因为 X_1，X_2，…，X_N是独立的，所以 $I(\boldsymbol{X}^N;\boldsymbol{Y}^N) \geqslant \sum_i I(X_i;Y_i)$，仅当各 $(X_i;Y_i)$ 信道独立时等式成立，即 $p(\boldsymbol{y}|\boldsymbol{x}) = \prod_i p(y_i|x_i)$ 时等式成立，所以

$$R(D) = (1/N)\sum_i \min_{p(y_i|x_i)\in P_{D_i}} I(X_i;Y_i) = (1/N)R_i(D_i) \tag{9.83}$$

这样，相当于在式（9.81）的约束下，求式（9.83）的极小值，与求并联高斯信道容量类似，采用拉格朗日乘子法。由于各 X_i 的方差为 σ_i^2，平均失真为 D_i，所以令

$$\frac{\partial J(D)}{\partial D_i} = \frac{\partial}{\partial D_i}[1/(2N)\sum_i \log(\sigma_i^2/D_i) - \lambda\sum_i D_i] = 0$$

得 $D_i = B$（常数），但由于对各子信源，最大的失真就是方差，所以当 $B > \sigma_i^2$ 时，$D_i = \sigma_i^2$。综合起来，就有

$$D_i = \begin{cases} B, & \sigma_i^2 \geqslant B \\ \sigma_i^2, & \sigma_i^2 < B \end{cases} \tag{9.84}$$

这是因为，对于每个 $R_i(D_i)$，D_i 的最大值就是 σ_i^2。图 9.5 所示为平均失真分配示意图，与信道容量的注水解释类似，称为倒注水原理。假定水池中的总水量（图中的阴影部分）表示总平均失真，并联信源各子信源的方差表示倒置在水池中的容器底部的高度，达到 $R(D)$ 时，底部高的未注满水，且各个未注满水部分的水面高度是相同的，B 就是水面高度，也就是分配的平均失真；底部低的部分（相当于方差小于 B）已注满水，水面高度与底部高度同，分配的平均失真就是方差。

从所需码率的角度看，方差小于 B 的 X_i 的 $R_i(D_i)$ 为 0，即所需的码率为零，发送端仅对方差不小于 B 的 X_i 进行编码并传送，就能达到平均失真的要求。根据倒注水原理，有

$$\sum_{i:\ \sigma_i^2<B}\sigma_i^2+\sum_{i:\ \sigma_i^2\geqslant B}B=ND \tag{9.85}$$

B 可通过下式来确定：

$$B=(ND-\sum_{i:\ \sigma_i^2<B}\sigma_i^2)/K \tag{9.86}$$

其中，K 为满足 $\sigma_i^2\geqslant B$ 的子信源的个数，满足此条件的称为被使用的子信源。

所求 $R(D)$ 函数为

$$\begin{aligned}R(D)&=[1/(2N)]\sum_{i=1}^{N}\log(\sigma_i^2/D_i)\\&=[1/(2N)]\sum_{i:\ \sigma_i^2\geqslant B}\log(\sigma_i^2/B)\end{aligned} \tag{9.87}$$

注：

① 如果对总失真有要求，那么重点处理功率大的信号；

② 如果总失真允许较大，功率小的信号可以不予处理；

③ 只有满足 $\sigma_i^2\geqslant B$ 的子信源对 $R(D)$ 有贡献。

将每个子信源的方差按大小顺序排序，得

$$\sigma_{i1}^2\leqslant\sigma_{i2}^2\leqslant\cdots\leqslant\sigma_{iN}^2 \tag{9.88}$$

在平均失真从 0 逐渐增大的过程中，从对所有子信源的全部使用开始，按式（9.88）所表示的方差大小的顺序，逐个从被使用的子信源集合中排除，直至所有子信源都不被使用，此时对应最大的平均失真，为所有子信源方差的和，对应的 $R(D)=0$。

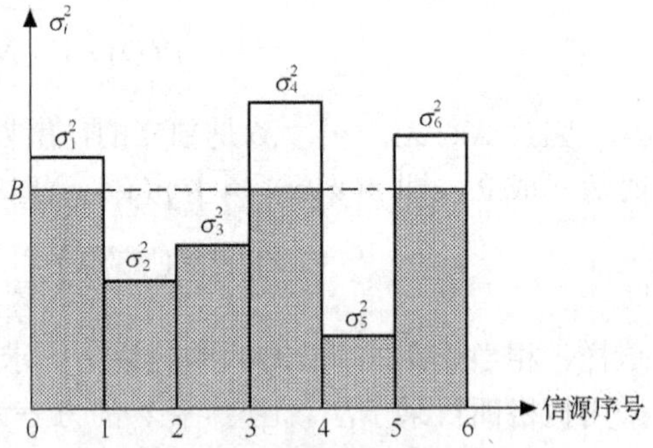

图 9.5 平均失真分配的倒注水原理

例 9.5 一个二维独立高斯信源（X_1X_2），其中 X_1，X_2 均值都为零，方差分别为 2 和 4，采用均方失真测度，求该信源的 $R(D)$函数。

解 如果 X_1，X_2 都使用，根据式（9.85）和式（9.86），有 $B=2D/2$ 和 $B\leqslant 2$，得 $D\leqslant 2$，$R(D)=\frac{1}{4}\log\frac{2}{D}+\frac{1}{4}\log\frac{4}{D}=\frac{1}{2}\log\frac{2\sqrt{2}}{D}$。

如果仅使用 X_2，有 $B=2D-2$ 和 $2<B\leqslant 4$，得 $2<D\leqslant 3$，$R(D)=\frac{1}{4}\log\frac{4}{2D-2}=\frac{1}{2}\log\sqrt{\frac{2}{D-1}}$。

由 $2D_{\max}=2+4=6$，得 $D_{\max}=3$。

所求 $R(D)$函数为

$$R(D)=\begin{cases}(1/2)\log(2\sqrt{2}/D), & 0<D\leqslant 2\\ (1/2)\log\sqrt{2/(D-1)}, & 2<D\leqslant 3\\ 0, & D>3\end{cases}$$

9.6　一般连续信源的 $R(D)$函数

对于一般的信源分布，难于得到简明的 $R(D)$ 函数的表达式。下面的定理给出了在均方失真测度下连续信源的 $R(D)$ 函数的界。

定理 9.8　一均值为 0，方差为 σ_x^2 的连续信源 X，熵为 $h(X)$，定义失真函数为 $d(x,y)=(x-y)^2$，则

$$h(X)-\frac{1}{2}\log(2\pi eD)\leqslant R(D)\leqslant\frac{1}{2}\log\frac{\sigma_x^2}{D} \tag{9.89}$$

仅当 X 为高斯信源时，等式成立。■

不等式的左边是均方失真准则下的香农下界，而右边不等式的证明见习题。定理的结果表明，在均方失真准则下，相同方差的信源要达到同样的均方失真 D，高斯信源有最大的 $R(D)$ 值。从数据压缩的角度看，高斯信源是最难压缩的信源。

*9.7　有损数据压缩技术简介

虽然信息率失真理论是有损数据压缩的理论基础，但在相当长的时间内将这种理论应用于有损数据压缩实践的成效不大。原因是：①这种理论需要研究信源的统计模型；②对不同的信源，有效的失真测度难于确定；③有效编码的复杂度较大。近十几年来，信息率失真理论的研究和应用得到很大发展，主要包括开发达到 $R(D)$速率的信源编码技术，寻找符合用户需要的有意义的失真测度，寻求对重要信源的合理的统计模型。本节就有损编码的主要方式：量化，预测编码，子带编码和变换编码做简单介绍。

9.7.1　量化

1. 标量量化

连续信源限失真编码的主要方法是量化，就是把连续的样值离散化成若干离散值。设离散值的个数为 n，那么这 n 个实数可用 n 个数字来表示。量化后的信号成为数字信号。由于这种数字化必然引入失真，所以在量化时必须使失真限制到最小。

对于一维连续信源输出的量化称为标量量化。最佳标量量化就是使量化后的平均失真最小。对固定码率量化，量化后的信息率为 $R=\log_2 n$，也就是表示量化后每个样值所需的比特数。

实际上，为使编译码简单可以采用均匀量化。在语音编码中，先对信号进行非线性压缩，再进行均匀量化。标量量化主要分为：均匀标量量化和非均匀标量量化。

2. 矢量量化

矢量量化的基本原理就是将若干个标量数据构成一个矢量，然后在矢量空间中量化。为

压缩比特率，当矢量被量化后，传送的是它的一个序号。 这样，需要一个码书储存典型的数据矢量（码矢量）和对应的序号。当编码时，将输入数据矢量和每个码矢量比较，并将与输入矢量最相似的码矢量对应的序号作为输入数据的编码来发送。在接收端则利用与发送端相同的码书寻找与发送序号所对应的码矢量重建信源信号。矢量量化主要分为均匀矢量量化和非均匀矢量量化。

9.7.2 预测编码

预测编码是基于时域波形信源压缩的技术，是语音编码中使用的重要方法，并在图像编码中得到应用。预测编码的基本思想是：由于量化器输入为信号样值和预测值的差，与原信号相比动态范围减小，从而使码率减小；而且这个差值基本上不相关甚至独立，因此可以用对无记忆信源的方法实现信源编码。虽然上面所述的最佳预测函数可使均方误差最小，但为求预测函数必须知道多个随机变量的联合概率密度函数。在一般情况下，这是很困难的。对于联合高斯分布的随机变量，由条件期望所得的最佳预测函数就是线性函数，而对于其他分布，线性预测不是最佳预测。线性预测方法比求条件期望简单得多，所以常将线性预测用于所有的随机过程。

线性预测在语音编码得到广泛应用。在语音波形编码中，有 Δ 调制、DPCM 调制和 APC 编码（自适应预测编码）。在参量编码中，有线性预测（LPC）声码器（利用线性预测技术对话音进行分析合成的系统）。在经典的 LPC 声码器中，发送端提取话音的线性预测系数、基音周期、清/浊音判决信息及增益参数，然后进行量化编码；在接收端则利用线性预测语音产生模型来恢复原始话音。由于预测模型所采用的激励源不同，可分为三类不同的 LPC 声码器：经典 LPC 声码器、混合激励 LPC 声码器和残差激励线性预测（RELP）声码器。

近十几年来，参量编码与波形编码相结合的语音混合编码技术得到很大发展，这种技术的特点是：①编码器既利用声码器的特点（利用语音产生模型提取语音参数），又利用波形编码的特点（优化激励信号使其达到与输入语音波形的匹配）；②利用感知加权最小均方误差准则使编码器成为一个闭环优化系统；③在较低码率上获得较高的语音质量。

这类编码器包括多脉冲激励线性预测（MPLP 或 MPC）编码，正规脉冲激励（RPE）编码和码激励线性预测（CELP）编码。

CELP 语音编码器是最具有吸引力的语音压缩编码方式之一，它的特点是：①使用矢量量化的码书对激励序列进行编码；②采用包含感知加权滤波器和最小均方误差准则的闭环系统选择码矢量。

当前使用 CELP 算法的语音编码标准有低延迟码激励线性预测（LD-CELP）编码器（16kbit/s 语音编码国际标准（G.728 建议）），共轭结构-代数码激励线性预测（CS-ACELP）编码器（8kbit/s 语音编码国际标准（G.729 建议））等。

9.7.3 子带编码

子带编码的技术要点如下：①信源通过一个带通滤波器组，滤波器的输出搬移到低通并进行抽取；②每路时域信号用 PCM，DPCM 或其他时域压缩技术编码；③在接收机，每路信号被译码后，再搬移回到原来滤波前的频带，所有的信号再进行内插；④然后所有分量相加得到总的重建信号；⑤采用正交镜像滤波器，以保证信号被滤波器组滤波后能够在恢复时频谱上不失真。

子带编码技术首先应用于语音压缩，然后用于图像压缩。在子带编码中，可以用不同的比特数对子带编码将失真孤立在单个频带，以实现较好的感知编码性能。子带编码在12～24kbit/s 速率范围，在性能和复杂度上很有竞争力。

9.7.4 变换编码

变换的目的就是使经变换后的信号能更有效地编码。变换编码器对 M 长的输入信源的样值进行 M 点的离散变换，是一种可逆变换。一个好的变换应该使变换后的系数是不相关的，甚至是独立的，而且还应该将能量集中在较少的重要的分量上。这样可以去掉不太重要的分量，而对剩下的分量按不同的精度编码，通过逆变换可以近似地恢复信源。如果通过变换使信号成为独立序列，那么就可以进行标量量化或采用对独立信源编码的方法，达到压缩信源码率的目的。应该注意：变换本身并不压缩信源，仅当变换后才开始编码，即对变换系数进行量化，然后进行熵编码。编码器的主要问题是设计性能好的量化器和对变换系数编码的熵编码器。

主要变换算法有：①K-L 变换：是最佳的变换，使变换后的系数不相关，但是需要关于信源统计特性的知识，而且需要复杂的计算；②离散余弦变换（DCT）：具有好的能量紧凑性，并存在快速算法；③小波变换：具有很好的能量集中性和可变的时间标度。

变换编码首先应用于图像压缩，然后用于语音和音频压缩。大部分语音编码器使用离散余弦变换（DCT）。在 16kbit/s 基于变换的编码器容易达到高质量的语音，而且用感知编码和分析加综合的方法，降到 4.8kbit/s 仍能产生好的话音质量。在图像编码中，DCT 是最广泛使用的，特别是对于二维信号，DCT 算法应用于很多编码标准中，如电视电话/会议视频编码标准：H.261，H.263；静止图像编码标准：JPEG；活动图像编码标准：MPEG1，MPEG2，和 MPEG4 等。

小波变换开始用于语音编码，而且在速率、质量和复杂度上都可与预测编码竞争，当前正变成很多信源编码和静止图像和视频编码标准的选择。在演进的标准，如 JPEG-2000 和 MPEG4 中，小波变换已经取代或补充到 DCT 中。

本章小结

1．$R(D)$函数定义

$$R(D)=\min_{p(y|x)\in P_D} I(X;Y)$$

2．$R(D)$函数的性质

（1）定义域：$0\leqslant D_{\min}\leqslant D\leqslant D_{\max}$

$$D_{\min}=\sum_x p(x)\min_y d(x,y)$$

$$D_{\max}=\min_y\sum_x p(x)d(x,y)\text{；}$$

（2）下凸性：$R(D)$是 D 的下凸函数；

（3）连续严格递减函数：在（D_{min}，D_{max}）区间是 D 的严格递减函数。

3．重要的 $R(D)$函数

（1）对称二元信源（汉明失真）

$$R(D)=\begin{cases}H(p)-H(D) & 0\leqslant D\leqslant p\\ 0 & D>p\end{cases}$$

（2）高斯信源（均方失真）

- 单符号信源 $R(D)=\begin{cases}\frac{1}{2}\log\frac{\sigma^2}{D} & 0<D\leqslant\sigma^2\\ 0 & D>\sigma^2\end{cases}$

- 独立并联信源

$$R(D)=[1/(2N)]\sum_{i,\sigma_i^2>B}\log(\sigma_i^2/B)$$

$$B=(ND-\sum_{i,\sigma_i^2<B}\sigma_i^2)/K$$

4．均方失真下的香农下界：$R_{SLB}(D)=h(X)-(1/2)\log(2\pi eD)$。

5．限失真信源编码定理

- 限失真信源编码定理： $R>R(D)\Leftrightarrow$ 存在平均失真$\leqslant D$ 的信源编码；
- 限失真信源信道编码定理：$C_{[\mathrm{bit/s}]}>R(D)_{[\mathrm{bit/s}]}\Leftrightarrow$ 存在平均失真$\leqslant D$ 的信源信道编码。

6．信息传输不等式

$$D\geqslant R^{-1}(C)$$

7．有损信源编码技术

- 量化；
- 预测编码；
- 子带编码；
- 变换编码。

思 考 题

9.1 举例说明有失真信源编码在某些情况下是必要的。

9.2 如何理解信息率失真理论是有损数据压缩的理论基础。

9.3 $R(D)$ 函数的定义是什么？有哪些重要性质？

9.4 限失真信源编码定理的内容是什么？

9.5 离散无记忆信源和离散时间连续信源的 $R(D)$ 函数有什么区别和联系？

9.6 研究香农下界有什么意义？

9.7 在均方误差准则下，当连续信源的平均功率和平均失真不相同时，何种分布使 $R(D)$ 函数的值最大？

9.8 对于独立并联高斯信源，达到 $R(D)$ 时，总失真在各个子信源之间的分配满足什么原理？

9.9 有损信源编码主要包含哪些技术？

习　题

9.1 一个四元对称信源为

$$\begin{pmatrix} X \\ P \end{pmatrix}=\begin{pmatrix} 0 & 1 & 2 & 3 \\ 1/4 & 1/4 & 1/4 & 1/4 \end{pmatrix}$$

失真矩阵为汉明失真矩阵，求 $D_{\max}$，$D_{\min}$ 与信源的 $R(D)$函数，并画出曲线。

9.2 设包含 3 个符号等概率信源 X，试验信道输出符号集含 2 个符号，失真矩阵为 $\boldsymbol{d}=\begin{pmatrix} 1 & 2 \\ 1 & 1 \\ 2 & 1 \end{pmatrix}$，求 $D_{\max}$，$D_{\min}$ 与对应的试验信道转移概率及 $R(D)$ 函数。

9.3 某二元信源 $\begin{pmatrix} X \\ P \end{pmatrix}=\begin{pmatrix} 0 & 1 \\ 1/2 & 1/2 \end{pmatrix}$，失真矩阵为 $\boldsymbol{d}=\begin{pmatrix} 0 & 2 \\ 2 & 0 \end{pmatrix}$，求 $D_{\max}$，$D_{\min}$ 与信源的 $R(D)$函数。

9.4 某二元信源$\begin{pmatrix} X \\ P \end{pmatrix}=\begin{pmatrix} 0 & 1 \\ \omega & 1-\omega \end{pmatrix}$ $(\omega<1/2)$，失真矩阵为 $\boldsymbol{d}=\begin{pmatrix} 0 & \alpha \\ \alpha & 0 \end{pmatrix}$，求 $D_{\max}$，$D_{\min}$ 与信源的 $R(D)$函数。

9.5 证明离散无记忆信源的信息率失真函数 $R(0)=H$（信源的熵）的充分与必要条件是，失真矩阵的每行至少有一个元素为零且每列至多有一个元素为零。

9.6 某信源包含 3 个符号，概率分别为 0.4，0.4，0.2，试验信道输出也包含 3 个符号，设失真测度为汉明失真，求 $R(D)$函数，并画出函数曲线。

9.7 将某二元信源的输出序列分成长度都是 7 个符号的分组，并给定一个（7，4）汉明码，对每个 7 符号的信源分组，用与其汉明距离最近的汉明码码字所对应的 4 位信息符号来代表，通过无噪声信道进行传输；在接收端，用接收的 4 位信息符号所对应的码字表示信源分组。

（1）求编码器的码率和编码系统的平均失真。

（2）将（1）的结果与 $R(D)$函数比较（设失真测度为汉明失真）。

（3）对于任意 l，应用 $(2^l-1, 2^l-l-1)$ 汉明编码，求码率和平均失真。

9.8 某二元信源产生独立等概率的 0，1 符号，失真矩阵 $\boldsymbol{d}=\begin{pmatrix} 0 & 1 & \infty \\ \infty & 1 & 0 \end{pmatrix}$。

（1）求 $R(D)$函数并画出简图。

（2）设计一个简单的编码系统，使得在任何给定平均失真的码率等于在该平均失真下 $R(D)$ 函数的值。

9.9 一个四元对称信源 X，各符号的概率分别为 $p/2$，$(1-p)/2$，$(1-p)/2$，$p/2$，失真矩阵为

$$\boldsymbol{d}=\begin{pmatrix} 0 & 1/2 & 1/2 & 1 \\ 1/2 & 0 & 1 & 1/2 \\ 1/2 & 1 & 0 & 1/2 \\ 1 & 1/2 & 1/2 & 0 \end{pmatrix}$$

其中，$p<1/2$，求信源的 $R(D)$ 函数，并画出曲线。

9.10 设无记忆信源 X，符号集 $A=\{0，1，2，3\}$，符号等概率，试验信道输出集合 Y 的符号集 $B=\{0，1，2，3，4，5，6\}$，且失真函数定义为

$$d(x,y)=\begin{cases}0 & x=y\\ 1 & x=0,1\text{且}y=4\\ 1 & x=2,3\text{且}y=5\\ 3 & x\text{任意},y=6\\ \infty & \text{其他}\end{cases}$$

证明 $R(D)$ 函数如图 9.6 所示。

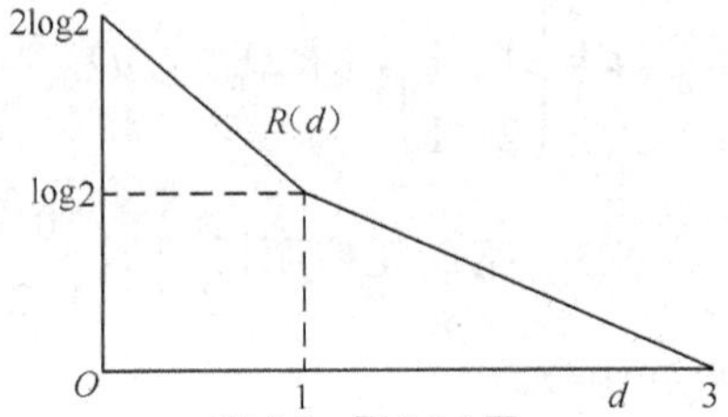

图 9.6 题 9.10 图

9.11 一个二维二元信源 X_1X_2，每个子信源的失真函数都是 $d_{ij}=1-\delta_{ij}$，其中 X_1 的概率是 $p_0^{(1)}=3/4$，$p_1^{(1)}=1/4$；X_2 的概率是 $p_0^{(2)}=5/8$，$p_1^{(2)}=3/8$，求率失真函数。

9.12 二元等概率信源的失真函数规定如下：

X \ Y	0	1
0	0	∞
1	1	0

求其 $R(D)$ 函数。

9.13 一离散无记忆信源 X 与其试验信道输出 Y 的符号集均为{1，2，3，4}，失真测度如下表所示：

$d(x,y)$ x \ y	1	2	3	4
1	0	0	1	1
2	0	0	1	1
3	1	1	0	0
4	1	1	0	0

其中，$d(x,y)$ 为失真测度。

（1）设信源符号等概率，确定 $R(D)$ 函数定义域，并求 $R(D)$ 函数表达式。

（2）设信源符号概率不等，分别为 p_1,p_2,p_3,p_4，确定 $R(D)$ 函数的定义域，并求 $R(D)$ 函数的表达式。

9.14 L 个独立离散信源符号 X_1，X_2，…，X_L，具有同样的概率分布 P_i 和失真函数 d_{ij}，规定平均失真 D 和平均最小信息率为

$$D=\frac{1}{L}\sum_{l=1}^{L}D_l，\quad R=\frac{1}{L}\sum_{l=1}^{L}R_l(D_l)$$

其中，$D_l=\sum_i\sum_j p_iP_{ijl}d_{ij}$，试证当各 D_l 相同时 R 最小，亦即 L 变量的率失真函数与各符号的率失真函数相同。

9.15 设有 K 维独立等概率二元信源 $X_1\cdots X_k\cdots X_K$，各维的失真函数不同，设第 k 维子

信源的失真测度为

$$d_{ij}=\begin{cases}0 & i=j \\ \alpha_k & i\neq j\end{cases} \qquad (i,j=0,1)$$

在上题的平均失真和平均信息率的规定下，求率失真函数 $R(D)$，并指出其定义域。

9.16　设连续信源 X，重建随机变量为 Y，失真函数为 $d(x,y)$，$R(D)$为率失真函数。

（1）设另一失真函数为 $\tilde{d}(x,y)=d(x,y)+a,(a>0)$，求对应的率失真函数 $\tilde{R}(D)$。

（2）设另一失真函数为 $\hat{d}(x,y)=bd(x,y),(b\geqslant 0)$，求对应的率失真函数 $\tilde{R}(D)$。

（3）设 $X\sim N(0,\sigma^2)$，$d(x,y)=5(x-y)^2+3$，求 $R(D)$ 函数。

9.17　设连续信源X的概率密度为 $p(x)$，失真测度为 $d(x,y)$，满足 $\int\lambda(x)p(x)\mathrm{e}^{sd(x,y)}\mathrm{d}x\leqslant 1$，$\Lambda_s$ 为满足上面不等式的 $\lambda(x)$ 的集合，证明：

$$R(D)\geqslant \sup_{s\leqslant 0,\lambda(x)\in\Lambda_s}[sD+\int p(x)\log\lambda(x)\mathrm{d}x]$$

9.18　设离散时间连续信源的熵为 $h(X)$，确定在绝对失真测度下的连续香农下界。

9.19　设连续信源 X 的概率密度为 $p(x)=(\alpha/2)\mathrm{e}^{-\alpha|x|}$，其中 $\alpha>0$，失真函数为 $d(x,y)=|x-y|$，求信源的 $R(D)$函数，并验证是否达到香农下界。

9.20　设连续信源 X 的概率密度为 $p(x)=(2/\pi)(1+x^2)^{-2}$，失真函数为 $d(x,y)=|x-y|$，求信源的 $R(D)$函数。

9.21　设离散时间高斯信源的方差为 σ^2，采用平方误差失真测度证明达到 $R(D)$时，试验信道的转移概率密度为 $p(y|x)=(1/\sqrt{2\pi\beta D})\exp[-(y-\beta x)^2/(2\beta D)]$，其中 $\beta=1-D/\sigma^2$。

9.22　一均值为 0，方差为 σ_x^2 的连续信源 X，失真函数为 $d(x,y)=(x-y)^2$，证明：

$$R(D)\leqslant(1/2)\log(\sigma_x^2/D)$$

9.23　信源输出为平稳正态过程 $X(t)$，其功率谱为

$$G(f)=\begin{cases}A & |f|\leqslant F_1 \\ 0 & |f|>F_1\end{cases}$$

失真函数为 $d(x,y)=(x-y)^2$，样值的容许失真为 D。

（1）求每秒的信息率失真函数 $R(D)$。

（2）用一高斯信道（限频 F_2，限功率 P，噪声的双边功率谱为 $N_0/2$）来传送上述信源，求最小可达到的均方误差 ε 与 F_2 的关系式 $\varepsilon(F_2)$。

9.24　一个三维独立高斯信源（$X_1X_2X_3$），其中 X_1，X_2，X_3 均值都为零，方差分别为 2，8 和 4，采用均方失真测度，求该信源的 $R(D)$函数。

9.25　有一信源为 $\begin{pmatrix}S\\P\end{pmatrix}=\begin{pmatrix}s_1 & s_2\\1/2 & 1/2\end{pmatrix}$，每秒发出 2.66 符号。将信源的输出符号通过一个二元无噪信道传输，而信道每秒仅传送 2 个二元符号。

（1）信源能否通过此信道进行无失真传输？

（2）如果不能，那么允许多大的平均失真便可通过此信道传输，设失真测度为汉明失真。

9.26　有一信源为 $\begin{pmatrix}S\\P\end{pmatrix}=\begin{pmatrix}s_1 & s_2\\1/4 & 3/4\end{pmatrix}$，每秒发出 1.5 符号，通过一个错误概率为 ε 的二元对称信道传输，信道每秒使用 2 次。求信源符号通过信道传输后的最小平均失真，设失真测度为汉明失真。

第10章 网络信息论初步

前面章节所研究的信道都只有一个输入和一个输出，也称为单用户信道。当许多用户要相互传递消息时，就必须采用许多这样的单用户信道组成信道群，形成通信网。网络环境下的信道可容许多个输入和多个输出，称为多用户信道，例如，卫星通信信道，雷达通信信道和广播信道等。多用户信道的基本模型包括多址接入信道、广播信道和中继信道等。

信道的输入端接收多个编码器发送的不同信源消息，而仅仅输出到一个译码器，由后者译出不同信源的消息，是多输入单输出信道，通常称为多址接入信道。当前这类信道容量的计算问题已经基本解决。信道的输入端只接一个编码器，它把多个信源的消息编成信道所需要的信号，而输出端分别接到多个译码器，译出所需消息，这是单输入多输出信道，通常称为广播信道。当前这类信道的容量计算问题并未完全解决，只能计算某些特殊信道的容量。信道的输入端和接收端在通信时得到第三方中继站的协助，且中继站不发送属于自身的信息，通常称为中继信道。一般中继信道的容量问题尚未完全解决，但退化中继信道的容量问题已经解决。

在通信网中，信源位于网络的各个节点，称为分布式信源。而这些信源往往有一定的相关性，如果仍然采用传统的对各个信源单独压缩，就不能实现传输的高效率，而必须采用相关信源编码的方法。

网络信息论研究在一个通信网中多个节点互相之间实现有效而可靠信息传输的理论问题。当前，在因特网、无线蜂窝网、移动 Ad hoc 网等通信网快速发展的背景下，需要采用性能良好的编码方式和传输策略，为此开展网络信息论的研究非常必要。

本章主要介绍网络信息论最基本的内容，主要包括多址接入信道容量、退化广播信道容量、中继信道容量和分布信源编码，而且只介绍有关编码定理的结论而略去证明。

10.1 概述

网络信息论又称为多用户信息论或多端信息论，其基本思想的产生最早可以追溯到 1961 年香农提出的二元双向通信问题。直到 20 世纪 70 年代初，在多址通信、中继通信、卫星通信、移动通信，特别是多用户通信网的实际需要推动下形成了相关领域的研究高潮。40 多年来，网络信息论成为学术界最活跃的研究方向之一，期间提出了各种多用户通信模型，归纳为：多用户信源及其编码定理，多用户信道及其编码定理两大类。其中，1973 年 D. Slepian 和 J. K. Wolf 最早给出无记忆相关信源的编码定理，1975 年 A. D. Wyner 给出相关信源的协同编码，后来更为一般化网络的信源编码问题也得到进一步研究。多址接入信道的容量区域最早由 R. Ahlswede 和 H. Liao 分别在 1971 年和 1972 年给出。广播信道的研究最早由 T. M. Cover 在 1972 年给出，此后 P. P. Bergmans 在 1973 年、R. G. Gallager 在 1974 年、S. I. Gelfand 在 1977 年先后解决了退化广播信道的容量区域问题，Van Der Meulen 和 T. M. Cover 分别在 1975 年给出了一般离散无记忆广播信道的可达速率区域。具有边信息的相关信源编码问题由 A. Wyner 和 J. Ziv 在 1973 年提出，并在 1976 年找到了具有边信息的率失真函数，R. Ahlswede 和 J. Körner 在 1975 年给出了具有边信息的信道可达速率域，S. I. Gelfand 和 M. S. Pinsker 在 1980 年解决了具有边信息的率失真信道容量，在 2002 年，T. M. Cover 和 M. S. Chiang 给出关于率失真的函数和信道容量对偶定理，基本统一了包括发送端和接收端具有任意分布独立信道信息或高斯分布相关信道信息在内的率失真和信道容量理论。

本章仅限于介绍网络信息论的最基本内容，具体包括以下几个方面。

① 在网络环境下的多用户信道特性，初步探讨网络环境下的信息可靠传输问题，模型包括以下几种。

多输入单输出信道：这种信道的输入端接收来自不同信源编码器的消息，而仅仅输出到一个译码器译出不同信源的消息，通常称为多址接入信道。

单输入多输出信道：这种信道的输入端只接一个编码器，把多个信源的消息编码，而输出端分别接到多个译码器，译出所需的消息，称为广播信道。

中继站协助转发信道：这种信道的输入端、输出端之间通信得到一个或多个中继站的协助，称为中继信道。

② 在网络环境下的相关信源压缩编码，初步探讨网络环境下的信息有效传输问题。

通常信源位于网络的不同节点，称为分布式信源。而这些信源往往具有一定相关性，如果仍然采用传统的方法对每个信源单独压缩，就不能实现传输的高效率，因而必须采用相关信源编码的方法。

和单用户信道类似，多用户信道研究的主要问题是：(a) 多用户信道的信道容量，这种信道的容量不能简单地用一个实数来表示，可传输的信息率也不能用正实轴上的一个区间来代表，而是需要用多维空间中的一个区域来表示；(b) 多用户信道编码定理，证明在网络的信道容量范围内，一定存在一种编码方式，能够可靠的传输信息；(c) 实现编码定理的码结构问题，其中包括信源编码和信道编码。

通信网的一般问题是在给定网络信道整体特性的情况下求解网络的最大信息流量，以及在给定网络中信源特性的情况下求解信源信息的有效表示方法。这些问题从概念上讲是对单用户信道下的信道容量问题和单信源的信源编码问题的扩展，但是由于通信网形式的多样性，要从网络的一般模型出发求其一般解非常困难。

展望未来，网络信息论的研究仍正在发展之中。近年来，简单网络的容量和传输效率分析，物理层及网络层编码、调度、交换、通信网络跨层设计等理论都已经取得了一些研究成果。目前的研究热点主要有认知网络容量、大规模 MIMO 系统容量、异构协同网络容量等。

10.2 多址接入信道

多址接入信道（Multiple Access Channel，MAC）是有多个信道输入信号，但只有一个信道输出信号。信道的多个输入端可供多个信源同时接入，故也称多源接入信道，如图 10.1 所示。在通信系统中，多址接入是用时分、频分或码分等方法将一个物理信道划分成若干独立的子信道来实现的，各输入信号被分离在互相正交的信号子空间内。需要指出的是，接入信道的各个信源的这一特点使其有别于第 6 章所述的各种并联信道。

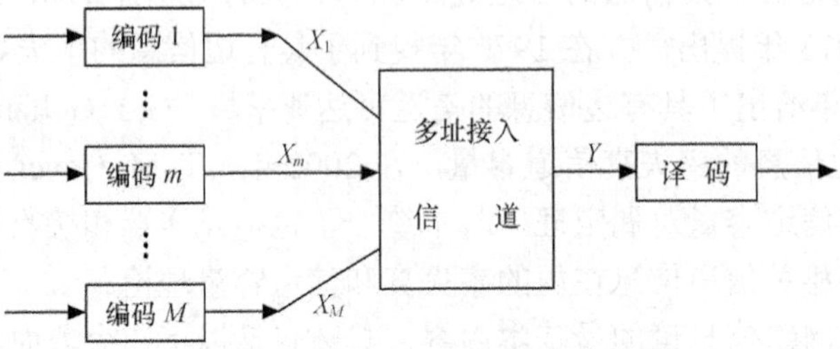

图 10.1 多址接入信道

已知对于单用户信道，表征信道性能的参量是信道容量 C，C 是一个数。只要信息传输速率 $R<C$，即 R 属于正实轴上的一个区间，总存在一种编码方式，使得当码长足够长时，译码错误率可以任意小。但对于多用户信道，其容量不能用一个数来表示，可传送的信息率也不能用正实轴上一个区间来代表，而是常常需要用 n 个数，或在平面或高维空间中的一个区域代表，称为可达速率区域，这个区域的界限就成为多用户信道的容量界。讨论多用户信道的容量就是计算这些区域的界限，并证明如果传输速率在这个范围内，就一定有某种编码方式，能够可靠地传送信息。能够实现可靠传输的速率称为可达速率。

10.2.1 二址接入信道的容量

两个输入的多址接入信道如图 10.2 所示。设信道的两个输入随机变量为 X_1 和 X_2，一个输出随机变量为 Y，则信道特性可用 $p(y\,|\,x_1x_2)$ 这一条件概率来表征。两个编码器分别将两个信源符号 U_1 和 U_2 编成适合于信道输入的信号 X_1 和 X_2；一个译码器由信道输出 Y 译出相应的信源符号 $\hat{U}_1$ 和 $\hat{U}_2$。设 X_1，X_2 分别为 U_1，U_2 的每个符号所对应的长度为 n 的码字集合，且 U_1 的符号集为 $\{1,2,\cdots,2^{nR_1}\}$，U_2 的符号集为 $\{1,2,\cdots,2^{nR_2}\}$。那么 R_1 和 R_2 分别为 U_1 和 U_2 信道编码后的信息传输速率，表示传输每个码字所携带的信息量。与单用户信道类似，信道无记忆指的是

$$p(\boldsymbol{y}\,|\,\boldsymbol{x}_1\boldsymbol{x}_2)=\prod\nolimits_{i=1}^{n}p(y_i\,|\,x_{1i}x_{2i})\text{，其中，}\quad \boldsymbol{x}_k=(x_{k1},\cdots,x_{kn}),(k=1,2) \tag{10.1}$$

二址接入信道可表示为 $\{X_1X_2,p(y\,|\,x_1,x_2),Y\}$。

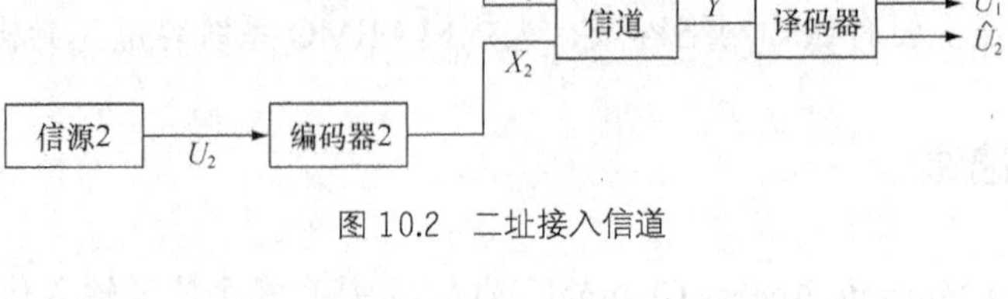

图 10.2 二址接入信道

定理 10.1 一个无记忆二址接入信道的容量是一个满足下面条件的凸集合：

$$R_1 < I(X_1;Y \mid X_2) \tag{10.2}$$

$$R_2 < I(X_2;Y \mid X_1) \tag{10.3}$$

$$R_1 + R_2 < I(X_1X_2;Y) \tag{10.4}$$

式中，I 为平均互信息，它对应在联合集 X_1X_2 上概率分布乘积 $p_1(x_1)p_2(x_2)$ 的某种选择（证明略）。

根据定理 10.1 的结论，可以计算二址接入信道的容量区域，设 R_1，R_2 的极大值分别为 C_1，C_2，求极大值对应着在联合集 X_1X_2 上概率分布乘积 $p(x_1)p(x_2)$ 的某种选择。

先求由 U_1 送至 $\hat{U}_1$ 的可达信息率 R_1。由于 U_1 从 X_1 输入，而在 Y 中获得。若 X_2 已确知，Y 信号中获得的关于 X_1 的信息最大，因为此时可排除 X_2 引起的干扰。所以有

$$R_1 \leqslant \max_{p_1(x_1)p_2(x_2)} I(X_1;Y \mid X_2) \tag{10.5}$$

取极大值是改变编码器 1 和 2 使有最合适的 X_1 和 X_2 的概率分布，我们把这一极大值称为 C_1，即

$$\begin{aligned} C_1 &= \max_{p_1(x_1)p_2(x_2)} I(X_1;Y \mid X_2) \\ &= \max_{p_1(x_1)p_2(x_2)} [H(Y \mid X_2) - H(Y \mid X_1X_2)] \end{aligned} \tag{10.6}$$

即

$$R_1 \leqslant C_1 \tag{10.7}$$

同理有

$$\begin{aligned} C_2 &= \max_{p_1(x_1)p_2(x_2)} I(X_2;Y \mid X_1) \\ &= \max_{p_1(x_1)p_2(x_2)} [H(Y \mid X_1) - H(Y \mid X_1X_2)] \end{aligned} \tag{10.8}$$

和

$$R_2 \leqslant C_2 \tag{10.9}$$

除了 C_1 和 C_2 分别对 R_1 和 R_2 加以限制外，还有一个联合限制，即

$$\begin{aligned} R_1 + R_2 \leqslant C_{12} &= \max_{p_1(x_1)p_2(x_2)} I(X_1X_2;Y) \\ &= \max_{p(x_1)p(x_2)} [H(Y) - H(Y \mid X_1X_2)] \end{aligned} \tag{10.10}$$

这是从 Y 获得的关于 X_1 和 X_2 的信息。

当 X_1 和 X_2 相互独立时，可以证明，C_1，C_2 和 C_{12} 之间必存在不等式：

$$\max(C_1, C_2) \leqslant C_{12} \leqslant C_1 + C_2 \tag{10.11}$$

这些结果规定了二址接入信道 $p(y \mid x_1, x_2)$ 的可达速率区域，即如图 10.3 所示的阴影区域。属于该截角多边形凸包区域内的 R_1，R_2 可以在信道中无差错地传输。

B 点的含义是指，发送者 2 以最大的信息传输率发送时，发送者 1 能够发送的最大信息传输率，这个值是在信道中将 X_1 传送到 Y，而把 X_2 看作为噪声而求得的，此时相当于 X_2 一定，而 X_1 以信息率 $C_{12} - C_2$ 在单用户信道中传输的结果。区域中的点 C 具有相似的含义，指发送者 1 以最大的信息传输率发送时，发送者 2 能够发送的最大信息传输率。

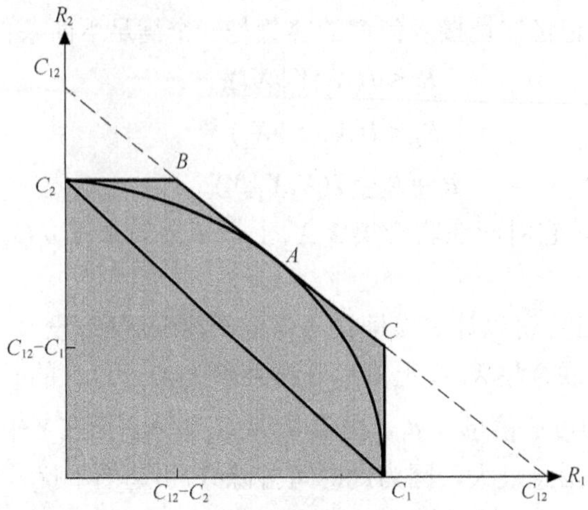

图 10.3　二址接入信道的可达速率区域

例 10.1　二址接入二元乘积信道。 设一个二址接入信道，输入 $X_1=\{0,1\}$，$X_2=\{0,1\}$，输出 $Y=\{0,1\}$，且 $Y=X_1X_2$，求该信道的容量区域。

解　如图 10.4 所示的信道转移概率图，信道转移概率 $P(y\,|\,x_1x_2)$ 是 0，1 分布（对所有 x_1，x_2 和 y），也即信道无噪声，Y 完全由 X_1X_2 决定，因此对任意输入概率分布都有 $H(Y\,|\,X_1X_2)=0$。又当 X_2 固定取值为 1 时，X_1 与 Y 是一一对应的确定关系，又因为 X_1 与 X_2 相互独立，所以，$I(X_1;Y\,|\,X_2=1)=H(X_1\,|\,X_2=1)-H(X_1\,|\,X_2=1,Y)=H(X_1)$；

$I(X_1X_2;Y)=H(Y)-H(Y\,|\,X_1X_2)=H(Y)$。由式（10.1）得速率对 (R_1,R_2) 的可达区域为

$$\{(R_1,R_2):0\leqslant R_1\leqslant H(X_1),0\leqslant R_2\leqslant H(X_2),0\leqslant R_1+R_2\leqslant H(Y)\}$$

求得：

$$C_1=\max_{p(x_1)}H(X_1)=1\text{比特/符号}$$

$$C_2=\max_{p(x_2)}H(X_2)=1\text{比特/符号}$$

$$C_{12}=\max_{p(x_1)p(x_2)}H(Y)=1\text{比特/符号}$$

因此二元乘积信道的容量区域如图 10.5 所示。

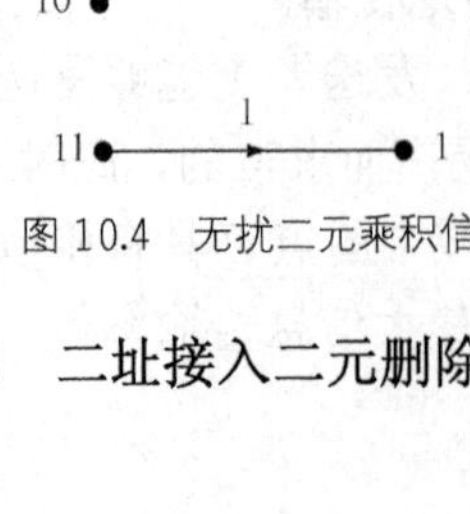

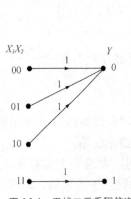

图 10.4　无扰二元乘积信道的转移概率

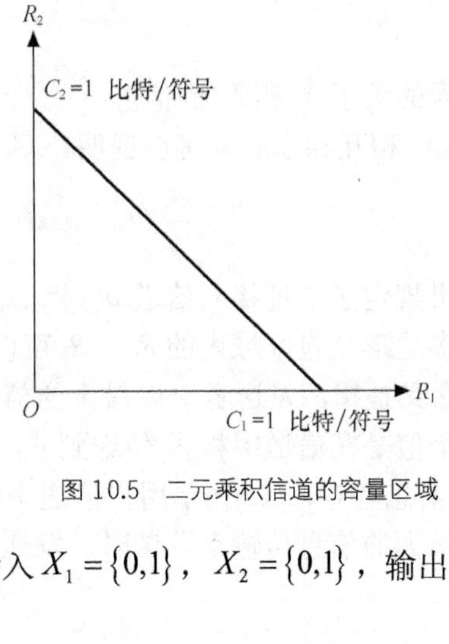

图 10.5　二元乘积信道的容量区域

例 10.2　二址接入二元删除信道。 设信道输入 $X_1=\{0,1\}$，$X_2=\{0,1\}$，输出 $Y=\{0,1,2\}$，

且 $Y = X_1 + X_2$，其中“+”为代数和，因此也称为二元和信道，求信道的容量区域。

解 图 10.6 所示为信道的转移概率 $p(y|x_1x_2)$ 图。当 X_2 已知时，由式（10.5）可求得 $C_1 = \max_{p(x_1)} I(X_1;Y|X_2) = \max_{p(x_1)} H(X_1) = 1$ 比特/符号。同理，当 X_1 已知时，可求得 $C_2 = 1$ 比特/符号。

下面在 X_1 和 X_2 统计独立的条件下求 C_{12}。由式（10.10），有 $C_{12} = \max_{p(x_1)p(x_2)} I(X_1X_2;Y)$。设 X_1 的概率是 $p_0 = p$ 和 $p_1 = 1-p$；X_2 的概率是 $p_1' = p'$ 和 $p_0' = 1-p'$，则对应地得到 Y 的概率分别为 $q_0 = p(1-p'), q_1 = pp' + (1-p)(1-p'), q_2 = p'(1-p)$；而 $I(X_1X_2;Y) = H(Y) - H(Y|X_1X_2)$，但信道无噪声，$H(Y|X_1X_2) = 0$，所以

$$I(X_1X_2;Y) = H(Y) = -p(1-p')\log[(1-p')p] - (1-p)p'\log[(1-p)p']$$
$$-[pp' + (1-p)(1-p')]\log[pp' + (1-p)(1-p')]$$

令上式分别对 p 和 p' 的偏导数为零，可得当 $p = p' = 1/2$ 时，

$$C_{12} = -\frac{1}{4}\log\frac{1}{4} - \frac{1}{4}\log\frac{1}{4} - \frac{1}{2}\log\frac{1}{2} = 1.5 \text{ 比特}$$

信道的容量区域如图 10.7 所示。

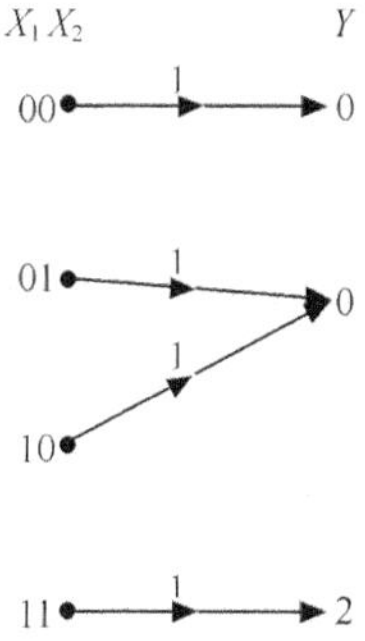

图 10.6 无扰二元删除信道的转移概率图

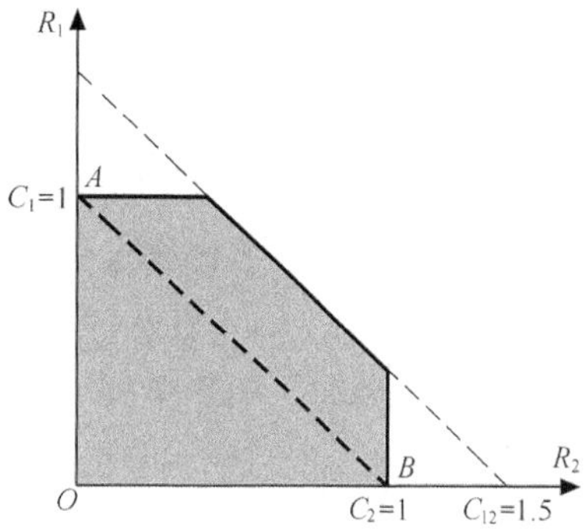

图 10.7 二元删除信道的可达速率区域

例 10.3 二址接入高斯信道。设 X_1 和 X_2 都是取值于 $(-\infty,\infty)$ 的随机变量，其概率密度分别为 $p_{X_1}(X_1)$ 和 $p_{X_2}(X_2)$。信道输出 $Y = X_1 + X_2 + Z$，Z 为零均值、方差为 σ^2 的高斯白噪声，如图 10.8 所示，设输入均值为零，平均功率受限即 $E(X_1^2) = P_1$，$E(X_2^2) = P_2$，且与 Z 相互独立。求该信道的容量区域。

解 信道的转移概率密度为

$$P(Y|X_1X_2) = \frac{1}{\sqrt{2\pi}\sigma}\exp[-\frac{(y-x_1-x_2)^2}{2\sigma^2}]$$

式中，σ^2 是 Z 的方差，即噪声平均功率。由于正态分布的熵与均值无关，只与方差有关，所以有 $h(Y|X_1X_2) = \frac{1}{2}\log(2\pi e\sigma^2)$。

现求 C_1，C_2 和 C_{12}。

$$C_1 = \max_{p(X_1)p(X_2)}[h(Y|X_2) - h(Y|X_1X_2)] = \max_{p(X_1)p(X_2)} h(Y|X_2) - \frac{1}{2}\log(2\pi e\sigma^2)$$

已知限平均功率时，随机变量取正态分布的熵最大，因此求 $\max_{p(X_1)p(X_2)} h(Y|X_2)$ 就是要求 X_2

已知条件下 Y 是高斯分布的熵。当 X_2 已知时，Y 的方差是 $P_1+\sigma^2$，则

$$C_1=\frac{1}{2}\log\frac{P_1+\sigma^2}{\sigma^2}=\frac{1}{2}\log(1+\frac{P_1}{\sigma^2}) \tag{10.12}$$

同理可得

$$C_2=\frac{1}{2}\log\frac{P_2+\sigma^2}{\sigma^2}=\frac{1}{2}\log(1+\frac{P_2}{\sigma^2}) \tag{10.13}$$

而 $E(Y^2)=P_1+P_2+\sigma^2$，因此

$$C_{12}=\frac{1}{2}\log\frac{P_1+P_2+\sigma^2}{\sigma^2}=\frac{1}{2}\log(1+\frac{P_1+P_2}{\sigma^2}) \tag{10.14}$$

利用上述 C 的结果可以得到图 10.3 的容量界限。

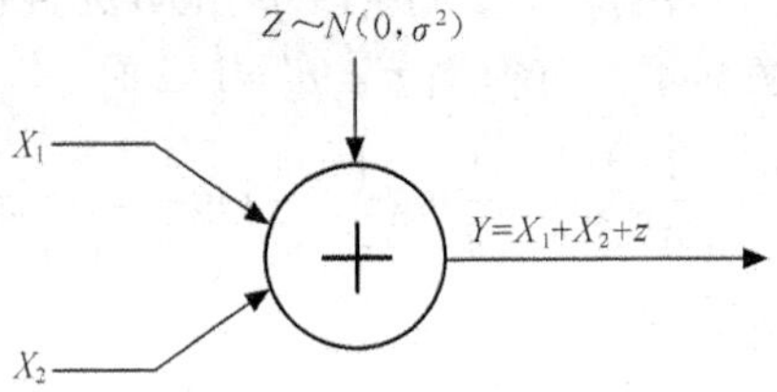

图 10.8　二址接入高斯信道

10.2.2　多址接入信道的容量

很容易从上述结果推广到多址接入信道的情况。已给条件概率 $p(y\,|\,x_1,\cdots,x_m)$，可分别规定各信源信息率限制：

$$R_r\leqslant C_r=\max_{p_1(x_1)\cdots p_m(x_m)} I(X_r;Y\,|\,X_1\cdots X_{r-1}X_{r+1}\cdots X_m)\qquad(r=1,\cdots,m) \tag{10.15}$$

再规定各种联合限制，对任一 $S\subseteq\{1,\cdots,m\}$，

$$\sum_{r\in S}R_r\leqslant C_S=\max_{p_1(x_1)\cdots p_m(x_m)} I(\prod_{r\in S}X_r;Y\,|\prod_{r\notin S}X_r) \tag{10.16}$$

也可证明，当各信源相互独立时，有

$$\sum_{r\in S}C_r\geqslant C_S\geqslant\max_{r\in S}[C_r] \tag{10.17}$$

这些结果限定了具有 m 个独立输入的多址接入信道的容量区域是一个截角 m 维多面体。这样，要计算信道容量，就是计算各 C_r 和 C_S。由于以上一系列公式都是熵的差，所以同时适用于离散和连续变量。

设多址接入包含 m 个发信机 X_i，平均功率约束为 $(P_1,\cdots,P_m)$，信道输出为 Y，噪声为零均值、平均功率为 N 的加性高斯白噪声，那么

$$Y=\sum\nolimits_{i=1}^{m}x_i+z \tag{10.18}$$

该信道称为 m 个用户的高斯多址接入信道。

定理 10.2　m 个用户高斯多址接入信道的容量区为

$$\sum\nolimits_{i\in S}R_i<C\left(\frac{\sum\nolimits_{i\in S}P_i}{N}\right) \tag{10.19}$$

如果各用户的平均功率约束都相同为 P，那么式（10.19）变为

$$\sum_{i\in S} R_i < C\left(\frac{|S|P}{N}\right) \tag{10.20}$$

10.2.3 不同多址方式下的接入信道容量

多址接入信道的通信系统模型是以各种多址通信系统为背景建立的，信息论对这种信道容量域的分析结果对多址方法的比较选择具有重要指导作用。在实际系统中，最常采用的多址方式有频分、时分和码分三种。从信号理论上讲，这三种多址方式都是基于信号空间的正交分解，将整个信道划分为若干个独立的互不干扰的子信道，每个信源可使用一个子信道传送信息，每个子信道采用的正交基函数不同。三种多址方式分别采用了在频率域、时间域和码域上的正交划分，实际系统中这三种多址方式下传输可达的信道容量是不完全一样的。下面以二址接入信道为例，对三种多址方式进行比较。

下面分析时分方式下二址接入高斯信道的容量区域。设在总的传输时间 T 内，θT 用于以 R_1 传输 X_1，$(1-\theta)T$ 用于以 R_2 传输 X_2，而 $0\leqslant\theta\leqslant1$。在以 R_1 传输 X_1 时，令 X_2=0；在以 R_2 传输 X_2 时，令 X_1=0，则在保持 X_1 和 X_2 总的时间 T 内平均功率不变的情况下，实际传输的 X_1 和 X_2 的平均功率可以得到提高，且 X_1 的传送功率可以提高到 P_1/θ，X_2 的传送功率可以提高到 $P_2/(1-\theta)$，信道噪声功率仍为 σ^2，输出 Y 的功率仍为 $P_1+P_2+\sigma^2$，可得

$$R_1 \leqslant \theta C_1 = \frac{\theta}{2}\log(1+\frac{P_1}{\theta\sigma^2}) \tag{10.21}$$

$$R_2 \leqslant (1-\theta)C_2 = \frac{1-\theta}{2}\log(1+\frac{P_2}{(1-\theta)\sigma^2}) \tag{10.22}$$

$$R_1+R_2 \leqslant C_{12} = \frac{1}{2}\log(1+\frac{P_1+P_2}{\sigma^2}) \tag{10.23}$$

取不同的 θ 值得到不同的 (R_1,R_2)，从而可以得出一条曲线，这就是图 10.3 中的曲线 C_1AC_2。曲线以下的 (R_1,R_2) 是在信道中可以任意小的差错率来传送消息的速率。显然这还是在容量界限（截角矩形）之下，除了 C_1（相当于 $R_1=C_1,R_2=0,\theta=1$），C_2（相当于 $\theta=0,R_1=0,R_2=C_2$）和 A（相当于 $\theta=\frac{P_1}{P_1+P_2},R_1=\frac{P_1}{P_1+P_2}C_{12},R_2=\frac{P_2}{P_1+P_2}C_{12}$）三点是在理论的容量区域界限上以外，其他 (R_1,R_2) 均在理论容量界区域内部。由以上分析可以得出，对于连续多址接入信道，时分方式不是最佳。

再看频分多址方式的情况。利用限带加性白色高斯噪声信道容量的公式：

$$C = W\log(1+\frac{P_S}{N_0W})\text{bit/s}$$

设信道的总频带被分成 W_1 和 W_2 两部分，则按前面的分析不难得出：

$$R_1 \leqslant W_1\log(1+\frac{P_{S_1}}{N_0W_1}), R_2 \leqslant W_2\log(1+\frac{P_{S_2}}{N_0W_2}) \tag{10.24}$$

当 $W_1=W$，$W_2=0$ 时，R_1 达到最大值。当 $W_1=0$，$W_2=W$ 时，R_2 达到最大值，这对应于 C_1,C_2 两点。随着 W_1,W_2 的变化，R_1+R_2 也将沿曲线变化。只有当 W_1,W_2 的值满足关系式：

$$\frac{W_1}{W}=\frac{P_{S_1}}{P_{S_1}+P_{S_2}},\frac{W_2}{W}=\frac{P_{S_2}}{P_{S_1}+P_{S_2}} \tag{10.25}$$

有

$$R_1+R_2=W_1\log(1+\frac{P_{S_1}+P_{S_2}}{N_0W})+W_2\log(1+\frac{P_{S_1}+P_{S_2}}{N_0W})=W\log(1+\frac{P_{S_1}+P_{S_2}}{N_0W}) \tag{10.26}$$

所描述的曲线与图 10.3 的 BC 线相切，此时频分多址的速率也达到理论容量域的最大值。

由以上分析可以看出，在平均功率受限的约束下，采用时分多址方式和频分多址方式的可达速率区域均小于理论给出的容量区域。但是通过设计时隙分配或带宽分配的比例，时分多址与频分多址又都可使速率达到理论容量域的最大值。

码分多址方式中，所有信道输入信号都占用信道的全部带宽和时间，各信号间不存在时隙分配或带宽分配问题。如果各用户采用发送同步、协作传输、联合检测，在每用户分配相同功率条件下，可用式（10.18）的模型来近似。因此码分多址的可达速率区域与理论容量区域一致。理论上，两个信源采取相互正交的编码方式同时传输，可以充分地利用多址接入信道的容量。上述结论说明达到理论容量的码分多址方式是存在的，为码分多址通信的多用户信道技术奠定了理论基础。

10.3 广播信道

10.3.1 概述

广播信道（Broadcast Channel，BC）与多址接入信道正好相反，它有一个输入和多个输出，如图 10.9 所示。实际的电视广播或者收音机广播都属于这一类信道。对这一类信道需要强调的是各输出端口在地理上是分散的，因此各输出信号受干扰的情况通常是不同的，译码只能分散地进行。与狭义的广播概念不同的是，广播信道各信宿接收的信息并不一定相同，图中的 M 个信源明确指出了这一点。也就是说我们所要研究的情况是，在一个信道中要发送不同的消息给每个接收端，而且每个接收端所对应的信道转移矩阵是不相同的。当广播信道向所有信宿传送相同的信息且每个接收端所对应的信道转移矩阵相同，广播信道的问题就退化为单用户信道问题。

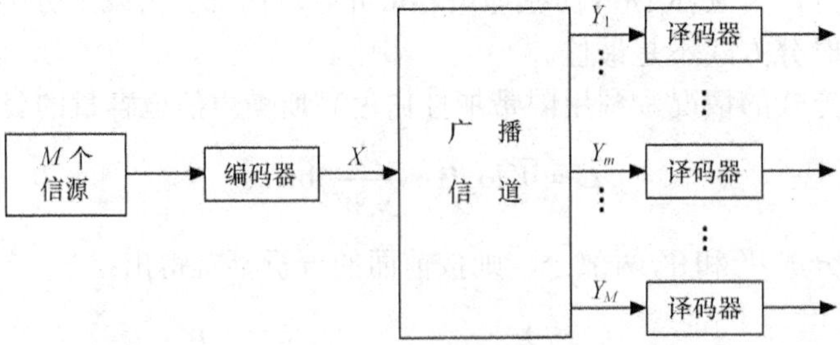

图 10.9　广播信道

最简单的广播信道就是单输入双输出（也称两接收机）无记忆广播信道情况，如图 10.10 所示。这种信道表示为 $(X,p(y_1y_2\mid x),Y_1Y_2)$。与单用户信道类似，信道无记忆指的是

$$p(\boldsymbol{y}_1\boldsymbol{y}_2\mid\boldsymbol{x})=\prod_{i=1}^{n}p(y_{1i}y_{2i}\mid x_i)，其中，\ \boldsymbol{y}_k=(y_{k1},\cdots,y_{kn}),(k=1,2) \tag{10.27}$$

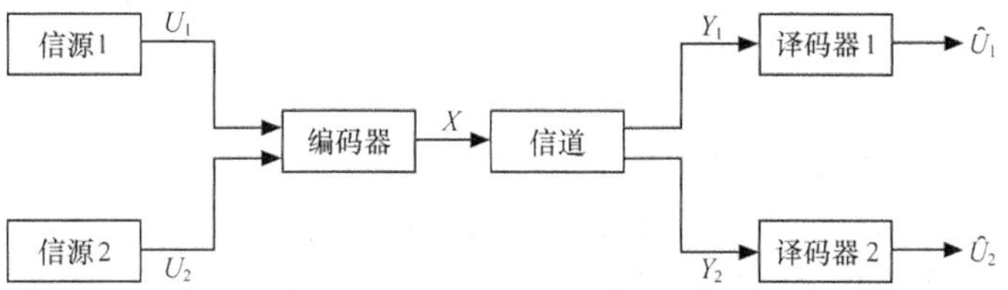

图 10.10 单输入双输出广播信道

在两接收机广播信道通信系统中，U_1和U_2是两个独立信源，经过编码器合成为一个信号 X，输入到信道中。输出有两路，分别为Y_1和Y_2，经过译码器后，一路得到$\hat{U}_1$，以便恢复原来的信源U_1；另一路得到$\hat{U}_2$，以便恢复信源U_2。从U_1到$\hat{U}_1$的信息率为R_1，从U_2到$\hat{U}_2$的信息率为R_2。

广播信道的一个码率对(R_1,R_2)称为是可达的：如果存在一种码率为R_1,R_2的编码，使得当码序列 n 足够长时译码错误率趋近于零。一个广播信道的容量区就是所有可达码率对(R_1,R_2)的集合。

广播信道的问题最早由 Cover 提出，到目前为止，即使在只有两个输出端的情况下，对于其一般容量区域的研究在理论上也没有完全解决，只有在特殊情况下，如下面介绍的退化广播信道，才得到基本解决。

10.3.2 退化广播信道的容量区

如果一个广播信道$(X,p(y_1y_2|x),Y_1Y_2)$满足$p(y_1y_2|x)=p(y_1|x)p(y_2|y_1)$，则称该广播信道是物理退化的。如果一个广播信道的条件边际概率（或分布密度）与一个物理退化的广播信道的条件边际概率（或密度）相同，那么就称该信道是随机意义上退化的，这就是说，存在某一边际概率（或密度）$p'(y_2|y_1)$，使得

$$p(y_2|x)=\sum_{y_1}p(y_1|x)p'(y_2|y_1) \quad \text{（离散信道）} \tag{10.28}$$

或

$$\int_{Y_1}p(y_1|x)p'(y_2|y_1)dy_1=p(y_2|x) \quad \text{（连续信道）} \tag{10.29}$$

因为广播信道的容量仅与条件概率有关，因此随机意义上退化的广播信道的容量区与对应的物理退化广播信道的相同。对于退化的广播信道可看成两个信道级联，如图 10.11 所示。这两个信道分别具有$p(y_1|x)$和$p(y_2|y_1)$的条件概率，Y_1是第一个信道的输出，Y_2是第二个信道的输出，即$X\to Y_1\to Y_2$构成一个马氏链。

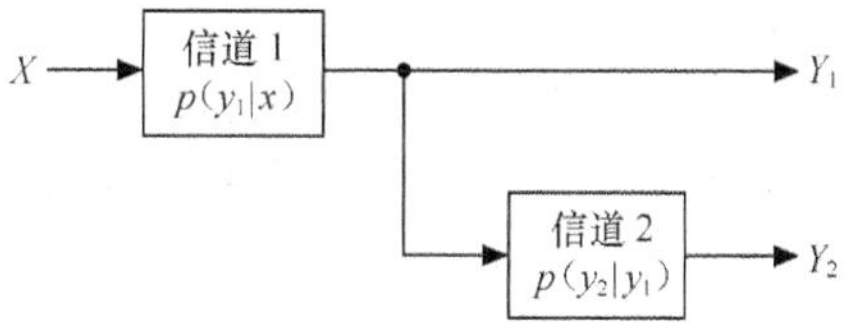

图 10.11 退化的广播信道

定理 10.3 通过退化广播信道$X\to Y_1\to Y_2$发送独立信息的容量区域是满足下式的所有(R_1,R_2)的封闭集合的凸包：

$$0\leqslant R_2\leqslant I(U;Y_2) \tag{10.30}$$

$$0\leqslant R_1\leqslant I(X;Y_1|U) \tag{10.31}$$

式中，对于某种联合分布 $p(u)p(x|u)p(y_1y_2|x)$，且辅助随机变量 U 的基数 $|U| \leqslant \min\{|X|,|Y_1|,|Y_2|\}$（证明略）。

实际上，对于一般的广播信道还要求 $R_1+R_2 \leqslant I(X;Y_1)$，但由于 $R_1+R_2 \leqslant I(U;Y_2)+I(X;Y_1|U) \leqslant I(U;Y_1)+I(X;Y_1|U)=I(UX;Y_1)=I(X;Y_1)$，要求自动满足。

退化广播信道采用叠加码，辅助随机变量 U 作为云中心编码，接收机 Y_1 和 Y_2 对其都能辨别，每片云都由 2^{nR_1} 个只有接收机 Y_1 能辨的码字 X^n 构成，接收机 Y_2 只能看到云，而接收机 Y_1 则能看到云中的单个码字。所以，在接收机 Y_2 进行译码时，信道为 $U \to X \to Y_1 \to Y_2$，噪声包括信道 $X \to Y_1$ 中的噪声，而在接收机 Y_1 进行译码时，信道为 $U \to X \to Y_1$，噪声不包括信道 $X \to Y_2$ 中的噪声。实际上，可以认为，接收机 Y_1 先对针对 Y_2 发送的消息进行译码，然后将其从接收信号中删除，从而可以保证信道 $X \to Y_2$ 的噪声不影响 Y_1 对相应消息的译码。

例 10.4 两个二元对称信道 K_1 和 K_2 构成广播信道 $(X, p(y_1y_2|x), Y_1Y_2)$，其中 K_1 的输入与输出分别为 X 和 Y_1，错误概率为 p_1，K_2 的输入与输出分别为 X 和 Y_2，错误概率为 p_2，且 $p_1<p_2<1/2$。求此广播信道的容量区。

解 设信道 K_3 的转移概率为 $p(y_2|y_1)$，根据式（10.28），K_2 可以看成是 K_1 和 K_3 的级联，其中 K_3 也是二元对称信道，其错误转移概率用 q 表示，如图 10.12 所示。

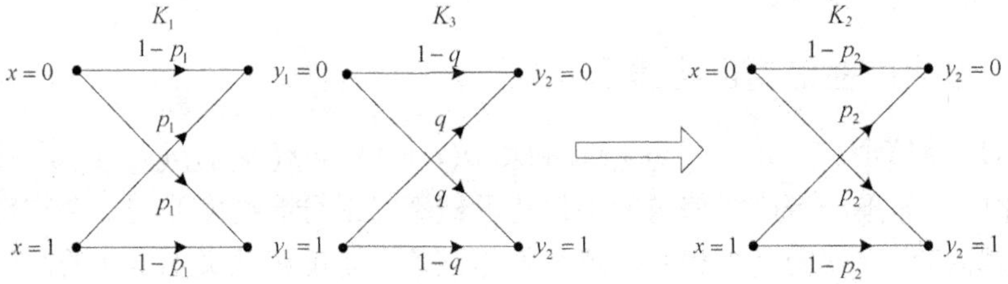

图 10.12　二元对称广播信道

有

$$P(Y_2|X)=\begin{bmatrix}1-p_2 & p_2\\ p_2 & 1-p_2\end{bmatrix}=\begin{bmatrix}1-p_1 & p_1\\ p_1 & 1-p_1\end{bmatrix}\cdot\begin{bmatrix}1-q & q\\ q & 1-q\end{bmatrix}$$

$$=\begin{bmatrix}(1-p_1)(1-q)+p_1q & (1-p_1)q+(1-q)p_1\\ (1-p_1)q+(1-q)p_1 & (1-p_1)(1-q)+p_1q\end{bmatrix}$$

记 $p_2=(1-p_1)q+(1-q)p_1=p_1*q$，其中 $*$ 为卷积运算。

我们构造一个二元随机信源 U，根据对称性，$P(x|u)$ 也应为对称分布，因此 U 到 X 的对应关系相当于经过一个辅助信道，设此信道为错误转移概率为 p_0 的二元对称信道，可计算得

$$I(U;Y_2)=H(Y_2)-H(Y_2|U)=1-H(p_0*p_1*q)=1-H(p_0*p_2)$$

而

$$I(X;Y_1|U)=H(Y_1|U)-H(Y_1|XU)=H(Y_1|U)-H(Y_1|X)=H(p_0*p_1)-H(p_1)$$

根据定理 10.3，所求容量区为

$$R_1<I(X;Y_1|U)=H(p_0*p_1)-H(p_1)$$

$$R_2<I(U;Y_2)=1-H(p_0*p_2)$$

当 p_0=0，有最大信息速率传输到 Y_2，即 $R_2=1-H(p_2)$， $R_1=0$。当 $p_0=\frac{1}{2}$ 时，有最大信息速率传输到 Y_1，即 $R_1=1-H(p_1)$， $R_2=0$，而没有信息传输到 Y_2。这就是可达速率的两个边界点，如图 10.13 所示。

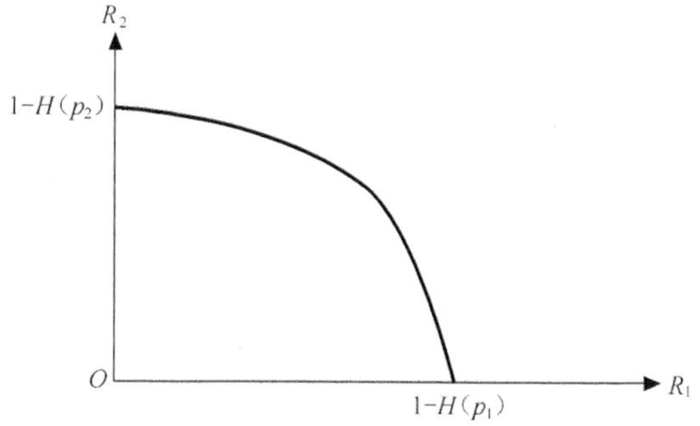

图 10.13 二元对称广播信道的容量区

例 10.5 高斯广播信道。如图 10.14 所示，设信道输入信号平均功率为 P_s，信道输出 $Y_1=X+Z_1$， $Y_2=X+Z_2$。对应两个子信道的噪声 Z_1 和 Z_2 都是均值为零且独立于 X 的高斯噪声，方差分别为 σ_1^2 和 σ_2^2（$\sigma_2^2>\sigma_1^2$），求该信道的容量区域。

解 根据题意，有 $E(y_1^2)=E(x^2)+\sigma_1^2$， $E(y_2^2)=E(x^2)+\sigma_2^2$，所以 $E(y_2^2)=E(y_1^2)+\sigma_2^2-\sigma_1^2$，设 $Y_2=Y_1+Z'$，其中 Z' 均值为零，独立于 Y_1，方差为 $\sigma_2^2-\sigma_1^2$ 的高斯噪声。因此该高斯广播信道也是退化的广播信道，如图 10.15 所示。

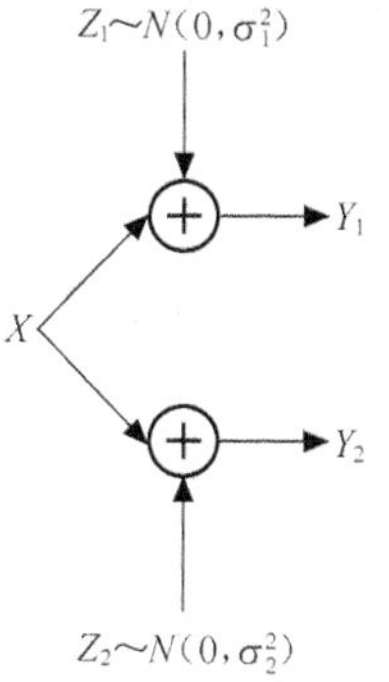

图 10.14 高斯广播信道

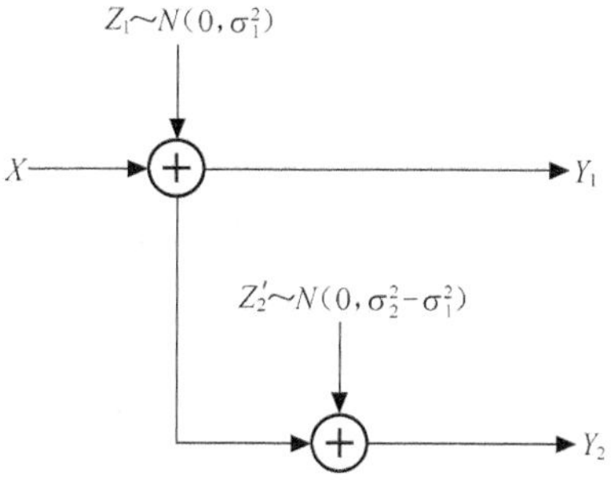

图 10.15 退化高斯广播信道

存在如下的条件概率密度函数：

$$P(y_2\mid y_1)=\frac{1}{\sqrt{2\pi(\sigma_2^2-\sigma_1^2)}}\exp[-\frac{(y_2-y_1)^2}{2(\sigma_2^2-\sigma_1^2)}] \tag{10.32}$$

满足式（10.29）的退化条件。

引入辅助随机输入集合 $U=U_1U_2$，并令编码器是相加器，为了方便译码，发送端发送两个码，即 $X=U_1+U_2$， $Y_1=U_1+U_2+Z_1$， $Y_2=U_1+U_2+Z_2$， U_1 和 U_2 相互独立。设 $0\leqslant\theta\leqslant 1$，将输入信号功率 P_s 分成两部分 θP_s 和 $(1-\theta)P_s$，用于传输 U_1 的平均功率为 θP_s，用来传送 U_2 的平均功率为 $(1-\theta)P_s$，即 $E(X^2)=P_{s_1}+P_{s_2}=P_s$， $E(U_1^2)=P_{s_1}=\theta P_s$， $E(U_2^2)=P_{s_2}=(1-\theta)P_s$，其中，$P_s$ 是受限的信道输入平均功率，但 P_{s_1} 和 P_{s_2} 是可变的，可以通过在编码器的输入端改变 θ 的幅度来改变。

从单用户的高斯分布的理论可知，要使退化高斯信道的输入输出之间的平均互信息最大，输入 X 应为高斯分布，因而 Y_1 和 Y_2 都将是高斯分布。

当 U 给定后， U_1 为对应 Y_1 的输入信号，而 Z_1 为噪声，所以有当输入 U_1 为高斯分布时，

达到容量为$I(X;Y_1|U)=\frac{1}{2}\log(1+\frac{\theta P_s}{\sigma_1^2})$。因为$Y_2$和$U_1$独立，所以

$$I(U;Y_2)=I(U_1U_2;Y_2)=I(U_2;Y_2)+I(U_1;Y_2|U_2)=I(U_2;Y_2)$$

此时，U_1相当于噪声，因此由U_2传输到Y_2的信噪比为$\frac{(1-\theta)P_s}{\theta P_s+\sigma_2^2}$，所以有

$$I(U_2;Y_2)=\frac{1}{2}\log(1+\frac{(1-\theta)P_s}{\theta P_s+\sigma_2^2})$$

因此得信道容量区域为

$$R_1<\frac{1}{2}\log(1+\frac{\theta P_s}{\sigma_1^2})$$

$$R_2<\frac{1}{2}\log(1+\frac{(1-\theta)P_s}{\theta P_s+\sigma_2^2})$$

如图 10.16 所示的阴影部分。在实际的通信工程中，M个信源以广播形式向M个信宿传送信息一般采用时分方式，但时分方式并不是最佳的。图 10.16 中的虚线表示了在该例中通过变化时分因子θ得到的$R_1+R_2=\theta C_1+(1-\theta)C_2$的容量边界，但明显小于理论的容量界。

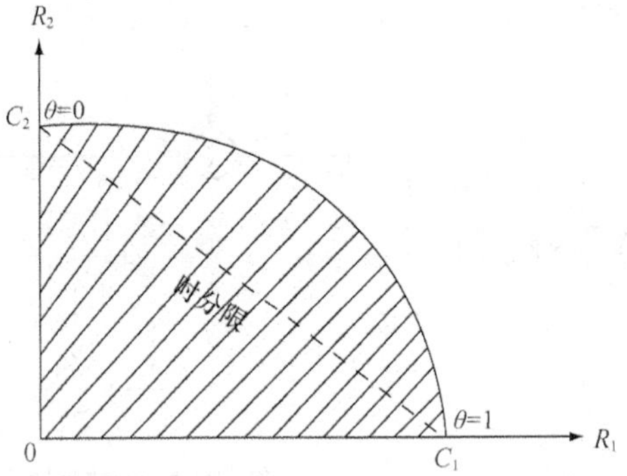

图 10.16　高斯广播信道容量区域

10.4　中继信道

10.4.1　概述

中继信道是由一个发送端、若干个中继节点和一个接收端组成的信道。中继节点自身一般没有消息需要传输，它的作用是协助发送端把消息传递到接收端。最简单的中继信道只包含一个中继节点，即三端中继信道$\left\{\mathscr{X}\times\mathscr{X}_1, p\left(y,y_1|x,x_1\right),\mathscr{Y}\times\mathscr{Y}_1\right\}$，一般模型如图 10.17 所示。

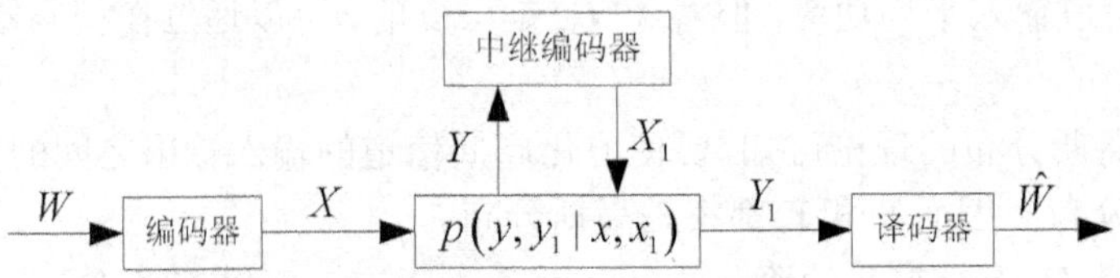

图 10.17　离散无记忆中继信道模型

图中，离散无记忆中继信道的输入变量 X ，X_1 和输出变量 Y ，Y_1 的取值范围 $\mathcal{X}$ ，$\mathcal{X}_1$ 和 $\mathcal{Y}$ ，$\mathcal{Y}_1$ 均为离散有限集合，中继信道的条件转移概率为 $p(y,y_1|x,x_1)$ 。

设消息集合 $\mathcal{W}=\{1,2,\cdots,2^{nR}\}$ ，消息变量 W 在 $\mathcal{W}$ 上均匀分布，$(2^{nR},n)$ 表示中继信道的一个编码，如果存在码序列 $(2^{nR},n)$ ，使当 $n\to\infty$ 时，译码错误概率 $P_e^{(n)}\to 0$ 成立，则称码率 R 可达。信道容量定义为可达码率集合的上确界。因此，中继信道的容量公式为

$$C=\lim_{k\to\infty}\sup_{p(x^k)} k^{-1}I(X^k;Y^k) \tag{10.33}$$

一般中继信道容量问题尚没有完全解决，目前的主要研究成果为信道容量的上、下界。只有对于一些特殊的中继信道，可以得到信道容量公式。

中继信道容量目前最好的上界是所谓的“割集上界（cutest bound）”，它建立在最大流—最小割原理基础上。割集上界对所有已知容量的特殊中继信道，都与信道容量相等（在 10.4.2 节将得到验证），但是，对于一般中继信道，尚无法证明这个割集上界等于信道容量。

定理 10.4 对任意中继信道 $\{\mathscr{X}\times\mathscr{X}_1,p(y,y_1|x,x_1),\mathscr{Y}\times\mathscr{Y}_1\}$ ，它的容量受限于

$$C\leqslant \sup_{p(x,x_1)}\min\{I(XX_1;Y),I(X;YY_1|X_1)\} \tag{10.34}$$

其中，上确界操作遍及 $\mathscr{X}\times\mathscr{X}_1$ 上所有联合分布 $p(x,x_1)$ 。

直接利用多端网络割集上界定理就可以获得式（10.34）表示的中继信道的割集上界。应用最大流—最小割原理解释如下：式（10.34）中求最小值的第一项表示从发送端 X 和 X_1 到接收端 Y 的信息传输速率（多址接入信道），第二项则表示从 X 到 Y 和 Y_1 的信息传输速率（广播信道），两项联合限制中继信道的信息传输。

下界的证明方法与上界不同，因为信道容量是可达码率集合的上确界，所以任何一种具体的、可实现的编译码算法对应的可达码率都可以看作一个中继信道容量的下界。寻找下界可以转化为寻找更高效的编译码算法，其中以 Cover 和 Gamal 提出的两个算法最著名，分别为协作算法（cooperation），即“译码-转发”（decode-and-forward，DF）算法，和观测算法（observation），即“压缩-转发”（compress-and-forward）算法。

10.4.2 退化中继信道的容量

中继信道 $\{\mathscr{X}\times\mathscr{X}_1,p(y,y_1|x,x_1),\mathscr{Y}\times\mathscr{Y}_1\}$ 的转移概率 $p(y,y_1|x,x_1)$ 如果满足

$$p(y,y_1|x,x_1)=p(y_1|x,x_1)p(y|y_1,x_1) \tag{10.35}$$

则称为物理退化中继信道。此时，$X\to(Y_1,X_1)\to Y$ 构成马氏链，目的节点的信号是中继节点接收到信号的退化形式。在实际场景中，通常目的节点的信道条件不如中继节点。以下定理给出物理退化中继信道的容量。

定理 10.5 物理退化中继信道的容量为

$$C=\sup_{p(x,x_1)}\min\{I(XX_1;Y),I(X;Y_1|X_1)\} \tag{10.36}$$

其中，求上确界遍及 $\mathscr{X}\times\mathscr{X}_1$ 上所有联合分布（证明略，思路：利用马氏链特性展开互信息表达式，上界与译码转发的下界吻合，得证）。

退化高斯中继信道由下式描述：

$$\begin{aligned} y_1 &= x + z_1 \\ y &= x + z_1 + x_1 + z_2 \end{aligned} \tag{10.37}$$

其中，z_1, z_2 为独立、均值为零方差分别为 N_1 和 N_2 的高斯随机变量，中继编码为因果序列

$$x_{1i} = f_i(y_{11}, \cdots, y_{1i-1})$$

设发信机 X 使用功率和发信机 X_1 使用功率约束为

$$n^{-1}\sum_{j=1}^{n} x^2(j) \leqslant P$$

$$n^{-1}\sum_{i=1}^{n} x_{1\,i}^2(y_{11}, \cdots, y_{1i-1}) \leqslant P_1$$

定理 10.6 高斯退化中继信道的容量为

$$C = \max_{0 \leqslant \alpha \leqslant 1} \min\left\{ C\left(\frac{P + P_1 + 2\sqrt{\bar{\alpha} P P_1}}{N_1 + N_2} \right), C\left(\frac{\alpha P}{N_1} \right) \right\} \tag{10.38}$$

其中，$\bar{\alpha} = 1 - \alpha$，$C(x) = (1/2)\log(1+x)$。

注释如下。

① 如果 $P_1 / N_2 \geqslant P / N_1$，那么 $I(XX_1;Y) = I(X;Y_1 \mid X_1)$，中继可以无错转发协作信息 s 到接收机。当 $\alpha = 1$ 时，容量可达。这就是说，通过中继信道是无噪声的。

② 如果 $P_1 / N_2 < P / N_1$，那么 $I(XX_1;Y) < I(X;Y_1 \mid X_1)$，中继不能保证协作信息可靠传输，发信机必须发送协作信息 s 到接收机，此时 α 严格小于 1，所以

$$\frac{1}{2}\log(1 + \frac{P + P_1 + 2\sqrt{\bar{\alpha} P P_1}}{N_1 + N_2}) = \frac{1}{2}\log(1 + \frac{\alpha P}{N_1})$$

10.5 分布信源编码

在经典的单用户信息论中，一个或者多个信源通常位于相同的地理位置，编码器联合处理所有信源的输出，即进行集中联合编码。但是，在很多实际应用中，如传感器网络的数据融合、协作通信、分布式多媒体传输等，信源散布于物理空间中的不同地点，不同位置的编码器难以互通信息，或者互通信息的代价巨大，只能在不同地点独立地进行压缩编码，即进行分布信源编码。

分布信源编码与集中编码不同，由于编码器之间不能互相通信，如何编码、译码才能有效利用信源的相关性压缩传输速率，具有极大的挑战性。分布信源编码问题的研究进展主要包括无损分布信源编码的速率区域及在给定失真范围下不同编码器的最小传输速率（有损分布信源编码）。本节主要介绍两端分布信源编码的研究结果，多端分布信源编码结果只进行简单的列举。

10.5.1 无损分布信源编码

1. 无损分布信源编码基本原理

两端离散无记忆分布信源编码框图如图 10.18 所示，其中两离散信源 X_1, X_2 本身是无记忆的但两者之间是相关的，对应的有限符号集分别为 $\mathcal{X}_1, \mathcal{X}_2$，联合概率分布为 $p(x_1, x_2)$，一

个两端分布无损信源编码 $(2^{nR_1}, 2^{nR_2}, n)$ 包括以下两方面。

① 两个编码器各自独立编码。编码器 1 对于信源 X_1 长度为 n 的序列 x_1^n，产生一个编号 $m_1(x_1^n)$，且 $m_1 \in [1:2^{nR_1})$；编码器 2 对于信源 X_2 长度为 n 的序列 x_2^n，产生一个编号 $m_2(x_2^n)$，且 $m_2 \in [1:2^{nR_2})$。

② 译码器基于接收到的 (m_1, m_2) 估计信源消息序列 $(\hat{x}_1^n, \hat{x}_2^n)$。

定义无损分布信源编码的错误概率为

$$P_e^{(n)} = \mathrm{P}\{(\hat{X}_1^n, \hat{X}_2^n) \neq (X_1^n, X_2^n)\}$$

假设编码器 1 的速率为 R_1，编码器 2 的速率为 R_2。如果存在编码 $(2^{nR_1}, 2^{nR_2}, n)$ 满足 $\lim_{n\to\infty} P_e^{(n)} = 0$，则称两端无损分布信源编码的速率对 (R_1, R_2) 是可达的。最优速率区域定义为所有可达速率对集合的闭包（closure）。根据时间共享特性，容易证明最优速率区域为凸集。

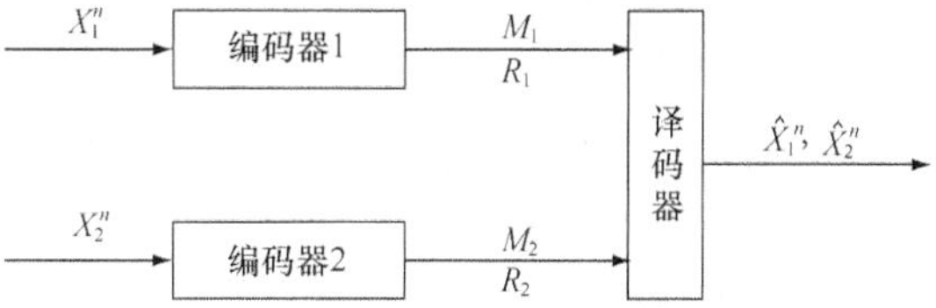

图 10.18 两端分布信源编码框图

如果每个信源单独传输，则根据无失真信源编码定理，需要满足 $R_1 \geqslant H(X_1), R_2 \geqslant H(X_2)$，因此 $R_1 + R_2 \geqslant H(X_1) + H(X_2)$；如果进行集中信源编码，即编码器 1 和 2 知道 X_1, X_2 的联合概率分布为 $p(x_1, x_2)$，则根据无失真信源编码定理，只需要满足 $R_1 + R_2 \geqslant H(X_1, X_2)$。令人惊奇的是，Slepian 和 Wolf 证明了即使进行分布信源编码（$p(x_1, x_2)$ 对于编码器 1 和 2 未知），同样只需要满足 $R_1 + R_2 \geqslant H(X_1 X_2)$，分布信源编码能够获得与集中信源编码同样的效果。具体定理内容如下。

定理 10.7 （Slepian-Wolf 定理）两端分布离散无记忆信源编码的最优速率区域满足：

$$\begin{aligned} R_1 &\geqslant H(X_1 \mid X_2) \\ R_2 &\geqslant H(X_2 \mid X_1) \\ R_1 + R_2 &\geqslant H(X_1 X_2) \end{aligned} \tag{10.39}$$

（证明略）

定理的注释如下。

① 定理的基本思想是采用“随机装箱”（Random Binning）的方式对信源各自编码，译码端基于联合典型序列进行译码。证明所用的方法是非构造性的，只证明了编码的存在性，但未给出如何进行编码的具体方法。

② SW 定理表明，式（10.39）是定理成立的充分条件（可达性），也是必要条件（逆定理）。

③ 围成的可达速率区域如图 10.19 所示，有截角的阴影部分表示可达码率区域，其中 $R_1 \geqslant H(X_1)$ 且

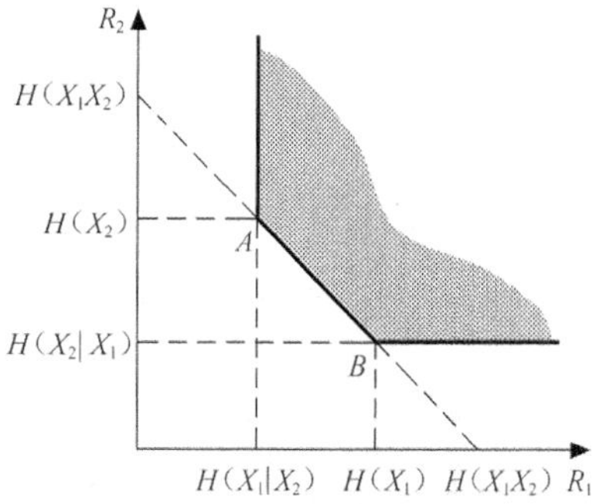

图 10.19 两端分布信源编码的可达速率区域

$R_2 \geqslant H(X_2)$ 的区域为无差错区域，而其他区域为渐近无差错区域，即对于足够长的信源序列，译码差错率趋近于零。为实现高效编码，码率应该尽量靠近阴影区域的左下边。如果码率在线段 AB 上，那么就称编码器达到 SW 界，这是最佳情况。此时满足 $R_1 \geqslant H(X_1 | X_2)$，$R_2 \geqslant H(X_2 | X_1)$，$R_1 + R_2 = H(X_1 X_2)$。在图中可达率区域角点 A，可达码率分别为 $R_2 = H(X_2)$，$R_1 = H(X_1 | X_2)$。这就是说，如果对 X_2 等于其熵率的码率编码，而对 X_1 以低于其熵率的码率编码，在接收端联合译码，仍然能够无失真恢复 X_1。实际上，编码器 1 并不知道 X_2 的情况，却能以小于 $H(X_1)$ 的码率对 X_1 进行编码，原因在于：虽然编码器 1 和 2 在编码时不知道对方的信源特性，但是在译码端可以进行联合译码，充分利用信源 X_1, X_2 的相关性，达到与编码器端知道联合信源特性时同样的效果。这在集中信源编码器中是不能实现的，但用分布信源编码就能够实现。关键问题是，当译码器知道完整的关于 X_2 的信息的条件下，能无差错地恢复 X_1，此时 X_2 称为边信息。

例 10.6 有两城市 A 和 B，它们的天气（晴，雨）的联合概率如表所示：

	B 雨	B 晴
A 雨	0.445	0.055
A 晴	0.055	0.445

两城市要向国家气象局传送 100 天的天气信息，在以下几种情况下求两城市理论上所需传送总比特数的最小值：（1）两城市都不编码传送；（2）两城市独立进行压缩编码传送；（3）两城市利用无损分布信源编码传送。

解（1）200 比特；

（2）两城市天气情况的熵都是 1 比特，所以传送总比特数的最小值仍为 200 比特；

（3）$H(AB) = 100 \times H(0.445, 0.445, 0.055, 0.055) = 150$ 比特。

Slepian 和 Wolf 的研究结果激发了很多学者从事分布信源编码领域的研究，其中代表性的成果就是多端分布离散无记忆信源编码定理和相关遍历信源编码定理等。

定理 10.8 多端分布离散无记忆信源编码的最优速率区域满足：

$$\sum_{j \in S} R_j \geqslant H(X(S) | X(S^c)) \tag{10.40}$$

其中，$X = (X_1, X_2, \cdots, X_k)$，共有 k 个分布信源；S 为集合 $\{1, 2, \cdots, k\}$ 的子集，S^c 为集合 S 的补集。即最优速率区域是由 $2^k - 1$ 个不等式形成的闭包，以三端分布离散无记忆信源为例，可达速率区域为

$$\begin{aligned}
R_1 &\geqslant H(X_1 | X_2 X_3) \\
R_2 &\geqslant H(X_2 | X_1 X_3) \\
R_3 &\geqslant H(X_3 | X_1 X_2) \\
R_1 + R_2 &\geqslant H(X_1 X_2 | X_3) \\
R_1 + R_3 &\geqslant H(X_1 X_3 | X_2) \\
R_2 + R_3 &\geqslant H(X_2 X_3 | X_1) \\
R_1 + R_2 + R_3 &\geqslant H(X_1 X_2 X_3)
\end{aligned} \tag{10.41}$$

Cover 证明了相关遍历信源的编码定理，并将结果形式推广到任意多个相关信源，两端分布遍历信源的编码定理如下。

定理 10.9 两端分布遍历信源编码的最优速率区域满足：

$$
\begin{aligned}
R_1 &\geqslant \lim_{n\to\infty} n^{-1} H(X_1^n \mid X_2^n) \\
R_2 &\geqslant \lim_{n\to\infty} n^{-1} H(X_2^n \mid X_1^n) \\
R_1 + R_2 &\geqslant \lim_{n\to\infty} n^{-1} H(X_1^n X_2^n)
\end{aligned} \tag{10.42}
$$

上式表明：对于遍历信源，可达速率区域受限于信源的条件及联合熵率。

2. 无损分布信源编码的实现

无损分布信源编码也称 Slepian-Wolf 编码，简称为 SW 编码，可分为不对称 SW 编码和非不对称 SW 编码。下面参考图 10.19 做相应的说明。

不对称 SW 编码是指一个信源（如 Y）以其熵率压缩，在译码器独立地重建，用作另一个信源（如 X）译码器的边信息，而另一个信源（如 X）则以小于其熵率的码率压缩，而且仅当译码器接收到边信息（如 Y）时，另一个信源（如 X）才能无损恢复。不对称 SW 编码理想情况对应图中的角点 A（或者角点 B）。在这种编码中，两信源 X 和 Y 起不同的作用，所以称为不对称 SW 编码。

非不对称 SW 编码指的是两个信源都以低于其各自熵率的码率传输。最佳编码对应图中的 A，B 之间的线段上（不包括 A 和 B）。当两信源都以相同的码率传输时，称为对称编码，最佳编码对应 AB 线段上坐标为（$(H(XY)/2, H(XY)/2)$ 的点。

因为信源编码要去掉信源序列的冗余，所以根据信源编码与信道译码的对偶性，原则上所有用于纠错的信道编码都可用作分布信源编码。由于篇幅所限，下面仅介绍最简单的一种不对称 SW 编码-伴随式法。

例 10.7 $\boldsymbol{X}$ 与 $\boldsymbol{Y}$ 为含 8 个等概率二元三维矢量离散无记忆信源，如果给定 $\boldsymbol{y}=(y_1y_2y_3)$，那么 $\boldsymbol{x}$ 等概率地取自 $\{y_1y_2y_3, \overline{y}_1y_2y_3, y_1\overline{y}_2y_3, y_1y_2\overline{y}_3\}$，其中，$y_i(i=1,2,3)$ 取值为 0 或 1，$\overline{y}_i$ 为 y_i 的反号，试设计一种分布信源编码系统，使得当 $\boldsymbol{Y}$ 作为译码器边信息的条件下实现 $\boldsymbol{X}$ 的最佳无损压缩。如果 $\boldsymbol{x}=(110)$，$\boldsymbol{y}=(100)$，试写出编译码过程。

解 很明显，$H(\boldsymbol{X})=H(\boldsymbol{Y})=3$ 比特，$H(\boldsymbol{X}\mid\boldsymbol{Y})=2$ 比特，$H(\boldsymbol{XY})=H(\boldsymbol{Y})+H(\boldsymbol{X}\mid\boldsymbol{Y})=5$ 比特。因为 $\boldsymbol{Y}$ 作为译码器边信息，所以传送所需码率为 $R_Y=H(\boldsymbol{Y})=3$ 比特，而根据 Slepian-Wolf 定理，用 $H(\boldsymbol{X}\mid\boldsymbol{Y})=2$ 比特而不是 3 比特的码率传送 $\boldsymbol{X}$，在译码器无损恢复 $\boldsymbol{X}$ 是有可能的。现把 $\boldsymbol{Y}$ 看成 $\boldsymbol{X}$ 通过一个虚拟信道传输的结果，而此信道最多出现一个错误，那么使用可纠一个错误的信道编码，就可以依据边信息 $\boldsymbol{Y}$ 完全恢复 $\boldsymbol{X}$。而重复码{000，111}就是能够纠一个错误的编码。

分布信源编码系统工作原理如下：将 8 个二元三维矢量分成 4 个陪集：$\{000,111\}$，$\{001,110\}$，$\{010,101\}$ 和 $\{100,011\}$，对应的索引号分别为（00），（01），（10），（11）。编码器仅发送 $\boldsymbol{X}$ 所在的陪集索引号，需 2 比特。译码器根据接收的陪集号，确定 $\boldsymbol{X}$ 所在的陪集。在此陪集中，把与边信息 $\boldsymbol{y}$ 汉明距离最小的矢量作为译码输出。

重复码的奇偶校验矩阵为 $H=\begin{pmatrix}1&1&0\\1&0&1\end{pmatrix}$。已知 $\boldsymbol{x}=(110)$，编码器：计算伴随式 $\boldsymbol{s}=\boldsymbol{x}H^{\mathrm{T}}=(01)$，发送陪集索引号(01)；译码器：根据接收到的陪集索引号确定陪集为 $\{001,110\}$，在此陪集中

寻找与 $\boldsymbol{y}=(100)$ 最近的矢量，得 $\hat{\boldsymbol{x}}=(110)$ 。■

10.5.2 具有边信息的有损分布信源编码

Slepian-Wolf 定理很好地解决了分布无损信源编码的理论极限问题，证明了两个独立离散无记忆信源，单独编码、联合译码可以达到与联合编译码相同的压缩效率。但是在实际的应用中，为了提高压缩效果及信源的实际特性限制，很多信源压缩必须引入失真度量，进行有损编码。如前所述，在 Slepian 和 Wolf 可达速率区角点（如 A 点），译码器具有边信息 Y，可以无失真地恢复关于 X 的信息。译码器具有边信息的无损分布信源编码结果由 Wyner 和 Ziv 推广到有损压缩的情况，前者可认为是后者的一个特例。可以证明，在译码器具有边信息的条件下，"量化和装箱"的可达策略是最佳的。因此，本小节将介绍两相关信源具有边信息的有损分布信源编码方面的经典研究结果——Wyner-Ziv 编码定理。

具有边信息的有损压缩框图如图 10.20 所示，其中失真的定义及 $R(D)$ 函数的含义与限失真信源编码部分类似，不同之处在于译码器能够获得更多的边信息 Y^n 。在不存在边信息的条件下， $R(D)$ 函数可以表达为

$$R(D)=\min_{p(\hat{x}|x):E(d(X,\hat{X}))\leqslant D} I(X;\hat{X}) \tag{10.43}$$

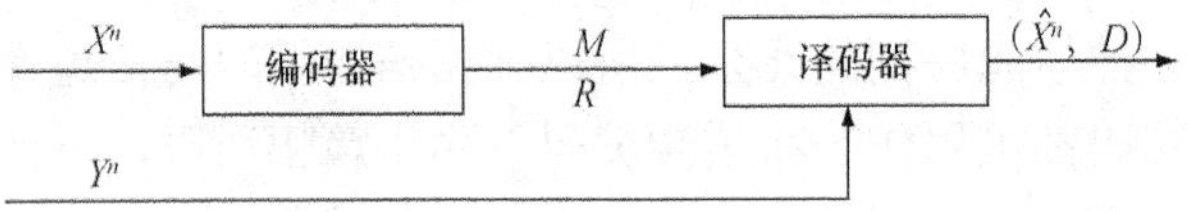

图 10.20　具有边信息的有损压缩编码

边信息 Y^n 对于 $R(D)$ 的改善程度由 Wyner-Ziv 编码定理给出。

定理 10.10 （Wyner-Ziv 定理）两端分布式离散无记忆信源 (X,Y)，失真测度为 $d(x,\hat{x})$ 。具有非因果边信息 Y 的信源 X 的率失真函数为

$$R_{X|Y}(D)=\min(I(X;U)-I(Y;U))=\min I(X;U|Y),\quad D\geqslant D_{\min} \tag{10.44}$$

其中，在所有条件概率函数 $p(u|x)$ ， $|U|\leqslant|X|+1$ 及函数 $\hat{x}(u,y)$ 上取最小值，并满足 $E[d(X,\hat{X})]\leqslant D$ 。 $D_{\min}=\min_{\hat{x}(y)}E[d(X,\widehat{X}(Y))]$ 为具有非因果边信息 Y 条件下失真的最小值。证明略，基本思想同样采用了装箱和联合典型序列译码方法。

Slepian-Wolf 定理为无损分布信源编码的理论基础，而 Wyner-Ziv 定理则为具有边信息的有损分布信源编码的理论基础。应该注意，给定失真条件下只有译码器利用边信息，与编译码器都使用边信息相比，在很多情况下都有传输码率的损失。这个结论与无损压缩情况不同。但在 XY 为联合高斯，均方失真测度下，Wyner-Ziv 编码没有码率损失。

Zamir 和 Shamai 已经证明，在高维数情况下，线性码和嵌套格码可以达到 Wyner-Ziv 率失真函数，特别是信源和边信息是联合高斯的情况下，并给出了理论上的编译码算法。为达到 Wyner-Ziv 界，需要使用达到性能界的信源编码（如格型网格编码）和达到性能界的信道编码（如 Turbo 或 LDPC 码）。

10.5.3 分布信源编码的应用

前面章节介绍了分布信源编码的研究进展，其中 Slepian-Wolf 定理和 Wyner-Ziv 定理为分布信源编码的理论基础。尽管理论问题还有很多方面没有得到完美地解决，但并不妨碍分布编码技术的实际应用。分布信源编码在无线传感器网络的数据融合、协作通信系统中的压缩转发、视频压缩、超光谱图像压缩等多方面有着广泛的应用，下面分别进行介绍。

1. 无线传感器网络

无线传感器网络广泛应用于军事、环境监测和预报、医疗护理、智能家居、建筑物状态监控、复杂机械监控、城市交通、空间探索、大型车间和仓库管理，以及机场、大型工业园区的安全监测等领域。随着物联网研发和应用的持续热化，作为物联网最基本的技术之一，无线传感器网络具备非常广阔的应用前景。

在大多数应用场景中，无线传感器网络的能量主要都是由电池供给，在整个生命周期内更换电池不具有可操作性或者操作成本很高。因此，能量成为制约无线传感器网络寿命的关键因素，无线传感器网络必须在保持一定信息处理能力的前提下最小化网络功耗。相关的研究已经表明：随着集成电路工艺的进步，数据处理能耗和传感器模块能耗已经很低，无线通信模块的能耗占据主导地位，压缩网络整体通信的数据量则成为网络节能的关键。无线传感器网络一般属于分布式通信网络，获取的数据通常具有非常强的统计相关性，如果能够实现网络中数据的高效压缩，将能够很好地降低网络整体能耗。分布信源编码恰好可以在传感器节点不互通的条件下利用节点间数据的相关性压缩数据，而且每个信源各自编码，编码算法的复杂度相对较低，不会明显增加传感器节点的数据处理能耗。所以，分布信源编码在传感器网络中能够充分发挥天然的技术优势，成为相应领域的研究热点。

传感器网络中节点的信息交互方式基于无线通信，由于信道的衰落特性、干扰及噪声的影响，信息传输差错很难完全消除，对分布信源编码的译码结果会产生恶劣影响，明显降低网络最终数据融合的性能。为了提高分布信源编码的抗信道差错性能，研究分布信源信道编码的联合设计非常必要，将会进一步改进无线传感器网络的整体性能。

2. 协作通信

前面章节已经介绍了中继信道模型和相应的理论成果，在三节点的中继信道模型中，有一种重要的协作模式是 Cover 等提出的观察（Observation）方法，即中继节点将接收到来自源节点的信号直接压缩传送给目的节点，目的节点以前一个时隙接收到的源节点信号作为边信息，将中继节点发送的压缩数据译码，从而获取分集增益，提高数据译码的成功概率。前面章节已经提及，该方法被称为压缩转发（Compress Forward）。从以上对于协作过程及方式的分析可以看出：如果把源节点和中继节点看成分布式信源，目的节点看成信宿，则分布信源编码的研究结果刚好可以应用于协作通信。协作场景在无线通信网络中普遍存在，如蜂窝中继网络、设备直通传输（D2D）、无线自组织网络等，因此分布信源编码在无线通信网络中具有巨大的应用潜力。

与在无线传感器网络中类似，无线传输引发的差错是恶化信宿译码性能的关键因素。为此，在协作通信中，同样需要采用分布信源信道联合编码技术，以提升中继传输的效果。

3．分布视频编码

传统视频编码方式存在两方面缺陷：①一般通过帧间预测、离散余弦变换压缩视频帧的时间和空间相关性，导致编/译码器的复杂度不对称，如编码器复杂度很高而译码器相对简单；②帧间预测使得译码器存在很大的错误扩散风险，对信道差错极其敏感。在 2002 年前后，基于 Slepian-Wolf 定理和 Wyner-Ziv 定理，学术界提出了分布视频编码。其不用进行联合编码，不需要进行视频预测，极大降低了编码复杂度。主要优点有：①可灵活分配视频编码器的复杂度；②具有更好的抗信道差错性能；③在不需要多个编码器互通的前提下，可以实现多视角视频的相关性压缩。

因为上述优势，分布视频编码可应用于多种场景，包括移动视频会议、分布视频流、无线摄像机、视觉传感器网络、低功率监视器、多视点视频系统、无线胶囊内镜等。尽管如此，分布视频编码目前仍然面临一些不易解决的问题：在理论证明中，假设能够已知两个信源的统计相关性，且两个信源是联合高斯分布，在实际应用中该假设一般无法满足。此外，压缩效率与编码器复杂度之间的矛盾还未得到很好解决，目前还无法做到以低复杂度编码方案逼近理论界限。

4．超光谱图像分布式压缩

超光谱图像为包含数百张空间图像的图像立方体。每幅空间图像称为光谱带，是地面物体某个特定波长的响应光谱图像。例如，美国航天局机载可见光/红外成像光谱（NASA/AVIRIS）在可见光和近红外区域测量 224 个连续谱带的光谱图像。沿光谱方向上的像素值代表了所捕获物体的光谱。基于不同物质具有截然不同的响应光谱，科学家可以利用超光谱数据确定某个像素代表的是植被、土壤还是水。超光谱成像含有丰富的空间和光谱信息，已经被广泛用于地面矿藏遥感发掘、地球资源监测及军事侦察之中。

超光谱图像的原始数据非常大，一幅 NASA/AVIRIS 获取的超光谱图像包含 140MB 的原始信息。因此，非常有必要对实际的超光谱图像进行有效压缩。此外，超光谱图像通常由卫星或者航天器拍摄获得，通过嵌入式处理器进行压缩，对于编码器的复杂度提出很高要求。

传统的超光谱图像压缩采用带间预测方法和三维小波法，前者存在编码复杂度高、难以并行、难以速率自适应等问题，后者具有存储复杂、内存访问开销过大等问题。基于分布信源编码的超光谱图像压缩，将相邻重建谱带作为边信息进行联合译码，从而有效利用了光谱带间的相关性。其优势包括：①编码端只需要利用相关信息，编码器复杂度低；②由于每个处理器只需要利用相邻谱带的带间相关信息，非常方便进行并行编码；③可以截断比特流，支持更高效的速率可伸缩性。基于分布信源编码的超光谱图像压缩面临的挑战为编码效率严重受限于相关性的精准度，要求在嵌入式处理器资源受限的条件下，估算出超光谱谱带间的相关性。同时，编码器的压缩算法必须能够适应空间或光谱带相关性的局部变化。

本章小结

1．二址接入信道的容量区：

$$\begin{cases}0 \leqslant R_1 \leqslant C_1 = \max\limits_{p(X_1)p(X_2)} I(X_1;Y \mid X_2)\end{cases}$$

$$0 \leqslant R_2 \leqslant C_2 = \max_{p(X_1)p(X_2)} I(X_2;Y|X_1)$$

$$\left. R_1 + R_2 \leqslant C_{12} = \max_{p(X_1)p(X_2)} I(X_1X_2;Y) \right\}$$

X_1 和 X_2 相互独立时，C_1，C_2 和 C_{12} 之间必存在不等式：

$$\max(C_1, C_2) \leqslant C_{12} \leqslant C_1 + C_2$$

2．二址接入高斯噪声信道容量区：

$$\left. \begin{cases} 0 \leqslant R_1 \leqslant C_1 = C(\dfrac{\sigma_1^{\ 2}}{\sigma^2}) \\ 0 \leqslant R_2 \leqslant C_2 = C(\dfrac{\sigma_2^{\ 2}}{\sigma^2}) \\ R_1 + R_2 \leqslant C_{12} = C(\dfrac{\sigma_1^{\ 2} + \sigma_2^{\ 2}}{\sigma^2}) \end{cases} \right\}$$

3．退化广播信道（$X \to Y_1 \to Y_2$）容量区：

$$\left. \begin{aligned} R_2 &\leqslant I(U;Y_2) \\ R_1 &\leqslant I(X;Y_1|U) \end{aligned} \right\}$$

4．退化高斯广播信道容量区：

$$\left. \begin{aligned} R_1 &\leqslant C(\frac{\alpha P}{\sigma_1^2}) \\ R_2 &\leqslant C(\frac{(1-\alpha)P}{\alpha P + \sigma_2^2}) \end{aligned} \right\}$$

5．退化高斯中继信道容量：

$$C = \max_{0 \leqslant \alpha \leqslant 1} \min \left\{ C\left(\frac{P + P_1 + 2\sqrt{\bar{\alpha} P P_1}}{N_1 + N_2} \right), C\left(\frac{\alpha P}{N_1} \right) \right\}$$

6．对于分布信源 (X_1, X_2) 编码，可达速率的区域为

$$\left. \begin{aligned} R_1 &\geqslant H(X_1|X_2) \\ R_2 &\geqslant H(X_2|X_1) \\ R_1 + R_2 &\geqslant H(X_1X_2) \end{aligned} \right\}$$

其中，$C(x) = \dfrac{1}{2}\log(1+x)$ 。

思 考 题

10.1　多用户信道与单用户信道的容量有何显著区别？

10.2　多址接入信道和广播信道的主要区别是什么？

10.3　时分方式能否达到多址接入信道的信道容量？提高时分方式可达速率的方法有哪些？

10.4　码分方式的多址接入信道理论性能如何？实际应用中存在哪些问题？

10.5　中继信道与多址接入信道及广播信道的关系是什么？

10.6　物理退化中继信道及高斯退化中继信道区别是什么？

10.7　什么是分布信源编码?分布信源编码边信息的含义是什么？

10.8　分布式有记忆马尔可夫信源编码的可达速率区域满足什么条件？

习　题

10.1　计算下列二址接入信道的信道容量。

（1）模2和的二址接入信道。其中，$X_1 \in \{0,1\}, X_2 \in \{0,1\}, Y = X_1 \oplus X_2$。

（2）乘法二址接入信道。其中，$X_1 \in \{-1,1\}, X_2 \in \{-1,1\}, Y = X_1 \cdot X_2$。

10.2　二址接入信道输入X_1和X_2独立，输出为Y，且输入与输出符号集均为{0，1}，信道转移概率$p(y \mid x_1 x_2)$如下表：

Y \ X_1X_2	0	1
00	3/4	1/4
01	1/2	1/2
10	1/2	1/2
11	1/4	3/4

（1）求信道的容量区；

（2）画出信道容量区域图。

10.3　有二址接入信道，其中输入X_1, X_2和输出Y的条件概率$P(Y|X_1X_2)$如下表所示（$\varepsilon < 1/2$），求容量界限。

条件概率 $P(Y \mid X_1X_2)$

Y \ X_1X_2	Y=0	Y=1	Y \ X_1X_2	Y=0	Y=1
00	$1-\varepsilon$	ε	10	1/2	1/2
01	1/2	1/2	11	ε	$1-\varepsilon$

10.4　假设有两个独立的二元对称信道，发送者1和发送者2，接收端为Y，如图10.21所示。求此二址独立的二元对称信道的信道容量。

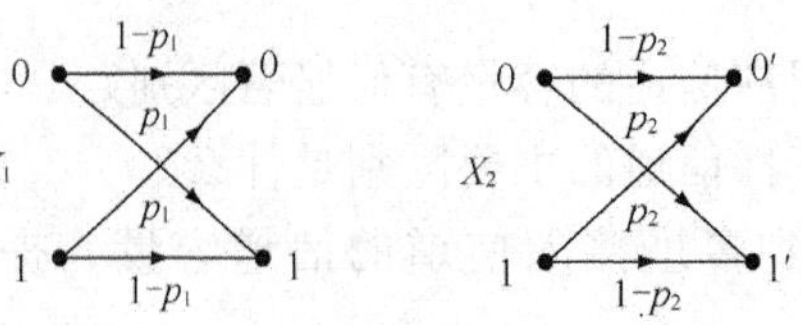

图10.21　习题11.4图

10.5　设二元接入信道$y = x_1 + x_2 \pmod 4$，其中$x_1 \in \{0,1,2,3\}$，$x_2 \in \{0,1\}$。

（1）求容量区。

（2）求 R_1+R_2 的最大吞吐率是多少？

10.6 已知二元接入信道，其中 $x_1 \in \{-1,0,1\}$，$x_2 \in \{-1,0,1\}$，$y = x_1^2 + x_2^2$，求信道的容量区，并描述在边界上一点的输入分布 $p^*(x_1)$ 和 $p^*(x_2)$。

10.7 设 Y 为二元接入信道的输出，$y = x_1 + \mathrm{sgn}(x_2)$，其中，$x_1, x_2$ 为实数且功率受限：$E(x_1^2) \leqslant P_1, E(x_2^2) \leqslant P_2$，且 $\mathrm{sgn}(x) = \begin{cases} 1 & x > 0 \\ -1 & x \leqslant 0 \end{cases}$，求信道的容量区，并描述达到容量区的编码系统。

10.8 设 Y 为二元接入信道的输出，$y = x_1^{x_2}$，其中，$x_1 \in \{2,4\}, x_2 \in \{1,2\}$。

（1）求信道的容量区。

（2）若 $x_1 \in \{1,2\}$，容量区是否减小？为什么？

10.9 设两个发信机信道分别发送随机变量 U_1 和 U_2，U_1U_2 联合分布如下表所示：

U_1 \ U_2	0	1	…	m−1
0	α	$\beta/(m-1)$	…	$\beta/(m-1)$
1	$\gamma/(m-1)$	0	…	0
…	…	…	…	…
m−1	$\gamma/(m-1)$	0	…	0

其中，$\alpha + \beta + \gamma = 1$，求容量区 (R_1, R_2) 使得容许一个公共接收机能可靠地对 U_1 和 U_2 进行译码。

10.10 有三址接入连续信道，条件概率为 $P(y|x_1x_2x_3) = \dfrac{1}{\sqrt{2\pi}\sigma}\exp\left\{-\dfrac{(y-x_1-x_2-x_3)^2}{2\sigma^2}\right\}$，试计算其容量界限（已知 $E(X_r^2) = \sigma_r^2, r = 1,2,3$）。

10.11 求无限带宽高斯多址信道的容量区，证明此时所有发信机都以单独容量发送信息，即无限带宽消除了干扰。

10.12 有 m 个用户组成的组，每个用户发送功率为 P，使用高斯多址信道以达到容量的速率传送信息，即 $\sum_{i=1}^{m} R_i = C(mP/N)$，其中 $C(x)=(1/2)\log(1+x)$，N 为接收机噪声功率。一个新用户希望以功率 P_0 入网进行通信。

（1）新用户可用多大的速率发送信息才不致干扰其他用户？

（2）为使新用户的速率等于其他用户速率的和 $C(mP/N)$，P_0 应为多少？

10.13 无噪多接入信道。有二址接入信道输入 $x_1, x_2 \in \{0,1\}$，输出 $y = (x_1, x_2)$。

（1）求容量区。

（2）考虑协作容量区：$R_1 \geqslant 0, R_2 \geqslant 0, R_1 + R_2 \leqslant \max_{p(x_1x_2)} I(X_1X_2;Y)$，证明：吞吐率 $R_1 + R_2$ 没增加，但容量区增大了。

10.14 考虑下面的多接入信道：x_1, x_2, y 的字母表均为 $\{0,1\}$；若 $(x_1, x_2) = (0,0)$，则 $y = 0$；若 $(x_1, x_2) = (0,1)$，则 $y = 1$；若 $(x_1, x_2) = (1,0)$，则 $y = 1$；若 $(x_1, x_2) = (1,1)$，则 $y = 0$ 的概率和 $y = 1$ 的概率各为 1/2。

（1）证明速率对于 $(1,0)$ 和 $(0,1)$ 是可达的。

（2）证明对于任何非退化分布 $p(x_1)$ 和 $p(x_2)$，有 $I(X_1X_2;Y)<1$。

（3）证明在这个多接入信道的容量区内存在一点只能以时分方式达到，即存在可达速率对 (R_1,R_2) 在信道容量区内，但不在由下面定义的区域内：

$$R_1 \leqslant I(X_1;Y|X_2), R_2 \leqslant I(X_2;Y|X_1), R_1+R_2 \leqslant I(X_1X_2;Y)\text{。}$$

注：设 $p_1=p(x_1=1), p_2=p(x_2=1)$，非退化是指 $p_1 \neq 0$ 或 1 且 $p_2 \neq 0$ 或 1。

10.15　对于退化广播信道 $X \to Y_1 \to Y_2$，求容量区与 R_1, R_2 轴相交的两点 a 和 b，并证明 $b \leqslant a$。

10.16　求如图 10.22 所示的退化广播信道的信道容量，其中 $X \to Y_1$ 为二元对称信道，$X \to Y_2$ 为二元删除信道。

10.17　对于下面广播信道，如图 10.23 所示：

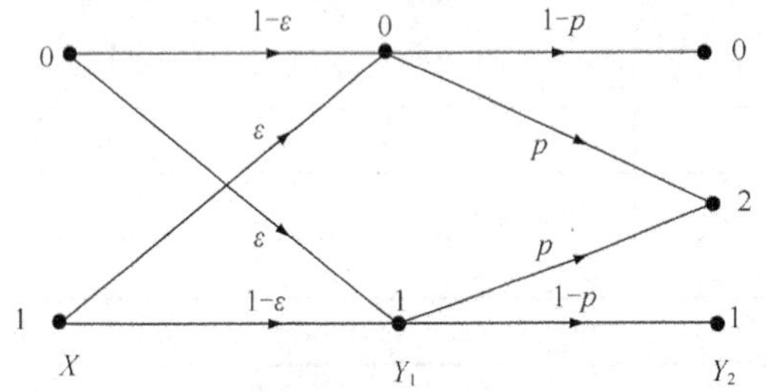

图 10.22　习题 10.16 图

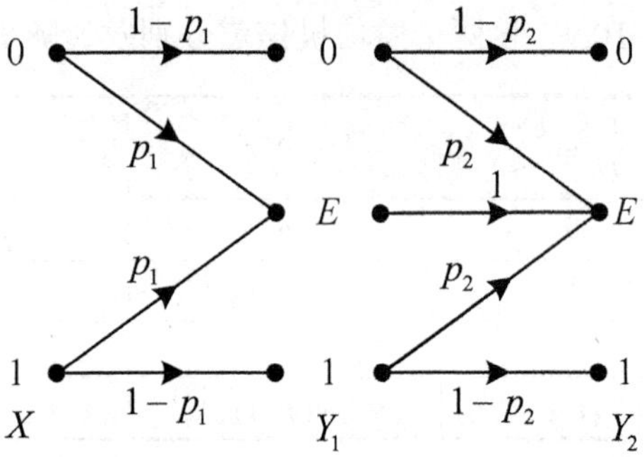

图 10.23　习题 10.17 图

（1）求 $X \to Y_1$ 的容量；

（2）求 $X \to Y_2$ 的容量；

（3）求该广播信道所有可达的容量区 (R_1,R_2)。

10.18　一个移动台向两个固定基站发信号，设发送信号 X 平均功率限制为 P，基站 1 和 2 接收信号分别为

$$y_1=\alpha_1 x+z_1$$
$$y_2=\alpha_2 x+z_2$$

其中，$z_1 \sim N(0,N_1)$，$z_2 \sim N(0,N_2)$，且 z_1,z_2 相互独立，假定 α_1,α_2 在发送块中为常数，且 $N_2/N_1>\alpha_2^2/\alpha_1^2$。

（1）如果 y_1,y_2 可用一个公共译码器，求发射机到公共接收机的信道容量。

（2）如果 y_1,y_2 各自独立译码，通信信道成为广播信道：

① 证明存在某一转移概率密度 $p(y_2|y_1)$，使得 $x \to y_1 \to y_2$ 构成马氏链；

② 画出此退化高斯广播信道的模型图。

10.19　确定性相关信源的 Slepian-Wolf 定理。对(X,Y)同时压缩，其中 $y=f(x)$ 为 x 确定性函数，求速率区域，并画出图形。

10.20　已知 x_i，z_i 都为独立同分布的贝努里序列，0 出现的概率分别为 p 和 r，且 x，z 相互独立，设 $y=x\oplus z$（模 2 加）；x 用速率 R_1 描述，y 用速率 R_2 描述；确定允许以趋近于零的错误概率恢复 x，y 的速率区域，并画图。

10.21 离散无记忆信源 X 和 Y 的符号集均为{1，2，3}，其联合概率如下表：

x \ $p(xy)$ \ y	1	2	3
1	α	β	β
2	β	α	β
3	β	β	α

其中，$\beta=1/6-\alpha/2$。在编码器对 X，Y 分别进行独立编码，而在译码器则对其进行联合译码，对 X 和 Y 压缩的速率分别为 R_X 和 R_Y。

（1）求编码的可达速率区域（有关的表达式用 α 的函数表示）。

（2）若 $\alpha=1/3$，求编码的可达速率区域，并画出对应的图形。

（3）若 $\alpha=1/9$，求编码的可达速率区域，并画出对应的图形。

10.22 设随机变量 Z_1 和 Z_2 相互独立，且 $p(z_1=0)=p(z_2=0)=p$；$U=Z_1Z_2$，$V=Z_1+Z_2$；(U_i,V_i) 为独立同分布序列，且与 (U,V) 分布；发信机 1 以速率 R_1 发送 U^n，发信机 2 以速率 R_2 发送 V^n。

（1）求接收机重建 (U^n,V^n) 的 Slepian-Wolf 速率区。

（2）求接收机存在的关于 (U^n,V^n) 的残留不确定性（条件熵）。

10.23 设 Z_1，Z_2，Z_3 为参数 p 的独立贝努里信源，求描述(X_1, X_2, X_3)的 Slepian-Wolf 速率区域，其中

$$X_1=Z_1$$

$$X_2=Z_1+Z_2$$

$$X_3=Z_1+Z_2+Z_3$$

10.24 $\boldsymbol{X}$，$\boldsymbol{Y}$ 均为长度 7 的等概率二元随机序列，$d_H(\boldsymbol{x},\boldsymbol{y})\leqslant 1$，其中 d_H 表示汉明距离。现用（7，4）汉明码对 $\boldsymbol{x}$ 进行压缩，而 $\boldsymbol{y}$ 作为译码器边信息。设 $\boldsymbol{x}=(1010011)^{\mathrm{T}}$，$\boldsymbol{y}=(1110011)^{\mathrm{T}}$。试写出 DSC 系统的编译码过程，并说明速率是否达到 SW 编码界。

*第 11 章 信息理论方法及其应用

信息论是通信的理论基础，在通信中的应用是显而易见的。随着科学技术的发展，人们不断地将香农信息的基本原理应用于通信之外的很多领域，并获得了成功。

香农信息论基本的概念是信息熵。熵是信源不确定性的量度，也是可预测性的量度，熵估计是研究随机信号或序列特性的基本技术。在科学研究中，我们经常需要统计推断，而在很多情况下我们掌握的信息是不完全的，这时用常规的方法可能得不到唯一的结果，这就需要用最大熵原理。最大熵原理的基本思想是，在满足一定约束条件下，选择使信源熵最大的概率分布。这是一个具有广泛应用的基本原理。交叉熵（也称为信息散度或相对熵）是两个信源相似性的量度，最小交叉熵原理可视为是最大熵原理的推广。熵估计、最大熵原理和最小交叉熵原理在很多领域都得到应用。

香农信息论所研究的基本问题是信息传输，也可以应用于通信之外其他领域的信息传输问题。生物体内信息传输也是当前科技领域研究的热点之一，香农信息论在这个领域正在发挥重要的作用。

当前，香农信息论基本原理和方法已经渗透到通信领域外的很多领域，特别是在生物医学、信号处理、模式识别、自然语言处理、气象学、水利学、经济学等方面。

本章主要介绍信源熵的估计、最大熵原理和最小交叉熵原理及其部分应用，主要包括在生物医学中的 DNA 序列熵估计和压缩，在信号处理中的最大熵功率谱估计，最大熵建模及其在自然语言处理中应用，最大熵模型在经济学中的应用等。

11.1 信源熵的估计

熵估计在许多方面都有应用，例如，基本概率密度函数的复杂性度量，信号之间依赖性的度量，信源的分离，盲解卷积，信源编码，非监督训练，图像与视频处理，突变检测等方面。

熵估计按方法划分，可分成参数熵估计和非参数熵估计。参数熵估计是将信源看成由某种模型产生的，通过估计模型的参数实现对信源熵的估计。不考虑信源模型的熵的估计称为非参数熵估计。熵估计也可按信源划分为离散信源熵估计和连续信源熵估计。

通常，参数熵估计分两个步骤：给定一个信源概率密度的参数模型，首先从可能的密度函数空间中搜索最可能的密度函数，其次计算最可能密度函数所对应的熵。如果密度的形式与实际数据匹配，那么参数估计技术效果就好，否则效果就不好。非参数熵估计可以有多种方法实现，举例如下。

① 标准的最大似然或“插入”法，就是先估计信源符号的概率或概率密度，然后再将估计的概率代入熵的计算公式中来计算熵。

② 对于离散信源，可以利用无损信源压缩编码算法进行熵估计，通常使用通用压缩编码。

③ 利用其他熵估计算法。

本节介绍常用的非参数熵估计算法，重点是离散信源熵的估计。

11.1.1 离散信源序列熵的估计

1. 插入熵估计

（1）离散无记忆信源熵估计。设一个离散无记忆信源具有未知的概率分布 $P=\{p(i), i\in A\}$，其中，符号集 $A=\{1,2,\cdots,q\}$，$H=H(P)$ 为信源的熵，现用给定信源序列 $x_1,x_2,\cdots,x_n$ 作为训练序列，对信源熵进行插入法估计。

首先利用训练序列估计信源符号的概率，表示为 $\hat{p}_n(i), i=1,2,\cdots,q$，其中 n 为训练样本数，通常估计值依赖于样本数。符号的概率采用下式估计：

$$\hat{p}_n(i)=\frac{\sum_{k=1}^{n} I_i(x_k)}{n} \tag{11.1}$$

式中：

$$I_i(x)=\begin{cases}1 & x=i\\ 0 & x\neq i\end{cases} \tag{11.2}$$

$\hat{p}_n(i)$ 称为经验分布。实际上，这就是通常用频率近似概率的方法。可以证明 $\hat{p}_n(i)$ 是 $p(i)$ 的最大似然估计，且是无偏的，即

$$E[\hat{p}_n(i)]=p(i) \tag{11.3}$$

将概率的估计值代入信源熵的公式，得信源熵的估计值：

$$\hat{H}_{MLE}(p_n)=-\sum_{i=1}^{q}\hat{p}_n(i)\log\hat{p}_n(i) \tag{11.4}$$

虽然概率的估计是无偏的，但熵的估计却不是无偏的。根据熵的上凸性有

$$\begin{aligned}E[\hat{H}_{MLE}(p_n)]&=E[-\sum_{i=1}^{q}\hat{p}_n(i)\log\hat{p}_n(i)]\leqslant\\ &-\sum_{i=1}^{q}E[\hat{p}_n(i)]\log[E(\hat{p}_n(i))]=H(P)\end{aligned} \tag{11.5}$$

可见，用插入估计得到的熵值的平均要比实际熵值低，是实际熵的欠估计。因此在进行熵估计时，要做适当的修正，以保证熵的估计具有较小的偏差。

Miller 等（1954 年）提出，修正后的熵按下式计算：

$$\hat{H}_{MM}=\hat{H}_{MLE}(p_n)+(\hat{m}-1)/(2n) \tag{11.6}$$

式中，$\hat{m}$ 为估计的信源符号集的大小，n 为训练样本数，熵的单位是奈特。

下面仅对二元信源情况推导式（11.6）。设符号“0”的概率为 p，按式（11.1）对 p 的估

计为 $\hat{p}$，插入熵估计为 $\hat{H}(p)=-\hat{p}\log\hat{p}-(1-\hat{p})\log(1-\hat{p})$。现对 $\hat{H}(p)$ 在 $\hat{p}=p$ 处进行泰勒级数展开，并取 2 阶近似，得

$$\hat{H}(p)=H(p)+H'(p)(\hat{p}-p)+\frac{1}{2}H''(p)(\hat{p}-p)^2 \tag{11.7}$$

可求得 $H'(p)=\log\dfrac{1-p}{p}$，$H''(p)=-\dfrac{\log \mathrm{e}}{p(1-p)}$，代入式（11.7），两边取平均，得

$$E[\hat{H}(p)]=H(p)+(\log\frac{1-p}{p})E(\hat{p}-p)-\frac{\log \mathrm{e}}{2p(1-p)}E[(\hat{p}-p)^2] \tag{11.8}$$

因为 $E(\hat{p})=p$，$\hat{p}=n_0/n$，而 n_0 为“0”的个数，满足二项分布，所以有 $E(n_0)=np$ 和 $Var(n_0)=np(1-p)$，故 $E(\hat{p}-p)=0$，$E[(\hat{p}-p)^2]=E[(n_0-np)^2]/n^2=p(1-p)/n$。将此结果代入式（11.8），得

$$E[\hat{H}(p)]=H(p)-\frac{\log \mathrm{e}}{2n}\ (\text{bit}) \tag{11.9}$$

式（11.9）表明了插入熵估计不是无偏的，偏差约为 $\log \mathrm{e}/(2n)$。最大似然熵估计值加上这个偏差就得式（11.6）。

还有一种偏差修正法，称为 jackknife 法，是统计学中对估计器的偏差和方差进行估计的有效方法，这种方法特别用于标准方法难于应用的场合。熵估计的公式为

$$\hat{H}_{JK}=n\hat{H}_{MLE}(p_n)-\frac{n-1}{n}\sum_{i=1}^{n}\hat{H}(-i) \tag{11.10}$$

式中，$\hat{H}(-i)$ 表示用样本 $(x_1,\cdots,x_{i-1},x_{i+1},\cdots,x_n)$ 进行插入估计所得的熵。

例 11.1 一个二元离散无记忆信源，符号 0 和 1 的概率分别为 1/4 和 3/4，长度为 32 的训练序列为 1 1 1 0 0 0 1 1 1 1 1 1 1 1 1 0 1 0 1 1 1 1 1 0 1 1 1 0 1 1 1 1。

a．求信源熵的最大似然插入估计；b．利用 Miller 修正法估计信源熵；c．利用 jackknife 修正法估计信源熵。

解 信源熵 $H(X)=-(1/4)\times\log_2(1/4)-(3/4)\times\log_2(3/4)=0.8113$ bit/符号。

① 信源符号概率的 ML 估计为 $\hat{p}_0=7/32$，$\hat{p}_1=25/32$；

信源熵的最大似然插入估计为

$$\hat{H}_{MLE}=-(7/32)\times\log_2(7/32)-(25/32)\times\log_2(25/32)=0.7519\ \text{bit/符号。}$$

② 利用 Miller 修正估计信源熵为

$$\hat{H}_{MM}=\hat{H}_{MLE}+(\hat{m}-1)/2N=0.7519+1/(2\times 32)\times\log_2 e=0.7744\ \text{bit/符号。}$$

③

$$\hat{H}_{-i}(x_i=0)=-(6/31)\times\log_2(6/31)-(25/31)\times\log_2(25/31)=0.7088\ \text{bit/符号；}$$

$$\hat{H}_{-i}(x_i=1)=-(7/31)\times\log_2(7/31)-(24/31)\times\log_2(24/31)=0.7706\ \text{bit/符号；}$$

利用 jackknife 修正估计信源熵为

$$\begin{aligned}\hat{H}_{JK}&=32\times\hat{H}_{MLE}-(31/32)[7\times\hat{H}_{-i}(x_i=0)+25\times\hat{H}_{-i}(x_i=1)]\\&=24.2521-4.8068-18.6637=0.7816\ \text{bit/符号。}\end{aligned}$$ ▌

（2）一阶马氏链熵估计。设信源是一个 J 状态的一阶马氏链，其中状态集合 $S=\{1,2,\cdots,J\}$，

信源序列 $(x_0,x_1,\cdots,x_n)$ 为训练序列，现对信源的熵进行插入估计。

定义示性函数

$$I_{ij}(x,y)=\begin{cases}1 & x=i,y=j\\0 & \text{其他}\end{cases} \tag{11.11}$$

在训练序列中状态 (i,j) 同时发生次数的估计为

$$\hat{m}_n(i,j)=\sum\nolimits_{k=1}^{n} I_{ij}(x_{k-1}=i,x_k=j) \tag{11.12}$$

状态 i 发生次数的估计为

$$\hat{m}_n(i)=\sum\nolimits_{j=1}^{J}\ \sum\nolimits_{k=1}^{n} I_{ij}(x_{k-1}=i,x_k=j) \tag{11.13}$$

状态转移概率的估计为

$$\hat{p}_n(j\,|\,i)=\hat{m}_n(i,j)/\hat{m}_n(i) \tag{11.14}$$

平稳概率的估计为

$$\hat{\pi}_n(i)=\hat{m}_n(i)/n \tag{11.15}$$

注意　如果训练样本数量不够，会出现某些状态的概率统计值为零的情况。当 $\hat{m}_n(i)=0$，必有 $\hat{p}_n(j\,|\,i)=\hat{\pi}_n(i)=0$；当 $\hat{m}_n(i,j)=0$，必有 $\hat{p}_n(j\,|\,i)=0$。为避免出现有些状态观察不到的情况，应该进行多次独立的观察。

信源熵的估计：

$$\hat{H}(p_n)=-\sum\nolimits_{i=1}^{J}\hat{\pi}_n(i)\sum\nolimits_{j=1}^{J}\ \log\hat{p}_n(j\,|\,i) \tag{11.16}$$

与独立信源熵的估计类似，熵的估计也不是无偏的，用插入估计得到的熵值的平均要比实际熵值低。这也可根据熵的上凸性推出。

（3）N 次扩展源（Ngram）的熵估计。对一个有记忆离散信源，可以对其 N 次扩展源（Ngram）的熵估计。

$$\hat{p}_n(x_1,x_2,\cdots,x_N)=\frac{n(x_1,x_2,\cdots,x_N)}{n} \tag{11.17}$$

式中，$n(x_1,x_2,\cdots,x_N)$ 为序列中状态 $(x_1,x_2,\cdots,x_N)$ 的个数。N 次扩展源的熵估计为

$$\hat{H}_{MLE}(\boldsymbol{X}_1^N)=-\sum_{\hat{p}(x_1,x_2,\cdots x_N)}\hat{p}_n(x_1,x_2,\cdots,x_N)\log\hat{p}_n(x_1,x_2,\cdots,x_N) \tag{11.18}$$

修正后的熵为

$$\hat{H}(\boldsymbol{X}_1^N)=\hat{H}_{MLE}(\boldsymbol{X}_1^N)+(\hat{m}-1)/2n+(1/12n^2)(1-\sum_{P(x_1,\cdots,x_N)}1/p(x_1,\cdots x_n,))+o(n^{-3}) \tag{11.19}$$

式中，$\hat{m}$ 为 $\hat{p}_n(x_1,x_2,\cdots,x_N)>0$ 的个数。

（4）高阶有记忆马氏源熵估计。根据 $H(\boldsymbol{X}_1^N)=H(\boldsymbol{X}_1^{N-1})+H(X_N\,|\,\boldsymbol{X}_1^{N-1})$，所以一个 $N-1$ 阶马氏源熵的估计为

$$\hat{H}(X_N\,|\,\boldsymbol{X}_1^{N-1})=\hat{H}(\boldsymbol{X}_1^N)-\hat{H}(\boldsymbol{X}_1^{N-1}) \tag{11.20}$$

上式表明，$N-1$ 阶马氏源熵估计可以通过 N 次扩展源熵估计和 $N-1$ 次扩展源熵估计的差来实现。研究表明，插入法熵估计随训练样本数的增大估计的精度增加。对于低阶马氏源，

该方法能得到较精确的熵估计，但对于记忆长度较大的信源序列，数据长度往往不够，不能得到精确的估计结果。

2．通用信源压缩编码熵估计

根据香农第一定理，无损信源编码码率的下界是信源的熵，即通过理想的信源编码后，编码器码率可以压缩到信源的熵。因此可以计算无损编码后的压缩率（输出文件比特长度与输入文件比特长度的比）R，而$R \geqslant H(X)$，如果采用性能理想的无损信源编码算法，编码压缩率R可以作为信源熵的估计。

$$R \approx H(X) \tag{11.21}$$

当然，压缩性能越好，估计值越接近信源的熵。

有很多通用信源压缩编码算法可用作熵估计，该方法相对于插入法的优点是，不依赖信源的模型，也不假设任何特殊的信源结构，主要考虑的是算法的收敛速度。

有几种常用的信源压缩编码算法可用作熵估计，例如，LZ77系列（自适应模板匹配编码）、GZIP算法（LZ77 加 Huffman编码）、BZIP（基于Burrows-Wheeler变换加Huffman编码）CWT（上下文树加权加算术编码）等。

3．模板匹配熵估计

定义$L_i(n)$为序列$x_i, x_{i+1}, \cdots$在过去的n次观察中x_{i-n}^{i-1}的最长匹配长度。注意，是考察在序列$x_i, x_{i+1}, \cdots$中从x_i开始的字符串在过去的n长的观察窗中的匹配情况。例如，信源序列$x_{-7}^{m} = 0110001110101110110111\cdots$，对于时刻1，过去的8次观察为$x_{-7}^{0} = 01100011$，从序列$x_1^m = 101011101101111\cdots$中观察可知，最长的匹配段是"10"，所以$L_1(8) = 2$。

可以证明，对于记忆逐渐消失的信源，设k和n为任意选择的正整数，给定观察x_{i-n}^{i-1}，信源熵可由下式估计：

$$\hat{H}(n,k) = \frac{k \log n}{\sum_{i=1}^{k} L_i(n)} \tag{11.22}$$

从估计过程可以看到，随着i的连续增加，匹配长度的计算在长度为n的滑动窗内进行。所以这种熵估计方法也称为滑动窗熵估计。可采用如下方法进行估计值的矫正：对给定信源序列进行信源符号概率的最大似然估计，再以估计的概率产生与信源序列长度相同的信源序列复制品，对这些复制序列做窗长不同的滑动窗熵估计，因为复制序列的熵是可以精确计算的，所以用复制序列的熵减去估计熵就得到估计偏差。在所有复制品序列中对这种偏差进行平均就得到平均估计偏差。修正后的熵估计值是滑动窗熵估计加偏差值。

可以证明，模板匹配熵估计是通用的。对于马氏源，熵的估计随序列长度的增加将达到实际的熵值。该估计方法有很多优点，特别是在①信源的模型或类型未专门规定；②当模型失配时对估计的效果影响较大；③信源序列有相关性；④观测数据样本数较少（或信源特性随时间变化）等情况下也能使用。

例 11.2 对于例11.1的二元离散无记忆信源，用相同的训练序列，用滑动窗熵估计法估计信源的熵，滑动窗口长度$n = 8$，不要求对估计结果进行矫正。

解

求得$L_i(n)$，$i = 1, \cdots, 24$，分别为3，3，4，4，4，2，1，0，2，2，7，6，5，4，5，4，

4，4，4，4，3，3，2，1，熵的估计为

$$\hat{H}(8,24)=\frac{24\times\log_2 8}{\sum_{i=1}^{k}L_i(n)}=72/81=0.8889\ \text{bit}$$ ▌

11.1.2　连续信源熵的估计

连续信源熵的估计主要有两种方法：一是用一个参数集合近似实际的概率密度，而这个参数集合所对应的熵是已知的；二是基于对概率密度的直接估计，如利用直方图等，然后计算信源的熵，实际上就是插入估计。还有很多其他方法，例如，间隔熵估计、最近邻熵估计、多维扩展熵估计、基于最小跨接树的 Renyi 熵估计等。

11.2　最大熵原理

最大熵原理起源于统计力学。1957 年，统计物理学家 Jaynes 根据信息熵的概念提出了一个利用部分信息确定随机变量集合概率分布的方法，称为最大熵原理。它的基本思想是，求满足某些约束的信源事件概率分布时，应使得信源的熵最大。利用最大熵原理，不但可以使我们在已知信息不充分（称为欠定问题）时得到唯一的结果，而且还可以使我们依靠有限的数据达到尽可能客观的效果，克服可能引入的偏差。多年来，人们已经将最大熵原理应用于多个领域，其中包括信号检测与处理、模式分类、自然语言处理、生物医学，甚至经济学领域，都取得很好的效果。本节介绍最大熵原理、熵集中定理和几种重要的最大熵分布。

11.2.1　最大熵原理的描述

最大熵原理可这样来描述：在寻找满足某些约束的概率分布时，选择满足这些约束具有最大熵的概率分布。

通常，这些约束所提供的信息是不完整的，称为部分信息。这种部分信息有若干种形式，例如，随机变量矩的约束、概率分布形状的约束等。

利用最大熵原理主要有以下两个依据。

① 主观依据。从统计推断发展的历史上看，当对一个随机事件集合的输出分配概率时，通常的做法是：如果无任何充足依据，就给每个输出分配等概率。这叫作“不充分理由原理”，也称为“中性原理”。这就是说，如果对所求的概率分布无任何先验信息，没有任何依据证明某种事件可能比任何其他事件更优先，只能假定所有可能是等概率的。如果不这样处理，就说明我们利用了我们没有掌握的信息，可能会出现偏差。但是如果我们有明显的证据知道输出概率是不相等的，那么我们如何选择概率分布呢？为此应对“不充分理由原理”进行扩展，这就要利用最大熵原理。实际上，“不充分理由原理”是最大熵原理的特例，因为对离散有限集合，事件等概率时具有最大熵。

② 客观依据。Jaynes 提出的熵集中定理指出：满足给定约束的概率分布绝大多数集中在使熵最大的区域。因为具有较大熵分布的事件具有较高的多样性，所以实现的方法数也更多，这样越有可能被观察到。正如 Max Plank 所指出的，大自然好像对较大熵的情况更偏爱。我们也可以这样理解，在满足给定约束的条件下，事物总是力图达到最大熵。

下面给出最大熵原理的方法描述。

1. 离散信源

设离散信源熵
$$H=-\sum_{i=1}^{n} p_i \log p_i \tag{11.23}$$

满足约束：
$$\sum_{i=1}^{n} p_i = 1 \tag{11.24}$$

$$\sum_{i}^{n} p_i g_r(x_i) = a_r,\quad r=1,2,\cdots,m \tag{11.25}$$

其中，式（11.24）是概率的归一化约束；$g_r(x_i)$是已知函数，式（11.25）通常是概率矩的描述（包括均值或方差）或其他特征的平均值，a_r是已知常数，在解决实际问题时这些常数可能由训练数据得到。

定理 11.1 （离散最大熵分布定理） 满足式（11.24）和式（11.25）的约束使式（11.23）达到最大值的概率分布为

$$p_i = Z^{-1}\exp[-\sum_{r=1}^{m}\lambda_r g_r(x_i)]\ ,\quad i=1,2,\cdots,n \tag{11.26}$$

其中，
$$Z=\sum_{i=1}^{n}\exp[-\sum_{r=1}^{m}\lambda_r g_r(x_i)] \tag{11.27}$$

最大熵为

$$H_{\max} = \ln Z + \sum_{r=1}^{m}\lambda_r a_r \ \text{（奈特）} \tag{11.28}$$

参数λ_r，$r=1,2,\cdots,m$，由下式确定：

$$a_r = Z^{-1}\sum_{i=1}^{n} g_r(x_i)\prod_{k=1}^{m}\alpha_k^{g_k(x_i)},\quad r=1,2,\cdots,m \tag{11.29}$$

式中，$\alpha_r=\exp(-\lambda_r)$。

证 利用拉格朗日乘子法，求有约束极值。设

$$L=-\sum_{i=1}^{n} p_i\log p_i-(\lambda_0-1)(\sum_{i=1}^{n}p_i-1)-\sum_{r=1}^{m}\lambda_r[\sum_{i=1}^{n}p_i g_r(x_i)-a_r]$$

式中，$\lambda_i, i=0,1,\cdots,m$为待定常数。

令$\partial L/\partial p_i=0$，得

$$\ln p_i + \lambda_0 + \sum_{r=1}^{m}\lambda_r g_r(x_i) = 0\ ,\qquad i=1,2,\cdots,n$$

通过运算，就得式（11.26），或

$$p_i = Z^{-1}\prod_{r=1}^{m}\alpha_r^{g_i(x_i)}\ ,\qquad i=1,2,\cdots,n \tag{11.30}$$

式中，$Z=\exp(\lambda_0)$，$\alpha_r=\exp(-\lambda_r)$。利用式（11.24）的归一化条件，得式（11.27），或

$$Z=\sum_{i=1}^{n}\prod_{r=1}^{m}\alpha_r^{g_r(x_i)} \tag{11.31}$$

利用式（11.25）的约束，得式（11.29）。结合式（11.26）和式（11.23）就得式（11.28）。

可以看到，为解最大熵问题，需通过解式（11.29）所表示的方程组，得到常数

$\lambda_i, i=0,1,\cdots,m$。当约束较多时，通常没有封闭解。在解最大熵问题时，需要特定的数值算法。

例 11.3　做 1000 次抛掷骰子的试验，求抛掷点数的平均值。

解　由于抛掷次数很多，所以各点出现的频率近似等于出现的概率。假定在每次抛掷后，骰子 6 个面中的每一个面朝上的概率都相同，即为 1/6。这里我们利用了"不充分理由原理"，因为除知道骰子有 6 个面外，我们没有其他任何别的信息。

抛掷点数的平均值：$m=(1+2+3+4+5+6)/6=3.5$。▌

例 11.4　做 1000 次抛掷骰子的试验后得知抛掷点数的平均值为 4.5，求骰子各面朝上的概率分布。

解　很明显，骰子的各面朝上的概率是不均匀的。除概率的归一性外，我们知道的信息仅有平均值，这对于确定 6 个面的概率是不完整的信息，必须利用最大熵原理。

根据题意，平均值的约束写为

$$p_1+2p_2+3p_3+4p_4+5p_5+6p_6=4.5$$

结合式（11.25），有 $m=1$，$g_1(x_i)=i$，$a_1=4.5$，且只有待定常数 Z，α_1，由式（11.29）得

$$4.5=\frac{\alpha_1+2\alpha_1^2+3\alpha_1^3+4\alpha_1^4+5\alpha_1^5+6\alpha_1^6}{\alpha_1+\alpha_1^2+\alpha_1^3+\alpha_1^4+\alpha_1^5+\alpha_1^6}$$

$\alpha_1=1.44925$，代入式（11.26），得

$$p_i=\frac{\alpha_1^i}{\alpha_1+\alpha_1^2+\alpha_1^3+\alpha_1^4+\alpha_1^5+\alpha_1^6}=\frac{1.44925^i}{26.6637}$$

所求概率分布为

$$(p_1,p_2,p_3,p_4,p_5,p_6)=(0.0543, 0.0788, 0.1142, 0.1654, 0.2398, 0.3475)$$ ▌

例 11.5　求例 11.4 概率分布所对应的熵。

解

$$\begin{aligned}H_{\max}&=H(0.0543, 0.0788, 0.1142, 0.1654, 0.2398, 0.3475)\\&=1.6135\text{ 奈特}=2.3279\text{ 比特}\end{aligned}$$

由式（11.27）得 $Z=26.6637$；也可利用式（11.28），得

$$H_{\max}=\log Z+\lambda_1 a_1=3.2833-(\ln 1.44925)\times 4.5=1.6135\text{ 奈特}。$$ ▌

2．连续情况

信源的熵

$$h=-\int_a^b p(x)\ln p(x)\mathrm{d}x \tag{11.32}$$

满足

$$\int_a^b p(x)\mathrm{d}x=1 \tag{11.33}$$

$$\int_a^b p(x)g_r(x)\mathrm{d}x=a_r,\quad r=1,2,\cdots,m \tag{11.34}$$

与推导离散情况类似，可以得到以下结果。

定理 11.2（连续最大熵分布定理）　满足式（11.33）和式（11.34）的约束使式（11.32）达到最大值的概率密度为

$$p(x) = Z^{-1}\exp[-\sum_{r=1}^{m}\lambda_r g_r(x)] \tag{11.35}$$

其中，

$$Z = \int_a^b \exp[-\sum_{r=1}^{m}\lambda_r g_r(x)]\mathrm{d}x \tag{11.36}$$

最大熵等于

$$h_{\max} = \ln Z + \sum_{r=1}^{m}\lambda_r a_r \tag{11.37}$$

参数 λ_r， $r=1,2,\cdots,m$，由下式确定：

$$a_r = Z^{-1}\int_a^b g_r(x)\exp[-\sum_{k=1}^{m}\lambda_k g_k(x)]\mathrm{d}x, \quad r=1,2,\cdots,m \tag{11.38}$$

证 这是有约束的泛函极值问题。设

$$J(p) = -\int p(x)\ln p(x)\mathrm{d}x - (\lambda_0 - 1)\int p(x)\mathrm{d}x - \sum_{r=1}^{m}\lambda_r \int p(x)g_r(x)\mathrm{d}x$$

对 $p(x)$ “求导”，得

$$\frac{\partial J}{\partial p} = \int[-\ln p(x) - \lambda_0 - \sum_{r=1}^{m}\lambda_r g_r(x)]\mathrm{d}x$$

令被积函数为零，得式（11.35）和式（11.36），将式（11.35）代入式（11.34），得式（11.38），将式（11.35）代入式（11.32），得最大熵式（11.37）。

比较离散情况和连续情况可知，除求和和积分的差别外，两结果的表达式相同。

例 11.6 连续信源 X 的取值区间为（a,b），求达到最大熵的 X 的分布度 $p(x)$ 和相应的最大熵 $h_{\max}$。

解 因为只有归一化约束，由式（11.36），得 $Z=b-a$，由式（11.35），所求分布密度 $p(x)=1/(b-a)$，最大熵为 $h_{\max}=\log(b-a)$。 ▌

11.2.2 熵集中定理

熵集中定理是最大熵原理的依据。可以证明，具有最大熵的概率分布具有最多的实现方法数，因此更容易被观察到，而且满足给定约束条件的分布所产生的熵绝大部分在最大熵附近。

假设做 N 次随机实验，每次实验有 n 个结果，每种结果出现的次数为 N_i，设每种结果出现的概率为 p_i，那么当 N 足够大时，有 $N_i = Np_i$。因此，实现某种特殊的概率集合 $\{p_i, i=1,\cdots,n)$ 的方法数为

$$W(p_1,\cdots,p_n) = \frac{N!}{(Np_1)!\cdots(Np_n)!} \tag{11.39}$$

当 N 很大时，利用斯特灵公式：$N! \approx \sqrt{2N\pi}(\frac{N}{\mathrm{e}})^N$ 得

$$\log(N!) = N(\log N - \log\mathrm{e}) + \frac{1}{2}\log(2\pi N)$$

$$\begin{aligned}\sum_i \log(Np_i!) &= \sum_i Np_i(\log Np_i - \log\mathrm{e}) + \sum_i \frac{1}{2}\log(2\pi Np_i) \\ &= N[(\log N - \log\mathrm{e})\sum_i p_i + \sum_i p_i\log p_i] + \frac{n}{2}\log(2\pi N) + \frac{1}{2}\sum_i \log p_i\end{aligned}$$

所以

$$N^{-1}\log W = -\sum_i p_i \log p_i - \frac{n-1}{2N}\log(2\pi N) - \frac{1}{2N}\sum_i \log p_i$$

$$\lim_{N\to\infty} N^{-1}\log W = -\sum_i p_i \log p_i = H \tag{11.40}$$

可以写成

$$W \sim A\mathrm{e}^{NH} \tag{11.41}$$

其中，A 为独立于概率分布的常数。可见，实现某种概率分布方法数 W 与分布的熵呈指数关系，随着 H 的增加，W 急剧增加，所以最大的熵对应着最多的实现方法数。因此，如果我们寻找一个可以用最多方法数实现的分布，就应该使 W 最大，也就是令熵 H 最大。

Jaynes 在 1982 年提出了熵集中定理，指出满足给定约束的概率分布绝大多数集中在使熵最大的区域。

定理 11.3（熵集中定理） 满足约束式（11.25）的一组概率 $p_1,\cdots,p_n$ 所产生的熵在如下范围：

$$H_{\max} - \Delta H \leqslant H(p_1,\cdots,p_n) \leqslant H_{\max} \tag{11.42}$$

其中

$$2N\Delta H = \chi_k^2(1-F) \tag{11.43}$$

$H_{\max}$ 为在约束式（11.24）、式（11.25）下，式（11.23）的最大值。式（11.43）的含义是，当 N 足够大时，$2N\Delta H$ 渐近为维数等于 k（$k=n-m-1$，n 为信源符号数，m 为约束方程个数），置信度为 $1-F$ 的 χ^2 分布的值。通常，在很高置信度的条件下，ΔH 的值很小。

例 11.7 求例 11.4 置信度 95%和 99.99%时信源熵的范围。

解 根据题意，$2N\Delta H$ 为自由度 6−1−1=4 的 χ^2 分布，查 χ^2 表。

（1）在置信度 95%条件下，得 $2N\Delta H = 9.488$，$\Delta H = 0.00474$，信源熵的范围：

$$1.609 \leqslant H \leqslant 1.614 \text{（奈特）}$$

（2）在置信度 99.99%条件下，得 $\Delta H = \chi_4^2(0.9999)(2N)^{-1} = 0.012$，信源熵的范围：

$$1.602 \leqslant H \leqslant 1.614 \text{（奈特）}$$ ▎

注：

① 不等式 $H_{\max} - 4.47/N \leqslant H \leqslant H_{\max}$ 适合任何自由度为 4 的 95%置信度的试验；

② 置信度 99.99%条件的结果表明，只有万分之一试验输出的熵在所求得范围之外（99.99%的试验在不等式的范围之内）；

③ 熵集中区域的宽度随试验次数 N 的增加而变窄。

在例 11.4 中，有人找到了满足均值为 4.5 约束，但不是最大熵的分布，得到的熵值是 1.4136，比最大熵小 0.2。根据式（11.41）计算可知，最大熵分布实现的方法数是该分布实现方法数的 $\mathrm{e}^{200}\left(>10^{86}\right)$ 倍，这就是说，如果具有最大熵分布的事件发生 10^{86} 次，而该分布的事件最多才发生 1 次。很明显，熵值远离最大熵的解答是不合理的。

因此可以得到如下结论：在提供的信息不完全的情况下，最大熵分布不仅以最多的实现方式实现，而且随着试验次数的增多，绝大多数可能的分布的熵都接近最大熵。当次数 $N\to\infty$

时，除具有最大熵的分布外，其他满足约束的分布都是非典型的，出现的概率几乎为零。可以认为，具有最大熵的分布是所有满足给定约束的概率分布的代表；最大熵法是一种保险的策略，它能防止预测出数据本身没有提供的虚假结果。

11.2.3 几种重要的最大熵分布

以下我们介绍几种重要的最大熵分布，这对于解决实际问题是有帮助的。实际上，很多分布都是满足一定约束条件下的最大熵分布。

1. 满足均值约束的连续最大熵分布是指数分布

例 11.8 连续信源 X 的取值区间为[0，∞），均值 $E(X)=\mu$，求达到最大熵的 X 的分布概率密度函数 $p(x)$ 和相应的最大熵 $h_{\max}$。

解 根据式（11.35）有

$$p(x)=Z^{-1}\mathrm{e}^{-\lambda_1 x}$$

其中：

$$Z=\int_0^{\infty}\mathrm{e}^{-\lambda_1 x}\mathrm{d}x=1/\lambda_1$$

根据约束条件有

$$\mu=\int_0^{\infty}\lambda_1 x\mathrm{e}^{-\lambda_1 x}\mathrm{d}x=1/\lambda_1$$

所求分布概率密度函数为

$$p(x)=\frac{1}{\mu}\mathrm{e}^{-x/\mu}\quad ,x\geqslant 0 \tag{11.44}$$

根据式（11.37），得最大熵为

$$h_{\max}=\log(\mathrm{e}\mu) \tag{11.45}$$

例 11.9 离散信源 X 的取值为 $\{E_i,i=1,2\cdots\}$，满足约束 $\sum_i p_iE_i=E$，求达到最大熵的 X 的概率分布 p_i。

解 根据式（11.26），得

$$p_i=Z^{-1}\mathrm{e}^{-\lambda_1 E_i}$$

式中，$Z=\sum_i \mathrm{e}^{-\lambda_1 E_i}$。令 $\lambda_1=1/(k_BT)$，其中，k_B 为玻耳兹曼常数，T 为绝对温度，那么

$$p_i=Z^{-1}\mathrm{e}^{-E_i/k_BT} \tag{11.46}$$

这就是物理学中的玻耳兹曼分布，也称玻耳兹曼-吉布斯（Boltzmann-Gibbs）分布，也是指数分布，是平衡统计力学的基本定律。它指出，一个能量为 E_i 的某特殊状态的概率满足玻耳兹曼分布。一个重要的特例就是，$E_i=i$，这时离散分布称为几何分布。 ▌

2. 满足均值约束的离散最大熵分布是几何分布

例 11.10 设离散信源 X 的取值为 $\{1,2\cdots\}$，满足约束 $\sum_n np_n=1/(1-a)$，证明当 $p_n=(1-a)a^{n-1}$，$\{n=1,2\cdots\}$ 时达到最大熵，该分布称作几何分布。

（证明略，留做练习）

3. 满足均值和均方值约束的最大熵分布是高斯分布

这个结论在本书连续最大熵定理的内容中已经做了证明，也可利用本章的结论进行推导。（留做练习）

4. 满足几何平均值约束的最大熵分布是幂律分布

例 11.11 设连续信源 X 的取值为正实数，概率密度为 $p(x)$，且满足约束

$$\int_1^{\infty} p(x)\ln x\mathrm{d}x = \mu\,,\quad \mu > 0 \tag{11.47}$$

求具有最大熵的分布密度。

解 根据式（11.35）有

$$p(x) = \frac{\mathrm{e}^{-\lambda_1 \ln x}}{\int_1^{\infty} \mathrm{e}^{-\lambda_1 \ln x}\mathrm{d}x} = (\lambda_1 - 1)x^{-\lambda_1}$$

根据约束条件式（11.47）有

$$\mu = (\lambda_1 - 1)\int_1^{\infty} x^{-\lambda_1} \ln x\mathrm{d}x = 1/(\lambda_1 - 1)$$

得 $\lambda_1 = 1 + 1/\mu$，所以

$$p(x) = \frac{1}{\mu}x^{-(\mu+1)/\mu} \tag{11.48}$$

式（11.48）所示的分布满足幂律分布。所谓幂律是指一个随机变量的概率密度是一个幂函数，即

$$p(x) \propto x^{-\alpha} \tag{11.49}$$

其中，α 为正数。

自然界与社会生活中存在很多幂律分布现象。

1932 年，Zipf 在研究英文单词出现的频率时，发现如果把单词出现的频率按由大到小的顺序排列，则每个单词出现的频率与它的名次的常数次幂存在简单的反比关系，这种分布就称为 Zipf 定律。

在生物学和经济学中也有很多例子。企业按交易额排序、大学按科研收入或专利排序也遵循幂律。在计量财政学中，很多经验研究表明，股票波动概率分布函数在截短前服从幂律，后面有一个拖尾。

19 世纪的意大利经济学家 Pareto 研究了个人收入的统计分布，发现少数人的收入要远多于大多数人的收入，提出个人收入 X 不小于某个特定值 x 的概率与 x 的常数次幂也存在简单的反比关系，即为 Pareto 定律。

Zipf 定律与 Pareto 定律都是简单的幂函数。

幂律分布表现为一条斜率为幂指数的负数的直线。这一线性关系是判断给定的实例中随机变量是否满足幂律的依据。

实际上，幂律分布广泛存在于物理学、天文学、计算机科学、生物学、生态学、人口统

计学与社会科学、经济与金融学等众多领域中，且表现形式多种多样。

下面分析约束式（11.47）的含义。我们知道，算术平均可表示为$(1/N)\sum_i x_i$，概率不等的情况为$\sum_i p_i x_i$。类似地，几何平均可表示为$\prod x_i^{1/N}$，概率不等的情况为$\prod x_i^{p_i}$，推广到连续情况，算术平均对应数学期望（或均值），而对几何平均取对数，得$\sum_i p_i \ln x_i \approx \int_x p(x)\ln x \,\mathrm{d}x$。所以式（11.47）是对随机变量几何平均的约束，约束值为e^{μ}。

11.3 最小交叉熵原理

11.3.1 最小交叉熵原理

前面所介绍的信息散度在信号处理领域常称为交叉熵。对离散和连续信源，定义在同一概率空间的两概率测度$\boldsymbol{p}$和$\boldsymbol{q}$的交叉熵分别定义如下。

离散情况：

$$D(\boldsymbol{p}\|\boldsymbol{q}) = -\sum_{i=1}^{n} p_i \log\frac{p_i}{q_i} \tag{11.50}$$

连续情况：

$$D(\boldsymbol{p}\|\boldsymbol{q}) = -\int_a^b p(x)\log\frac{p(x)}{q(x)}\mathrm{d}x \tag{11.51}$$

上面两式中，$\boldsymbol{p}$，$\boldsymbol{q}$在离散情况分别表示概率矢量，在连续情况分别表示概率密度函数。交叉熵表示概率分布$\boldsymbol{p}$和$\boldsymbol{q}$之间的“距离”，也表示信源从概率$\boldsymbol{p}$变化到概率$\boldsymbol{q}$所需要的信息量。$\boldsymbol{q}$称为先验概率，而$\boldsymbol{p}$称为后验概率。

在很多情况下，可能存在关于概率分布的先验知识，此时可以用最小交叉熵原理推断后验概率分布。最小交叉熵原理就是，当推断一个具有先验分布$\boldsymbol{q}$的随机变量的概率分布$\boldsymbol{p}$时，选择在满足已知约束下使交叉熵$D(\boldsymbol{p}\|\boldsymbol{q})$最小的概率分布。下面是最小交叉熵分布定理。

定理 11.4 （离散最小交叉熵分布定理） 满足式（11.25）的约束使式（11.50）达到最小值的后验概率分布为

$$p_i = Z^{-1}q_i \exp[-\sum_{r=1}^{m}\lambda_r g_r(x_i)],\quad i=1,2,\cdots,n \tag{11.52}$$

式中，

$$Z = \sum_{i=1}^{n} q_i \exp[-\sum_{r=1}^{m}\lambda_r g_r(x_i)] \tag{11.53}$$

参数λ_r，$r=1,2,\cdots,m$，由下式确定：

$$a_r = Z^{-1}\sum_{i=1}^{n} q_i g_r(x_i)\prod_{k=1}^{m}\alpha_k^{g_k(x_i)},\quad r=1,2,\cdots,m \tag{11.54}$$

其中，$\alpha_r = \exp(-\lambda_r)$。

定理 11.5 （连续最小交叉熵分布定理） 满足式（11.34）的约束使式（11.51）达到最小值的后验概率密度为

$$p(x) = Z^{-1}q(x)\exp[-\sum_{r=1}^{m}\lambda_r g_r(x)] \tag{11.55}$$

式中，

$$Z = \int q(x)\exp[-\sum_{r=1}^{m}\lambda_r g_r(x)]\mathrm{d}x \tag{11.56}$$

参数λ_r，$r=1,2,\cdots,m$，由下式确定：

$$a_r = Z^{-1}\int_a^b g_r(x)q(x)\exp[-\sum_{k=1}^{m}\lambda_k g_k(x)]\mathrm{d}x\text{，}\quad r=1,2,\cdots,m \tag{11.57}$$

以上两定理的证明与最大熵分布定理的证明类似，此处略。

设满足约束条件式（11.25）或式（11.34）的概率分布的集合为P，那么最小交叉熵原理可以描述为

$$\boldsymbol{p} = \arg\min_{\boldsymbol{p}'\in \boldsymbol{P}} D(\boldsymbol{p}' \| \boldsymbol{q}) = \arg H(\boldsymbol{p},\boldsymbol{q}) \tag{11.58}$$

其中，

$$H(\boldsymbol{p},\boldsymbol{q}) = \min_{\boldsymbol{p}'\in \boldsymbol{P}} D(\boldsymbol{p}' \| \boldsymbol{q}) \tag{11.59}$$

满足式（11.58）的概率密度称为最小交叉熵的解。

通过比较可知，最大熵原理是最小交叉熵原理的特殊情况，此时的先验概率是均匀分布。也可以说，最小交叉熵原理是最大熵原理的推广。

例 11.12　设先验概率$q(\boldsymbol{x})$为N维独立高斯分布随机矢量：

$$q(\boldsymbol{x}) = \prod_k (2\pi\sigma_k^2)^{1/2}\exp[-(x_k - m_k)^2/2\sigma_k^2]$$

N维随机矢量$\boldsymbol{x}=(x_1,\cdots x_N)$满足约束：

$$\int_{\boldsymbol{x}} x_i p(\boldsymbol{x})\mathrm{d}\boldsymbol{x} = \mu_i\text{，}\quad i=1,\cdots,N$$

$$\int_{\boldsymbol{x}} (x_i-\mu_i)^2 p(\boldsymbol{x})\mathrm{d}\boldsymbol{x} = \nu_i\text{，}\quad i=1,\cdots,N$$

求使交叉熵$D(\boldsymbol{p}\|\boldsymbol{q})$最小的后验分布密度$p(\boldsymbol{x})$。

解　根据式（11.55），得

$$\begin{aligned} p(x) &= Z^{-1}\exp\{-\sum_{r=1}^{N}[\lambda_{1r}x_r + \lambda_{2r}(x_r-\mu_r)^2]\}\prod_k (2\pi\sigma_k^2)^{1/2}\exp[-(x_k-m_k)^2/2\sigma_k^2] \\ &= Z^{-1}\prod_k (2\pi\sigma_k^2)^{1/2}\exp\{-\textstyle\sum_{i=1}^{N}[\lambda_{1i}x_i + \lambda_{2i}(x_i-\mu_i)^2 + (x_i-m_i)^2/2\sigma_i^2]\} \end{aligned}$$

可以看到，$p(\boldsymbol{x})$仍然是独立的高斯分布，再根据给定的约束条件，得

$$p(\boldsymbol{x}) = \prod_i (2\pi\nu_i)^{1/2}\exp[-(x_i-\mu_i)^2/2\nu_i]$$

可见，所求的密度仍然是高斯分布，不过均值和方差被新的约束值代替。▌

11.3.2　交叉熵的性质

交叉熵的性质总结如下。

（1）非负性

$$D(\boldsymbol{p}\|\boldsymbol{q}) \geqslant 0\text{，当且仅当 }\boldsymbol{p}=\boldsymbol{q}\text{ 时等式成立。} \tag{11.60}$$

（2）下凸性

$D(\boldsymbol{p}\|\boldsymbol{q})$是$\boldsymbol{p}$的下凸函数。确切地说，已知概率分布（离散或连续）$\boldsymbol{p}_1$，$\boldsymbol{p}_2$，$\boldsymbol{q}$和正数$\alpha$，且$0\leqslant\alpha\leqslant 1$，$\boldsymbol{p}=\alpha\boldsymbol{p}_1+(1-\alpha)\boldsymbol{p}_2$，有

$$D(\boldsymbol{p}\|\boldsymbol{q}) \leqslant \alpha D(\boldsymbol{p}_1\|\boldsymbol{q}) + (1-\alpha)D(\boldsymbol{p}_2\|\boldsymbol{q}) \tag{11.61}$$

（3）可加性

这类似于熵的可加性，就是独立联合分布的交叉熵等于各独立分布的交叉熵的和。确切地说，已知概率分布 $p(\boldsymbol{x}) = p_1(x_1)\cdots p_N(x_N)$，$q(\boldsymbol{x}) = q_1(x_1)\cdots q_N(x_N)$，有

$$D(\boldsymbol{p}\|\boldsymbol{q}) = \sum_{i=1}^N D(\boldsymbol{p}_i\|\boldsymbol{q}_i) \tag{11.62}$$

（4）坐标变换下的不变性

在离散情况转化成置换下的不变性。确切地说，设概率密度 $p(\boldsymbol{x})$，$q(\boldsymbol{x})$，有变换 $\boldsymbol{y} = f(\boldsymbol{x})$，有

$$D(p(\boldsymbol{x})\|q(\boldsymbol{x})) = D(p(\boldsymbol{y})\|q(\boldsymbol{y})) \tag{11.63}$$

（5）勾股性质

定理 11.6　设 $q(x)$ 为先验概率密度，$p(x)$，$r(x)$ 为满足式（11.34）约束的后验概率密度，且 $D(\boldsymbol{p}\|\boldsymbol{q}) = H(\boldsymbol{p},\boldsymbol{q})$，那么

$$D(\boldsymbol{r}\|\boldsymbol{q}) = D(\boldsymbol{r}\|\boldsymbol{p}) + D(\boldsymbol{p}\|\boldsymbol{q}) \tag{11.64}$$

式（11.63）类似于勾股定理。如果把满足约束的概率分布看成一个子空间 C，则 r，p 都在 C 内，而 q 在 C 外。p 与 q 的距离长度最短，相当于连接 p，q 的矢量和 C 垂直，从 C 中任何一点 r 到 q 的距离的平方等于 r 到 p 距离的平方加上 p 到 q 的距离的平方。

证

$$\begin{aligned}
D(\boldsymbol{r}\|\boldsymbol{q}) &= \int r(x)\log\frac{r(x)}{q(x)}\mathrm{d}x = \int r(x)\log\frac{r(x)}{p(x)}\mathrm{d}x + \int r(x)\log\frac{p(x)}{q(x)}\mathrm{d}x \\
&\overset{a}{=} \int r(x)\log\frac{r(x)}{p(x)}\mathrm{d}x + \int r(x)[-(\ln Z + \sum_{r=1}^{m}\lambda_r g_r(x))]\mathrm{d}x \\
&\overset{b}{=} \int r(x)\log\frac{r(x)}{p(x)}\mathrm{d}x + \int p(x)\log\frac{p(x)}{q(x)}\mathrm{d}x \\
&= D(\boldsymbol{r}\|\boldsymbol{p}) + D(\boldsymbol{p}\|\boldsymbol{q})
\end{aligned}$$

其中，a: $p(x)$ 满足式（11.55），b: $r(x)$ 和 $p(x)$ 都满足约束。▌

11.3.3　最小交叉熵推断的性质

J.E.Shore 等提出最小交叉熵推断的 4 个公理化条件：①唯一性；②在坐标系变换下不变性；③系统独立性；④子集独立性。提出这些公理的指导性原则就是，如果问题可以用多于一种的方法解决，那么结果要一致。他们证明了：在给定先验概率和约束条件下，由最小交叉熵原理所推出的后验概率，即最小交叉熵的解是唯一满足上述公理条件下的结果。所以，最小交叉熵原理是唯一的一致推断系统，所有其他的推断系统都将导致矛盾。

下面对最小交叉熵推断满足以上 4 个公理化条件做具体说明。

（1）唯一性

最小交叉熵的解是唯一的。这可以从 $D(\boldsymbol{p}\|\boldsymbol{q})$ 是 $\boldsymbol{p}$ 的下凸函数推出。

（2）坐标变换下的不变性

在两个不同的坐标系中的最小交叉熵解具有坐标变换关系。也就是说，先求最小交叉熵

的解，再变换得到的后验概率密度和先变换再求最小交叉熵解结果是相同的。

（3）系统独立性

系统独立性含义是，对于多维系统，对各维分别进行最小交叉熵推断实现和对联合概率用最小交叉熵直接推断实现得到相同的后验概率。下面以 2 维分布为例来说明。设先验概率密度 $q(x,y)=q_1(x)q_2(y)$，后验概率密度 $p(x,y)$ 及其边际概率密度 $p_1(x)$ 和 $p_2(y)$，现通过 $H(\boldsymbol{p},\boldsymbol{q})=H(\boldsymbol{p},\boldsymbol{q}_1\boldsymbol{q}_2)$ 估计 $p(x,y)$。

$$
\begin{aligned}
\text{因为 } D(\boldsymbol{p}\|\boldsymbol{q}_1\boldsymbol{q}_2)-D(\boldsymbol{p}_1\boldsymbol{p}_2\|\boldsymbol{q}_1\boldsymbol{q}_2)&=\iint p(x,y)\log\frac{p(x,y)}{p_1(x)p_2(y)}\mathrm{d}x\mathrm{d}y\\
&=D(\boldsymbol{p}\|\boldsymbol{p}_1\boldsymbol{p}_2)\geqslant 0
\end{aligned}
$$

所以，求 $\arg H(\boldsymbol{p},\boldsymbol{q})$ 相当于求 $\arg H(\boldsymbol{p}_1\boldsymbol{p}_2,\boldsymbol{q}_1\boldsymbol{q}_2)$，而

$$
D(\boldsymbol{p}_1\boldsymbol{p}_2\|\boldsymbol{q}_1\boldsymbol{q}_2)=D(\boldsymbol{p}_1\|\boldsymbol{q}_1)+D(\boldsymbol{p}_2\|\boldsymbol{q}_2)
$$

因此相当于分别求 $\arg H(\boldsymbol{p}_1,\boldsymbol{q}_1)$ 和 $\arg H(\boldsymbol{p}_2,\boldsymbol{q}_2)$。

（4）子集的独立性

子集独立性含义是，用最小交叉熵推断后验概率时，可以用整个概率密度计算来实现，也可以将概率密度划分成若干状态下条件概率密度分别实现。

设先验与后验概率密度分别划分成若干不相交区间 $\{s_i\}$，且 $q(x)=\sum_i m_i q_i(x|u_i)$，$p(x)=\sum_i n_i p_i(x|v_i)$，其中 m_i，n_i 分别为 u_i 和 v_i 的概率。

$$
\begin{aligned}
D(\boldsymbol{p}\|\boldsymbol{q})&=\sum_i\int_{s_i} n_i p(x|u_i)\log\frac{n_i p_i(x|u_i)}{m_i q_i(x|v_i)}\mathrm{d}x\\
&=\sum_i n_i D(p_i\|q_i)+\sum_i n_i\log\frac{n_i}{m_i}
\end{aligned}
\tag{11.65}
$$

所以，求 $\arg H(\boldsymbol{p},\boldsymbol{q})$ 相当于对所有 i 求 $\arg H(p_i\|q_i)$。

11.3.4　交叉熵法

在信息处理中，往往要求一个概率密度接近另一个目标概率密度，而目标概率密度的参数是未知的。这样，将式（11.51）$p(x)$ 作为目标概率密度，$q(x)$ 为含有参数的概率密度，写成 $q(x,u)$，可以通过改变 u 使交叉熵最小。由于

$$
D(\boldsymbol{p}\|\boldsymbol{q})=\int p(x)\log\frac{p(x)}{q(x)}\mathrm{d}x=\int p(x)\log p(x)\mathrm{d}x-\int p(x)\log q(x)\mathrm{d}x
$$

因此，使 $D(\boldsymbol{p}\|\boldsymbol{q})$ 最小，相当于使上式第二项最大，即

$$
u^*=\arg\max_u\int p(x)\log q(x,u)\mathrm{d}x \tag{11.66}
$$

上式就是当前被称为交叉熵法的理论依据。

交叉熵法是一个迭代算法，包含两步：

① 应用一个动态参数集产生随机数据样本；

② 应用数据样本本身对控制随机数据产生的参数进行更新，以进一步改进数据样本。

交叉熵法首先由 Rubinstein 在 1997 年提出，用做估计稀有事件概率的自适应算法，后来

作为解决很多优化问题，特别是 NP 难题的通用而有效的工具。交叉熵法已经成功应用到很多复杂的优化问题，例如，邮递员旅行问题、二次分配问题、最大割集问题等。

11.4 信息理论方法的应用

11.4.1 信息论在分子生物学中应用

信息论在分子生物学中有着广泛的应用，因此香农又被一些学者称为生物学家。具体地，信息论在分析生物序列（DNA、RNA 或蛋白质等）的熵、DNA-蛋白质通信容量估算、神经网络信息处理、基于信息论的药物设计等方面存在很好的应用前景。限于篇幅，本小节简单介绍信息论在分析 DNA 序列的熵及 DNA-蛋白质通信容量估算方面的研究结果。

1. DNA 序列的熵估计和压缩

近些年来，生物学领域的研究取得很大进展，很多物种的完整 DNA（脱氧核糖核酸）序列已经被发现，关于基因的一系列重要问题已成为研究的热点，这里就包括 DNA 序列的处理及有效存储和传送问题，DNA 序列熵的估计和压缩是用来解决这类问题的方法之一。

研究表明，细胞核中的 DNA 是生物的遗传物质。它的单体是核苷酸，由一个碱基，脱氧核糖分子（S）和磷酸分子（P）构成。碱基有 4 种：腺嘌呤（A）、鸟嘌呤（G）、胞嘧啶（C）和胸腺嘧啶（T）。因此共 4 种核苷酸，简记为 A，G，C，T，所以 DNA 序列可以表示字母表为$\{A，T，G，C\}$的符号串。在 DNA 的编码区，能够对蛋白质进行编码的序列称为外显子（exon），而不能对蛋白质进行编码的序列称为内含子（intron）。对各种遗传序列的测试表明，内含子和外显子的熵存在很大的差别。

前面介绍的离散序列熵估计算法都可用来估计内含子和外显子序列的熵，但由于 DNA 序列中外显子序列较短，要求熵估计器的收敛必须足够快，以便得到精确的估计值。

因为 DNA 序列是有记忆的，最常用的方法就是k次扩展估计方法。先把序列分割成长度为k的子序列，对每个k，估计长度为k的子序列的概率，利用插入法得到每符号熵的估计值如下式表示：

$$\hat{H}(k)=\frac{1}{k}\sum_{x\in(A,T,G,C)^k}-\hat{p}_k(\boldsymbol{x})\log\hat{p}_k(\boldsymbol{x}) \tag{11.67}$$

其中，$\hat{p}_k(\boldsymbol{x})$为所估计的长度为$k$的子序列的概率。

也可用滑动窗模板匹配法进行熵估计。Farach 等用此算法来测试外显子和内含子的熵差别，发现外显子的平均熵 73%的时间较大，而内含子的变化 80%的时间较大。

Loewenstern 和 Yianilos 提出一个称作 CDNA 的估计 DNA 序列熵的算法。他们观察到，DNA 序列包含很多重复，偶尔也可以预测。该算法使用两个参数表示这种不精确匹配，一个参数w表示子串的长度，另一个参数h表示汉明距离。这两个参数用来构建一个预测专家平台$p_{w,h}$，它们各有不同的w和h的值，然后应用期望值最大法对各个专家平台参数的加权值进行训练，使得将它们组合成一个单独预测器时预测能力最强。

Kevin Lonctot 等提出一种称作语法变换分析和压缩（GTAC）熵估计器，应用一种新的数据结构以线性时间解最长非重叠模式问题，其特点是运行时间短、估计值精确。该方法以基于语法的编码分析为基础，并利用了 DNA 序列的反向互补特性。这种估计器是通用的，适用于任何序列。

如前所述，无损压缩编码也可用作熵的估计，所以提出了若干无损压缩编码用于 DNA 序列熵的估计和压缩。实践证明，适用于文本压缩的通用无损信源编码往往对 DNA 序列的压缩效果不好，主要原因是：①这些算法大部分仅具有渐近最佳特性，而 DNA 序列往往没有足够的长度；②这些算法未利用 DNA 序列本身的特性。

DNA 序列有如下特性：①序列中存在重复；②存在近似重复（有个别差错的重复）；③存在反向互补重复（reverse complement）；④局部频率非均匀。

在 DNA 序列中，A 与 T 互补，G 与 C 互补。如果两序列 $\boldsymbol{x}=x_1\cdots x_n$ 和 $\boldsymbol{y}=y_1\cdots y_n$ 中 x_i 与 y_{n+1-i} $(1\leqslant i\leqslant n)$ 互补，则称 $\boldsymbol{x}$ 和 $\boldsymbol{y}$ 反向互补，也称回文（palindrome）。例如，AAACGT 与 ACGTTT 就是反向互补

迄今为止已经提出多种 DNA 序列的压缩算法，主要有 BioCompress(BioCompress-2)，Cfact，GenCompress， CTW+LZ， DNCompress，DNASequitur，DNAPack 和 GenomeCompress 等。

Biocompress 和它的第 2 版 Biocompress-2(Grumbach 和 Tahi，1994)是第一个 DNA 专用压缩算法，其要点是：①精确检测直接和反向互补重复；②在每一步，选择从当前位置开始与前面开始的最长匹配，用 LZ 编码，其中一个子符号串编成一对整数，一个表示匹配长度，另一个表示匹配位置；③不重复的数据段用 2 比特编码；④当未发现重复时，Biocompress-2 用 2 阶算术编码器编码。

Cfact（Rivals 等，1996）算法的要点是：①寻找最长的精确匹配；②两次通过（保证增益）；③用后缀树寻找最长重复；④对于不重复部分用 2 比特编码。

GenCompress（Chen 等，1999）算法要点：①考虑近似重复；②在每一步，DNA 序列中还未编码部分（后缀）的最佳前缀（增益函数）；③如果在使用最佳前缀中无任何增益，就在缓冲器中加一个字母；④汉明距离和编辑距离用作近似重复。

CTW+LZ（Matsumoto 等，2000）算法要点：①GenCompress 和 CTW（上下文树加权）的组合；②长的精确或近似的重复用 LZ77 型算法，而短重复用 CWT 编码；③用局部启发式解贪婪选择问题；④执行时间长，不能用于长序列。

DNCompress（Chen 等，2000）要点：①使用 LZ 压缩；②用 PatternHuter 工具进行预处理，寻找所有的近似重复包括反向互补重复；③对近似重复和非重复区域编码；④执行时间短。

DNASequitur（Cherniavsky 和 Ladner，2004）是一个基于语法的压缩算法，其要点是：①提供一个上下文无关的语法来表示输入数据；②Sequitur（Nevill-Manning 和 Witten，1997）的要点是，Digram Uniqueness（在语法中，相邻符号对的出现不多于 1 次）和 Rule Utility（每条原则至少用 2 次，起始原则除外）；③DNASequitur 为适配 DNA 序列，Sequitur 的改进型。

DNAPack（Behshad Behzadi 等，2005 ）是一个基于动态规划的算法，要点：①汉明距离用于重复和反向互补；②用 CTW 或 2 阶算术编码对非重复区编码；③用动态规划选择重复；④使用加速技术，也适用于长序列。

GenomeCompress（Umesh Ghoshdastider 等）算法据报道是压缩最好的算法。

所有这些方法有很多共性，其中包括：

① 利用 DNA 序列本身的特性，将序列分成重复（包括近似重复的反向互补）段和非重复段；

② 采用类似于 LZ 的算法压缩重复段；

③ 采用性能好的通用压缩算法，例如，算术编码、CWT 等算法压缩非重复段；

④ 采用改进的搜索算法寻找重复段。

资料表明，这些算法可以把 DNA 序列压缩到 1.7 比特左右。

2. DNA-蛋白质通信容量估算

从 DNA 序列到蛋白质分子是生物系统的一个中心法则，这样的转化过程存在一定的错误，所谓错误是指 DNA 序列中某些碱基被破坏、增加或者转变成其他碱基。造成错误的原因存在很多方面，例如，受到 X-射线照射，或者其他化学因素导致碱基变化。其中，大部分错误可以通过酶进行纠正，但是仍然有一部分错误无法纠正，从而导致蛋白质变化。而蛋白质的变化是大部分癌症的原因，因此相关领域的研究受到很多学者重视。

从 DNA 序列到蛋白质的转化过程可以看作一个有噪声信道，信息论中的信道容量概念刚好能够衡量 DNA 到蛋白质转化过程所构成信道的信息传输能力。由信道容量的计算公式可知，计算信道容量需要计算转化错误的概率（信道差错概率）。由于密码子的简并性，一个碱基在转录过程中发生错误并不一定会造成氨基酸错误。例如，{CUA}，{CUC}，{CUU}和{CUG}都代表亮氨酸(Leu)，所以当三联体{CUG}的最后一个碱基发生错误时，其转化的氨基酸并不发生错误。而且，{CUG}的其他碱基发生错误，只能转变成 Gln，Pro，Arg，Met，Val 5 种氨基酸。Yockey（1974）研究了 DNA 转化为蛋白质的分子生物信道，假设一个氨基酸错误成为另外一个氨基酸的概率相同。根据香农信道容量公式，该分子生物信道容量为

$$C = H(P) - 1.7915 - 9.815 p_e + 34.2108 p_e^2 + 6.8303 p_e \log_2 p_e$$

Yockey 指出：即使在 $p_e = 0$ 的情况下，转化过程不存在任何错误，也有 1.7915 比特的信息损失，不能从 DNA 序列传递到蛋白质，其原因为：DNA 序列存在较大冗余。Yockey 的开创性工作也受到了一些质疑，主要来自三个方面：第一，分子生物信道容量的具体含义不明确，Yockey 本人并没有把该结论与分子生物学中的一些现象联系起来；第二，不同生命体密码子的使用存在偏好，氨基酸的分布概率也不尽相同，而香农信息论对于输入 X 的分布有严格的考虑，因此 Yockey 的容量公式对于不同生命体并非普适；第三，一个碱基错误转变成其他碱基的概率也不尽相同，不能直接使用等概率模型进行简单地描述，而应该利用实验数据进行适当修正。

11.4.2 最大熵谱估计和最小交叉熵谱估计

信号的时间相关函数可直接利用信号的时间波形样值计算，而相关函数和功率谱是互为傅氏变换关系。所以信号功率谱的估计通常要通过计算相关函数来实现。常规的谱估计方法要对信号的样值序列加窗，利用有限时间内的样值计算相关函数，然后进行功率谱的估计。如果所使用的时间段太长，就不能保证信号的平稳性，而使用的时间段太短，就会降低功率谱的分辨率。而且由于加窗的影响，还使窗内的信号失真，同时还迫使窗外的信号为零，而窗外实际的信号未必是零。还有一种谱估计方法，就是将自相关函数向未知区域延伸，但如何合理延伸是一个关键问题。Burg 提出最大熵谱估计的方法，在自相关函数的延伸时，使由功率谱所确定的熵率最大，即在所计算的自相关函数的约束下，把使信源熵率最大的功率谱作为估计的结果。

1. 最大熵谱估计

一个限带高斯连续时间信源的熵率与它的功率谱的关系由下式确定：

$$h(X)=\frac{1}{2}\log(2\pi e)+\frac{1}{4W}\int_{-W}^{W}\log[S(f)]\mathrm{d}f \tag{11.68}$$

其中，W 为信号的带宽，$S(f)$ 为信号的功率谱密度。

通过计算得到的信号的自相关函数序列就是功率谱的约束，即

$$R(k)=\int_{-W}^{W}S(f)\exp(\mathrm{j}2\pi fk\Delta t)\mathrm{d}f\text{，}\quad -p\leqslant k\leqslant p \tag{11.69}$$

其中，Δt 为时间抽样间隔，$2p+1$ 为自相关函数样值的个数。

最大熵谱估计就是求在给定约束下使熵率达到最大的信号功率谱。下面求在式（11.69）的约束下，式（11.68）的极值。

令

$$J=\frac{1}{2}\log(2\pi e)+\frac{1}{4W}\int_{-W}^{W}\log[S(f)]\mathrm{d}f-\sum_{k=-p}^{p}\lambda_k\int_{-W}^{W}S(f)\exp(\mathrm{j}2\pi fk\Delta t)\mathrm{d}f$$

求 J 对 $S(f)$ “导数”，并令其为零，得

$$S(f)=\frac{1}{\sum_{k=-p}^{p}\lambda_k\exp(\mathrm{j}2\pi fk\Delta t)} \tag{11.70}$$

可以证明

$$\sum_{k=-p}^{p}\lambda_k e^{\mathrm{j}2\pi fk\Delta t}=\left|1+\sum_{k=1}^{p}a_k e^{-\mathrm{j}2\pi fk\Delta t}\right|^2/\sigma^2 \tag{11.71}$$

其中，$a_k(k=1,\cdots,p),\sigma$ 可通过与自相关函数有关的方程组求解。

将式（11.71）代入式（11.70），得到最大熵功率谱估计为

$$S(f)=\frac{\sigma^2}{\left|1+\sum_{k=1}^{p}a_k e^{-\mathrm{j}2\pi fk\Delta t}\right|^2} \tag{11.72}$$

满足式（11.72）的信号 $x(t)$ 称为自回归过程，其时间序列满足：

$$x_n=-\sum_{i=1}^{p}a_i x_{n-i}+z_i \tag{11.73}$$

其中，x_i 为 $x(t)$ 的抽样值，z_i 为均值为 0，方差为 σ^2 的高斯白噪声序列。

根据式（11.73），得

$$R(0)=\sum_{i=1}^{p}a_i R(-i)+\sigma^2 \tag{11.74}$$

$$R(j)=\sum_{i=1}^{p}a_i R(j-i) \tag{11.75}$$

式（11.74）和式（11.75）称作 Yule-Walker 方程。利用 $x(t)$ 的抽样值 x_i 估计相关函数 $R(i)$，再用 Yule-Walker 方程来计算 $a_k(k=1,\cdots,p)$ 和 σ^2，最后根据式（11.72）得到信号频谱的估计。根据相关函数 $R(i)$ 估计的方式不同，求解 a_i 的方法可以分为自相关法和协方差法，以及其他方法。

最大熵谱估计比常规的谱估计的分辨率有很大提高，成为当前重要的实用谱估计算法。

2．最小交叉熵谱估计

最小交叉熵谱估计可以看成自相关函数的另一种延伸方式，这里考虑到一个先验估计，在谱估计时，使被估计的过程和先验估计之间的交叉熵最小。如果先验估计是平坦谱，那么最小交叉熵谱估计就归结为最大熵谱估计。

设概率密度 p 属于某概率集合 P，该集合是已知的，但 p 本身未知，q 为先验密度，同时还有 p 满足的约束条件。最小交叉熵谱估计的原理就是：在所有满足约束的密度中，选择与先验密度 q 交叉熵最小的概率密度 p，如式（11.58）。

由于利用了先验信息，最小交叉熵谱估计比最大熵谱估计的性能有改善。

11.4.3　最大熵建模及其在自然语言处理中应用

1．最大熵建模基本原理

建模就是构造一个精确表示随机过程行为的随机模型，估计在给定上下文 x 条件下输出 y 的概率 $p(y|x)$，其中 x 为模型的输入，y 为输出。

为设计一个适合某种过程的模型，需要对该过程的行为进行一段时间的观察，收集样本值作为训练数据。设训练样本集有 N 对样本值，表示为 $\{(x_1,y_1),(x_2,y_2),\cdots,(x_N,y_N)\}$。

定义两种分布，一种是经验分布，就是通过训练数据得到的分布；另一种是模型分布，就是信源实际的分布。训练集合中数据对的分布称为经验分布，定义为

$$\tilde{p}(x,y)=\frac{1}{N}\times(x,y)\text{在训练集合中出现的次数} \tag{11.76}$$

通常，一个特殊的数据对要么不出现，要么出现多次。

最大熵建模就是以训练数据为依据，用最大熵原理构造一个产生训练样本经验分布 $\tilde{p}(x,y)$ 的统计模型，这里估计的是条件概率 $p(y|x)$。

建模的一个重要步骤就是从训练数据中提取特征。特征或特征函数指的是 x 与 y 之间存在的某种特定关系，可以用一个输出为 0 或 1 的二值函数（或示性函数）表示。 特征实际上是一种映射：$f_i:\varepsilon\to(0,1)$，其中，$\varepsilon\in A\times B$。A 为 y 的符号集，表示一个可能的类集合；B 为 x 的符号集，为上下文集合。

对于一个特征 (x_0,y_0)，定义特征函数：

$$f_{x_0,y_0}(x,y)=\begin{cases}1 & \text{若}y=y_0\text{且}x=x_0\\ 0 & \text{其他}\end{cases} \tag{11.77}$$

实际上，特征函数的定义与所解决的问题有关。以文本分类问题为例。假设有 4 类文本：政治、经济、体育和文艺。每个词在不同类的文本中出现的概率是不同的，特别是具有代表性的词类。例如，“货币”一词经常出现在经济类的文本中，而“比赛”一词经常出现在体育类的文本中。对于一个特征（“球”“体育”），其中“球”属于上下文集合，“体育”属于类集合，其特征函数定义为

$$f_{\text{球},\text{体育}}(x,y)=\begin{cases}1 & \text{如果}y=\text{“体育”且“球”在}x\text{中出现}\\ 0 & \text{其他}\end{cases}$$

用经验分布对特征求平均是有用的统计量，对每一个特征，表示为

$$E_{\tilde{p}}(f)=\sum_{x,y}\tilde{p}(x,y)f(x,y) \tag{11.78}$$

用模型 $p(y\mid x)$ 对 f 的期望值为

$$E_p(f)=\sum_{x,y}\tilde{p}(x)p(y\mid x)f(x,y) \tag{11.79}$$

其中，$\tilde{p}(x)$ 为训练样本中 x 的经验分布。令经验分布特征平均值与模型分布特征平均值相同，即要求对每一个特征有 $E_p(f)=E_{\tilde{p}}(f)$，或

$$\sum_{x,y}\tilde{p}(x)p(y\mid x)f(x,y)=\sum_{x,y}\tilde{p}(x,y)f(x,y) \tag{11.80}$$

式（11.80）称为约束方程或简称约束。当样本数足够多时，可信度高的特征的经验概率与期望概率是一致的。

设有 n 个特征函数 $\{f_i,i=1,\cdots,n\}$，这是建模中重要的统计量，我们希望所寻找的模型符合这些统计量。定义 P 表示所有满足式（11.80）约束的条件概率分布的集合，即

$$P=\{p=p(y\mid x)\mid E_p(f_i)=E_{\tilde{p}}(f_i),i\in\{1,2,\cdots,n\}\}, \tag{11.81}$$

条件熵表示为

$$H(p)=-\sum_{x,y}\tilde{p}(x)p(y\mid x)\log p(y\mid x) \tag{11.82}$$

最大熵建模就是：从满足约束条件的集合 P 中，选择具有最大熵的分布 $p^*\in P$，即

$$p^*=\arg\max_{p\in P}H(p) \tag{11.83}$$

这是一个求有约束优化极值问题，应用拉格朗日乘子法，引入拉格朗日乘子 λ_i，并仿照式（11.26）的推导，得

$$\begin{aligned}p_\lambda(y\mid x)&=Z_\lambda(x)^{-1}\exp\sum_i\lambda_i f_i(x,y)\\&=Z_\lambda(x)^{-1}\prod_j\alpha_j^{f_j(x,y)}\end{aligned} \tag{11.84}$$

其中，

$$Z_\lambda(x)=\sum_y\prod_j\alpha_j^{f_j(x,y)} \tag{11.85}$$

$$\alpha_j=\exp(\lambda_i) \tag{11.86}$$

设

$$Q=\{q\mid q=Z_\lambda(x)^{-1}\prod_j\alpha_j^{f_j(x,y)}\} \tag{11.87}$$

可以看到，最大熵建模的解 $\boldsymbol{p}^*$ 满足

$$\boldsymbol{p}^*\in P\cap Q \tag{11.88}$$

由于训练序列各样本对都是独立的，所以一个 N 长的训练序列的对数似然函数为

$$L_{\tilde{p}}(p)=\log\prod_{i=1}^{N}p(y_i\mid x_i)=\log\prod_{x,y}p(y\mid x)^{N\tilde{p}(x,y)}$$

$$= N\sum_{x,y}\tilde{p}(x,y)\log p(y\,|\,x) \tag{11.89}$$

将式（11.84）的结果代入式（11.89），并求满足最大值的 λ_k，通过推导得知，当满足式（11.80）的约束时，式（11.89）达到最大值，即满足式（11.84）的条件概率使训练序列的对数似然函数达到最大值。

因此可得到以下结论。

最大熵建模的解 $\boldsymbol{p}^*$ 满足：

① $\boldsymbol{p}^* \in P \cap Q$；

② $\boldsymbol{p}^* = \arg\max_{p\in P} H(\boldsymbol{p})$；

③ $\boldsymbol{p}^* = \arg\max_{p\in Q} L_{\tilde{p}}(\boldsymbol{p})$；

④ $\boldsymbol{p}^*$ 是唯一的。

最大熵建模在简单情况可以求出解析解，例如，有一、二个约束情况。但一般情况最大熵问题没有显式解，求参数 λ^* 必须借助数值解法。有些实际问题，有时可能有上千个约束条件，计算量和花费的时间巨大，必须使用有效的算法。

一般化的迭代尺度算法（Generalized Iterative Scaling Algorithm，GIS)是一个专门用于最大熵问题的算法（Danroch 和 Rateliff，1972），该算法要求特征值为非负、没有解析解、收敛速度较慢。以后，D.Pietra 等改进了原有的求解算法，降低了求解的约束条件，提出了IIS(Improved Iterative Scaling Algorithm)算法，增加了算法的适用性，IIS 算法是目前最大熵参数求解中的常用算法。

2．最大熵统计模型的优缺点

最大熵建模方法有很多优点：

① 与极大似然估计结果同，所建立的模型是唯一的；

② 最大熵统计模型可以灵活地设置约束条件，通过约束条件的多少可以调节模型对未知数据的适应度和对已知数据的拟合程度；

③ 通常性能优于其他方法。

最大熵统计模型的缺点：

① 运算量大；

② 存在过拟合问题，通常在求极值时需加入先验随机函数进行平滑。

3．最大熵建模在自然语言处理中的应用

最大熵建模已成功应用到自然语言处理的许多方面，如单词聚类（S.Pietra）；机器翻译（A.L.Berger）；句子边界检测，词类标注（Ratnaparkli，1998）；自适应统计语言建模（Rosenfeld，1996）；组块分析（Osborne，2003；Koeling，2003）；垃圾邮件过滤（Zhang，2003）；名实体识别（A.Borthwick）等。

11.4.4 最大熵原理在经济学中的应用

前面指出物理学中的玻耳兹曼分布是一个指数分布。推导该定律的基本依据是能量守恒定律。据此，我们可以推断，在一个大系统中任何守恒的量都应该具有指数概率分布。在物

理学中指数 Boltzmann-Gibbs 分布和封闭经济系统中的货币的平衡分布具有类似性。与能量类似，在一个封闭经济体中，货币在经济代理商之间的相互作用中在局部是守恒的，所以货币也遵循 Boltzmann-Gibbs 分布，其等效温度等于平均每个代理商的货币量。财富不但包含货币还包含物质财富，不守恒。一个早期的研究者 Vilfledo Pareto 在 19 世纪末发现，在一个人口均匀分布的地理范围内，人们之间的财富的分布按一个幂律分布，因此这种分布经常称作 Pareto 分布。下面利用最大熵原理推导和分析封闭的经济体中货币和财富的分布。

1. 封闭经济体中货币量的分布

守恒的交换市场可以看成由大量的经济代理商组成，他们之间通过买卖相互作用。在这种市场中，生产活动并不存在，而且在每次交易中只是货币的交换，例如，一个保险公司中一个代理人的行为，所有其他代理人都可以看成行为的环境。他们按市场手段进行交换，此环境吸收代理人损失的货币同时又提供给代理人货币作为其收入。这里货币的总量是守恒的。

假设在一个经济体中，总货币量为 M 元，总代理商数为 N。假定在经济发展的每个阶段，一个代理商随机选择另一个代理商，并给所选择的代理商汇入 1 元，规定无资金的代理商不能借贷。求货币的稳态分布（拥有货币量 i 元的代理商的概率），设交易初始每代理商具有相同的货币量。

解 可以利用最大熵原理解决这个问题。

设 p_i 为有 i 元代理商的概率，n_i 为有 i 元的代理商个数，根据题意有 $\sum_i i\cdot n_i = M$，$\sum_i n_i = N$，当 N 很大时，所求的概率近似为占总体的比例数，即 $p_i = n_i / N$，所以

$$\begin{aligned}&\sum_i i\cdot p_i = M / N\\&\sum_i p_i = 1\end{aligned} \tag{11.90}$$

实际上，确定货币的稳态分布就是求在满足式（11.90）约束下对应最大熵的分布。与式（11.25）的条件对比，得 $r=1, g_1(x_i)=i$，利用式（11.26），得

$$p_i = \frac{e^{-\lambda_1\cdot i}}{\sum_i e^{-\lambda_1\cdot i}},\quad i=1,2,\cdots,M \tag{11.91}$$

由

$$T = M / N = \sum_i i\cdot e^{-\lambda_1\cdot i} / \sum_i e^{-\lambda_1\cdot i} = \frac{e^{-\lambda_1}}{1-e^{-\lambda_1}} \approx 1/\lambda_1，\text{得}$$

$$\sum_i e^{-\lambda_1\cdot i} = \frac{1}{1-e^{-\lambda_1}} \approx T \tag{11.92}$$

$$\lambda_1 \approx 1/T \tag{11.93}$$

将式（11.92）和式（11.93）代入式（11.91），得

$$p_i = \frac{1}{T}e^{-i/T} \tag{11.94}$$

其中，T 为平均每代理商的货币数。式（11.94）表明，在总货币守恒的市场中，货币的分布服从 Boltzmann-Gibbs 分布。这个结论也可用来分析一个社会流通系统，根据对收入分布的数据分析，在很多国家大多数人口收入分布可用 Boltzmann-Gibbs 分布描述。

有些数据表明，该模型与现实数据统计的拟合度较好。

2．封闭经济体中财富的分布

设由很多代理商构成一个经济体，每代理商 i 在时刻 t 的财富为 $w_i(t)$，经济体中的总财富为 $w(t)=\sum_i w_i(t)$；代理商财富可能值集合为 $\{w_i\}$，令 $R_i = w_i(t_i)/w_i(t_0)$ 为代理商 i 的相对财富，对所有 i；每代理商 i 的经济增长率为 $\ln(R_i)$。求在平均经济增长率为 $C*\ln(R)$ 的约束条件下，具有最大熵的财富分布。 ▎

解 为便于计算，用连续变量 x 近似 R_i，概率密度函数 $p(x)$ 近似原来的离散分布，分布的熵为

$$h(X)=-\int_1^{\infty} p(x)\ln p(x)\mathrm{d}x \tag{11.95}$$

满足

$$\int_1^{\infty} p(x)\mathrm{d}x=1 \tag{11.96}$$

平均增长率约束为

$$\int_1^{\infty} p(x)\ln x\mathrm{d}x=c\ln(R) \tag{11.97}$$

其中，$\ln x$ 为经济增长率，c 为常数。现求在平均经济增长率为规定值条件下，财富分布熵的最大值。

根据例 11.9 的结果，所求的分布应该是幂律分布。根据式（11.35）、式（11.36），得财富的幂律分布为

$$p(x)=Z^{-1}\mathrm{e}^{-\lambda\ln x}=(\lambda-1)x^{-\lambda} \tag{11.98}$$

再根据式（11.34），得

$$\lambda-1=1/[c*\ln(R)] \tag{11.99}$$

所以

$$p(x)=c*\ln(R)x^{-1-1/[c\ln(R)]} \tag{11.100}$$

11.4.5 信息理论方法应用展望

上面所介绍的内容仅仅是信息理论方法应用的很少一部分，实际上，由于篇幅所限，很多应用领域还没有提及。不过我们应认识以下几点。

① 香农信息论研究的是语法信息，主要解决语法层次的信息处理的问题，但也可以解决某些语义信息的问题，如机器翻译等。

② 在信息论的发展中不断提出新的信息度量方法，例如，Kolmogolov 熵、Renyi 熵和 Tsallis 熵等，丰富了信息熵内容。

③ 香农信息论在其他领域仍有广阔的应用前景。

本章小结

1．信源熵的估计方法主要有：

（1）插入法；

（2）无损压缩编码法；

（3）模板匹配法。

2．最大熵原理是一个利用部分信息确定随机变量集合概率分布的方法。

它的基本思想是，求满足某些约束的信源事件概率分布时，应使得信源的熵最大。

几种重要的最大熵分布：

- 满足均值约束的离散分布是几何分布；
- 满足均值约束的连续分布是指数分布；
- 满足均值和均方值约束的分布是高斯分布；
- 满足几何平均值约束的分布是幂律分布。

3．最小交叉熵原理是最大熵原理的推广。

当推断一个具有先验分布 $q(x)$ 随机变量 X 的分布密度时，最小交叉熵原理选择在满足 X 的已知约束下使交叉熵 $D(\boldsymbol{p}\|\boldsymbol{q})$ 最小的分布密度 $p(x)$。

4．最大熵建模的解 $\boldsymbol{p}^*$ 满足：

（1） $\boldsymbol{p}^* \in P \cap Q$；

（2） $\boldsymbol{p}^* = \arg\max_{p\in P} H(\boldsymbol{p})$；

（3） $\boldsymbol{p}^* = \arg\max_{p\in Q} L_{\tilde{p}}(\boldsymbol{p})$；

（4） $\boldsymbol{p}^*$ 是唯一的。

5．信息理论方法的应用：

（1）DNA 序列的熵估计；

（2）最大熵谱估计；

（3）最小交叉熵谱估计；

（4）最大熵原理建模在自然语言处理中的应用；

（5）最大熵原理在经济学中的应用。

思考题

11.1　信息熵的估计主要有几类？插入熵估计有什么特点？

11.2　为什么要进行最大熵推断？有什么依据？

11.3　最大熵原理的含义是什么？

11.4　最小交叉熵原理的含义是什么？为什么说最小交叉熵原理是最大熵原理的推广？

11.5　交叉熵法的要点是什么？

11.6　最大熵建模的基本原理是什么？在哪些领域有应用？

习　　题

11.1　设 K 元离散无记忆信源符号集为 $\{0,1,\cdots,K-1\}$，训练序列长度为 n，符号 i 出现的次数为 n_i，对符号 i 出现的概率 p_i 的估计为 $\hat{p}_n(i) = n_i / n$，$i = 0,1\cdots,K-1$。证明 $\hat{p}_n(i)$ 是 p_i 的最大似然估计。

11.2　证明 p_i 的最大似然估计 $\hat{p}_n(i)$ 有如下性质：

（1）是强一致估计；

（2）是渐近正态和无偏估计。

11.3　一离散信源，符号集为{1，2，…，8}，已知 $p(1)=0.3$，$p(8)=0.4$，试用最大熵原理推断其他符号的概率。

11.4　一离散信源，符号集为{1，2，…，8}，已知 $p(1)=0.3$，$p(8)=0.4$，平均值为5，试用最大熵原理推断其他符号的概率。

11.5　一离散无限信源，取值为1，2，…，平均值为 a，求达到最大熵的概率分布。

11.6　一时间离散连续信源，给定均值为 m，方差为 σ^2，求达到最大熵的概率密度函数。

11.7　设连续随机序列 $\{x_i\}(i=1,2,\cdots)$ 的取值范围为 $(-\infty,+\infty)$，分别求满足下面条件达到最大熵的熵率 $h(X)$：

（1）$E(x_i^2)=1,\quad i=1,2,\cdots$；

（2）$E(x_i^2)=1,\quad E(x_i x_{i+1})=1/2,\ i=1,2,\cdots$。

11.8　通过对某地区袋鼠的调查得知，有1/3的袋鼠是蓝眼睛，有1/3的袋鼠是左撇子。

（1）试估计既是蓝眼睛又是左撇子袋鼠的比例。

（2）如果提供"既不是蓝眼睛也不是左撇子的袋鼠占1/2"的附加信息，求既是蓝眼睛又是左撇子袋鼠的比例。

（3）分别求以上两种情况下分布的熵。

11.9　一快餐店出售4种套餐：鱼、鸡肉、面条和豆腐，单价分别为8元、3元、2元和1元。在某月通过调查得知，该快餐店套餐的总营业额为25万元，共有10万人次来就餐。试利用最大熵原理估计本月4种套餐所占的销售份额。

11.10　N 维随机变量 $q(\boldsymbol{x})$ 为指数分布，$q(\boldsymbol{x})=\prod_{k=1}^{N}(1/a_k)\exp[-x_k/a_k]$，$N$ 维随机变量 $p(x)$ 满足约束：$\int_{\boldsymbol{x}} x_i p(\boldsymbol{x})\mathrm{d}\boldsymbol{x}=\mu_i$，$i=1,\cdots,N$，求使交叉熵 $D(\boldsymbol{p}\|\boldsymbol{q})$ 最小的分布密度 $p(x)$。

11.11　已知概率分布（离散或连续）$\boldsymbol{p}_1$，$\boldsymbol{p}_2$，$\boldsymbol{q}$ 和正数 α，且 $0\leqslant\alpha\leqslant 1$，$\boldsymbol{p}=\alpha\boldsymbol{p}_1+(1-\alpha)\boldsymbol{p}_2$，证明

$$D(\boldsymbol{p}\|\boldsymbol{q})\leqslant\alpha D(\boldsymbol{p}_1\|\boldsymbol{q})+(1-\alpha)D(\boldsymbol{p}_2\|\boldsymbol{q})$$

11.12　已知概率分布 $p(\boldsymbol{x})=p_1(x_1)\cdots p_N(x_N)$，$q(\boldsymbol{x})=q_1(x_1)\cdots q_N(x_N)$，证明

$$D(\boldsymbol{p}\|\boldsymbol{q})=\sum_{i=1}^{N}D(\boldsymbol{p}_i\|\boldsymbol{q}_i)$$

11.13　设概率密度 $p(\boldsymbol{x})$，$q(\boldsymbol{x})$，$\boldsymbol{y}=f(\boldsymbol{x})$ 为 x 到 y 的变换，证明

$$D(p(\boldsymbol{x})\|q(\boldsymbol{x}))=D(p(\boldsymbol{y})\|q(\boldsymbol{y}))$$

11.14　某游乐场有3种游乐项目：划船、赛车和旋转木马，价格分别为10元/人，5元/人和2元/人，每人需购票参与游乐，据统计该游乐场在第一个月售票2万张，收入12万元；在第二个月售票2万5000千张，收入12.5万元。

（1）利用最大熵原理求第一个月游客参与3种游乐项目的比例。

（2）以（1）所得到的结果作为先验信息，利用最小交叉熵原理求第二个月游客参与3种游乐项目的比例。

11.15　做2000次掷骰子试验，观察得知，出现奇数点和偶数点的概率相等，且点数平均值都为4，利用最小交叉熵原理：

（1）分别求在奇数子集各点和偶数子集各点出现的条件后验概率；

（2）求各点出现的后验概率和最小交叉熵的值。

11.16　在习题 11.15 中没有出现奇数点和偶数点的概率相等的信息，其他条件不变，解决与题 11.15 相同的问题。

11.17　设高斯信号 $x(t)$ 的功率谱密度为 $S(f)=\dfrac{1}{\sum_{k=-p}^{p}\lambda_k\exp(\mathrm{j}2\pi fk\Delta t)}$，证明

$$\sum_{k=-p}^{p}\lambda_k \mathrm{e}^{\mathrm{j}2\pi fk\Delta t}=\left|1+\sum_{k=1}^{p}a_k \mathrm{e}^{-\mathrm{j}2\pi fk\Delta t}\right|^2/\sigma^2$$

其中，　$a_k(k=1,\cdots,p)$ 满足方程：

$$x_n=-\sum_{i=1}^{p}a_i x_{n-i}+z_n$$

其中，x_i 为 $x(t)$ 的抽样值，z_i 为均值为 0，方差为 σ^2 的高斯白噪声序列。

11.18　设集合 P 和 Q 分别由式（11.81）和式（11.87）定义，且 $\boldsymbol{p}\in P,\boldsymbol{q}\in Q,\boldsymbol{p}^*\in P\cap Q$。证明：

（1）$D(\boldsymbol{p}\|\boldsymbol{q})=D(\boldsymbol{p}\|\boldsymbol{p}^*)+D(\boldsymbol{p}^*\|\boldsymbol{q})$；

（2）$\boldsymbol{p}^*=\arg\max_{\boldsymbol{p}\in P}H(\boldsymbol{p})$；

（3）$\boldsymbol{p}^*=\arg\max_{\boldsymbol{p}\in Q}L_{\tilde{p}}(\boldsymbol{p})$；

（4）$\boldsymbol{p}^*$ 是唯一的。

参考文献

[1] 田宝玉．工程信息论．北京：北京邮电大学出版社，2004.

[2] 周炯槃．信息理论基础．北京：人民邮电出版社，1984.

[3] 吴伟陵．信息处理与编码．北京：人民邮电出版社，1999.

[4] 傅祖云．信息论——基础理论与应用．北京：电子工业出版社，2001.

[5] 朱雪龙．应用信息论基础．北京：清华大学出版社，2001.

[6] 周荫清．信息理论基础．北京：北京航空航天大学出版社，1993.

[7] 周炯槃，丁晓明．信源编码原理．北京：人民邮电出版社，1996.

[8] 钟义信．信息科学原理．北京：北京邮电大学出版社，1996.

[9] SHANNON C E *A Mathematical Theory of Communication*. Bell Syst. Tech. J., vol.27, pp.379-423, July 1948.

[10] COVER T M, THOMAS J A. *Elements of Information Theory (2nd Edition)*. Wiley-Interscience, 2006.

[11] GALLAGER R. *Information Theory and Reliable Communication*. John Wiley & Sones, 1968.

[12] MCELICE R J. *The Theory of Information and Coding, Second Edition*.影印版．北京：电子工业出版社，2002.

[13] GOLOMB S W, PEILE R E, SCHOLTZ R A. *Basic Concept in Information Theory and Coding*. Plenum Press, 1994.

[14] VITEBI A J, OMURA J K. *Principle of Digital Communication and Coding*. McGrew-Hill, 1979.

[15] GRAY R M. *Entropy and Information Theory*. Springer-Verlag, 1990.

[16] PIERCE J R. *An Introduction to Information Theory*. Dover Publications, 1979.

[17] WELLS R B. *Applied Coding and Information Theory for Engineers*. Prentice Hall, 1999.

[18] JONES G A, JONES J M. *Information and Coding Theory*. Springer-Verlag Lodon Limited, 2000.

[19] HYVARINEN L P. *Information Theory for Systems Engineers*. Springer-Verlag, 1970.

[20] GALLAGER R G. Claude E. Shannon: *A Retrospective on His life, work, and Impact*. IEEE Trans. On Inform. Theory, 2001, 47(7): 2681-2695.

[21] GAMAL A E, KIM Y H. *Network Information Theory*. Cambridge University Press, 2012.